U0291924

电力调度员

国网河北省电力有限公司人力资源部　组织编写

《电力行业职业技能鉴定考核指导书》编委会　编

中国建材工业出版社

图书在版编目(CIP)数据

电力调度员/国网河北省电力有限公司人力资源部组织
编写．--北京：中国建材工业出版社，2018.11
电力行业职业技能鉴定考核指导书
ISBN 978-7-5160-2205-4

Ⅰ.①电…　Ⅱ.①国…　Ⅲ.①电力系统调度—职业技
能—鉴定—自学参考资料　Ⅳ.①TM73

中国版本图书馆 CIP 数据核字（2018）第 062592 号

内 容 简 介

　　为提高电网企业生产岗位人员理论和技能操作水平，有效提升员工履职能力，国网河北省电力有限公司根据电力行业职业技能鉴定指导书、国家电网公司技能培训规范，结合国网河北省电力有限公司生产实际，组织编写了《电力行业职业技能鉴定考核指导书》。

　　本书包括了电力调度员职业技能鉴定三个等级的理论试题、技能操作大纲和技能操作考核项目，规范了电力调度员各等级的技能鉴定标准。本书密切结合国网河北省电力有限公司生产实际，鉴定内容基本涵盖了当前生产现场的主要工作项目，考核操作步骤与现场规范一致，评分标准清晰明确，既可作为电力调度员技能鉴定指导书，也可作为电力调度员的培训教材。

　　本书是职业技能培训和技能鉴定考核命题的依据，可供劳动人事管理人员、职业技能培训及考评人员使用，也可供电力类职业技术院校教学和企业职工学习参考。

电力调度员

国网河北省电力有限公司人力资源部　组织编写
《电力行业职业技能鉴定考核指导书》编委会　编

出版发行：中国建材工业出版社
地　　址：北京市海淀区三里河路 1 号
邮　　编：100044
经　　销：全国各地新华书店
印　　刷：北京鑫正大印刷有限公司
开　　本：787mm×1092mm　1/16
印　　张：34.75
字　　数：800 千字
版　　次：2018 年 11 月第 1 版
印　　次：2018 年 11 月第 1 次
定　　价：**118.80 元**

《电力调度员》编审委员会

前　言

　　为进一步加强国网河北省电力有限公司职业技能鉴定标准体系建设，使职业技能鉴定适应现代电网生产要求，更贴近生产工作实际，让技能鉴定工作更好地服务于公司技能人才队伍成长，国网河北省电力有限公司组织相关专家编写了《电力行业职业技能鉴定考核指导书》（以下简称《指导书》）系列丛书。

　　《指导书》编委会以提高员工理论水平和实操能力为出发点，以提升员工履职能力为落脚点，紧密结合公司生产实际和设备设施现状，依据电力行业职业技能鉴定指导书、中华人民共和国职业技能鉴定规范、中华人民共和国国家职业标准和国家电网公司生产技能人员职业能力培训规范所规定的范围和内容，编制了职业技能鉴定理论试题、技能操作大纲和技能操作项目，重点突出实用性、针对性和典型性。在国网河北省电力有限公司范围内公开考核内容，统一考核标准，进一步提升职业技能鉴定考核的公开性、公平性、公正性，有效提升公司生产技能人员的理论技能水平和岗位履职能力。

　　《指导书》按照国家劳动和社会保障部所规定的国家职业资格五级分级法进行分级编写。每级别中由"理论试题"、"技能操作"两大部分组成。理论试题按照单选题、判断题、多选题、计算题、识图题五种题型进行选题，并以难易程度顺序组合排列。技能操作包含"技能操作大纲"和"技能操作项目"两部分内容。技能操作大纲系统规定了各工种相应等级的技能要求，设置了与技能要求相适应的技能培训项目与考核内容，其项目设置充分结合了电网企业现场生产实际。技能操作项目中规定了各项目的操作规范、考核要求及评分标准，既能保证考核鉴定的独立性，又能充分发挥对培训的引领作用，具有很强的系统性和可操作性。

　　《指导书》最大程度地力求内容与实际紧密结合，理论与实际操作并重，既可作为技能鉴定学习辅导教材，又可作为技能培训、专业技术比赛和相关技术人员的学习辅导材料。

　　因编者水平有限和时间仓促，书中难免存在错误和不妥之处，我们将在今后的再版修编中不断完善，敬请广大读者批评指正。

《电力行业职业技能鉴定考核指导书》编委会

编　制　说　明

国网河北省电力有限公司为积极推进电力行业特有工种职业技能鉴定工作，更好地提升技能人员岗位履职能力，更好地推进公司技能员工队伍成长，保证职业技能鉴定考核公开、公平、公正，提高鉴定管理水平和管理效率，紧密结合各专业生产现场工作项目，组织编写了《电力行业职业技能鉴定考核指导书》（以下简称《指导书》）。

《指导书》编委会依据电力行业职业技能鉴定指导书、中华人民共和国职业技能鉴定规范、中华人民共和国国家职业标准和国家电网公司生产技能人员职业能力培训规范所规定的范围和内容进行编写，并按照国家劳动和社会保障部所规定的国家职业资格五级分级法进行分级。

一、分级原则

1. 依据考核等级及企业岗位级别

依据国家劳动和社会保障部规定，国家职业资格分为 5 个等级，从低到高依次为初级工、中级工、高级工、技师和高级技师。其框架结构如下图。

| 初级工
（五级） | 中级工
（四级） | 高级工
（三级） | 技师
（二级） | 高级技师
（一级） |

个别职业工种未全部设置 5 个等级，具体设置以各工种鉴定规范和国家职业标准为准。

2. 各等级鉴定内容设置

每级别中由"理论试题"、"技能操作"两大部分内容构成。

理论试题按照单选题、判断题、多选题、计算题、识图题五种题型进行选题，并以难易程度顺序组合排列。

技能操作含"技能操作大纲"和"技能操作项目"两部分。技能操作大纲系统规定了各工种相应等级的技能要求，设置了与技能要求相适应的技能培训项目与考核内容，使之完全公开、透明。其项目设置充分考虑到电网企业的实际需要，充分结合电网企业现场生产实际。技能操作项目规定了各项目的操作规范、考核要求及评分标准，既能保证考核鉴定的独立性，又能充分发挥对培训的引领作用，具有很强的针对性、系统性、操作性。

目前该职业技能知识及能力四级涵盖五级；三级涵盖五、四级；二级涵盖五、

四、三级；一级涵盖五、四、三、二级。

二、试题符号含义

1. 理论试题编码含义

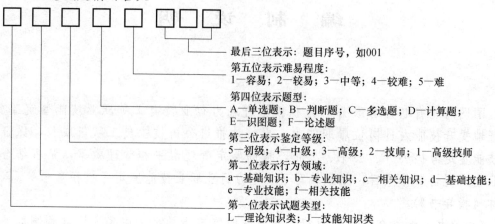

最后三位表示：题目序号，如001

第五位表示难易程度：
1—容易；2—较易；3—中等；4—较难；5—难

第四位表示题型：
A—单选题；B—判断题；C—多选题；D—计算题；
E—识图题；F—论述题

第三位表示鉴定等级：
5—初级；4—中级；3—高级；2—技师；1—高级技师

第二位表示行为领域：
a—基础知识；b—专业知识；c—相关知识；d—基础技能；
e—专业技能；f—相关技能

第一位表示试题类型：
L—理论知识类；J—技能知识类

2. 技能操作试题编码含义

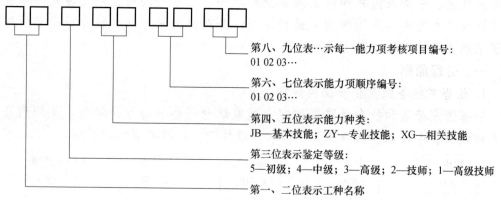

第八、九位表…示每一能力项考核项目编号：
01 02 03…

第六、七位表示能力项顺序编号：
01 02 03…

第四、五位表示能力种类：
JB—基本技能；ZY—专业技能；XG—相关技能

第三位表示鉴定等级：
5—初级；4—中级；3—高级；2—技师；1—高级技师

第一、二位表示工种名称

其中第一、二位表示具体工种名称，如：GJ—高压线路带电检修工；SX—送电线路工；PX—配电线路工；DL—电力电缆工；BZ—变电站值班员；BY—变压器检修工；BJ—变电检修工；SY—电气试验工；JB—继电保护工；FK—电力负荷控制员；JC—用电监察员；CS—抄表核算收费员；ZJ—装表接电工；DX—电能表修校工；XJ—送电线路架设工；YA—变电一次安装工；EA—变电二次安装工；NP—农网配电营业工配电部分；NY—农网配电营业工营销部分；KS—用电客户受理员；DD—电力调度员；DZ—电网调度自动化运行值班员；CZ—电网调度自动化厂站端调试检修员；DW—电网调度自动化维护员。

三、评分标准相关名词解释

1. 行为领域：d—基础技能；e—专业技能；f—相关技能。

2. 题型：A—单项操作；B—多项操作；C—综合操作。

3. 鉴定范围：对农网配电营业工划分了配电和营销两个范围，对其他工种未明确划分鉴定范围，所以该项大部分为空。

目　录

第一部分　高　级　工

第二部分 技 师

第三部分 高级技师

第一部分　高　级　工

1 理论试题

1.1 单选题

La3A1001 对于两节点多支路的电路用（　　）分析最简单。

（A）支路电流法；（B）节点电压法；（C）回路电流；（D）戴维南定理。

答案：B

La3A1002 电动势的方向规定为电源内部从（　　），即电位升高的方向。

（A）负极指向正极；（B）正极指向负极；（C）高电位指向低电位；（D）低电位指向高电位。

答案：A

La3A1003 电感元件的基本工作性能是（　　）。

（A）消耗电能；（B）产生电能；（C）储存能量；（D）传输能量。

答案：C

La3A1004 电网无功补偿遵循（　　）的原则。

（A）分线分变、就地平衡；（B）分层分区、就地平衡；（D）分层分区、全局平衡；（C）分层分区、适度支援。

答案：B

La3A2005 标幺值是各物理量及参数的（　　）值，是（　　）标准量纲的数值。

（A）相对，带；（B）相对，不带；（C）绝对，带；（D）绝对，不带。

答案：B

La3A2006 一组对称相量 a、b、c 按顺时针方向排列，彼此相差 $120°$，称为（　　）分量。

（A）正序；（B）负序；（C）零序；（D）不能确定。

答案：A

La3A2007 对称分量法适用于（　　）电路。

（A）线性；（B）非线性；（C）线性和非线性；（D）单相。

答案：A

La3A2008 三相对称负载三角形连接时，线电压最大值是相电压有效值的（　　）倍。

(A) 1；(B) 3；(C) 1.414；(D) 2。

答案：**C**

La3A2009 一个实际电源的端电压随着负荷电流的减小将（　　）。

(A) 降低；(B) 升高；(C) 不变；(D) 不确定。

答案：**B**

La3A2010 直流电路中，我们把电流流出的一端叫电源的（　　）。

(A) 正极；(B) 负极；(C) 端电压；(D) 电动势。

答案：**A**

La3A2011 要使负载上得到最大的功率，必须使负载电阻（　　）电源内阻。

(A) 大于；(B) 等于；(C) 小于；(D) 电源内阻为零。

答案：**B**

La3A2012 电功率的大小与（　　）无关。

(A) 时间；(B) 电压；(C) 电流；(D) 阻抗值。

答案：**A**

La3A2013 电感在直流电路中相当于（　　）。

(A) 开路；(B) 短路；(C) 断路；(D) 电源。

答案：**B**

La3A2014 电力系统电压互感器的二次侧额定电压均为（　　）。

(A) 220V；(B) 380V；(C) 36V；(D) 100V。

答案：**D**

La3A2015 电流互感器二次接地属于（　　）。

(A) 工作接地；(B) 保护接地；(C) 故障接地；(D) 都不对。

答案：**B**

La3A2016 电流互感器相当于（　　）。

(A) 电压源；(B) 电流源；(C) 受控源；(D) 负载。

答案：**B**

La3A2017 变压器运行时外加的一次电压可比额定电压高，但一般不高于额定电压的（ ）。

(A) 1；(B) 1.1；(C) 1.15；(D) 1.05。

答案：D

La3A2018 变压器运行电压一般不应高于该运行分接头额定电压的（ ）。

(A) 120％；(B) 115％；(C) 110％；(D) 105％。

答案：D

La3A2019 变压器油枕的容量约为变压器油量的（ ）。

(A) 5％～8％；(B) 8％～10％；(C) 10％～12％；(D) 9％～11％。

答案：B

La3A2020 变压器油温表测量的温度是指（ ）。

(A) 绕组温度；(B) 铁芯温度；(C) 上层油的平均温度；(D) 下层油的平均温度。

答案：C

La3A2021 在变压器电源电压高于额定值时，铁芯中的损耗会（ ）。

(A) 减少；(B) 不变；(C) 增大；(D) 无规律变化。

答案：C

La3A2022 （ ）变压器一、二次绕组之间既有磁的联系，又有电的联系。

(A) 普通；(B) 自耦；(C) 大型；(D) 小型。

答案：B

La3A2023 电流速断保护，一般能保护线路（ ）。

(A) 延伸至下段线路末；(B) 一部分；(C) 延伸至下段线路出口；(D) 全长。

答案：B

La3A2024 系统频率下降时，负荷吸取的有功功率（ ）。

(A) 随着下降；(B) 随着升高；(C) 不变。

答案：A

La3A2025 所谓母线充电保护是（ ）。

(A) 母线故障的后备保护； (B) 利用母线上任一断路器给母线充电时的保护；(C) 利用母联断路器给另一母线充电时的保护。

答案：C

La3A3026 有名值与标幺值之间的关系（　　）。

（A）有名值＝标幺值/基准值（与有名值同单位）；（B）标幺值＝有名值/基准值（与有名值同单位）；（C）标幺值＝基准值（与有名值同单位）/有名值；（D）基准值＝标幺值/有名值。

答案：B

La3A3027 两台额定功率相同，但额定电压不同的用电设备，若额定电压为 110V 设备的电阻值为 R，则额定电压为 220V 设备的电阻值为（　　）。

（A）2R；（B）R/2；（C）4R；（D）R/4。

答案：C

La3A3028 对于二次侧的负荷来说，可以认为电压互感器是（　　）。

（A）电压源，内阻视为零；（B）电流源，内阻视为无穷大；（C）电流源，内阻视为零；（D）电压源，内阻视为无穷大。

答案：A

La3A3029 电压互感器的精度一般与（　　）有关。

（A）电压比误差；（B）相角误差；（C）变比误差；（D）二次阻抗。

答案：A

La3A3030 电压互感器二次短路会使一次（　　）。

（A）电压升高；（B）电压降低；（C）熔断器熔断；（D）电压不变。

答案：C

La3A3031 电压互感器二次负载变大时，二次电压（　　）。

（A）变大；（B）变小；（C）基本不变；（D）不一定变化。

答案：C

La3A3032 电流互感器铁芯内的交变主磁通是由（　　）产生的。

（A）一次绕组两端电压；（B）二次绕组内通过的电流；（C）一次绕组内通过的电流；（D）一次和二次电流共同。

答案：C

La3A3033 变压器在额定电压下，二次开路时在铁芯中消耗的功率为（　　）。

（A）铜损；（B）无功损耗；（C）铁损；（D）负荷损耗。

答案：C

La3A3034 某条 110kV 线路的允许负荷电流为 300A，则当线路功率因数为 0.9 时，允许输送的有功值约为（　　）MW。

(A) 57；(B) 51；(C) 33；(D) 30。

答案：**B**

La3A3035 （ ） 试验可以求得短路阻抗 Z_k。

(A) 空载加压；(B) 短路；(C) 升压；(D) 局部放电。

答案：**B**

La3A3036 电流互感器的不完全星形接线，在运行中（ ） 故障。

(A) 不能反映所有的接地；(B) 能反映各种类型的接地；(C) 仅反映单相接地；(D) 不能反映三相短路。

答案：**A**

La3A3037 变压器过载能力系指在一定冷却条件下，能够维持本身的正常寿命而变压器不受损害的（ ）。

(A) 最小负荷；(B) 额定负荷；(C) 最大负荷；(D) 正常负荷。

答案：**C**

La3A3038 电网电压、频率、功率发生瞬间下降或上升后立即恢复正常称（ ）。

(A) 波动；(B) 振荡；(C) 谐振；(D) 正常。

答案：**A**

La3A4039 电流表和电压表串联附加电阻后，（ ） 能扩大量程。

(A) 仅电流表；(B) 仅电压表；(C) 都不能；(D) 都能。

答案：**B**

La3A4040 某交流电流的表达式为 $I = 40\sin（15\pi t + 2\pi/3）$ A，则其初相位为 （ ） rad。

(A) 28.25；(B) 40；(C) $15\pi t$；(D) $2\pi/3$。

答案：**D**

La3A4041 在线性电路中，系统发生不对称短路时，将网络中出现的三相不对称的电压和电流，分解为（ ） 三组对称分量。

(A) 正、负、零序；(B) 幅值、频率、初相；(C) 相序、频率、幅值；(D) 电压、电流、功率。

答案：**A**

La3A4042 电流互感器是（ ）。

(A) 电压源，内阻视为零；(B) 电流源，内阻视为无穷大；(C) 电流源，内阻视为零；(D) 电压源，内阻视为无穷大。

答案：**B**

La3A5043　(　　) 是比较被保护线路两侧工频电流相位的高频保护。当两侧故障电流相位相同时保护被闭锁，两侧电流相位相反时保护动作跳闸。

(A) 相差高频保护；(B) 方向高频保护；(C) 高频闭锁距离保护；(D) 高频闭锁距离保护。

答案：**A**

Lb3A1044　交流电流表或交流电压表指示的数值是 (　　)。

(A) 平均值；(B) 最大值；(C) 有效值；(D) 瞬时值。

答案：**C**

Lb3A1045　交流电路中常用 P、Q、S 表示有功功率、无功功率、视在功率，而功率因数是指 (　　)。

(A) Q/P；(B) P/S；(C) Q/S；(D) P/Q。

答案：**B**

Lb3A1046　继电保护 (　　) 是指保护该动作时应动作，不该动作时不动作。

(A) 可靠性；(B) 选择性；(C) 灵敏性；(D) 速动性。

答案：**A**

Lb3A1047　反映电力线路电流增大而动作的保护是 (　　)。

(A) 小电流保护；(B) 过电流保护；(C) 零序电流保护；(D) 过负荷保护。

答案：**B**

Lb3A1048　变压器在电力系统中的作用是 (　　) 电能。

(A) 产生；(B) 传输；(C) 消耗；(D) 生产。

答案：**B**

Lb3A1049　正常运行的变压器中性点接地属于 (　　)。

(A) 工作接地；(B) 保护接地；(C) 故障接地；(D) 都不对。

答案：**A**

Lb3A1050　电压互感器的作用是 (　　)。

(A) 升压；(B) 变压；(C) 变流；(D) 计量。

答案：**B**

Lb3A1051 电容器的无功输出功率与电容器的电容（　　）。

（A）成反比；（B）成正比；（C）成比例；（D）不成比例。

答案：B

Lb3A1052 电流互感器的作用是（　　）。

（A）升压；（B）降压；（C）调压；（D）变流。

答案：D

Lb3A1053 日负荷率是指在 24 小时内的平均负荷与（　　）的比值。

（A）最大负荷；（B）最小负荷；（C）平均负荷；（D）早峰负荷。

答案：A

Lb3A1054 UPS 是（　　）。

（A）可靠电源；（B）不间断电源；（C）直流电源；（D）稳压电源。

答案：B

Lb3A1055 EMS 是指（　　）。

（A）电力管理系统；（B）能量管理系统；（C）电子管理系统；（D）信息管理系统。

答案：B

Lb3A1056 SCADA 是指（　　）。

（A）数据扫描与监控系统；（B）仿真控制与调度系统；（C）数据采集与监控系统；（D）仿真控制与监控系统。

答案：C

Lb3A2057 保护安装处到整定点之间的阻抗为（　　）。

（A）整定阻抗；（B）动作阻抗；（C）测量阻抗；（D）负荷阻抗。

答案：A

Lb3A2058 继电保护装置将包括测量部分和定值调整部分、逻辑部分和（　　）。

（A）执行部分；（B）判断部分；（C）采样部分；（D）传输部分。

答案：A

Lb3A2059 为了限制故障的扩大，减轻设备的损坏，提高系统的稳定性，要求继电保护装置具有（　　）。

（A）灵敏性；（B）速动性；（C）可靠性；（D）选择性。

答案：B

Lb3A2060 将（　　）保护组合在一起，构成阶段式电流保护。

（A）电流速断保护、零序电流速断保护和过电流；（B）电流速断保护、距离保护和过电流；（C）高频保护、距离保护和零序电流；（D）电流速断保护、限时电流速断保护和过电流。

答案：D

Lb3A2061 定时限过流保护动作值按躲过线路（　　）电流整定。

（A）最大负荷；（B）平均负荷；（C）未端短路；（D）出口短路。

答案：A

Lb3A2062 短时限的电流速断保护可以保护（　　）故障。

（A）电容器组和断路器之间连接线短路；（B）电容器内部故障及其引出线短路；（C）电容器组过电压；（D）电容器组的单相接地故障。

答案：A

Lb3A2063 单电源线路电流速断保护范围是不小于（　　）。

（A）线路的10％；（B）线路的20％～50％；（C）线路的70％；（D）线路的90％。

答案：A

Lb3A2064 单电源线路速断保护的保护范围是（　　）。

（A）线路的10％；（B）线路的20％～50％；（C）线路的60％；（D）约为线路的70％。

答案：B

Lb3A2065 线路过电流保护的启动电流整定值是按该线路的（　　）整定。

（A）负荷电流；（B）最大负荷；（C）大于允许的过负荷电流；（D）出口短路电流。

答案：C

Lb3A2066 限时电流速断保护，一般能保护（　　）。

（A）延伸至下段线路末；（B）线路的80％；（C）线路的95％；（D）延伸至下段线路出口。

答案：D

Lb3A2067 距离保护是以距离（　　）元件作为基础构成的保护装置。

（A）测量；（B）启动；（C）振荡闭锁；（D）逻辑。

答案：A

Lb3A2068 变压器短路试验，可测出变压器的（　　）。

（A）铁损；（B）铜损；（C）变比。

答案：B

Lb3A2069 变压器线圈或上层油面的温度与变压器所在环境温度之差，称为线圈或上层油面的（　　）。

（A）温升；（B）温差；（C）温降；（D）测温。

答案：A

Lb3A2070 变压器的温升是指（　　）。

（A）一、二次线圈的温度之差；（B）线圈与上层油面温度之差；（C）变压器上层油温与变压器周围环境的温度之差；（D）线圈与变压器周围环境的温度之差。

答案：C

Lb3A2071 变压器油在变压器内的作用为（　　）。

（A）绝缘冷却；（B）灭弧；（C）防潮；（D）隔离空气。

答案：A

Lb3A2072 变压器励磁涌流可达变压器额定电流的（　　）倍。

（A）6～8；（B）1～2；（C）10～12；（D）14～16。

答案：A

Lb3A2073 变压器按中性点绝缘水平分类时，中性点绝缘水平与端部绝缘水平相同叫（　　）。

（A）全绝缘；（B）半绝缘；（C）两者都不是；（D）不绝缘。

答案：A

Lb3A2074 并联运行的变压器容量比一般不超过（　　）。

（A）4：1；（B）5：1；（C）3：1；（D）2：1。

答案：C

Lb3A2075 在阻抗三角形中，阻抗角指的是（　　）之间的夹角。

（A）R 与 Z；（B）X 与 Z；（C）R 与 X；（D）R 与 $R+X$。

答案：A

Lb3A2076 电流互感器产生误差的原因是（　　）。

（A）励磁电流；（B）二次电流；（C）一次电流；（D）短路电流。

答案：A

Lb3A2077 装机容量在 3000MW 及以上电力系统，频率偏差超出（   ）Hz，即可视为电网频率异常。

（A）50±0.1；（B）50±0.15；（C）50±0.2；（D）50±0.5。

答案：C

Lb3A2078 （   ）是电力系统中无功功率的主要消耗者。

（A）发电机；（B）异步电动机；（C）输电线路；（D）变压器。

答案：B

Lb3A2079 电力系统在运行中发生短路故障时，通常伴随着电流（   ）。

（A）大幅上升；（B）急剧下降；（C）越来越稳定；（D）不受影响。

答案：A

Lb3A2080 电力系统在运行中发生短路故障时，通常伴随着电压（   ）。

（A）大幅度上升；（B）急剧下降；（C）越来越稳定；（D）不受影响。

答案：B

Lb3A2081 电力线路上因瞬间故障而开关跳闸，能迅速直接恢复电力线路供电的自动装置是（   ）。

（A）自动重合闸；（B）备用电源自动投入；（C）同步发电机自动并列；（D）自动按频率减负荷。

答案：A

Lb3A2082 由雷电引起的过电压称为（   ）。

（A）内部过电压；（B）操作过电压；（C）工频过电压；（D）大气过电压。

答案：D

Lb3A2083 短路电流的冲击值主要用来检验电气设备的（   ）。

（A）绝缘性能；（B）热稳定；（C）动稳定；（D）机械性能。

答案：C

Lb3A2084 选择断路器遮断容量应根据其安装处（   ）来决定。

（A）变压器容量；（B）最大负荷；（C）最大短路电流；（D）最小短路电流。

答案：C

Lb3A3085 潮流计算是计算（   ）过程。

（A）暂态；（B）动态；（C）稳态；（D）准稳态。

答案：C

Lb3A3086 只有发生（　　），零序电流才会出现。

（A）相间故障；（B）振荡；（C）不对称接地故障或非全相运行时；（D）短路。

答案：**C**

Lb3A3087 对电力系统稳定运行的影响最小的故障是（　　）。

（A）单相接地；（B）两相短路；（C）两相接地短路；（D）三相短路。

答案：**A**

Lb3A3088 发生三相对称短路时，短路电流中包含（　　）分量。

（A）正序；（B）负序；（C）零序；（D）负荷电流。

答案：**A**

Lb3A3089 系统发生两相短路，短路点距离母线远近与母线上负序电压值的关系是（　　）。

（A）与故障点的位置无关；（B）故障点越远负序电压越高；（C）故障点越近负序电压越高；（D）以上都有可能。

答案：**C**

Lb3A3090 由测量仪表、继电器、控制及信号器等设备连接成的回路称为（　　）。

（A）保护回路；（B）二次回路；（C）仪表回路；（D）远动回路。

答案：**B**

Lb3A3091 当系统发生故障时，正确地跳开离故障点最近的断路器，是继电保护的（　　）的体现。

（A）快速性；（B）选择性；（C）可靠性；（D）灵敏性。

答案：**B**

Lb3A3092 当主保护或断路器拒动时，用来切除故障的保护被称作（　　）。

（A）主保护；（B）后备保护；（C）辅助保护；（D）异常运行保护。

答案：**B**

Lb3A3093 过流保护加装复合电压闭锁可以（　　）。

（A）加快保护动作时间；（B）增加保护选择性；（C）提高保护的灵敏度；（D）延长保护范围。

答案：**C**

Lb3A3094 在电力线路阶段式保护中，要求保护范围为被保护线路的全长，但同时不得超出相邻下一段线路首端太远。这属于阶段式保护的（　　）。

（A）相间Ⅰ段；（B）相间Ⅱ段；（C）相间Ⅲ段；（D）相间Ⅳ段。

答案：B

Lb3A3095 距离Ⅱ段定值（ ）整定。

（A）按线路末端有一定灵敏度考虑；（B）按线路全长80％；（C）按最大负荷；（D）最小负荷。

答案：A

Lb3A3096 距离保护Ⅱ段的时间（ ）。

（A）比距离一段加一个延时 Δt；（B）比相邻线路的一段加一个延时 Δt；（C）固有动作时间加延时 Δt；（D）固有分闸时间。

答案：B

Lb3A3097 失灵保护的特点是（ ）。

（A）一种近后备保护；（B）一种远后备保护；（C）不与线路保护配合；（D）开关本体的保护。

答案：A

Lb3A3098 纵差保护的范围是（ ）。

（A）本线路全长；（B）相邻一部分；（C）本线路全长及下一段线路的一部分；（D）相邻线路。

答案：A

Lb3A3099 高频阻波器所起的作用是（ ）。

（A）限制短路电流；（B）补偿接地电流；（C）阻止高频电流向变电站母线分流；（D）增加通道衰耗。

答案：C

Lb3A3100 为了使方向阻抗继电器工作在（ ）状态下，要求将该阻抗继电器的最大灵敏角设定为等于线路阻抗角。

（A）最佳选择性；（B）最灵敏；（C）最快速；（D）最可靠。

答案：B

Lb3A3101 下列保护中，属于后备保护的是（ ）。

（A）变压器差动保护；（B）瓦斯保护；（C）光纤差动保护；（D）复合电压闭锁过流保护。

答案：D

Lb3A3102　线路两侧的纵差保护必须同时投、停，当线路任一侧开关断开时，纵差保护（　　）。

（A）可不停用；（B）停用；（C）一侧停用、一侧运行；（D）投信号。

答案：A

Lb3A3103　三绕组降压变压器绕组由里向外排列顺序（　　）。

（A）高压，中压，低压；（B）低压，中压，高压；（C）中压，低压，高压；（D）低压，高压，中压。

答案：B

Lb3A3104　在变压器有载分接开关中，过渡电阻的作用是（　　）。

（A）限制分头间的过电压；（B）熄弧；（C）限制切换过程中的循环电流；（D）限制切换过程中的负荷电流。

答案：C

Lb3A3105　变压器的经济运行点为（　　）。

（A）空载运行时；（B）额定状态下；（C）铜损等于铁损时；（D）60%额定负荷时。

答案：C

Lb3A3106　变压器的励磁涌流在（　　）时最大。

（A）外部故障；（B）内部故障；（C）空载投入；（D）负荷变化。

答案：C

Lb3A3107　变压器的温度升高时，绝缘电阻测量值（　　）。

（A）增大；（B）降低；（C）不变；（D）以上都有可能。

答案：B

Lb3A3108　当变压器外部故障时，有较大的穿越性短路电流流过变压器，这时变压器的差动保护（　　）。

（A）立即动作；（B）延时动作；（C）不应动作；（D）短路时间长短而定。

答案：C

Lb3A3109　电压互感器二次熔丝熔断时间应（　　）。

（A）小于保护动作时间；（B）大于保护动作时间；（C）等于保护动作时间；（D）等于断路器跳闸时间。

答案：A

Lb3A3110 测量电流互感器极性的目的是为了（ ）。

（A）满足负载的要求；（B）保证外部接线正确；（C）提高保护装置动作的灵敏度；（D）保证向量检查的正确。

答案：B

Lb3A3111 关于电流互感器的不完全星形接线，下列说法正确的是（ ）。

（A）能反映三相短路；（B）能反映各种类型的接地；（C）仅反映单相接地；（D）不能反映相间短路。

答案：A

Lb3A3112 电流互感器的电流误差，一般规定不应超过（ ）。

（A）5％；（B）10％；（C）15％；（D）20％。

答案：B

Lb3A3113 电压互感器二次接地属于（ ）。

（A）工作接地；（B）保护接地和工作接地；（C）故障接地；（D）都不对。

答案：B

Lb3A3114 电流互感器极性对（ ）无影响。

（A）距离保护；（B）方向保护；（C）电流速断保护；（D）差动保护。

答案：C

Lb3A3115 中性点不直接接地的系统中，欠补偿是指补偿后电感电流（ ）电容电流。

（A）大于；（B）小于；（C）等于。

答案：B

Lb3A3116 大电流接地系统中，发生单相接地故障，故障点距母线远近与母线上零序电压值的关系是（ ）。

（A）与故障点位置无关；（B）故障点越远零序电压越高；（C）故障点越远零序电压越低；（D）以上说法均不正确。

答案：C

Lb3A3117 大电流接地系统中，任何一点发生单相接地时，零序电流等于通过故障点电流的（ ）倍。

（A）2；（B）1.5；（C）0.33；（D）3。

答案：C

Lb3A3118 超高压输电线路单相跳闸熄弧较慢是由于（　　　）。

（A）短路电流小；（B）单相跳闸慢；（C）断路器熄弧能力差；（D）潜供电流影响。

答案：D

Lb3A3119 （　　　）方式是指在电源允许偏差范围内，供电电压的调整使高峰负荷时的电压值低于低谷负荷时的电压值。

（A）顺调压；（B）恒调压；（C）逆调压；（D）手动调压。

答案：A

Lb3A3120 电力系统振荡时系统三相是（　　　）的。

（A）对称；（B）不对称；（C）完全不对称；（D）基本不对称。

答案：A

Lb3A3121 电网频率的标准是50Hz，频率偏差不得超过（　　　）Hz。在AGC投运情况下，电网频率偏差按（　　　）Hz控制。

（A）±0.2、±0.1；（B）±0.1、±0.1；（C）±0.1、±0.05；（D）±0.2、±0.05。

答案：A

Lb3A3122 装机容量在3000MW及以上电力系统，频率偏差超出（　　　）Hz，延续时间（　　　）以上，构成事故。

（A）50±0.2，1h；（B）50±0.2，30min；（C）50±0.5，10min；（D）50±0.5，1h。

答案：B

Lb3A3123 低周减载装置能起（　　　）作用。

（A）防止电压波动；（B）防止频率崩溃；（C）防止系统振荡；（D）防止串联谐振。

答案：B

Lb3A3124 电力系统的安全自动装置有低频、低压解列装置、大电流联切装置、切机装置和（　　　）等。

（A）纵差保护；（B）低频、低压减负荷装置；（C）失灵保护。

答案：B

Lb3A3125 电力系统一般事故备用容量为系统最大负荷的（　　　）。

（A）2%～5%；（B）3%～5%；（C）5%～10%；（D）5%～8%。

答案：C

Lb3A3126 电力系统在很小的干扰下，能独立地恢复到它初始运行状况的能力，称为（　　　）。

（A）暂态稳定；（B）静态稳定；（C）系统的抗干扰能力；（D）动态稳定。

答案：B

Lb3A3127 电力系统各节点电压主要取决于（　　）。

（A）有功负荷的供需平衡；（B）无功负荷的供需平衡；（C）有功和无功负荷的供需平衡；（D）网络结构。

答案：C

Lb3A3128 关于不对称运行给系统带来的影响最正确的是（　　）。

（A）谐波、负序、零序；（B）负序、零序；（C）谐波、负序；（D）谐波、零序。

答案：B

Lb3A3129 变电站的母线电量不平衡率，一般要求不超过（　　）。

（A）±（5%～8%）；（B）±（2%～5%）；（C）±（1%～5%）；（D）±（1%～2%）。

答案：D

Lb3A4130 发生两相短路时，短路电流中含有（　　）分量。

（A）仅正序；（B）仅负序；（C）正序和负序；（D）正序和零序。

答案：C

Lb3A4131 凡采用保护接零的供电系统，其中性点接地电阻不得超过（　　）。

（A）5Ω；（B）4Ω；（C）3Ω；（D）2Ω。

答案：B

Lb3A4132 大电流接地系统中，发生接地故障时，零序电压在（　　）。

（A）接地短路点最高；（B）变压器中性点最高；（C）发电机中性点最高；（D）各处相等。

答案：A

Lb3A4133 同一地点发生以下各类型的故障时，故障点正序电压最小的是（　　）。

（A）单相短路；（B）两相短路；（C）两相接地短路；（D）三相短路。

答案：D

Lb3A4134 小电流接地系统发生单相接地故障时，接地点将通过接地线路对应电压等级电网的全部对地（　　）电流。

（A）负序；（B）非线性；（C）电感；（D）电容。

答案：D

Lb3A4135 当不接地系统的电力线路发生单相接地故障时，在接地点会（　　）。

（A）产生一个高电压；（B）通过很大的短路电流；（C）通过正常负荷电流；（D）通

过电容电流。

答案：D

Lb3A4136 线路非全相运行时，负序电流的大小与负荷电流的大小关系为（　　　）。

（A）相等；（B）成正比；（C）成反比；（D）无关。

答案：B

Lb3A4137 小电流接地系统中，当发生 A 相金属性接地时，下列说法不正确的是
（　　　）。

（A）非故障相对地电压都升高到 1.73 倍；（B）A 相对地电压为零；（C）相间电压保持不变；（D）BC 相间电压保持不变，AC 及 AB 相间电压则下降。

答案：D

Lb3A4138 在以下设备中，对于（　　　），其负序电抗和正序电抗是不同的。

（A）变压器；（B）电容器；（C）发电机；（D）电抗器。

答案：C

Lb3A4139 在装有并联电抗器的线路中，为了限制潜供电流及恢复电压，可采用加装高压并联电抗器（　　　）的方法，减小潜供电流和恢复电压。

（A）中性点电阻；（B）中性点电抗；（C）中性点电容；（D）中性点避雷器。

答案：B

Lb3A4140 相邻元件有配合关系的保护段，要完全满足选择性的要求，应做到
（　　　）。

（A）保护范围配合；（B）保护动作时限配合；（C）保护范围及动作时限均配合；
（D）快速动作。

答案：C

Lb3A4141 在很短线路的保护中，宜选用的保护是（　　　）。

（A）三段式保护；（B）Ⅱ、Ⅲ段保护；（C）Ⅰ段保护；（D）Ⅱ段保护。

答案：B

Lb3A4142 重合闸时间是指（　　　）。

（A）重合闸启动开始记时，到合闸脉冲发出终止；（B）重合闸启动开始记时，到断路器合闸终止；（C）合闸脉冲发出开始记时，到断路器合闸终止；（D）以上说法都不对。

答案：A

Lb3A4143 断路器失灵保护属于（　　）。

（A）主保护；（B）远后备保护；（C）近后备保护；（D）辅助保护。

答案：C

Lb3A4144 根据 220kV 及以上电网继电保护整定计算的基本原则和规定，对于 220kV 及以上电压电网的线路继电保护一般都采用（　　）原则。

（A）近后备；（B）远后备；（C）以近后备为主、远后备为辅；（D）以远后备为主、近后备为辅。

答案：A

Lb3A4145 为了防止差动继电器误动作或误碰出口中间继电器造成母线保护误动作，应采用（　　）。

（A）电流闭锁元件；（B）电压闭锁元件；（C）距离闭锁元件；（D）振荡闭锁元件。

答案：B

Lb3A4146 鉴别波形间断角的差动保护，是根据变压器（　　）波形特点为原理的保护。

（A）外部短路电流；（B）负荷电流；（C）励磁涌流；（D）差动电流。

答案：C

Lb3A4147 自耦变压器中性点必须接地，这是为了避免当高压侧电网内发生单相接地故障时，（　　）。

（A）高压侧出现过电压；（B）中压侧出现过电压；（C）高压侧、中压侧都出现过电压；（D）低压侧出现过电压。

答案：B

Lb3A4148 运行中的电流互感器，当一次电流在未超过额定值 1.2 倍时，电流增大，误差（　　）。

（A）不变；（B）增大；（C）变化不明显；（D）减小。

答案：D

Lb3A4149 超高压线路单相接地故障时，潜供电流产生的原因是（　　）。

（A）线路上残存电荷；（B）线路上残存电压；（C）线路上电容和电感耦合；（D）开关断口电容。

答案：C

Lb3A4150 电力系统频率可以（　　）调整控制，而电压不能。

（A）单独；（B）分散；（C）集中；（D）分区。

答案：C

Lb3A4151 当线路发生故障后，保护有选择性的动作切除故障，重合闸进行一次重合以恢复供电。若重合于永久性故障时，保护装置即不带时限无选择性的动作断开断路器，这种方式称为（　　）。

（A）重合闸前加速；（B）重合闸后加速；（C）闭锁重合闸；（D）以上皆不对。

答案：B

Lb3A4152 下面不属于操作过电压的是（　　）。

（A）空载长线路的电容效应引起的过电压；（B）切除空载变压器引起的过电压；（C）切除空载线路引起的过电压；（D）空载线路合闸时引起的过电压。

答案：A

Lb3A4153 不属于谐振过电压的是（　　）。

（A）同步谐振过电压；（B）线性谐振过电压；（C）铁磁谐振过电压；（D）参数谐振过电压。

答案：A

Lb3A4154 电力系统发生振荡时，电气量的变化速度是（　　）。

（A）突变的；（B）逐渐的；（C）不变的；（D）线性变化。

答案：B

Lb3A4155 电力系统发生振荡时，各点电压和电流（　　）。

（A）变化速度较快；（B）均会发生突变；（C）电压做往复性摆动；（D）均做往复性摆动。

答案：D

Lb3A4156 当线路输送自然功率时，线路产生的无功（　　）线路吸收的无功。

（A）大于；（B）等于；（C）小于；（D）大于等于。

答案：B

Lb3A4157 空载高压长线路的末端电压（　　）首端电压。

（A）低于；（B）等于；（C）高于。

答案：C

Lb3A5158 为了减小两点间的地电位差，二次回路的接地点应当离一次接地点有不小于（　　）m的距离。

（A）1～3；（B）2～4；（C）3～5；（D）4～6。

答案：C

Lb3A5159 当功率变送器电流极性接反时，主站会观察到功率（   ）。

（A）显示值与正确值误差较大；（B）显示值与正确值大小相等，方向相反；（C）显示值为 0；（D）显示值为负数。

答案：B

Lb3A5160 距离保护（或零序方向电流保护）的第Ⅰ段按照躲过本线路末端短路整定是为了（   ）。

（A）保证本保护在本线路出口短路时能瞬时动作跳闸；（B）防止本保护在相邻线路出口短路时误动；（C）在本线路末端短路只让本侧的纵联保护瞬时动作跳闸；（D）预留给Ⅱ段一定的保护范围。

答案：B

Lb3A5161 对于距离保护振荡闭锁回路（   ）。

（A）先故障而后振荡时保护不致无选择动作；（B）先故障而后振荡时保护可以无选择动作；（C）先振荡而后故障时保护可以不动作；（D）先振荡而后故障时保护可以无选择动作。

答案：A

Lb3A5162 单侧电源线路的自动重合闸装置必须在故障切除后，经一定时间间隔才允许发出合闸脉冲，这是因为（   ）。

（A）需要保护配合；（B）故障点要有足够的去游离时间；（C）阻止多次重合；（D）断路器消弧。

答案：B

Lb3A5163 断路器失灵保护是（   ）。

（A）一种近后备保护，当故障元件的保护拒动时，可依靠该保护切除故障点；（B）一种远后备保护，当故障元件的断路器拒动时，必须依靠故障元件本身保护的动作信号启动失灵保护以切除故障点；（C）一种近后备保护，当故障元件的断路器拒动时，可依靠该保护隔离故障点；（D）一种远后备保护，当故障元件的断路器拒动时，可依靠该保护隔离故障点。

答案：C

Lb3A5164 双母线接线的变电站，当线路故障开关拒动，失灵保护动作（   ）。

（A）先跳开母联开关，再跳开失灵开关所在母线的其他出线开关；（B）先跳开失灵开关所在母线的其他出线开关，再跳开母联开关；（C）同时跳开母联开关和失灵开关所在母线的其他出线开关；（D）跳开该站所有出线开关。

答案：A

Lb3A5165 闭锁式纵联保护跳闸的必要条件是（　　　）。

（A）正方向元件动作，反方向元件不动作，没收到过闭锁信号；（B）正方向元件动作，反方向元件不动作，收到过闭锁信号；（C）正、反方向元件都动作，没收到过闭锁信号；（D）正、反方向元件都不动作，没收到过闭锁信号。

答案：A

Lb3A5166 电压互感器与电力变压器的区别在于（　　　）。

（A）电压互感器有铁芯、变压器无铁芯；（B）电压互感器无铁芯、变压器有铁芯；（C）电压互感器主要用于测量和保护，变压器用于连接两电压等级的电网；（D）变压器的额定电压比电压互感器高。

答案：C

Lb3A5167 电流互感器二次回路接地点的正确设置方式是（　　　）。

（A）每个电流互感器二次回路必须有一个单独的接地点；（B）所有电流互感器二次回路接地点均设置在电流互感器端子箱内；（C）电流互感器的二次侧只允许有一个接地点，对于多组电流互感器相互有联系的二次回路接地点应设在保护盘上；（D）电流互感器的二次侧允许有两个接地点，对于多组电流互感器相互有联系的二次回路接地点应设在保护盘上。

答案：C

Lb3A5168 电力系统振荡时，接地故障点的零序电流将随振荡角的变化而变化。当故障点越靠近震荡中心，零序电流变化幅度（　　　）。

（A）越大；（B）越小；（C）不变；（D）以上都有可能。

答案：A

Lb3A5169 电力系统的频率特性是由系统的（　　　）负荷平衡决定的，在非振荡情况下，同一电力系统的稳态频率是相同的。因此，系统频率可以集中调整控制。

（A）电压；（B）电流；（C）有功；（D）无功。

答案：C

Lb3A5170 防止频率崩溃，下列措施无效的是（　　　）。

（A）保证足够的旋转备用；（B）水电机组低频自启动；（C）采用低频率自动减负荷装置；（D）调整负荷分配。

答案：D

Lb3A5171 对关联输电断面稳定限额的制订，应按照（　　　）的原则，由上级调控机构统筹管理。

（A）下级服从上级；（B）上下级协调配合；（C）上下级统筹；（D）协调一致。

答案：A

Lb3A5172 对于电磁环网运行，下列说法正确的是（　　）。

（A）网络尚不完善时，有利于提高重要负荷的供电可靠性；（B）有利于系统热稳定；（C）有利于系统动稳定；（D）有利于经济运行。

答案：A

Lb3A5173 比率制动的差动继电器，设置比率制动原因是（　　）。

（A）提高内部故障时保护动作的可靠性；（B）使继电器动作电流随外部不平衡电流增加而提高；（C）使继电器动作电流不随外部不平衡电流增加而提高；（D）提高保护动作速度。

答案：B

Lb3A5174 电力系统中（　　）功率是从电压幅值高的一端流向低的一端，（　　）功率是从相角超前的一端流向相角滞后的一端。

（A）有功，无功；（B）无功，有功；（C）有功，有功；（D）无功，无功。

答案：B

Lc3A1175 电容器中储存的能量是（　　）。

（A）热能；（B）机械能；（C）磁场能；（D）电场能。

答案：D

Lc3A1176 产生电压崩溃的原因为（　　）。

（A）有功功率严重不足；（B）无功功率严重不足；（C）系统受到小的干扰；（D）系统发生短路。

答案：B

Lc3A1177 接地网除了起着保护接地的作用外，还有主要起（　　）作用。

（A）设备放电；（B）构成回路；（C）作为零电压；（D）工作接地。

答案：D

Lc3A1178 继电保护整定计算应以（　　）作为依据。

（A）常见的运行方式；（B）被保护设备相邻的一回线或一个元件的正常检修方式；（C）故障运行方式；（D）不正常运行方式。

答案：A

Lc3A2179 把三相变压器的三个绕组的末端 X、Y、Z 联接在一起，而从它们的三个首端 A、B、C 引出的结线方式便是（　　）联接。

（A）星形；（B）三角形；（C）圆形；（D）扇形。

答案：A

Lc3A2180 变压器阻抗电压是变压器的重要参数之一，它是通过变压器（　　）而得到的。

A 冲击试验；（B）短路试验；（C）带负荷试验；（D）空载试验。

答案：B

Lc3A2181 （　　）是系统中有功功率的主要生产者。

（A）输电线路；（B）异步电动机；（C）变压器；（D）发电机。

答案：D

Lc3A2182 电力系统中重要的电压支撑节点称为电压（　　）。

（A）中枢点；（B）监测点；（C）控制点；（D）考核点。

答案：A

Lc3A2183 电力系统无功容量不足必将引起电压（　　）。

（A）普遍下降；（B）升高；（C）边远地区下降；（D）边远地也区升高。

答案：A

Lc3A2184 （　　）MW 以上发电设备年度检修计划经全网统筹后，按调管范围发布。

（A）600；（B）300；（C）200；（D）150。

答案：B

Lc3A3185 电力系统受到大扰动后，各同步电机保持同步运行并过渡到新的或恢复到原来稳态运行方式的能力称为（　　）。

（A）静态稳定；（B）暂态稳定；（C）动态稳定；（D）功角稳定。

答案：B

Lc3A3186 当电网发生稳定破坏时，应采用适当措施使之再同步，防止电网瓦解并尽量减小负荷损失。其中频率升高的发电厂，应立即自行降低出力，使频率下降，直到振荡消失或频率降到不低于（　　）。

（A）50.20Hz；（B）50.00Hz；（C）49.80Hz；（D）49.60Hz。

答案：C

Lc3A3187 负荷功率因数低造成的影响是（　　）。

（A）线路电压损失增大，有功损耗增大，发电设备仍能充分发挥作用；（B）线路电压损失增大，有功损耗减少，发电设备未能充分发挥作用；（C）线路电压损失增大，有功损耗增大，发电设备未能充分发挥作用；（D）线路电压损失减少，有功损耗减少，发电设备充分发挥作用。

答案：C

Lc3A3188　当设备发生接地故障时，跨步电压值与设备运行电压值（　　）。

（A）成正比；（B）成反比；（C）无关；（D）成平方正比。

答案：A

Lc3A3189　为增强继电保护的可靠性，重要变电站宜配置两套直流系统，以下不正确的是（　　）。

（A）正常时两套直流系统并列运行；（B）正常时两套直流系统分列运行；（C）两套直流系统同时运行互为备用；（D）正常情况下两套直流系统不得有电的联系。

答案：A

Lc3A3190　系统振荡时，系统中会产生（　　）。

（A）负序电流；（B）零序电流；（C）高次谐波；（D）都不是。

答案：D

Lc3A3191　系统振荡时三相是对称的（　　）。

（A）没有负序，但有零序分量；（B）有负序，但没有零序分量；（C）没有负序和零序分量；（D）有负序和零序分量。

答案：C

Lc3A3192　系统最长振荡周期一般按（　　）s 考虑。

（A）0.5；（B）1；（C）1.5；（D）2。

答案：C

Lc3A3193　下列保护属于后备保护的是（　　）。

（A）变压器差动保护；（B）气体保护；（C）高频闭锁零序保护；（D）断路器失灵保护。

答案：D

Lc3A3194　线路保护范围伸出相邻变压器其他侧母线时，保护动作时间的配合首先考虑（　　）。

（A）与变压器同电压侧指向变压器的后备保护的动作时间配合；（B）与变压器其他侧后备保护跳该侧断路器动作时间配合；（C）与所伸出母线的母线保护配合；（D）以上都不是。

答案：A

Lc3A3195 线路接地距离Ⅰ段按（　　）整定。

(A) $60\%Z_L$；(B) $70\%Z_L$；(C) $80\%Z_L$；(D) $90\%Z_L$。

答案：B

Lc3A3196 相间短路故障时，线电压中肯定没有的分量是（　　）。

(A) 二次谐波；(B) 正序电压；(C) 负序电压；(D) 零序电压。

答案：D

Lc3A3197 以下不能影响系统电压的因素是（　　）。

(A) 由于生产、生活、气象等因素引起的负荷变化；(B) 无功补偿容量的变化；(C) 大量照明负荷、电阻炉负荷的投退；(D) 系统运行方式的改变引起的功率分布和网络阻抗变化。

答案：C

Lc3A3198 站间通信异常时，如果要进行功率升降操作，应（　　）操作。

(A) 主控站；(B) 整流站；(C) 逆变站；(D) 逆变站或者整流站。

答案：B

Lc3A3199 智能变电站继电保护电压电流量可通过（　　）采集。

(A) 传统互感器或电子式互感器；(B) 仅传统互感器；(C) 仅电子式互感器；(D) 以上都不对。

答案：A

Lc3A3200 智能变电站继电保护装置采样值采用（　　）接入方式。

(A) 网络；(B) 交换机；(C) 点对点；(D) 总线。

答案：C

Lc3A3201 智能变电站全站通信网络采用（　　）。

(A) 以太网；(B) lonworks网；(C) FT3；(D) 232串口。

答案：A

Lc3A3202 智能变电站中，继电保护设备与本间隔智能终端之间通信应采用（　　）通信方式。

(A) GOOSE网络；(B) GOOSE点对点；(C) SV网络；(D) SV点对点。

答案：B

Lc3A4203 一台主变压器高压侧有功功率为80MW，无功功率为60MV·A。则其高压侧的视在功率为（　　）。

（A）60MV·A；（B）80MV·A；（C）100MV·A；（D）140MV·A。

答案：**C**

Lc3A4204 产生频率崩溃的原因为（　　）。

（A）有功功率严重不足；（B）无功功率严重不足；（C）系统受到小的干扰；（D）系统发生短路。

答案：**A**

Lc3A4205 电力系统电压主要取决于（　　）。

（A）有功和无功负荷的供需平衡；（B）无功负荷的供需平衡；（C）有功负荷的供需平衡；（D）网络结构。

答案：**A**

Lc3A4206 关于电压监测点的选择，错误的是（　　）。

（A）由于电压监测点是监测电力系统电压值和考核电压质量的节点，所以要有较大的代表性；（B）各个地区都应有一定数量的监测点，以保证监测点能完全反映电网整体电压情况；（C）电压中枢点是系统中重要的电压支撑节点，因此，电压中枢点必须作为电压监测点；（D）电压监测点的选择无需向中枢点的选择一样按照一定的原则，可以随机采样选择。

答案：**D**

Lc3A4207 同步发电机的功率因数滞后，其在送出有功功率的同时也送出无功功率，这种励磁工况叫作（　　）。

（A）过励磁；（B）欠励磁；（C）正励磁；（D）负励磁。

答案：**A**

Lc3A4208 变电站供电半径是指（　　）。

（A）变电站到其供电范围的边界的最大值；（B）变电站到其供电范围的边界的平均值；（C）变电站低压出线到其供电的最远负荷点之间的线路长度；（D）变电站供电范围的几何中心到边界的平均值。

答案：**D**

Lc3A4209 继电保护是以常见运行方式为主来进行整定计算和灵敏度校核的。所谓常见运行方式是指（　　）。

（A）正常运行方式下，任意一回线路检修；（B）正常运行方式下，与被保护设备相邻近的一回线路或一个元件检修；（C）正常运行方式下，与被保护相邻近一回线路检修并有另一回线路故障被切除。

答案：**B**

Lc3A4210 日前计划安全校核需要根据安全校核结果，针对（ ）断面越限情况，采取预控措施消除越限。

（A）基态潮流及 N-1 开断后潮流；（B）基态潮流；（C）N-1 开断后潮流；（D）N-2 开断后潮流 。

答案：A

Lc3A4211 线路装有两套纵联保护和一套后备保护，按照相关反措要点要求，保护的直流回路（ ）。

（A）必须由专用的直流熔断器供电；（B）应在两套纵联保护所用的直流熔断器中选用负荷较轻的供电；（C）既可由另一组专用直流熔断器供电，也可适当地分配到两套纵联保护所用的直流供电回路中；（D）应分别由专用的直流熔断器供电。

答案：C

Lc3A4212 以下属于影响系统无功的主要因素的是（ ）。

（A）变压器空载运行或处于低负载运行状态；（B）变电站接排方式设计不合理；（C）大量的电感性设备；（D）以上皆是。

答案：D

Lc3A4213 由于（ ）效应，超高压空载长线线路末端电压升高。在这种情况下投入空载变压器，由于铁芯的严重饱和，将感应出高幅值的高次谐波电压，严重威胁变压器绝缘。

（A）电容；（B）电感；（C）电阻；（D）集肤。

答案：A

Lc3A4214 整个电力二次系统原则上分为两个安全大区即（ ）。

（A）实时控制大区、生产管理大区；（B）生产控制大区、管理信息大区；（C）生产控制大区、生产应用大区；（D）实时控制大区、信息管理大区。

答案：B

Lc3A5215 关于电力系统的电压特性描述，错误的是（ ）。

（A）电力系统各节点的电压与网络结构（网络阻抗）没有多大关系；（B）电力系统各节点的电压主要取决于各区的有功和无功供需平衡情况；（C）电压不能全网集中统一调整，只能分区调整控制；（D）电力系统各节点的电压通常情况下是不完全相同的。

答案：A

Lc3A5216 低频低压解列装置一般不装设在（ ）。

（A）系统间联络线；（B）地区系统中从主系统受电的终端变电站母线联络断路器；（C）地区电厂的高压侧母线联络断路器；（D）地区系统中主要变电站的高压侧母线联络断路器。

答案：D

Jd3A1217 为加强电力生产现场管理，规范各类工作人员的行为，保证人身、（　　）和设备安全，依据国家有关法律、法规，结合电力生产的实际，制定《电力安全工作规程》。

（A）施工；（B）电网；（C）电力；（D）网络。

答案：B

Jd3A1218 风力大于（　　）级时，一般不宜进行带电作业。

（A）二；（B）三；（C）四；（D）五。

答案：D

Jd3A1219 《电力安全工作规程》要求，作业人员对《电力安全工作规程》应（　　）考试一次。

（A）每年；（B）两年；（C）三年。

答案：A

Jd3A1220 接地装置是指（　　　）。

（A）接地引下线；（B）接地体；（C）接地引下线和接地体的总和。

答案：C

Jd3A1221 新参加电气工作的人员、实习人员和临时参加劳动的人员（管理人员、临时工等），应经过安全知识教育后，方可下现场参加（　　）工作，并且不得单独工作。

（A）集体的；（B）指定的；（C）班组的。

答案：B

Jd3A1222 作业人员的基本条件规定，作业人员的体格检查每（　　）至少一次。

（A）一年；（B）两年；（C）三年；（D）四年。

答案：B

Jd3A1223 作业现场的生产条件和安全设施等应符合有关标准、规范的要求，工作人员的（　　）应合格、齐备。

（A）衣帽鞋；（B）劳动防护用品；（C）安全工器具；（D）作业装备。

答案：B

Jd3A1224 值班运行人员与调控员进行倒闸操作联系时，要首先互报（　　　）。

（A）单位；（B）值别；（C）姓名；（D）单位、姓名。

答案：D

Jd3A1225 电网调控机构分为（　　）级。

（A）三；（B）四；（C）五；（D）六。

答案：C

Jd3A1226 监控值班人员不宜连续值班超过（　　）h。

（A）12；（B）24；（C）20；（D）16。

答案：A

Jd3A1227 交接班期间发生电网或监控设备事故时，应终止交接班，由（　　）进行事故处理，待处理告一段落，方可继续交接班。

（A）交班值主导，接班值配合；（B）交班值；（C）接班值；（D）接班值主导，交班值配合。

答案：B

Jd3A1228 接班人员应提前（　　）min 到达调控大厅准备接班。

（A）5；（B）10；（C）15；（D）20。

答案：C

Jd3A1229 调度机构在调度业务上接受上级调度机构领导，内部实行（　　）。

（A）统一调度、统一管理；（B）统一调度、分级管理；（C）分级调度、统一管理；（D）分级调度、分级管理。

答案：B

Jd3A1230 安全生产工作应当以人为本，坚持安全发展，坚持（　　）的方针，强化和落实生产经营单位的主体责任，建立生产经营单位负责、职工参与、政府监管、行业自律和社会监督的机制。

（A）安全第一、预防为主、综合治理；（B）安全为主、预防为辅、统一治理；（C）注重防范，消除隐患，确保安全；（D）教育先导，技术保障，标本兼治。

答案：A

Jd3A1231 根据（　　）停电安排和电网运行情况，动态开展风险评估，及时发布电网运行风险预警。风险预警对应的工作任务结束后，按规定程序解除预警。

（A）季；（B）月；（C）周；（D）日。

答案：C

Jd3A1232 公司所属各级单位应与（　　）签订供用电合同，在合同中明确双方应承担的安全责任。

（A）发电企业；（B）供电企业；（C）电力用户；（D）分布式电源业主。

答案：C

Jd3A1233 任何（　　）不得阻挠和干涉对事故的依法调查处理。

（A）生产经营单位；（B）行政领导；（C）单位和个人；（D）业务关联部门。

答案：C

Jd3A1234 （　　）应对现场规程进行一次复查、修订，并书面通知有关人员。

（A）每年；（B）每两年；（C）每三年；（D）每五年。

答案：A

Jd3A1235 为了加强电力安全事故的（　　），规范电力安全事故的调查处理，控制、减轻和消除电力安全事故损害，制定《电力安全事故应急处置和调查处理条例》。

（A）调查；（B）应急处置工作；（C）处理工作；（D）善后工作。

答案：B

Jd3A1236 水电厂应按有关规定通过（　　）向相关调控机构提供水库调度运行信息。

（A）EMS 系统；（B）OMS 系统；（C）电能量管理系统；（D）水调自动化系统。

答案：D

Jd3A2237 在电气设备上工作，保证安全的组织措施是（　　）。

（A）工作安全责任制度；（B）工作保证制度；（C）工作票制度；（D）工作安全制度。

答案：C

Jd3A2238 待用间隔（母线连接排、引线已接上母线的备用间隔）应有名称、编号，并列入（　　）管辖范围。

（A）运行；（B）检修；（C）调度；（D）基建。

答案：C

Jd3A2239 设备（　　），现场运维人员应告知值班监控员，值班监控员应在一次系统图中检修设备上挂"检修"标示牌。

（A）检修工作许可开工前；（B）改检修后；（C）检修工作许可开工后；（D）改检修并执行完安措后。

答案：C

Jd3A2240 雨天操作室外高压设备时，绝缘棒应有（　　　），还应穿绝缘靴。

（A）防雨罩；（B）延长节；（C）尾部接地。

答案：A

Jd3A2241 成套接地线应用由透明护套的多股软铜线组成，其截面面积不得小于 $25mm^2$，同时应满足装设地点（　　　）的要求。

（A）短路电流；（B）最大负荷电流；（C）导线截面。

答案：A

Jd3A2242 单人值班的变电站操作时，运行人员根据发令人（　　　）传达的操作指令填用操作票，复诵无误。

（A）当面；（B）口头；（C）用电话。

答案：C

Jd3A2243 倒闸操作必须根据值班调度员或运行值班负责人的指令，受令人（　　　）后执行。

（A）记录清楚；（B）复诵无误；（C）填写操作票。

答案：B

Jd3A2244 倒闸操作的基本条件之一：操作（　　　）应具有明显的标志，包括：命名、编号、分合指示、旋转方向、切换位置的指示及设备相色等。

（A）机构；（B）设备；（C）系统；（D）间隔。

答案：B

Jd3A2245 倒闸操作的基本条件之一：有值班调度员、运行值班负责人正式发布的指令（规范的操作术语），并使用事先审核合格的（　　　）。

（A）工作票；（B）指令票；（C）操作票。

答案：C

Jd3A2246 倒闸操作的基本要求：操作中应认真执行监护（　　　）制度（单人操作时也必须高声唱票），宜全过程录音。

（A）录音；（B）复诵；（C）复查。

答案：B

Jd3A2247 高压回路上的工作，需要拆除全部或一部分接地线后始能进行工作者，必须征得（　　　）的许可，方可进行。

（A）工作负责人；（B）监护人；（C）工作票签发人；（D）运行人员或调度员。

答案：D

Jd3A2248 各类作业人员应接受相应的安全生产教育和（　　）培训，经考试合格上岗。

（A）岗位技能；（B）专业知识；（C）专业技术。

答案：A

Jd3A2249 非特殊情况不得变更工作负责人，如确需变更工作负责人应由（　　）同意并通知工作许可人，工作许可人将变动情况记录在工作票上。

（A）当值调度；（B）工作票签发人；（C）工作班成员。

答案：B

Jd3A2250 一份工作票，可办理（　　）次延期手续。

（A）1；（B）2；（C）3；（D）4。

答案：A

Jd3A2251 工作票的有效期与延期规定，带电作业工作票（　　）。

（A）可延期一次；（B）可延期两次；（C）不准延期。

答案：C

Jd3A2252 工作票有破损不能继续使用时，应补填新的工作票，并重新履行（　　）手续。

（A）签发许可；（B）停役申请；（C）签发；（D）许可。

答案：A

Jd3A2253 工作票的签发人应是熟悉人员技术水平、熟悉设备情况、熟悉本规程，并具有相关工作经验的生产领导人、技术人员或经（　　）批准的人员。

（A）本单位安全监督部门；（B）本单位分管生产领导；（C）本单位运行部门。

答案：B

Jd3A2254 工作票上所填安全措施是否（　　），是工作票签发人的安全责任之一。

（A）适当和充足；（B）正确完备；（C）符合现场条件。

答案：B

Jd3A2255 第一、二种工作票可延期（　　）次。

（A）一；（B）二；（C）三。

答案：A

Jd3A2256 接地线必须使用（　　）线夹固定在导体上，严禁用缠绕的方法进行接地或短路。

（A）普通；（B）专用的；（C）铝质的；（D）铜质的。

答案：B

Jd3A2257 接地线应采用三相短路式接地线，若使用分相式接地线时，应设置（　　）接地端。

（A）三个独立的；（B）三相合一的；（C）一个共用的。

答案：B

Jd3A2258 在发现直接危及（　　）安全的紧急情况时，有权停止作业或者在采取可能的紧急措施后撤离作业场所，并立即报告。

（A）居民；（B）线路；（C）变压器；（D）人身、电网和设备。

答案：D

Jd3A2259 外单位承担或外来人员参与公司系统电气工作的工作人员，工作前，设备运行管理单位应（　　）现场电气设备接线情况、危险点和安全注意事项。

（A）确定；（B）公布；（C）告知。

答案：C

Jd3A2260 工作结束时，应得到（　　）（包括用户）的工作结束报告，确认所有工作班组均已竣工，接地线已拆除，工作人员已全部撤离线路，并与记录簿核对无误后，方可下令拆除变电站或发电厂内的安全措施，向线路送电。

（A）工作许可人；（B）工作班成员；（C）工作负责人。

答案：C

Jd3A2261 用户管辖的线路要求恢复送电，应接到（　　）工作结束报告，做好录音并记录后方可进行。

（A）工作负责人的；（B）原申请人的；（C）用户单位的。

答案：B

Jd3A2262 线路的停、送电均应按照值班调度员或（　　）的指令执行。

（A）变电值班负责人；（B）线路工作负责人；（C）线路工作许可人。

答案：C

Jd3A2263 遥控操作、程序操作的设备必须满足有关（　　）。

（A）安全条件；（B）技术条件；（C）安全要求。

答案：B

Jd3A2264 用户停送电联系人的名单应在（　　）和有关部门备案。

（A）停送电部门；（B）调度；（C）工作许可人。

答案：B

Jd3A2265　电气设备、线路即使电源已断开，对未（　　）的设备也应视作有电设备。

（A）拉开隔离开关（隔离开关）；（B）做安全措施挂上接地线；（C）隔离。

答案：B

Jd3A2266　严禁工作人员擅自（　　）遮栏（围栏）标示牌。

（A）进出；（B）跨越；（C）移动或拆除。

答案：C

Jd3A2267　运行中的高压设备其中性点接地系统的中性点，应视作（　　）。

（A）带电体；（B）停电体；（C）良导体。

答案：A

Jd3A2268　专责监护人应明确（　　）和监护范围。

（A）被监护人员；（B）工作负责人；（C）工作许可人；（D）工作班成员。

答案：A

Jd3A2269　（　　）可以填写工作票。

（A）工作班成员；（B）工作负责人；（C）工作许可人；（D）专责监护人。

答案：B

Jd3A2270　（　　）是在电气设备上工作保证安全的组织措施。

（A）工作间断、转移和终结制度；（B）设备定期检修、轮换制度；（C）交接班制度。

答案：A

Jd3A2271　电厂并网前必须与电网企业签订（　　）。

（A）并网调度协议；（B）合作协议；（C）购电合同；（D）供用电合同。

答案：A

Jd3A2272　计划检修因故不能按批准的时间开工，应在设备预计停运前（　　）h报告值班调度员。

（A）24；（B）12；（C）6；（D）2。

答案：C

Jd3A2273　在交接班中，如遇有事故或重要倒闸操作，应（　　）交接班，接班调控员（监控员）应根据交班调控员（监控员）的要求协助处理。

（A）立即停止；（B）继续；（C）延迟；（D）稍后。

答案：A

Jd3A2274 值班调控员对下级调度、运行值班人员提出的申请、要求等予以同意称为（　　）。

（A）调度许可；（B）调度同意；（C）调度指令；（D）告知调度。

答案：B

Jd3A2275 由调度员直接发令操作的电容器、电抗器，监控员应按（　　）执行。

（A）操作票；（B）任务单；（C）停电计划；（D）调度指令。

答案：D

Jd3A2276 电力企业、电力用户以及其他有关单位和个人，应当遵守（　　）规定，落实事故预防措施，防止和避免事故发生。

（A）电力安全工作规程；（B）电网调度管理；（C）电力安全管理。

答案：C

Jd3A2277 电力生产与电网运行应遵循（　　）的原则。

（A）安全－优质－经济；（B）安全－稳定－经济；（C）连续－优质－稳定。

答案：A

Jd3A2278 公司各级单位应建立和完善安全风险管理体系、（　　）、事故调查体系，构建事前预防、事中控制、事后查处的工作机制，形成科学有效并持续改进的工作体系。

（A）应急预案体系；（B）防御处置体系；（C）应急管理体系；（D）应急处置体系。

答案：C

Jd3A2279 继电保护和安全自动装置技术要求，应支持以（　　）方式进行定值区切换操作。

（A）遥控；（B）遥信；（C）遥调；（D）遥测。

答案：C

Jd3A2280 系统内的设备操作，应根据（　　）划分，实行分级管理。

（A）电压等级；（B）行政区域；（C）调度管辖范围；（D）设备主人。

答案：C

Jd3A2281 远程图像监视系统功能，可作为事故处理的（　　）。

（A）辅助判断；（B）主要依据；（C）重要手段。

答案：A

Jd3A2282 事故发生后，电力企业和其他有关单位应当按照规定及时、准确报告事故情况，开展（　　），防止事故扩大，减轻事故损害。电力企业应当尽快恢复电力生产、电网运行和电力（热力）正常供应。

（A）事故调查；（B）事故抢修；（C）应急处置工作。

答案：C

Jd3A2283 任何单位和个人不得故意（　　）事故现场。

（A）伪造；（B）破坏；（C）制造。

答案：B

Jd3A3284 所有电流互感器和电压互感器二次绕组应（　　）永久性的、可靠的保护接地。

（A）有一点；（B）有且仅有一点；（C）有多点；（D）至少一点。

答案：B

Jd3A3285 为了保障人身安全，将电气设备正常情况下不带电的金属外壳接地称为（　　）。

（A）工作接地；（B）保护接地；（C）工作接零；（D）保护接零。

答案：B

Jd3A3286 电气设备停电后，即使是事故停电，在（　　）以前，不得触及设备或进入遮拦，以防突然来电。

（A）未断开断路器；（B）未做好安全措施；（C）未拉开有关隔离开关和做好安全措施；（D）请示调度许可。

答案：C

Jd3A3287 电气设备着火时，应（　　）。

（A）迅速切断着火设备电源，组织进行灭火；（B）远离着火场；（C）汇报调度等候处理；（D）拨打119，等候消防人员前来灭火。

答案：A

Jd3A3288 各类作业人员应被告知其作业现场和工作岗位存在的危险因素、（　　）及事故紧急处理措施。

（A）风险程度；（B）防范措施；（C）事故后果。

答案：B

Jd3A3289 各类作业人员应被告知其作业现场和工作岗位存在的危险因素、防范措施及（　　）。

（A）紧急救护措施；（B）逃生方法；（C）应急预案；（D）事故紧急处理措施。

答案：D

Jd3A3290 在同一电气连接部分用同一工作票依次在几个工作地点转移工作时，全部安全措施由运行人员在开工前（　　）做完，不需再办理转移手续。

（A）依次；（B）按工作流程先后；（C）一次。

答案：C

Jd3A3291 持线路或电缆工作票进入变电站或发电厂升压站进行架空线路、电缆等工作，应增填（　　）。

（A）变电站（发电厂）工作票；（B）工作票份数；（C）工作票内容。

答案：B

Jd3A3292 工作票的使用规定：一张工作票内所列的工作，若至预定时间，一部分工作尚未完成，需继续工作者，在送电前，应按照（　　）情况，办理新的工作票。

（A）当前现场设备带电；（B）送电后现场设备带电；（C）原工作票。

答案：B

Jd3A3293 只有在同一停电系统的所有工作票都已终结，并得到（　　）或运行值班负责人的许可指令后，方可合闸送电。

（A）值班调度员；（B）工作票签发人；（C）工作负责人。

答案：A

Jd3A3294 计划检修如不能如期完工，必须在（　　）向值班调度员申请办理延期手续。

（A）原批准计划检修工期结束前 6h 前；（B）原批准计划检修工期结束前 12h 前；（C）原批准计划检修工期结束前 24h 前；（D）原批准计划检修工期过半前。

答案：D

Jd3A3295 若遇特殊情况需解锁操作，应经运行管理部门（　　）到现场核实无误并签字后，由运行人员报告当值调度员，方能使用解锁工具（钥匙）。

（A）运行人员；（B）防误装置专责人；（C）检修人员。

答案：B

Jd3A3296 线路作业停电时，当验明确无电压后，在线路上（　　）装设接地线或合上接地隔离开关。

（A）工作地点两端；（B）所有可能来电的各端；（C）单侧。

答案：B

Jd3A3297 验电时，在装设接地线或合接地隔离开关处（　　）验电。

（A）单相；（B）两相；（C）各相。

答案：C

Jd3A3298 装、拆接地线，应做好记录，交接班时应（　　）。

（A）重新记录；（B）移交记录；（C）交待清楚。

答案：C

Jd3A3299 单项操作是指（　　）。

（A）只对一个单位的操作；（B）只有一个操作；（C）只对一个单位，有多项操作；（D）只对一个单位，只有一项的操作。

答案：D

Jd3A3300 只对一个单位，只有一项操作内容，由下级值班调控员或现场运行人员完成的操作，需要调控员（　　）。

（A）口头许可；（B）下单项操作指令；（C）下逐项操作指令；（D）下综合指令。

答案：B

Jd3A3301 计划操作指令票应依据停电工作票拟写，必须经过拟票、审票、下达预令、执行、归档五个环节，其中（　　）不能由同一人完成。

（A）拟票、审票；（B）拟票、下令；（C）审票、下令；（D）拟票、预发。

答案：A

Jd3A3302 涉及两个以上单位的配合操作或需要前一项操作后才能进行下一项操作的，必须使用（　　）。

（A）即时指令；（B）逐项指令；（C）综合指令；（D）口令。

答案：B

Jd3A3303 电气误操作事故的危害性极大，而造成误操作事故的主要原因，是倒闸操作过程中的（　　）没有得到有效控制。

（A）设备因素；（B）人为因素；（C）环境因素；（D）危险点。

答案：D

Jd3A3304 各级继电保护部门划分继电保护装置整定范围的原则是（　　）。

（A）按电压等级划分，分级整定；　　（B）整定范围一般与调度管辖范围相适应；（C）由各级继电保护部门协调决定；（D）按地区划分。

答案：B

Jd3A3305 年度运行方式是电网全年生产运行的指导性文件。电网年度运行方式应根据电网和电源投产计划、检修计划、发输电计划及电力电量平衡预测，（　　）确定主网运行限额，（　　）制订电网控制策略。

（A）统一、统一；（B）统一、统筹；（C）统筹、统一；（D）统筹、统筹。

答案：B

Jd3A3306 各级调控机构应以不发生人员责任的（　　）以上电网事件（事故）为基准，每年制订安全生产控制目标。

(A) 三级；(B) 四级；(C) 五级；(D) 六级。

答案：C

Jd3A3307 任何单位和个人不得阻挠和干涉对（　　）、应急处置和依法调查处理。

(A) 事故的报告；(B) 事故的抢修；(C) 受伤人员的抢救。

答案：A

Jd3A3308 事故调查处理应当按照（　　）的原则，及时、准确地查清事故原因，查明事故性质和责任，总结事故教训，提出整改措施，并对事故责任者提出处理意见。

(A) 四不放过；(B) 科学严谨、求真务实；(C) 科学严谨、实事求是、循序渐进；(D) 科学严谨、依法依规、实事求是、注重实效。

答案：D

Jd3A4309 对难以做到与电源完全断开的检修设备停电，（　　）。

(A) 必须将来电设备停电；(B) 必须放弃停电，检修工作采用带电作业；(C) 可以拆除设备与电源之间的电气连接。

答案：C

Jd3A4310 检修部分若分为几个在电气上不相连接的部分，则（　　）验电接地短路。

(A) 在靠近带电设备的部分；(B) 各段应分别；(C) 电源侧。

答案：B

Jd3A4311 接地线、接地隔离开关与检修设备之间不得连有（　　）。

(A) 另外的检修设备；(B) 可能产生感应电压的设备；(C) 断路器（开关）或熔断器。

答案：C

Jd3A4312 合环操作前，确保（　　）。

(A) 电压应一致；(B) 相位应一致；(C) 系统接线方式；(D) 系统负荷。

答案：B

Jd3A4313 继电保护远方操作功能投入使用前必须通过（　　）验证。

(A) 软压板投退；(B) 定值区切换；(C) 定值召唤；(D) 实际传动试验。

答案：D

Jd3A4314 变压器中性点直接接地时，应停用（　　）。

（A）差动保护；（B）重瓦斯保护；（C）复压过流保护；（D）间隙保护。

答案：D

Jd3A4315 一次事故中如同时发生人身事故和电网设备事故，应定为（　　）。

（A）一次人身事故；（B）一次电网设备事故；（C）人身事故和电网设备事故各一次；（D）视情况而定。

答案：C

Jd3A4316 遇有影响水库运用的施工、检修或特殊用水要求时，水电厂应提前（　　）与调控机构沟通，并提交书面申请和相关材料，必要时应编制专题分析报告。

（A）十日；（B）七日；（C）五日；（D）三日。

答案：B

Jd3A5317 以下（　　）属于电网重大事故。

（A）电网负荷为20000MW以上的，减供负荷20％；（B）直辖市减供负荷20％以上的；（C）省和自治区人民政府所在地城市以及其他大城市减供负荷80％以上；（D）变电站220kV以上任一电压等级母线全停。

答案：B

Jd3A5318 三道防线是对（　　）方面提出的要求。

（A）电网发生事故时保持对重要用户可靠供电；（B）电网发生故障时快速保护、近后备保护和远后备保护可靠切除故障；（C）电网发生多重故障时继电保护能可靠切除故障；（D）电力系统受到不同扰动时电网保持稳定可靠供电。

答案：D

Je3A1319 操作票应根据值班调度员或（　　）下达的操作计划和操作综合命令填写。

（A）上级领导；（B）监护人；（C）值班长；（D）操作人。

答案：C

Je3A1320 操作票应填写设备的（　　）。

（A）名称；（B）编号；（C）双重名称。

答案：C

Je3A1321 SOE时间记录时间精确到（　　）。

（A）s；（B）μs；（C）ms；（D）min。

答案：C

Je3A1322 监控员对调度操作指令有疑问时，应询问（   ），核对无误后方可操作。

（A）运维人员；（B）单位领导；（C）调度员；（D）管理人员。

答案：C

Je3A1323 越限信息是指（   ）量越过限值的告警信息。

（A）遥信；（B）遥测；（C）遥控；（D）遥调。

答案：B

Je3A1324 气体绝缘金属封闭式开关设备英文简称（   ）。

（A）HGIS；（B）GIS；（C）PMS；（D）ERP。

答案：B

Je3A1325 配电线路下列故障中（   ）属人为事故。

（A）误操作；（B）大风；（C）雷击；（D）风筝。

答案：A

Je3A2326 AVQC 表示（   ）。

（A）自动管理；（B）自动电压调节；（C）自动无功调节；（D）自动电压/无功控制。

答案：D

Je3A2327 自动电压控制 AVC 的作用是（   ）。

（A）调节系统频率和系统潮流；（B）调节系统频率和系统电压；（C）调节系统电压和无功功率；（D）调节有功功率和无功潮流。

答案：C

Je3A2328 变压器的小修周期一般为（   ）。

（A）投运后的每 1 年；（B）投运后的每 2 年；（C）投运后的每 3 年；（D）投运后的每 4 年。

答案：A

Je3A2329 变压器的最高运行温度受（   ）耐热能力限制。

（A）绝缘材料；（B）金属材料；（C）油类。

答案：A

Je3A2330 变压器冷却方式 ODAF 代表（   ）。

（A）自然冷却；（B）强迫油循环风冷；（C）强迫油循环水冷；（D）强迫导向油循环风冷。

答案：D

Je3A2331 有载调压变压器通过调节（　　）调节变压器变比。

（A）高压侧电压；（B）分接头位置；（C）低压侧电压；（D）中压侧电压。

答案：**B**

Je3A2332 中性点不接地系统比接地系统供电可靠性（　　）。

（A）相同；（B）差；（C）不一定；（D）高。

答案：**D**

Je3A2333 我国电力系统中性点接地方式有三种，分别是（　　）。

（A）直接接地方式、经消弧线圈接地方式和经大电抗器接地方式；（B）不接地方式、经消弧线圈接地方式和经大电抗器接地方式；（C）直接接地方式、不接地方式、经消弧线圈接地方式；（D）以上都不对。

答案：**C**

Je3A2334 以下不属于电力系统中的设备的一般状态的是（　　）。

（A）运行；（B）热备用；（C）检修；（D）故障。

答案：**D**

Je3A2335 电网恢复过程中，应协调好（　　）之间的恢复次序，保证电网安全稳定留有一定裕度。

（A）电网、电厂、用户；（B）居民、电厂、政府；（C）电网、电厂、工厂；（D）政府、工厂、居民。

答案：**A**

Je3A2336 （　　）应开展日前系统负荷预测、日前母线负荷预测。

（A）国调；（B）分中心；（C）省级调控机构。

答案：**C**

Je3A2337 "分层分区、就地平衡"原则，是（　　）的原则。

（A）电网有功平衡；（B）电网无功补偿；（C）低频减载配置；（D）低压减载配置。

答案：**B**

Je3A2338 （　　）是调度命令操作执行完毕的根据。

（A）向调度汇报操作结束并给出"结束时间"；（B）完成操作；（C）操作完毕；（D）现场操作票执行完毕。

答案：**A**

Je3A2339 在拉合闸时，必须用（   ）接通或断开负荷电流及短路电流。

（A）闸刀；（B）断路器；（C）熔断器；（D）负荷开关。

答案：B

Je3A2340 电网调控流程在传统调度运行值班业务基础上，增加（   ）功能。

（A）在线安全分析预警；（B）设备运行集中监控；（C）实时计划优化调整；（D）新能源实时预测控制。

答案：B

Je3A2341 设备隔离开关在合入位置，只靠开关断开电源，无地线的设备状态称为（   ）。

（A）备用；（B）热备用；（C）冷备用；（D）运行。

答案：B

Je3A2342 值班监控员对于逾期缺陷，及时通知（   ）协调处理。

（A）检修人员；（B）运维人员；（C）设备监控管理人员；（D）设备监控领导。

答案：C

Je3A2343 （   ）是指监控员值班期间对变电站设备事故、异常、越限、变位信息及设备状态在线监测告警信息进行不间断监视。

（A）全面监视；（B）正常监视；（C）特殊监视；（D）不间断监视。

答案：B

Je3A2344 （   ）是指在某些特殊情况下，监控员对变电站设备采取的加强监视措施，如增加监视频度、定期抄录相关数据、对相关设备或变电站进行固定画面监视等，并做好事故预想及各项应急准备工作。

（A）正常监视；（B）特殊监视；（C）全面监视；（D）专项监视。

答案：B

Je3A2345 变电站运维人员负责监视（   ）类信息。

（A）事故；（B）异常；（C）告知；（D）越限。

答案：C

Je3A2346 断路器跳闸重合不成功后，监控系统显示该断路器（   ）。

（A）实心；（B）空心；（C）空心且闪烁；（D）变色。

答案：C

Je3A2347 发现（　　）时，应及时汇报并加强监视。

（A）遥控操作拒合；（B）遥控操作拒分；（C）SF₆断路器气体压力表指示不正常。

答案：C

Je3A2348 根据《调控机构设备监控信息处置管理规定》要求，开关异常变位信息属于（　　）。

（A）事故信息；（B）异常信息；（C）变位信息；（D）告知信息。

答案：A

Je3A2349 断路器遥控操作后，应检查（　　）的机构动作及复归的信号。

（A）断路器；（B）隔离开关；（C）加热。

答案：A

Je3A2350 断路器执行遥控操作后，必须核对自动化系统上的（　　）、遥测量变化信号，以确认操作的正确性。

（A）断路器变位信号；（B）刀闸变位信号；（C）电流变化；（D）电压变化。

答案：A

Je3A2351 四遥信息验收时，变电站侧一般由（　　）负责监督试验人员的工作，并与调控人员进行核对。

（A）运维人员；（B）检修人员；（C）试验人员；（D）厂家人员。

答案：A

Je3A2352 下列监控告警信息（　　）属于"软报文"信息。

（A）断路器位置；（B）隔离开关位置；（C）CVT报警信息；（D）继电保护装置的开出信号。

答案：C

Je3A2353 下列缺陷描述属于严重缺陷的为（　　）。

（A）保护装置TA断线；（B）保护装置异常；（C）保护装置故障；（D）保护装置通信中断。

答案：D

Je3A2354 线路保护装置应设置重合闸充电完成状态指示，应支持以（　　）形式上送。

（A）遥控；（B）遥信；（C）遥调；（D）遥测。

答案：B

Je3A2355 直流母线电压不能过高或过低，允许范围一般是（　　）。

(A) ±3%；(B) ±5%；(C) ±10%；(D) ±15%。

答案：**C**

Je3A2356 智能变电站自动化系统体系结构简称为（　　）。

(A) 三层两网；(B) 两层两网；(C) 三层一网；(D) 一层两网。

答案：**A**

Je3A2357 调度自动化必须保证（　　），才能确保调控中心及时了解电力系统的运行状态，并做出正确的控制决策。

(A) 可靠性、实时性、准确性；(B) 安全性、实时性、稳定性；(C) 可靠性、实用性、准确性；(D) 安全性、稳定性、准确性。

答案：**A**

Je3A2358 调度自动化系统中，事故追忆是（　　）。

(A) 将事故发生前和事故发生后有关信息记录下来；(B) 带有时标的遥信量；(C) 事故时的事件顺序记录；(D) 自发电控制。

答案：**A**

Je3A2359 （　　）是反映重要遥测量超出报警上下限区间的信息。重要遥测量主要有设备有功、无功、电流、电压、主变油温等。

(A) 异常信号；(B) 越限信号；(C) 告知信号；(D) 变位信号。

答案：**B**

Je3A2360 SOE是指（　　），用以进行事故分析。

(A) 带时间标志的信号动作记录；(B) 带信息分类标记的实时信息记录；(C) 带时间标志的事件顺序记录；(D) 带信息分类标记的信息变化记录。

答案：**C**

Je3A2361 电网监控信息规范中规定以下（　　）信息不需实时监控。

(A) 事故；(B) 异常；(C) 变位；(D) 告知。

答案：**D**

Je3A2362 监控信息分为事故、异常、（　　）、变位、告知五类。

(A) 告警；(B) 越限；(C) 动作；(D) 跳闸。

答案：**B**

Je3A2363 越限信息是指遥测量（　　）的告警信息。

（A）低于限值；（B）等于限值；（C）越过限值；（D）跳变。

答案：**C**

Je3A2364 主变备用冷却器投入属于（　　）信号。

（A）事故；（B）异常；（C）变位；（D）告知。

答案：**B**

Je3A2365 用来供给断路器跳、合闸线圈和继电保护装置工作的电源有（　　）。

（A）交流；（B）直流；（C）交、直流；（D）以上都不对。

答案：**C**

Je3A2366 断路器加热器故障属于（　　）缺陷。

（A）危急；（B）严重；（C）一般；（D）紧急。

答案：**C**

Je3A2367 SF_6 断路器的 SF_6 气体的作用是（　　）。

（A）绝缘；（B）灭弧；（C）绝缘和灭弧。

答案：**C**

Je3A2368 消弧室的作用是（　　）。

（A）储存电弧；（B）进行灭弧；（C）缓冲冲击力；（D）加大电弧。

答案：**B**

Je3A2369 在小电流接地系统发生单相接地故障时，一般情况下，保护装置动作（　　）。

（A）断路器跳闸；（B）断路器延时跳闸；（C）发出接地信号。

答案：**C**

Je3A2370 保护装置中的反映重合闸充电完成状态的指示，应按照（　　）形式上送至调控技术支持系统。

（A）遥控；（B）遥信；（C）遥调；（D）遥测。

答案：**B**

Je3A2371 设备异常需紧急处理或设备故障停运后需紧急抢修时，（　　）可安排相应设备停电。

（A）值班调度员；（B）调度计划专业；（C）系统运行专业；（D）继电保护专业。

答案：**A**

Je3A2372 为正确分析事故原因、研究对策提供原始资料，是（　　）的作用之一。

（A）故障录波装置；（B）低频减载装置；（C）低压解列装置；（D）低频解列装置。

答案：**A**

Je3A2373 线路故障跳闸后运检维人员经查未发现问题，调度可试送（　　）。

（A）1次；（B）2次；（C）3次；（D）不可以试送。

答案：**A**

Je3A2374 线路故障跳闸后，一般允许调度不须经主管生产的领导同意的情况下可试送（　　）。

（A）1次；（B）2次；（C）3次；（D）不可以试送。

答案：**A**

Je3A3375 电压互感器计量电压空开跳开属于（　　）。

（A）危急缺陷；（B）严重缺陷；（C）异常缺陷；（D）一般缺陷。

答案：**B**

Je3A3376 AVC 系统中，当系统连续（　　）次自动调节失败时转入失败封锁状态。

（A）二；（B）三；（C）四；（D）五。

答案：**B**

Je3A3377 变电站 AVC 跳、合各组电容器（电抗器）应通过电容器（电抗器）的（　　）回路实现。

（A）监视；（B）操作；（C）跳闸。

答案：**B**

Je3A3378 变压器过负荷保护动作后首先将（　　）。

（A）跳三侧断路器；（B）跳本侧断路器；（C）发信号；（D）跳本侧分段断路器。

答案：**C**

Je3A3379 变压器呼吸器的主要作用是（　　）。

（A）用以清除吸入空气中的杂质和水分；（B）用以清除变压器油中的杂质和水分；（C）用以吸收和净化变压器匝间短路时产生的烟气；（D）用以清除变压器各种故障时产生的油烟。

答案：**A**

Je3A3380 变压器外壳接地属于（　　）。

（A）工作接地；（B）保护接地；（C）保护接零；（D）故障接地。

答案：**B**

Je3A3381 新设备或经过检修、改造的变压器在投运（　　）h内，应对变压器进行特殊巡视检查，增加巡视检查次数。

（A）24；（B）36；（C）48；（D）72。

答案：D

Je3A3382 限制变压器油与空气的接触，减少油受潮和氧化程度的一种变压器本体安全保护设施是（　　）。

（A）油枕；（B）吸湿器；（C）防爆管；（D）呼吸器。

答案：A

Je3A3383 变压器的（　　）超过其额定值时，就会引起变压器过励磁，造成变压器发热。

（A）运行电压；（B）输送功率；（C）负荷；（D）输送电流。

答案：A

Je3A3384 需要给运行中的变压器补油时，应将重瓦斯保护（　　）再进行工作。

（A）停用；（B）投信号；（C）投跳闸；（D）不用改动。

答案：B

Je3A3385 变压器的主保护是（　　）。

（A）差动和过电流保护；（B）差动和瓦斯保护；（C）瓦斯和过电流保护；（D）以上均是。

答案：B

Je3A3386 发现变压器着火时，监控员应立即（　　），具备远方灭火操作功能的应立即启动远方灭火装置进行灭火。

（A）通知运维人员现场处理；（B）断开主变各侧电源；（C）启动备用变压器。

答案：B

Je3A3387 变压器是通过改变（　　）实现调压的。

（A）短路电流；（B）短路电压；（C）变比；（D）空载电压。

答案：C

Je3A3388 主变本体非电量保护装置通信中断属于（　　）。

（A）危急缺陷；（B）严重缺陷；（C）一般缺陷；（D）异常缺陷。

答案：B

Je3A3389 变压器励磁涌流包含有大量的高次谐波分量，其中以（　　）谐波为主。

（A）一次；（B）二次；（C）三次；（D）四次。

答案：**B**

Je3A3390 配电变压器中性点接地属（　　）。

（A）保护接地；（B）防雷接地；（C）工作接地；（D）过电压保护接地。

答案：**C**

Je3A3391 变压器温度计测量的是变压器（　　）油温。

（A）绕组温度；（B）下层温度；（C）中层温度；（D）上层温度。

答案：**D**

Je3A3392 新投运的变压器做冲击试验为（　　）次。

（A）2；（B）3；（C）4；（D）5。

答案：**D**

Je3A3393 中性点直接接地方式包括（　　）。

（A）中性点经小电容；（B）中性点经小电阻；（C）中性点经消弧线圈；（D）中性点经小电抗。

答案：**B**

Je3A3394 变压器中性点装设消弧线圈的目的是（　　）。

（A）提高电网电压水平；（B）限制变压器故障电流；（C）补偿电网接地的电容电流；（D）灭弧。

答案：**C**

Je3A3395 重瓦斯保护是变压器的（　　）。

（A）远后备保护；（B）主保护；（C）辅助保护；（D）近后备保护。

答案：**B**

Je3A3396 自耦变压器中性点应（　　）运行。

（A）不接地；（B）直接接地；（C）经小电抗接地；（D）经消弧线圈接地。

答案：**B**

Je3A3397 当系统频率下降时，负荷吸取的有功功率（　　）。

（A）下降；（B）上升；（C）不变；（D）以上都有可能。

答案：**A**

Je3A3398 一般情况下述故障对电力系统稳定运行的影响最小的是（　　）。

（A）二相接地短路；（B）三相短路；（C）单相接地；（D）二相相间短路。

答案：**C**

Je3A3399 在输配电设备中，最易遭受雷击的设备是（　　）。

（A）变压器；（B）断路器与隔离开关；（C）输电线路。

答案：**C**

Je3A3400 在中性点经消弧线圈接地的系统中，消弧线圈的补偿宜采用（　　）。

（A）全补偿；（B）欠补偿；（C）过补偿；（D）恒补偿。

答案：**C**

Je3A3401 变电站母线上装设避雷器是为了（　　）。

（A）防止直击雷；（B）防止反击过电压；（C）防止雷电行波；（D）防止雷电流。

答案：**C**

Je3A3402 防雷保护装置的接地属于（　　）。

（A）工作接地；（B）保护接地；（C）防雷接地；（D）保护接零。

答案：**A**

Je3A3403 关于降低网损的措施，以下说法不正确的是（　　）。

（A）减少无功潮流流动；（B）适当降低电网运行电压；（C）尽量保持电网运行的正常方式；（D）根据负荷变换适当改变变压器组数。

答案：**B**

Je3A3404 特高压直流输电的特点有（　　）。

（A）点对点；（B）超远距离；（C）大容量输送能力；（D）以上皆是特点。

答案：**D**

Je3A3405 为保证特高压直流输电的高可靠性要求，无功补偿设备将主要采用（　　）。

（A）调相机；（B）交流滤波器和并联电容器；（C）交流滤波器和STATCOM（静止同步补偿器）；（D）静止无功补偿器。

答案：**B**

Je3A3406 当中性点不接地系统发生单相接地故障时，开口三角电压为（　　）。

（A）100/3V；（B）100V；（C）180V；（D）300V。

答案：**B**

Je3A3407 任一母线故障或检修都不会造成停电的接线方式是（   ）。

(A) 双母线接线；(B) 单母线接线；(C) 3/2 接线；(D) 双母带旁路。

答案：**C**

Je3A3408 在小电流接地系统中，某处发生单相接地时，母线电压互感器开口三角的电压（   ）。

(A) 故障点距母线越近，电压越高；(B) 故障点距母线越近，电压越低；(C) 不管距离远近，基本上电压一样高；(D) 无法确定。

答案：**C**

Je3A3409 中性点经消弧线圈接地系统，发生单相接地，非故障相对地电压（   ）。

(A) 不变；(B) 升高 3 倍；(C) 降低；(D) 升高。

答案：**D**

Je3A3410 中性点经装设消弧线圈后，若接地故障的电感电流大于电容电流，此时补偿方式为（   ）。

(A) 全补偿方式；(B) 过补偿方式；(C) 欠补偿方式；(D) 不能确定。

答案：**B**

Je3A3411 系统负荷高峰时，升高电压，低谷时降低电压是（   ）。

(A) 顺调压；(B) 逆调压；(C) 常调压；(D) 恒调压。

答案：**B**

Je3A3412 系统运行时的电压是通过系统的（   ）来调节。

(A) 变压器；(B) 高抗；(C) 有功；(D) 无功。

答案：**D**

Je3A3413 系统运行时的频率是通过系统的（   ）来调节。

(A) 发电机；(B) 负荷；(C) 有功；(D) 无功。

答案：**C**

Je3A3414 以下母线接线方式中运行可靠性最高的是（   ）。

(A) 单母线；(B) 双母线；(C) 内桥接线；(D) 3/2 接线。

答案：**D**

Je3A3415 以下母线接线方式中运行可靠性最低的是（   ）。

(A) 不分段单母线；(B) 双母线；(C) 内桥接线；(D) 3/2 接线。

答案：**A**

Je3A3416 在电流互感器二次回路的接地线上（ ）安装有开断可能的设备。

（A）不应；（B）应；（C）尽量避免；（D）必要时可以。

答案：**A**

Je3A3417 关于电压互感器和电流互感器二次接地正确的说法是（ ）。

（A）电压互感器二次接地属保护接地，电流互感器属工作接地；（B）电压互感器二次接地属工作接地，电流互感器属保护接地；（C）均属工作接地；（D）均属保护接地。

答案：**D**

Je3A3418 为避免电流互感器铁芯发生饱和现象，可采用（ ）。

（A）采用优质的铁磁材料制造铁芯；（B）在铁芯中加入钢材料；（C）在铁芯中加入气隙；（D）采用多个铁芯相串联。

答案：**C**

Je3A3419 对于同一电容器，两次连续投切中间应断开（ ）时间以上。

（A）0～5min；（B）1min；（C）3min；（D）5min。

答案：**D**

Je3A3420 当电容器额定电压等于线路额定相电压时，则应接成（ ）并入电网。

（A）串联方式；（B）并联方式；（C）星形；（D）三角形。

答案：**C**

Je3A3421 对于不同电容器组，投切中间间断时间不少于（ ）。

（A）3min；（B）5min；（C）6min；（D）无影响。

答案：**B**

Je3A3422 一个变电站的电容器、电抗器等无功调节设备应按（ ）来投退。

（A）电流；（B）电压；（C）有功；（D）无功。

答案：**B**

Je3A3423 电容器组的过流保护反映电容器的（ ）故障。

（A）内部；（B）外部短路；（C）接地。

答案：**B**

Je3A3424 变电站并联补偿电容器长期允许运行电压不允许超过额定电压的（ ）倍。

（A）1；（B）1.1；（C）1.05；（D）1.5。

答案：**B**

Je3A3425 任何电力设备（线路、母线、变压器等），都不允许在无（　　）的状态下运行。

（A）全线速动保护；（B）继电保护；（C）自动控制装置；（D）自动化设备。

答案：B

Je3A3426 操作对调度管辖范围以外设备和供电质量有较大影响时，应（　　）。

（A）暂停操作；（B）重新进行方式安排；（C）汇报领导；（D）预先通知有关单位。

答案：D

Je3A3427 遥控操作中遇有系统发生异常或故障，影响操作安全时，值班监控员应（　　）。

（A）继续操作，操作完毕后向调度汇报；（B）中止操作并通知现场进行操作；（C）中止操作并汇报发令调度员；（D）通知运行人员到现场后继续操作。

答案：C

Je3A3428 断路器在遥控操作后，必须核对执行遥控操作后自动化系统上（　　）、遥测量变化信号（在无遥测信号时，以设备变位信号为判据），以确认操作的正确性。

（A）断路器变位信号；（B）闸刀变位信号；（C）电流变化；（D）电压变化。

答案：A

Je3A3429 线路送电时，应先拆除线路上的安全措施，核实线路保护按要求投入后，（　　）。

（A）合上线路侧隔离开关，再合上母线侧隔离开关，最后合上线路断路器；（B）合上母线侧隔离开关，再合上线路侧隔离开关，最后合上线路断路器；（C）合上母线侧隔离开关，再合上线路断路器，最后合上线路侧隔离开关；（D）合上线路侧隔离开关，再合上线路断路器，最后合上母线侧隔离开关。

答案：B

Je3A3430 线路停电操作，必须按照（　　）的顺序操作；送电顺序与上相反。

（A）拉开断路器、电源（母线）侧隔离开关、负荷（线路）侧隔离开关；（B）拉开断路器、负荷（线路）侧隔离开关、电源（母线）侧隔离开关；（C）拉开负荷（线路）侧隔离开关、断路器、电源（母线）侧隔离开关；（D）拉开电源（母线）侧隔离开关、断路器、负荷（线路）侧隔离开关。

答案：B

Je3A3431 新建线路投运时，用原断路器对新线路冲击（　　）次，冲击侧应有可靠的两级保护。

（A）一；（B）二；（C）三；（D）四。

答案：C

Je3A3432 新投运电容器组应进行（　）次冲击合闸试验。

(A) 1；(B) 3；(C) 5；(D) 7。

答案：B

Je3A3433 断路器停役时，必须按照（　）的顺序操作，送电时相反。

(A) 断路器、负荷侧隔离开关、母线侧隔离开关；(B) 断路器、母线侧隔离开关、负荷侧隔离开关；(C) 负荷侧隔离开关、母线侧隔离开关、断路器；(D) 母线侧隔离开关、负荷侧隔离开关、断路器。

答案：A

Je3A3434 母线隔离开关操作可以通过辅助触点进行（　）切换。

(A) 信号回路；(B) 电压回路；(C) 电流回路；(D) 保护电源回路。

答案：B

Je3A3435 双母线运行的变电站有 3 台以上变压器时，应按（　）台变压器中性点直接接地方式运行，并接于不同的母线。

(A) 1；(B) 2；(C) 3；(D) 0。

答案：B

Je3A3436 在母线倒闸操作中，母联开关的（　）应拉开。

(A) 跳闸回路；(B) 控制电源；(C) 交流回路；(D) 开关本体。

答案：B

Je3A3437 正常情况的并列操作通常采用的并列方法是（　）。

(A) 非同期；(B) 准同期；(C) 自同期；(D) 合环。

答案：B

Je3A3438 新母线投运时，用外来（或本侧）电源对母线冲击（　）次，冲击侧应有可靠的一级保护。

(A) 一；(B) 二；(C) 三；(D) 四。

答案：A

Je3A3439 采用计算机监控系统时，电气设备的远方和就地操作应具备完善的（　）功能。

(A) "五防"功能；(B) 电磁闭锁；(C) 机械闭锁；(D) 电气闭锁。

答案：D

Je3A3440 超出规定电压曲线数值的±10％，且延续时间超过（　　）h为电压事故。

(A) 0.5；(B) 1；(C) 2；(D) 3。

答案：**B**

Je3A3441 超出规定电压曲线数值的±5％，且延续时间超过（　　）h为电压异常。

(A) 0.5；(B) 1；(C) 2；(D) 3。

答案：**B**

Je3A3442 AVC指令可分为（　　）方式。

(A) 遥控和遥调；(B) 遥控和遥测；(C) 遥信和遥测；(D) 遥调和遥信。

答案：**A**

Je3A3443 保护定值区号以（　　）形式上传。

(A) 遥测；(B) 遥信；(C) 遥调；(D) 遥脉。

答案：**A**

Je3A3444 变位信息是指各类（　　）、装置软压板等状态改变信息。

(A) 隔离开关；(B) 断路器；(C) 接地隔离开关；(D) 切换把手。

答案：**B**

Je3A3445 下列不属于异常信息的是（　　）。

(A) 断路器异常变位信息；(B) 一次设备异常告警信息；(C) 自动化、通讯设备异常告警信息；(D) 二次设备、回路异常告警信息。

答案：**A**

Je3A3446 下列不属于应对变电站相关区域或设备开展特殊监视的是（　　）。

(A) 新设备试运行期间；(B) 设备重载或接近稳定限额运行时；(C) 电网处于特殊运行方式时；(D) 变电站设备有缺陷时。

答案：**D**

Je3A3447 智能变电站以下设备除（　　）外均应纳入继电保护和安全自动装置设备管理范畴。

(A) 线路保护光纤通道；(B) 变压器本体保护；(C) 保护测控一体化设备；(D) GIS。

答案：**D**

Je3A3448 （   ）负责监控变电站设备监控信息表的制订和下发，并保证监控信息的规范、正确和统一。

（A）调控机构；（B）输变电运维单位；（C）设备厂家；（D）设计单位。

答案：A

Je3A3449 （   ）负责提交所辖变电站因设备检修、改造等原因造成的监控信息表变更申请。

（A）运维单位；（B）调控机构；（C）电科院；（D）电力设计院。

答案：A

Je3A3450 变电站站端监控系统异常，监控数据无法正确上送调控中心时，调控中心应将相应的监控职责临时移交（   ）。

（A）调控中心备调；（B）通信调度；（C）自动化值班人员；（D）运维单位。

答案：D

Je3A3451 变电站正常运行时由（   ）电源作为站用电源，只要主变运行，即不会失去站用电。

（A）主变低压侧；（B）主变中压侧；（C）主变高压侧；（D）UPS电源。

答案：A

Je3A3452 电压越上限，功率因数越下限，应该采取（   ）方法调整。

（A）先调节分接开关降压至电压正常，再投电容器；（B）先切电容器，后调主变分头；（C）切电抗器，投电容器；（D）投入电容器，使功率因数合格后，调节主变分接头。

答案：A

Je3A3453 继电保护定值切换，应支持以（   ）形式上送当前定值区号。

（A）遥控；（B）遥信；（C）遥调；（D）遥测。

答案：D

Je3A3454 监控信息表的编号原则为（   ）。

（A）变电站电压等级－编号－编写年份；（B）变电站电压等级－编写年份－编号；（C）编写年份－编号－变电站电压等级；（D）编写年份－变电站电压等级－编号。

答案：D

Je3A3455 进行遥控分、合操作时，其操作顺序为（   ）。

（A）执行、返校、选择；（B）选择、返校、执行；（C）返校、选择、执行；（D）执行、选择、返校。

答案：B

Je3A3456 无人值守变电站的站用电系统应取自至少两路不同电源，站用电源的容量应满足（   ）准则的要求。

（A）N-1-1；（B）N-1；（C）N-2；（D）1-N。

答案：B

Je3A3457 下列不属于监控员负责集中监控信息的是（   ）。

（A）事故信息；（B）异常信息；（C）告知信息；（D）变位信息。

答案：C

Je3A3458 主站端后台全站遥测数据为"死数据"，现场后台正常，问题最有可能出现在（   ）。

（A）总控；（B）站内以太网；（C）测控装置；（D）电流互感器。

答案：A

Je3A3459 "主变过负荷"信息属于（   ）告警信息。

（A）事故信息；（B）异常信息；（C）越限信息；（D）告知信息。

答案：B

Je3A3460 调控机构、厂站运维单位应按照《电力调度自动化系统运行管理规程》要求，分别负责主站系统和子站系统自动化设备的运行维护，并向相关调控机构及时提供实时数据、模型、图形，实现（   ）。

（A）源端维护、全网共享；（B）终端维护、全网共享；（C）多端维护、全网共享；（D）末端维护、全网共享。

答案：A

Je3A3461 监控巡视时发现受控站某间隔遥测量不刷新，其出现的原因可能为（   ）。

（A）主站监控系统故障；（B）受控站监控系统故障；（C）受控站该间隔测控装置故障；（D）受控站该间隔电流互感器、电压互感器二次回路故障。

答案：C

Je3A3462 监控远方操作中，严格执行（   ）等要求，若电网或现场设备发生故障及异常，可能影响操作安全时，监控员应中止操作并报告相关调控机构值班调度员，必要时通知输变电设备运维人员。

（A）双席确认、唱票、复诵、监护、记录；（B）模拟预演、唱票、复诵、录音、监护；（C）模拟预演、唱票、复诵、监护、记录；（D）模拟预演、唱票、复诵、录音、记录。

答案：C

Je3A3463 下面属于监控系统缺陷的有（　　　）。

（A）监控系统误发、漏发信息；（B）受控站断路器把手在就地，遥控失败；（C）监控系统发断路器压力闭锁，现场漏油；（D）变电站远动机电源消失，通信中断。

答案：A

Je3A3464 操作后核对确认时，需检查相应的（　　　）、遥信变位以及告警窗信息，确认设备确已操作到位。

（A）有功、无功；（B）电压、电流；（C）电压、功率；（D）电流、功率。

答案：B

Je3A3465 下列信息属于危急缺陷的信息的为（　　　）。

（A）本体轻瓦斯告警；（B）本体油温高告警；（C）本体油位异常；（D）SF_6 气体温度过高。

答案：D

Je3A3466 遥测信息是指采集到的电力系统运行的实时参数，下面不属于遥测信息的有（　　　）。

（A）断路器状态；（B）母线电压；（C）系统潮流；（D）主变档位。

答案：A

Je3A3467 属于变位类的信息是（　　　）。

（A）母联 A 相断路器合位；（B）母联副母隔离开关分位；（C）母联正母侧接地隔离开关合位；（D）母线电压互感器隔离开关分位。

答案：A

Je3A3468 对于开展重合闸软压板远方投退的线路保护，应在间隔图中设置"重合闸投入"软压板和（　　　）状态指示。

（A）重合闸退出；（B）重合闸充电完成；（C）硬压板；（D）重合闸装置运行。

答案：B

Je3A3469 对于运行的一次设备，遥控验收前现场应做好防止断路器实际出口的安全措施，其中不包括（　　　）。

（A）测控装置中相关断路器置"就地"位置；（B）断路器操作把手置"就地"位置；（C）遥控压板退出；（D）保护跳闸出口压板退出。

答案：D

Je3A3470 智能变电站保护都采用（　　　）方式。

（A）网采网调；（B）网采直跳；（C）直采网调；（D）直采直跳。

答案：D

Je3A3471 监控系统报某断路器 SF_6 气压低闭锁时应立即通知现场检查确认，在确认 SF_6 气压低至闭锁值时，应采取（　　）。

（A）立即将重合闸停用；（B）立即断开断路器；（C）不用采取措施；（D）采取禁止跳闸的措施。

答案：D

Je3A3472 断路器控制回路状态的遥信信息不包括（　　）。

（A）断路器本体油压低告警；（B）断路器机构就地控制；（C）断路器控制回路断线；（D）断路器控制电源消失。

答案：A

Je3A3473 遥控操作过程中，监控系统发生异常或遥控失灵时，应（　　）。

（A）继续操作；（B）通知自动化消缺后继续操作；（C）通知运维人员操作；（D）停止操作，汇报发令调度员，并通知运维人员现场检查。

答案：D

Je3A3474 异常信息是反映设备运行异常情况的报警信息和影响设备遥控操作的信息，直接威胁电网安全与设备运行，是需要实时监控、及时处理的重要信息。其主要包括（　　）。

（A）一次设备异常告警信息；二次设备、回路异常告警信息；（B）自动化、通信设备异常告警信息；（C）其他设备异常告警信息；（D）全部选项。

答案：D

Je3A3475 远方投退重合闸、备自投软压板操作，应按照限定的（　　）步骤进行。

（A）选择—返校—执行；（B）返校—选择—执行；（C）执行—选择—返校；（D）返校—执行—选择。

答案：A

Je3A3476 智能变电站的变压器非电量保护采用（　　）跳闸，信息通过本体智能终端上送过程层 GOOSE 网。

（A）过程层 GOOSE 网；（B）过程层 SV 网；（C）站控层网；（D）就地直接电缆。

答案：D

Je3A3477 重合闸、备自投等功能应设置软压板，应支持以（　　）方式进行投入和退出操作。

（A）遥控；（B）遥测；（C）遥调；（D）遥测。

答案：A

Je3A3478　（　　）不属于变电站监控信息变更申请单需同时上报的技术资料。

（A）一次接线图；（B）保护配置清单；（C）信息表（调控信息表和信息对应表）；
（D）设备调度命名文件。

答案：B

Je3A3479　"XX 断路器 SF_6 气压低闭锁"应列为（　　）。

（A）危急缺陷；（B）严重缺陷；（C）一般缺陷；（D）重要缺陷。

答案：A

Je3A3480　"本体轻瓦斯发信"信息属于（　　）告警信息。

（A）事故信息；（B）异常信息；（C）变位信息；（D）越限信息。

答案：B

Je3A3481　"开关 SF_6 气压低报警"信息属于（　　）告警信息。

（A）事故信息；（B）异常信息；（C）变位信息；（D）越限信息。

答案：B

Je3A3482　"全站事故总信号"属于（　　）类监控信息。

（A）事故；（B）异常；（C）越限；（D）告知。

答案：A

Je3A3483　"线路保护动作"信号属于（　　）告警信息。

（A）事故信息；（B）异常信息；（C）变位信息；（D）越限信息。

答案：A

Je3A3484　"线路保护重合闸闭锁"应列为（　　）。

（A）不是缺陷；（B）一般缺陷；（C）严重缺陷；（D）危急缺陷。

答案：D

Je3A3485　"主变本体油温高告警"在信息分类中属于（　　）。

（A）事故信息；（B）异常信息；（C）越限信息；（D）变位信息。

答案：B

Je3A3486　电压互感器（　　）回路不得接有可能断开的开关或熔断器。

（A）三相电压；（B）各相电压；（C）中性线；（D）各相及中性线。

答案：C

Je3A3487 断路器套管出现裂纹时，绝缘强度（　　）。

(A) 不变；(B) 升高；(C) 降低；(D) 时升时降。

答案：C

Je3A3488 发现断路器严重漏油时，应首先（　　）。

(A) 立即将重合闸停用；(B) 立即断开断路器；(C) 采取禁止跳闸的措施；(D) 立即用旁代路。

答案：C

Je3A3489 隔离开关（　　）灭弧能力。

(A) 有；(B) 没有；(C) 有少许；(D) 不一定。

答案：B

Je3A3490 隔离开关可以进行（　　）。

(A) 在无接地故障时，拉开或合上电压互感器；(B) 代替断路器切故障电流；(C) 任何操作；(D) 切断接地电流。

答案：A

Je3A3491 隔离开关触头过热的原因是（　　）。

(A) 触头压紧弹簧过紧；(B) 触头接触面氧化、接触电阻增大；(C) 触头电位过高；(D) 触头电位差过低。

答案：B

Je3A3492 应急指挥部成员在非工作时间接到应急通知后，人员应在（　　）内赶赴应急场所。

(A) 90min；(B) 40min；(C) 30min；(D) 60min。

答案：D

Je3A3493 线路故障停运后，在变电运维人员到达现场前，调控中心监控员和运维单位人员应立即收集监控告警、故障录波、在线监测、工业视频等相关信息，对线路故障情况进行初步分析判断题，并由（　　）进行情况汇总。

(A) 变电运维人员；(B) 监控员；(C) 调度员；(D) 线路巡线人员。

答案：B

Je3A3494 用试拉断路器的方法寻找接地故障线路时，应先试拉（　　）。

(A) 长线路；(B) 空载线路；(C) 无重要用户的线路；(D) 电源线路。

答案：B

Je3A3495 电网发生故障时，（　　）应立即将故障发生的时间、设备名称及其状态等概况向相应调控机构值班调度员汇报，经检查后再详细汇报相关内容。

（A）值班监控员、厂站运行值班人员；　（B）值班监控员、输变电设备运维人员；（C）厂站运行值班人员、输变电设备运维人员；（D）值班监控员、厂站运行值班人员及输变电设备运维人员。

答案：D

Je3A3496 电网发生事故时，按频率自动减负荷装置动作切除部分负荷，当电网频率恢复正常时，被切除的负荷（　　）送电。

（A）经单位领导指示后；　（B）运行人员迅速自行；　（C）经值班调度员下令后；（D）不允许。

答案：C

Je3A3497 母线故障停电后，若能找到故障点并能迅速隔离，在隔离故障点后应迅速对停电母线恢复送电，应优先考虑用（　　）对停电母线送电。

（A）外来电源；（B）母联断路器；（C）主变断路器；（D）分段断路器。

答案：A

Je3A3498 有带电作业线路跳闸后，（　　）。

（A）可以强送一次；（B）绝对不允许强送；（C）在得到申请单位同意后方可进行强送电；（D）视系统方式而定。

答案：C

Je3A3499 中性点不接地系统，发生金属性两相接地故障时，健全相的对地电压（　　）。

（A）略微增大；（B）不变；（C）增大为正常相电压的 1.5 倍；（D）增大为正常相电压的 1.732 倍。

答案：C

Je3A3500 10～35kV 小电流接地系统发生单相接地的线路，其最长允许运行时间原则上不得超过（　　）h。

（A）1；（B）2；（C）5；（D）6。

答案：A

Je3A3501 在线路故障跳闸后，调控员下达巡线指令时，应明确是否为（　　）。

（A）紧急巡线；（B）故障巡线；（C）带电巡线；（D）全线巡线。

答案：C

Je3A3502 下列（　　）情况可以不将重合闸停用。

（A）全电缆线路空充运行时；（B）线路带正常负载时；（C）重合闸装置异常；（D）开关遮断容量不足。

答案：B

Je3A3503 对线路强送电是指线路开关跳闸后，（　　）送电。

（A）经处理后首次；（B）未经处理即行；（C）经处理后多次；（D）未经调度许可即行。

答案：B

Je3A3504 线路故障跳闸后，线路处于热备用状态，此时应发布（　　）命令。

（A）带电查线；（B）停电查线；（C）事故查线；（D）运行查线。

答案：A

Je3A3505 全电缆线路事故跳闸后（　　）。

（A）不得强送；（B）可不待检查，立即强送一次；（C）雷雨时不得强送，可待雨小后强送一次；（D）以上都不对。

答案：A

Je3A3506 一般情况下，输电线路发生概率最小的故障类型是（　　）。

（A）三相短路；（B）两相接地短路；（C）两相短路；（D）单相接地短路。

答案：A

Je3A4507 AVC控制覆盖率指的是（　　）。

（A）接入AVC系统变电站数量与变电站总数量的比值；（B）接入AVC系统变电站数量与未接入AVC系统变电站数量的比值；（C）未接入AVC系统变电站数量与变电站总数量的比值；（D）未接入AVC系统变电站数量与接入AVC系统变电站数量的比值。

答案：A

Je3A4508 AVC系统控制的变电站电容器、电抗器或变压器有载分接开关需停用时，监控员应按照相关规定将（　　）退出AVC系统。

（A）电容器；（B）相应间隔；（C）电抗器；（D）变压器有载分接开关。

答案：B

Je3A4509 自动重合闸过程中，无论采用什么保护型式，都必须保证在重合于故障时可靠（　　）。

（A）快速三相跳闸；（B）快速单相跳闸；（C）失灵保护动作；（D）快速对侧跳闸。

答案：A

Je3A4510 自动重合闸可按控制开关位置与断路器位置不对应的原理动作，即（ ）时启动自动重合闸。

（A）控制开关在跳闸位置而断路器实际在合闸位置；（B）控制开关在跳闸后位置而断路器实际在合闸位置；（C）控制开关在合闸位置而断路器实际在断开位置；（D）控制开关在合闸后位置而断路器实际在断开位置。

答案：D

Je3A4511 运行中的大容量油浸式变压器不得同时停用（ ）。

（A）瓦斯保护与高压侧后备保护；（B）瓦斯保护与差动保护；（C）差动保护与中压侧后备保护；（D）高压侧与中压侧后备保护。

答案：B

Je3A4512 变压器差动保护范围是（ ）。

（A）变压器中压侧到高压侧；（B）变压器低压侧到中压侧；（C）变压器低压侧到高压侧；（D）变压器各侧电流互感器之间的设备。

答案：D

Je3A4513 变压器差动保护防止区外穿越性故障情况下误动的主要措施是（ ）。

（A）间断角闭锁；（B）二次谐波制动；（C）比率制动；（D）波形不对称制动。

答案：C

Je3A4514 110kV 及以下变压器分接头一般放在变压器的（ ）。

（A）中压侧；（B）高压侧；（C）低压侧；（D）均可以。

答案：B

Je3A4515 为了防止（ ）对变压器的危害，对 220kV 中性点不直接接地的变压器采用放电间隙接地方式。

（A）大气过电压；（B）外部过电压；（C）工频过电压；（D）谐振过电压。

答案：C

Je3A4516 有关变压器接地描述不正确的是（ ）。

（A）油箱外壳要两点接地；（B）铁芯要两点接地；（C）铁芯只能一点接地；（D）铁芯夹件要接地。

答案：B

Je3A4517 对变压器进行短路试验时，二次绕组短路，一次绕组分接头应放在（ ）位置上。

（A）最大；（B）额定；（C）最小；（D）任意。

答案：B

Je3A4518 （　　）不会启动强迫油循环变压器备用冷却器的运行。

（A）油温升高；（B）工作冷却器潜油泵故障；（C）工作冷却器失电；（D）工作冷却器风机故障。

答案：A

Je3A4519 变压器发生内部故障时的主保护是（　　）。

（A）过流保护；（B）瓦斯保护；（C）过负荷保护；（D）差动保护。

答案：B

Je3A4520 变压器的重瓦斯保护或差动保护动作跳闸，未检查变压器前（　　）试送电。

（A）不得进行；（B）可以进行；（C）请示领导后可以进行；（D）停用重瓦斯保护或差动保护后可以进行。

答案：A

Je3A4521 （　　）及以上的油浸式变压器，均应装设气体（瓦斯）保护。

（A）0.8MV·A；（B）1MV·A；（C）0.5MV·A；（D）2MV·A。

答案：A

Je3A4522 （　　）属于变压器的不正常运行情况。

（A）变压器外部故障时；（B）过负荷运行；（C）变压器线圈接地。

答案：B

Je3A4523 两台阻抗电压不相等的变压器并列运行时，在负荷分配上（　　）。

（A）阻抗电压大的变压器负荷小；（B）阻抗电压小的变压器负荷小；（C）负荷的分配不受阻抗电压的影响；（D）以上都不对。

答案：A

Je3A4524 油浸式风冷变压器当冷却系统故障停风扇后，顶层油温不超过（　　）时，允许带额定负载运行。

（A）65℃；（B）55℃；（C）75℃；（D）85℃。

答案：A

Je3A4525 主变瓦斯保护动作可能是由于（　　）造成的。

（A）主变两侧断路器跳闸；（B）220kV套管两相闪络；（C）主变内部绕组严重匝间短路；（D）主变大盖着火。

答案：C

Je3A4526 新投入的变压器应进行（　　）次空载全电压冲击合闸，应无异常情况；第一次受电后持续时间不少于（　　）min。

（A）3、5；（B）5、10；（C）5、5；（D）3、10。

答案：B

Je3A4527　220kV 变电站只有一台变压器，则中性点应（　　）接地。

（A）经小电抗；（B）经小电感；（C）不；（D）直接。

答案：**D**

Je3A4528　变压器中性点接地隔离开关合闸后，其（　　）保护应投入。

（A）中性点零序电流；（B）间隙过流；（C）间隙过压；（D）瓦斯。

答案：**A**

Je3A4529　主变压器轻瓦斯动作可能是由于（　　）造成的。

（A）主变压器两侧断路器跳闸；（B）220kV 套管两相闪络；（C）主变压器内部高压侧绕组轻微匝间短路；（D）主变压器大盖着火。

答案：**C**

Je3A4530　变压器纵差保护不能反映（　　）故障。

（A）变压器绕组的两相短路；（B）变压器绕组的三相短路；（C）变压器绕组的轻微匝间短路；（D）变压器大电流接地系统侧绕组的单相接地短路。

答案：**C**

Je3A4531　当电力系统的发供平衡被破坏时电网频率将产生波动；当电力系统发生有功功率缺额时，系统频率将（　　）。

（A）低于额定频率；（B）高于额定频率；（C）没有变化；（D）忽高忽低地波动。

答案：**A**

Je3A4532　造成系统电压下降的主要原因是（　　）。

（A）负荷分布不均匀；（B）系统中大量谐波的存在；（C）中性点接地不好；（D）系统无功功率不足或无功功率分布不合理。

答案：**D**

Je3A4533　铁磁谐振过电压一般为（　　）。

（A）1～1.5 倍相电压；（B）5 倍相电压；（C）2～3 倍相电压；（D）1～1.2 倍相电压。

答案：**C**

Je3A4534　母线三相电压同时升高，相间电压仍为额定值，电压互感器开口三角端有较大的电压，这是（　　）现象。

（A）单相接地；（B）断线；（C）工频谐振；（D）压变熔丝熔断。

答案：**C**

Je3A4535 在中性点不直接接地的电网中，母线一相电压为零，另两相电压为相电压，这是（　　）现象。

(A) 单相接地；(B) 单相断线不接地；(C) 两相断线不接地；(D) 电压互感器熔丝熔断。

答案：D

Je3A4536 发现电流互感器有异常音响、二次回路有放电声且电流表指示较低或到零，可判断为（　　）。

(A) 电流互感器内部有故障；(B) 二次回路断线；(C) 电流互感器遭受过电压；(D) 电流互感器二次负载太大。

答案：B

Je3A4537 测量电流互感器的极性的目的是为了（　　）。

(A) 满足负载的要求；(B) 保证外部接线正确；(C) 提高保护装置动作的灵敏度；(D) 以上都不是。

答案：B

Je3A4538 安装在并联电容器装置中的氧化锌避雷器主要用于防止（　　）。

(A) 感应雷过电压；(B) 工频过电压；(C) 操作过电压；(D) 谐振过电压。

答案：C

Je3A4539 电容器保护装置配置的保护功能中（　　）保护动作后电容器仍可使用。

(A) 欠电压保护；(B) 过流Ⅰ段、过流Ⅱ段；(C) 不平衡电流；(D) 过电压保护。

答案：A

Je3A4540 系统并列前应满足相序、相位相同；频率偏差应在（　　）Hz 以内；并列点电压偏差在（　　）以内。

(A) 0.1、5%；(B) 0.2、10%；(C) 0.15、5%；(D) 0.1、10%。

答案：A

Je3A4541 220kV 及以上电网的所有运行设备都必须由（　　）套交、直流输入、输出回路相互独立，并分别控制不同断路器的继电保护装置进行保护。

(A) 两；(B) 三；(C) 五；(D) 四。

答案：A

Je3A4542 母线倒闸操作时，应先将（　　），才能进行倒闸操作。

(A) 母差保护停运；(B) 母联断路器的操作直流停用；(C) 母联开关充电保护启用。

答案：B

Je3A4543 消弧线圈在从一台变压器切换到另一台变压器时，消弧线圈隔离开关应（　　）。

（A）先拉后合；（B）先合后拉；（C）可以同时操作；（D）以上都不对。

答案：A

Je3A4544 用母联断路器向空母线充电前退出电压互感器是因为（　　）。

（A）消除谐振；（B）防止操作过电压；（C）消除空载母线电容电流；（D）防止保护误动。

答案：A

Je3A4545 220kV 线路停电检修操作时，操作顺序为（　　）。

（A）拉开断路器，拉开线路侧隔离开关，再拉开母线侧隔离开关；（B）拉开断路器，拉开母线侧隔离开关，再拉开线路侧隔离开关；（C）拉开断路器，同时拉开开关两侧隔离开关；（D）拉开断路器，不用拉开开关两侧隔离开关。

答案：A

Je3A4546 对于局部电网无功功率过剩，电压偏高，应避免采取（　　）措施。

（A）投入并联电容器；（B）部分发电机进相运行，吸收系统无功；（C）投入并联电抗器；（D）以上都对。

答案：A

Je3A4547 按照无功电压综合控制策略，电压和功率因数都低于下限，应（　　）控制。

（A）调节分接头；（B）先投入电容器组，根据电压变化情况再调有载分接头位置；（C）投入电容器组；（D）先调节分接头升压，再根据无功功率情况投入电容器组。

答案：B

Je3A4548 变电站电压无功综合控制策略，当电压和功率因数都高于上限时，应（　　）。

（A）调节分接头；（B）先停电容器组，根据电压变化情况再调有载分接头位置；（C）退出电容器组；（D）先调节分接头降压，再根据无功情况停电容器组。

答案：B

Je3A4549 电网监视控制点电压降低超过规定范围时，值班调度员采取（　　）的措施是不正确的。

（A）迅速增加发电机无功出力；（B）投入无功补偿电容器；（C）必要时启动备用机组调压；（D）投入并联电抗器。

答案：D

Je3A4550 下列四遥信息描述有误的是（　　）。

（A）遥测指电流，电压，有功，无功，电能测量；（B）遥信指断路器位置，隔离开关，保护动作及异常信号；（C）遥控指断路器分合闸控制及异常跳闸；（D）遥调指主变档位调节等。

答案：C

Je3A4551 下列信息属于事故信息的为（　　）。

（A）1号变保护测控二 GOOSE 总报警；（B）116 线路智能终端装置异常报警；（C）203开关柜风机故障；（D）3号变本体重瓦斯出口。

答案：D

Je3A4552 调控机构变电站监控信息的验收内容包括技术资料、四遥信息、（　　）及监控功能。

（A）保护配置清单；（B）监控画面；（C）断路器动作次数；（D）一次设备型号。

答案：B

Je3A4553 集中监控系统报某站"5031 断路器 SF_6 压力低报警"，下列处理正确的为（　　）。

（A）立即拉开5031 断路器，并报调度；（B）立即拉开5031 断路器，并报调度及设备运维单位；（C）立即通知设备运维单位及调度，并根据现场运维队人员的检查情况再做进一步处理（带电补气或拉停）；（D）直接通知运维单位带电补气，无需通知5031 断路器所属调度。

答案：C

Je3A4554 拉开断路器操作电源后，监控系统发（　　）信号。

（A）闭锁重合闸；（B）通信中断；（C）控制回路断线；（D）电压断线。

答案：C

Je3A4555 凡有可能影响断路器远方遥控功能的一二次检修工作，应在（　　）中说明，工作结束后，须进行断路器遥控功能验收。

（A）操作票；（B）信号验收卡；（C）检修工作申请；（D）事故应急处置单。

答案：C

Je3A4556 在电压互感器的隔离开关作业时，应拉开电压互感器二次熔断器是为（　　）。

（A）防止二次侧反充电；（B）防止熔断器熔断；（C）防止二次接地；（D）防止短路。

答案：A

Je3A4557 断路器油用于（　　）。

（A）绝缘；（B）灭弧；（C）绝缘和灭弧；（D）冷却。

答案：**C**

Je3A4558 断路器在运行时发生非全相，应（　　）。

（A）试合断路器一次；（B）一相运行时断开，两相运行时试合；（C）立即拉开隔离开关；（D）立即拉开断路器。

答案：**B**

Je3A4559 以下高压断路器的故障中最严重的是（　　）。

（A）分闸闭锁；（B）合闸闭锁；（C）断路器压力降低；（D）断路器打压频繁。

答案：**A**

Je3A4560 由于断路器本体原因而闭锁重合闸的是（　　）。

（A）未充电；（B）控制电源消失；（C）保护闭锁；（D）气压或油压低。

答案：**D**

Je3A4561 因隔离开关传动机构本身故障而不能操作的，应（　　）处理。

（A）停电；（B）自行；（C）带电处理；（D）以后。

答案：**A**

Je3A4562 在速断保护中受系统运行方式变化影响最大的是（　　）。

（A）电压速断；（B）电流速断；（C）电流闭锁电压速断；（D）反时限电压速断。

答案：**B**

Je3A4563 母联开关的充电保护在（　　）时投入。

（A）正常运行；（B）发生故障；（C）空充母线；（D）母差保护异常。

答案：**C**

Je3A4564 能快速切除线路任意一点故障的主保护是（　　）。

（A）距离Ⅰ段保护；（B）零序电流Ⅰ段保护；（C）纵联保护；（D）过流速断保护。

答案：**C**

Je3A4565 220kV 双回线运行时要求其纵差保护（　　）。

（A）全部投入运行；（B）一套投入，一套停用；（C）全部停用；（D）视系统运行方式而定。

答案：**A**

Je3A4566 220kV 线路纵差保护的保护范围为（   ）。

（A）两侧断路器之间；（B）两侧隔离开关之间；（C）两侧 CT 之间；（D）两侧线路抽压电压互感器之间。

答案：C

Je3A4567 查找二次系统直流接地时（   ）。

（A）禁止在二次回路上工作；（B）通过对二次回路的试验进行查找；（C）短接需要查找的二次回路；（D）退出相应保护后，短接需要查找的二次回路。

答案：A

Je3A4568 关于强送，以下说法不对的是（   ）。

（A）空充线路跳闸不宜强送；（B）电缆线路跳闸不宜强送；（C）长线路跳闸不宜强送；（D）线路变压器组跳闸不宜强送。

答案：C

Je3A4569 以下不是小电流接地系统发出"单相接地"信号的原因的是（   ）。

（A）发生单相接地；（B）电压互感器高压侧一相断开；（C）产生铁磁谐振过电压；（D）电压互感器低压侧一相熔丝熔断。

答案：D

Je3A4570 在中性点不直接接地的电网中，线路单相断线不接地故障的现象是（   ）。

（A）断线相电流接近 0，其他两相电流相等；（B）电流没有变化；（C）开关跳闸；（D）断线相电流最大，其他两相电流为 0。

答案：A

Je3A4571 判别母线故障的依据（   ）。

（A）母线保护动作、断路器跳闸及有故障引起的声、光、信号等；（B）该母线的电压表指示消失；（C）该母线的各出线及变压器负荷消失；（D）该母线所供厂用电或所用电失去。

答案：A

Je3A4572 若 35kV 系统电压一相降低至零，两相不变，则可判断系统故障为（   ）。

（A）铁磁谐振；（B）单相接地；（C）线路断线接地；（D）电压互感器二次熔丝熔断。

答案：D

Je3A4573 "线路冷备用"时（   ）。

（A）接在线路上的电压互感器高低压熔丝不取下，其高压侧隔离开关不拉开；

（B）接在线路上的电压互感器高低压熔丝取下，其高压侧隔离开关拉开；（C）接在线路上的电压互感器高低压熔丝取下，其高压侧隔离开关不拉开；（D）接在线路上的电压互感器高低压熔丝不取下，其高压侧隔离开关拉开。

答案：B

Je3A4574　（　　）可作为线路的后备保护。
（A）主变复压过流保护；（B）母差保护；（C）线路高频保护；（D）主变瓦斯保护。

答案：A

Je3A4575　对于 220kV 及以上电网的线路继电保护一般都采用（　　）原则。
（A）无后备；（B）双后备；（C）远后备；（D）近后备。

答案：D

Je3A4576　220kV 及以上线路停电，隔离开关操作顺序是（　　）。
（A）先合上线路侧地线，先拉母线侧隔离开关，再拉线路侧隔离开关；（B）先拉母线侧隔离开关，再拉线路侧隔离开关；（C）先拉线路侧隔离开关，再拉母线侧隔离开关；（D）先合上线路侧地线，先拉线路侧隔离开关，再拉母线侧隔离开关。

答案：C

Je3A4577　零起升压系统线路的重合闸状态为（　　）。
（A）应停用；（B）应启用；（C）根据具体情况定；（D）无关。

答案：A

Je3A4578　线路恢复送电时，应正确选取充电端，一般离系统中枢点及发电厂母线（　　）。
（A）越远越好；（B）与距离无关；（C）越近越好；（D）以上都有可能。

答案：A

Je3A4579　新投产的线路或大修后的线路，必须进行（　　）核对。
（A）长度；（B）容量；（C）相位；（D）以上都不是。

答案：C

Je3A4580　以下（　　）情况线路可以强送。
（A）电缆线路；（B）线路断路器有缺陷或遮断容量不足的线路；（C）已掌握有严重缺陷的线路；（D）架空线路。

答案：D

Je3A5581 在重合装置中（　　　）。

（A）停用重合闸方式时直接闭锁重合闸；　（B）手动跳闸时不直接闭锁重合闸；（C）断路器或液压降低到无法重合闸时不闭锁重合闸；（D）不经重合闸的保护跳闸时不闭锁重合闸。

答案：A

Je3A5582 以下对重合闸说法不正确的是（　　　）。

（A）110kV 及以下电网中使用的重合闸都是三相式的；（B）带电作业必须要停用重合闸装置；（C）重合闸可以尽快恢复瞬时故障线路的运行；（D）重合闸的目的之一是保证系统稳定。

答案：B

Je3A5583 在（　　　）情况下，自动重合闸装置不应动作。

（A）用控制开关或通过遥控装置将断路器跳开；　（B）主保护动作将断路器跳开；（C）后备保护动作将断路器跳开；（D）某种原因造成断路器误跳开。

答案：A

Je3A5584 变压器倒换操作时，并入的变压器以下项目（　　　），必须检查后方可进行另一台变压器的停役操作。

（A）确认并入的变压器断路器确已合上；（B）确认并入的变压器确有电压；（C）确认并入的变压器已带上负荷；（D）确认并入的变压器无异常声响。

答案：C

Je3A5585 变压器差动保护投运前做带负荷试验的主要目的是（　　　）。

（A）检查电流回路的正确性；（B）检查保护定值的正确性；（C）检查保护装置的精度；（D）检查保护装置的零漂。

答案：A

Je3A5586 变压器出现（　　　）情况时可不立即停电处理。

（A）内部音响很大，很不均匀，有爆裂声；（B）油枕或防爆管喷油；（C）油色变化过甚，油内出现碳质；（D）轻瓦斯保护告警。

答案：D

Je3A5587 关于变压器事故跳闸的处理原则，以下说法错误的是（　　　）。

（A）若主保护（瓦斯、差动等）动作，未查明原因消除故障前不得送电；（B）如只是过流保护（或低压过流）动作，检查主变无问题可以送电；（C）如因线路故障，保护越级动作引起变压器跳闸，则故障线路断开后，可立即恢复变压器运行；（D）若系统需要，即使跳闸原因尚未查明，调控员仍可自行下令对跳闸变压器进行强送电。

答案：D

Je3A5588 关于变压器瓦斯保护，下列错误的是（　　）。

（A）0.8MV·A 及以上油浸式变压器应装设瓦斯保护；（B）变压器的有载调压装置无需另外装设瓦斯保护；（C）当本体内故障产生轻微瓦斯或油面下降时，瓦斯保护应动作于信号；（D）当产生大量瓦斯时，应动作于断开变压器各侧断路器。

答案：B

Je3A5589 变压器油内含有杂质和水分，使酸价增高，闪点降低，随之绝缘强度降低，容易引起（　　）。

（A）变压器线圈对地放电；（B）线圈的相间短路故障；（C）线圈的匝间短路故障；（D）以上都不是。

答案：A

Je3A5590 高压侧有电源的三相三绕组降压变压器一般都在高、中压侧装有分接开关，若改变中压侧分接开关的位置（　　）。

（A）能改变高、低压侧电压；（B）只能改变低压侧电压；（C）只能改变中压侧电压；（D）只能改变高压侧电压。

答案：C

Je3A5591 三绕组变压器一般都在高、中压侧装有分接开关，当高压侧接电源时，若改变高压侧档数则（　　）。

（A）能改变中、低压侧电压；（B）只改变高压侧的电压；（C）只改变中压侧的电压；（D）只改变低压侧的电压。

答案：A

Je3A5592 主变压器的复合电压闭锁过流保护失去电压互感器电压输入时，（　　）。

（A）整套保护退出；（B）仅失去低压闭锁功能；（C）失去低压及负序电压闭锁功能；（D）保护不受任何影响。

答案：C

Je3A5593 运行中的变压器保护，当（　　）时，重瓦斯保护应由"跳闸"位置改为"信号"位置。

（A）变压器进行注油和滤油；（B）变压器中性点不接地运行；（C）变压器轻瓦斯保护动作；（D）变压器过负荷告警。

答案：A

Je3A5594 自耦变压器与普通变压器不同之处说法错误的是（　　）。

（A）有电的联系；（B）体积小，质量轻，便于运输；（C）电源通过变压器的容量是由两个部分组成：即一次绕组与公用绕组之间电磁感应功率，一次绕组直接传导的传导功率；（D）仅是磁的联系。

答案：D

Je3A5595 当电力系统受到较大干扰而发生非同步振荡时，为防止整个系统的稳定被破坏，经过一段时间或超过规定的振荡周期数后，在预定地点将系统进行解列，该执行装置称为（　　）。

（A）低频或低压解列装置；（B）联切负荷装置；（C）稳定切机装置；（D）振荡解列装置。

答案：D

Je3A5596 系统并列时调整电压，下面说法正确的是（　　）。

（A）两侧电压相等，无法调整时，220kV 及以下电压差最大不超过 15％，500kV 最大不超过 10％；（B）电压相等，无法调整时，220kV 及以下电压差最大不超过 20％，500kV 最大不超过 20％；（C）电压相等，无法调整时，220kV 及以下电压差最大不超过 10％，500kV 最大不超过 5％；（D）电压相等，无法调整时，220kV 及以下电压差最大不超过 5％，500kV 最大不超过 3％。

答案：C

Je3A5597 下列接线模式中不能通过线路"N-1"校验的是（　　）。

（A）单辐射线路；（B）单环网线路；（C）双环网线路；（D）多联络线路。

答案：A

Je3A5598 振荡解列装置动作跳开断路器，（　　）。

（A）不得强送；（B）立即强送一次；（C）报告值班调度员根据调度指令进行试送。

答案：A

Je3A5599 输电断面功率越限处置原则中，下列描述正确的是（　　）。

（A）送端电网发电厂增加出力，并提高电压；（B）送端电网发电厂降低出力，并降低电压；（C）送端电网限电；（D）改变电网运行方式，调整潮流分布。

答案：D

Je3A5600 断路器常态化远方操作工作指导意见规定：主站和变电站通信应配置（　　）加密装置，并保持密通运行。

（A）双向；（B）横向；（C）纵向；（D）全向。

答案：C

Je3A5601 解环操作应先检查解环点的潮流，同时还要确保解环后系统各母线（　　）应在规定范围之内。

（A）频率；（B）电压；（C）电流；（D）负荷。

答案：**B**

Je3A5602 （　　）才投入备用电源或备用设备。

（A）应保证在工作电源或设备断开前；（B）应保证在工作电源或设备断开后；（C）应保证在工作电源断开后但备用设备断开前；（D）应保证在工作电源断开前但备用设备断开后。

答案：**B**

Je3A5603 对于 3/2 接线的 500kV 线路停电，先断开（　　），后断开（　　）。

（A）母线侧断路器，中间断路器；（B）中间断路器，母线侧断路器；（C）线路侧断路器，中间断路器；（D）线路侧断路器，母线侧断路器。

答案：**B**

Je3A5604 集中监控系统报某站"2212 保护通道异常报警"，下列说法正确的是（　　）。

（A）此信号为事故信息；（B）此信号动作后影响 2212 线路保护动作；（C）此信号发生后应列一般缺陷；（D）此信号发生后影响监控人员远方操作 2212 开关。

答案：**B**

Je3A5605 集中监控系统报某站"2212 智能终端装置异常报警"，下列说法正确的是（　　）。

（A）此信号影响母差保护跳 2212 开关；（B）此信号影响 2212 第一套保护跳 2212 开关；（C）此信号影响 2212 第二套保护跳 2212 开关；（D）此信号影响 2212 远方操作。

答案：**D**

Je3A5606 电容式电压互感器中的阻尼器的作用是（　　）。

（A）产生铁磁谐振；（B）消除铁磁谐振；（C）分担二次压降；（D）改变二次阻抗角。

答案：**B**

Je3A5607 为了消除超高压断路器各个断口上的电压分布不均匀，改善灭弧能，可在断路器各个断口加装（　　）。

（A）均压环；（B）并联均压电容；（C）均压电阻；（D）均压带。

答案：**B**

Je3A5608 装有合闸电阻的断路器，其合闸电阻在合闸时应（ ）。

（A）提前接入；（B）同步接入；（C）合后接入；（D）带负荷时接入。

答案：A

Je3A5609 多断口断路器在断口处加装并联电容器的作用是（ ）。

（A）平横线路电压；（B）调节线路无功；（C）抑制高频谐波；（D）保持断口电压分配均匀，提高断路器开断近区故障能力。

答案：D

Je3A5610 隔离开关在运行中出现异常，处理方式为（ ）。

（A）对于隔离开关过热，应设法增加负荷；（B）隔离开关发热严重时，应以适当的断路器，利用倒母线或备用断路器倒旁路母线等方式，转移负荷，使其退出运行；（C）如停用隔离开关，可能引起停电并造成损失较大时，现场人员可以不抢修；（D）隔离开关绝缘子外伤严重，绝缘子掉盖、爆炸和刀口熔焊等，应按照领导意见进行处理。

答案：B

Je3A5611 纵联保护信号中的（ ）是阻止保护动作于跳闸的信号。

（A）闭锁信号；（B）允许信号；（C）跳闸信号；（D）以上都对。

答案：A

Je3A5612 限时电流速断保护的灵敏度系数要求（ ）。

（A）大于 1.3；（B）大于 2；（C）大于 1.2；（D）大于 0.85。

答案：A

Je3A5613 对带有母联断路器和分段断路器的母线要求断路器失灵保护动作后应（ ）。

（A）只断开母联断路器或分段断路器；（B）首先断开母联断路器或分段断路器，然后断开与拒动断路器连接在同一母线的所有电源支路的断路器；（C）断开母联断路器或分段断路器及所有与母线连接的开关。

答案：B

Je3A5614 对于 500kV 线路，应装设（ ）完整、独立的全线速动主保护。

（A）一套；（B）至少一套；（C）两套；（D）至多两套。

答案：C

Je3A5615 对于高压侧为 330kV 及以上的变压器，为防止由于频率降低和或电压升高引起变压器磁密过高而损坏变压器，应装设（ ）保护。

（A）瓦斯；（B）过电压；（C）过负荷；（D）过励磁。

答案：D

Je3A5616 对于双母线接线形式的变电站，当某一连接元件发生故障且断路器拒动时，失灵保护动作应首先跳开（　　）。

（A）拒动断路器所在母线上的所有断路器；（B）母联断路器；（C）故障元件的其他断路器；（D）变压器断路器。

答案：**B**

Je3A5617 线路两侧重合闸分别采用检无压和检同期方式时，在线路发生永久性故障并跳闸后，（　　）。

（A）检同期侧重合于故障并跳开，检无压侧不再重合；（B）检无压侧重合于故障并跳闸，检同期侧不再重合；　（C）检同期侧重合于故障并跳开，检无压侧仍将重合；（D）检无压侧重合与故障并跳开，检同期侧仍将重合。

答案：**B**

Je3A5618 变电站全停后，现场人员应（　　）处理。

（A）运行值班人员应首先设法恢复受影响的站用电；（B）汇报单位生产负责人，等待调度命令；（C）拉开站内所有合闸位置的断路器和隔离开关；（D）检查是否有出线线路侧有电压，如果发现带电线路，则立即合入该线路断路器给失电母线送电。

答案：**A**

Je3A5619 母线发生故障后（　　）。

（A）可直接对母线试送电；（B）一般不允许用主变开关向故障母线试送电；（C）用主变开关向母线充电时，变压器中性点一般不接地；（D）充电时，应退出母差保护。

答案：**B**

Je3A5620 不是变电站全停现象为（　　）。

（A）所有电压等级母线失电；（B）各出线、变压器的负荷消失（电流、功率为零）；（C）电话不通；（D）照明全停。

答案：**C**

Je3A5621 线路过负荷时，应采取的措施是（　　）。

（A）送端电网发电厂增加有功、无功出力；（B）降低送、受端运行电压；（C）改变电网结线方式，使潮流强迫分配；（D）受端发电厂适当降低出力

答案：**C**

Jf3A1622 下列不是电力生产与电网运行应遵循的原则的为（　　）。

（A）安全；（B）连续；（C）优质；（D）经济。

答案：**B**

Jf3A1623 （　　　）是能量管理系统的主站系统的基础，必须保证运行的稳定可靠。

（A）SCADA；（B）AGC；（C）NAS；（D）DTS。

答案：**A**

Jf3A1624 调控机构安全保证体系和安全监督体系应相互协同、各司其职、各负其责，按照"谁主管、谁负责"原则、坚持"（　　　）"，保障安全管理的组织、人员和投入，加大监督检查力度，抓好过程管理和绩效考核。

（A）管生产必须管安全；（B）管业务必须管安全；（C）管后勤必须管安全；（D）管安全必须管生产。

答案：**B**

Jf3A1625 调控机构应定期召开（　　　）安全分析会，会议由调控机构安全生产第一责任人主持，相关专业人员参加，会后应下发会议纪要。

（A）年度；（B）季度；（C）半年；（D）两个月。

答案：**B**

Jf3A1626 调控机构实行以主要负责人为安全（　　　）的安全生产责任制，建立健全安全生产责任体系、保证体系和监督体系。

（A）第一责任人；（B）主要责任人；（C）主要负责人；（D）次要责任人。

答案：**A**

Jf3A1627 调控机构应组织签订安全责任书，将安全责任细化落实到（　　　），确保安全责任到岗到人，充分发挥安全保证体系和安全监督体系的作用。

（A）个人；（B）各层面、各专业、各岗位；（C）各专业；（D）各岗位。

答案：**B**

Jf3A1628 各级调控中心（　　　）应组织一次备调短时转入应急工作模式的整体演练，主要包括技术支持系统切换、人员转移，但不涉及调控指挥权转移；每月应各组织一次月度专业演练，主要涉及调控运行专业和自动化专业。

（A）每半年；（B）每年；（C）每季度；（D）两年。

答案：**C**

Jf3A1629 各级调控中心应成立（　　　），接受本级公司应急领导小组（或公司应急指挥中心，下同）的统一领导和指挥。当发生电网大面积停电事件时，应急指挥部还应接受本级公司电网大面积停电事件处置领导小组的统一领导和指挥。

（A）电网调控运行应急指挥部；（B）事故处置小组；（C）技术保障小组；（D）工作小组。

答案：**A**

Jf3A1630 调控人员调换岗位，应当对其进行专门的安全教育和培训，经（　　）后，方可上岗。

（A）考试合格；（B）领导同意；（C）考查；（D）实习。

答案：**A**

Jf3A1631 检查二次回路的绝缘电阻，应使用（　　）的摇表。

（A）500V；（B）250V；（C）1000V；（D）2500V。

答案：**C**

Jf3A1632 调控机构立项的工程项目在签订合同的同时应签订（　　）协议。

（A）安全（保密）；（B）施工；（C）应急；（D）监督。

答案：**A**

Jf3A1633 调控机构应配备必备的法律、法规、技术标准、规章制度等文件，建立分级分类目录，并将目录和相关文件在调度控制管理系统（以下简称 OMS 系统）发布。应及时修编目录和更新相关文件，（　　）对安全法律法规、技术标准、规章制度进行检查。

（A）每月一次；（B）每季度一次；（C）每半年一次；（D）每年至少一次。

答案：**D**

Jf3A1634 各级调控中心（　　）组织一次典型电网黑启动演练，熟练掌握电网黑启动预案。

（A）每月；（B）每年；（C）每季度；（D）两年。

答案：**B**

Jf3A1635 交接班工作由（　　）统一组织开展。交接班时，全体参与人员应严肃认真，保持良好秩序。

（A）交班值调控值长；（B）接班值调控值长；（C）接班值调度值长；（D）交班值监控值长。

答案：**A**

Jf3A1636 每年度夏或度冬前，调度机构应至少组织（　　）电网联合进行反事故演习。

（A）两次；（B）一次；（C）三次；（D）四次。

答案：**B**

Jf3A1637 设备调度命名文件的验收标准为（　　）。

（A）正式文件；（B）临时文件；（C）施工图纸；（D）自动化信息表。

答案：**A**

Jf3A1638 按照"（　　）"原则实施电网稳定管理。

（A）统一管理、分级负责；（B）统一调度、分级管理；（D）统一安排、分步实施；（C）统一调度、分级负责。

答案：A

Jf3A1639 事故发生后，事故现场有关人员应当立即向发电厂、变电站运行值班人员、（　　）或者本企业现场负责人报告。

（A）电力调度机构值班人员；（B）电力监管机构；（C）县级以上人民政府。

答案：A

Jf3A1640 国务院电力监管机构、国务院能源主管部门和国务院其他有关部门、地方人民政府及有关部门按照国家的权限和程序，（　　）事故的应急处置工作。

（A）组织、指挥、协调；（B）组织、协调、参与；（C）指挥、指导、协调。

答案：B

Jf3A1641 各级调控中心相关专业根据电网运行及突发事件处置情况，提出电网运行突发事件应急级别调整或结束建议，由应急指挥部审核同意，报本级公司（　　）和上级应急指挥部。

（A）应急领导小组；（B）调控中心；（C）分管领导；（D）分管安全生产领导。

答案：A

Jf3A1642 按照"（　　）"原则，外来工作人员的安全管理和事故统计、考核与本单位职工同等对待。

（A）谁主管、谁负责；（B）谁提出、谁负责；（C）谁使用、谁负责；（D）谁管理、谁负责。

答案：C

Jf3A1643 外来工作人员（　　）持证或佩戴标志上岗。

（A）根据工作内容；（B）可以不；（C）必须；（D）宜。

答案：C

Jf3A1644 调控机构新入职人员必须经处（科）安全教育、中心（　　）并经考试合格后方可进入专业处（科）开展工作，安全教育培训的主要内容应包括电力安全生产法律法规、技术标准、规章制度及调控机构制定的安全生产相关工作要求。

（A）生产教育；（B）生产培训；（C）安规培训；（D）安全培训。

答案：D

Jf3A1645 调度控制处（科室）（　　）至少对厂站运行人员进行一次应急处置技能培训。结合反事故演习，将电网应急处置要求和预案落实到具体运行单位。

（A）每半年；（B）每年；（C）每季度；（D）两年。

答案：**B**

Jf3A1646 调控机构应建立、健全备调应急工作预案和专业应急工作预案体系，（　　）至少组织开展一次预案培训工作。

（A）每月；（B）半年；（C）每季度；（D）每年。

答案：**C**

Jf3A2647 我国交流特高压设备最高电压为（　　）。

（A）1100kV；（B）1000kV；（C）800kV；（D）765kV。

答案：**A**

Jf3A2648 就我国而言，交流特高压电网是指（　　）。

（A）10kV 和 35kV 的电网；（B）110kV 和 220kV 的电网；（C）330kV、500kV 和 750kV 的电网；（D）1000kV 及以上的电网。

答案：**D**

Jf3A2649 较大事故和一般事故的调查期限为（　　）日。

（A）30；（B）45；（C）60。

答案：**B**

Jf3A2650 我国发展特高压电网的主要目标是（　　）。

（A）大容量、远距离从发电中心向负荷中心输送电能；（B）形成超高压电网间的强互联，提高各电网的可靠性和稳定性；（C）减少超高压输电的网损，提高经济性；（D）以上皆是。

答案：**D**

Jf3A2651 就我国而言，特高压直流是指（　　）。

（A）±500kV 及以下直流系统；（B）±500kV 以上、±800kV 及以下直流系统；（C）±800kV 以上直流系统；（D）±800kV 及以上直流系统。

答案：**D**

Jf3A2652 无功补偿设备（　　）集中装设在最高等级电网上。

（A）应；（B）不应；（C）可以；（D）大部分不可以。

答案：**B**

Jf3A2653　每（　　）年至少组织一次综合应急演练或社会应急联合演练，每（　　）年至少组织一次专项应急演练。

（A）两、一；（B）五、三；（C）三、一；（D）两、半。

答案：A

Jf3A2654　操作中发生事故时应立即停止操作，事故处理告一段落后再根据（　　）或实际情况决定是否继续操作。

（A）调度指令；（B）领导指示；（C）预案；（D）检修人员意见。

答案：A

Jf3A2655　调度系统的 OMS 是指（　　）。

（A）能量管理系统；（B）操作管理系统；（C）运行管理系统；（D）信息管理系统。

答案：C

Jf3A2656　调度自动化 SCADA 系统的基本功能不包括（　　）。

（A）数据采集和传输；（B）控制与告警；（C）在线潮流分析；（D）安全监视。

答案：C

Jf3A2657　原则上涉及调控机构监控范围内设备操作时，值班调度员应下达设备操作指令至监控该设备的（　　）。

（A）变电站运维人员；（B）值班监控员；（C）值班调度员；（D）变电站检修人员。

答案：B

Jf3A2658　调控机构、厂站运维单位应按照（　　）要求，分别负责主站系统和子站系统自动化设备的运行维护，并向相关调控机构及时提供实时数据、模型、图形，实现"源端维护、全网共享"。

（A）《电力系统自动化运行管理规程》；（B）《电力调度自动化系统运行管理规程》；（C）《国家电网调度控制管理规程》；（D）《电网调度管理条例》。

答案：B

Jf3A2659　新建（　　）kV 以上变电站的命名，应在工程初设阶段，由工程管理单位报相关调控机构审定。

（A）750；（B）500；（C）330；（D）220。

答案：B

Jf3A2660　调控机构与发电企业签订并网调度协议时，应明确双方在电网运行中的（　　）。

（A）分工；（B）如何配合；（C）义务；（D）安全责任与义务。

答案：D

Jf3A2661 依据《国家电网公司安全事故调查规程》《国家电网公司应急工作管理规定》和《国家电网公司电网大面积停电事件处置应急预案》，公司电网大面积停电预警分为一级、二级、三级和四级，其中二级用（   ）标示。

(A) 橙色；(B) 黄色；(C) 蓝色；(D) 红色。

答案：A

Jf3A2662 事故造成电网大面积停电的，电力企业应当按照国家有关规定，（   ）。

(A) 汇报应急指挥机构；(B) 启动相应的应急预案；(C) 制订应急处置措施。

答案：B

Jf3A2663 调控机构每年应对调控规程进行一次复查，进行必要的修订；每（   ）进行一次全面修订，并在严格履行审批手续后印发执行。

(A) 3～5 年；(B) 2 年；(C) 6 年；(D) 7 年。

答案：A

Jf3A2664 调控机构负责（   ）范围内系统无功平衡分析工作，并制订改进措施。

(A) 直调；(B) 许可；(C) 调管；(D) 管辖。

答案：A

Jf3A2665 调度机构按照电网稳定运行的要求，编制具有可操作性的反事故预案；（   ）的反事故预案应与调度机构的反事故预案相互衔接，并动态修订。

(A) 变电站；(B) 电网使用者；(C) 各级厂站。

答案：B

Jf3A2666 调控机构应建立覆盖全网（   ）kV 以上发、输、变电设备的统一系统仿真模型，并基于全网互联计算数据开展稳定计算工作。

(A) 500；(B) 330；(C) 220；(D) 110。

答案：C

Jf3A2667 《国家电网调度控制管理规程》所称"国家电网"是指（   ）。

(A) 国家电网公司投资运营的所有发输变电设备构成的整体；(B) 中国境内所有发输变电设备构成的整体；(C) 国家电网公司经营区域内的省级电网、跨省、跨区电网；(D) 国家电网公司经营区域内的省级电网、跨省、跨区电网和内蒙古自治区西部电网，包括并入上述电网的发电、输配电、用电等所有一次设施及相关的继电保护、通信、自动化等二次设施构成的整体。

答案：D

Jf3A2668 公司所属各级单位对外承、发包工程和委托业务应依法签订合同，并同时签订安全协议。合同的形式和内容（   ）。

（A）应根据具体情况制订；（B）应由双方协商确定；（C）应符合法律规定；（D）应统一规范。

答案：D

Jf3A2669 输变电设备运维人员在进行（ ）时应服从值班监控员的指挥和协调。

（A）监控运行业务联系；（B）调控业务联系；（C）变电站事故处理；（D）调令接收。

答案：A

Jf3A2670 国调及分中心统一制订（ ）kV以上主网设备年度停电计划。

（A）500；（B）330；（C）220。

答案：A

Jf3A2671 地级调度机构日前停电计划必须遵循（ ）日及以上申报原则。

（A）D-1；（B）D-2；（C）D-3；（D）D-4。

答案：B

Jf3A2672 日前停电计划停电申请（ ）。

（A）必须逐级报送；（B）必须直接报送；（C）可以越级报送；（D）必须越级报送。

答案：A

Jf3A2673 事故发生单位和有关人员应当（ ），落实事故防范和整改措施，防止事故再次发生。

（A）认真分析事故原因；（B）认真反思事故原因；（C）认真吸取事故教训。

答案：C

Jf3A2674 突发事件发生后，事发单位要做好先期处置，并及时向（ ）及有关部门报告。根据突发事件性质、级别，按照分级响应要求，组织开展应急处置与救援。

（A）国网公司；（B）上级和所在地人民政府；（C）安全部门；（D）人民政府。

答案：B

Jf3A2675 检修公司应报调控中心备案的应急处置方案为（ ）。

（A）发电厂全停应急处置方案；（B）水电厂水淹厂房应急处置方案；（C）变电站（换流站）站用电应急处置方案；（D）发电厂保厂用电应急处置方案。

答案：C

Jf3A2676 在实际工作中若发生已经启用应急预案的事件以后，应在应急处置结束的（ ）个工作日内，组织完成对应急预案的评估或重新修编工作。

（A）10；（B）15；（C）20；（D）30。

答案：B

Jf3A2677 输变电设备运维人员现场发现设备异常和缺陷情况，应按照有关规定处理，若该异常或缺陷影响电网安全运行或调控机构集中监控，应及时汇报（　　）。

（A）运维单位相关领导；（B）设备厂家；（C）相关技术人员；（D）相关调控机构。

答案：D

Jf3A2678 特别重大事故和重大事故的调查期限为（　　）。

（A）45 日；（B）60 日；（C）90 日。

答案：B

Jf3A3679 在小电流接地系统中，发生非金属性接地时接地相的电压（　　）。

（A）等于零；（B）降低；（C）升高为线电压；（D）不变。

答案：B

Jf3A3680 在小电流接地系统中，发生金属性接地时，接地相的电压（　　）。

（A）等于零；（B）等于 10kV；（C）升高；（D）不变。

答案：A

Jf3A3681 以下母线接线方式中运行可靠性、灵活性最差的是（　　）。

（A）3/2 接线；（B）双母线；（C）内桥接线；（D）单母线。

答案：D

Jf3A3682 系统高峰时，升高电压，低谷时降低电压是（　　）。

（A）逆调压；（B）顺调压；（C）常调压；（D）恒调压。

答案：A

Jf3A3683 系统向用户提供的无功功率越小，用户电压就（　　）。

（A）无变化；（B）越合乎标准；（C）越低；（D）越高。

答案：C

Jf3A3684 调控中心实施远方操作必须采取（　　），严格执行模拟预演、唱票、复诵、监护、录音等要求，确保操作正确。

（A）技术措施；（B）防误措施；（C）组织措施；（D）防范措施。

答案：B

Jf3A3685 （　　）是智能变电站中连接过程层设备和间隔层设备的网络。

（A）GOOSE 网络；（B）站控层网络；（C）SV 网络；（D）过程层网络。

答案：D

Jf3A3686 监控系统远动装置异常属于（　　）缺陷。

（A）危急；（B）严重；（C）一般；（D）紧急。

答案：**A**

Jf3A3687 调度机构负责监控变电站设备监控信息表的制订和下发，（　　）负责按规定落实，保证监控信息的规范、正确和统一。

（A）输变电设备运维单位；（B）设备厂家；（C）调控机构相关处室；（D）当值监控员。

答案：**A**

Jf3A3688 "消防装置故障告警"属于（　　）缺陷。

（A）危急；（B）紧急；（C）严重；（D）一般。

答案：**C**

Jf3A3689 调控机构应建立所辖电网调控系统安全监督网络，调控机构内部应建立（　　）安全监督体系，明确两级安全监督的责任和权利，调控机构设置专职安全员，各专业设兼职安全员。

（A）安全风险控制的；（B）安全监督网；（C）中心、处（科）两级；（D）安全工作网。

答案：**C**

Jf3A3690 调控机构每年至少组织（　　）次以上安全日活动，安全日活动由安全第一责任人主持，中心安全员协助，全体员工参加。

（A）1；（B）2；（C）3；（D）4。

答案：**B**

Jf3A3691 各级调控机构应以不发生（　　）责任的五级以上电网事件（事故）为基准，每年制订安全生产控制目标。

（A）设备；（B）装置；（C）人员；（D）系统。

答案：**C**

Jf3A3692 电力企业主要负责人收到撤职处分的，（　　）年内不得担任任何生产经营单位主要负责人。

（A）4；（B）5；（C）6。

答案：**B**

Jf3A3693 把电力负荷与供电可靠性的要求相结合，以及中断供电后将会对政治、经济及社会生活所造成损失或影响的程度进行区分，可以分为（　　）。

（A）一级；（B）二级；（C）三级；（D）四级。

答案：C

Jf3A3694 （   ）负责调控运行通信业务的组织、保障和完善工作，（   ）负责对通信保障和服务的效果进行评价。

（A）调控机构、调控机构；（B）通信机构、调控机构；（C）调控机构、通信机构；（D）通信机构、通信机构。

答案：B

Jf3A3695 发生（   ）及以上地震、（   ）台风自然灾害时，经本级公司应急领导小组研究，可参照一般电网大面积停电事件处置应对。

（A）六级、十二级；（B）七级、十一级；（C）七级、十二级；（D）八级、十二级。

答案：C

Jf3A3696 继电保护和安全自动装置的软件版本及反事故措施应统一管理，分级实施。（   ）负责反事故措施及软件版本升级的具体实施。

（A）调控机构；（B）运维单位；（C）设备厂家；（D）设计单位。

答案：B

Jf3A3697 继电保护整定计算应以（   ）作为依据。

（A）常见的运行方式；（B）被保护设备相邻的一回线或一个元件的正常检修方式；（C）故障运行方式；（D）正常运行方式。

答案：A

Jf3A3698 下列不是"四不放过"内容的为（   ）。

（A）有关人员未受教育不放过；（B）事故原因未上报不放过；（C）整改措施未落实不放过；（D）责任人员未处理不放过。

答案：B

Jf3A4699 变压器的大修周期一般为（   ）。

（A）投运后的 5 年和以后每间隔 5 年大修一次；（B）投运后的 5 年和以后每间隔 10 年大修一次；（C）投运后的 10 年和以后每间隔 5 年大修一次；（D）投运后的 10 年和以后每间隔 10 年大修一次。

答案：B

Jf3A4700 当变压器发生内部故障跳闸时，监控报文中动作的主保护应是（   ）保护。

（A）瓦斯；（B）差动；（C）过流；（D）中性点。

答案：A

Jf3A4701 以下（　　）不是自耦变压器的特点。

（A）过电压保护比较复杂；（B）短路阻抗比普通变压器小；（C）短路电流较小；（D）一二次绕组之间有直接连接。

答案：C

Jf3A4702 变压器带（　　）负荷时电压最高。

（A）容性；（B）感性；（C）非线性；（D）线性。

答案：A

Jf3A4703 对电力系统的稳定性干扰最严重的是（　　）。

（A）发生三相短路故障；（B）投切大型电容器；（C）大型发电机开停机；（D）投切大型空载变压器。

答案：A

Jf3A4704 电压中枢点是（　　）。

（A）重要的电压支撑节点；（B）电压监测节点；（C）负荷节点；（D）其他三个选项都不是。

答案：A

Jf3A4705 下列不是提高电力系统静态稳定措施的是（　　）。

（A）提高系统电压水平；（B）采用串联电容器补偿；（C）发电机电气制动；（D）采用直流输电。

答案：C

Jf3A4706 高低压侧均有电源的变压器送电时，一般应由（　　）充电。

（A）短路容量大的一侧；（B）短路容量小的一侧；（C）高压侧；（D）低压侧。

答案：C

Jf3A4707 手动切除交流滤波器时应遵循（　　）。

（A）先投后切原则；（B）先切后投原则；（C）同时进行原则；（D）视具体情况而定。

答案：A

Jf3A4708 （　　）负责子站系统的安全运行，负责子站设备的运行维护和检验，参加新建和改（扩）建子站设备的设计审查以及投运前的调试和验收。

（A）各级调控机构；（B）检修公司；（C）厂站运维单位；（D）厂家。

答案：C

Jf3A4709 调控机构按照（　　）的要求，建立电力二次系统纵深安全防护体系。

（A）安全分区、网络专用、纵向隔离、横向认证；（B）安全分区、网络共享、横向隔离、纵向认证；（C）安全分区、网络共享、纵向隔离、横向认证；（D）安全分区、网络专用、横向隔离、纵向认证。

答案：D

Jf3A4710 紧急情况下，（   ）发生各种不可预知的重大灾害性事件而突然失效，按照本级公司应急领导小组或应急指挥部的指令，启用备调。

（A）调度指挥权转移条件；（B）主调调控员指挥权转移；（C）备调调控员指挥权转移；（D）主调指挥权下放。

答案：A

Jf3A4711 以下（   ）不属于事故调查报告内容。

（A）事故防范和整改措施；（B）事故原因和事故性质；（C）事故抢修过程和应急组织情况；（D）事故责任认定和处理建议。

答案：C

Jf3A4712 处置电网大面积停电事件应急预案应当对应急组织指挥体系及职责，应急处置的各项措施，以及（   ）等应急保障作出具体规定。

（A）人员、设备、资金、时间；（B）技术、物资、资金、人员；（C）技术、组织、人员、设备。

答案：B

Jf3A4713 复合电压过流保护通常作为（   ）的后备保护。

（A）线路；（B）母线；（C）变压器；（D）发电机。

答案：C

Jf3A4714 继电保护远方操作时，（   ），且所有这些确定的指示均已同时发生对应变化，才能确认该设备已操作到位。

（A）应至少有三个指示发生变化；（B）应有一个以上指示发生变化；（C）至少应有两个指示发生对应变化；（D）应对判软压板及充电状态指示进行观察。

答案：C

Jf3A4715 事故处理的一般原则有（   ）。

（A）迅速限制事故发展，消除事故根源，解除对人身、设备和电网安全的威胁；（B）用一切可能的方法保持正常设备的运行和对重要用户及厂用电的正常供电；（C）尽快对已停电的客户恢复送电，对重要客户应优先恢复供电；（D）以上都是。

答案：D

Jf3A4716 直流系统负极接地时,( )升高。

(A)正对地电压;(B)负对地电压;(C)正负电压。

答案:**A**

Jf3A4717 直流系统正极接地有可能造成保护( ),负极接地有可能造成保护( )。

(A)误动、拒动;(B)拒动、误动;(C)拒动、拒动;(D)误动、误动。

答案:**A**

Jf3A5718 关于电压监测点、电压中枢点,下列说法错误的是( )。

(A)监测电力系统电压值和考核电压质量的节点,称为电压监测点;(B)电力系统中重要的电压支撑节点称为电压中枢点;(C)电压中枢点一定是电压监测点,而电压监测点却不一定是电压中枢点;(D)电压监测点的选择可以随机进行。

答案:**D**

Jf3A5719 坚强智能电网是以( )为基础的现代电网。

(A)加强建设以大电网为重点、各级电网协调发展;(B)建设以特高压电网为骨干网架、各级电网协调发展;(C)加强建设以大电网为重点、协调建设大电厂;(D)加强建设以大电网为重点、协调建设大电厂。

答案:**B**

Jf3A5720 下列关于配电网的特点说法错误的是( )。

(A)随着配电网自动化水平的提高,对供电管理水平要求越来越低;(B)发展速度快,且用户对供电质量要求较高;(C)对经济发展较好地区配电网设计标准要求高,供电的可靠性要求较高;(D)农网负荷季节性强。

答案:**A**

Jf3A5721 电网突发事件达到大面积停电分级标准时,应急指挥部应按照本级公司应急领导小组的指令启动应急处置机制,同时将( )等有关情况汇报上级应急指挥部。

(A)停电范围、负荷损失、发展趋势; (B)停电范围、设备故障、发展趋势;(C)停电范围、负荷损失、设备故障;(D)停电时间、停电范围、发展趋势。

答案:**A**

Jf3A5722 纵联电流差动保护动作出口的条件是( )。

(A)本侧启动元件和本侧差动元件同时动作;(B)对侧启动元件和本侧差动元件同时动作;(C)两侧启动元件和本侧差动元件同时动作;(D)两侧启动元件和差动元件同时动作。

答案:**C**

1.2 判断题

La3B1001 交流输电线路中的电功率由高电压端向低电压端传送。（×）

La3B1002 变压器接线组别表示的是变压器高、低压侧线电流相位关系。（×）

La3B1003 电压比是指变压器空载运行时，一次电压与二次电压的比值。（√）

La3B1004 负荷率 K_P 等于最小负荷与最大负荷之比。（×）

La3B1005 重合闸时间是指重合闸启动开始记时，到断路器合闸终止。（×）

La3B1006 电力系统发生两相接地短路时，非故障相电压为 3 倍零序电压。（√）

La3B1007 串联谐振时的特性阻抗是由电源频率决定的。（×）

La3B2008 在重大节日、重要保电等时段内，正常运行方式应确保电力系统连续可靠运行，采用全接线全保护运行。（√）

La3B2009 电力网在没有安装专门的补偿装置前的功率因数叫作电网自然功率因数。（√）

La3B2010 操作过电压是由电网中对变压器等电气设备操作或故障跳闸而引起的过电压。（√）

La3B2011 电力系统发生振荡时，振荡中心电压的波动情况是幅度最小。（×）

La3B2012 在短路故障发生后大约经过半个周期的时间，将出现短路电流的最大瞬时值。（√）

La3B2013 断路器的"跳跃"现象一般是在跳闸、合闸回路同时接通时发生的，"防跳"回路设置是将断路器闭锁到跳闸位置。（√）

La3B2014 准同期并列时，并列开关两侧的电压最大允许相差为 20％以内。（√）

La3B3015 电压互感器的负载误差是由负载电流在一、二次绕组的内阻抗产生的电压降所引起的。（√）

La3B4016 电压合格率是指被统计点或母线的实际运行电压值在调度或规程所给电压曲线允许电压偏差范围内的累计运行时间与对应的总运行统计时间之比的百分值，即电压合格率（％）＝（1－某一时段内电压越限时间总和/该时段电压监测总时间）×100％。（√）

La3B4017 电流互感器的二次负载根据 10％误差曲线来确定。当误差不能满足要求时，该电流互感器不能使用。（√）

La3B4018 当故障相（线路）自两侧切除后，非故障相（线路）与断开相（线路）之间存在电容耦合和电感耦合，继续向故障相（线路）提供的电流称为潜供电流。（√）

Lb3B1019 电网无功补偿的原则一般是按全网平衡原则进行。（×）

Lb3B1020 为了改善电力系统的功率因数，变压器不应空载运行或长期处于低负载运行状态。（√）

Lb3B2021 电压不能全网集中统一调整，只能分区调整控制。（√）

Lb3B2022 铁磁谐振过电压一般表现为三相电压同时升高或降低。（×）

Lb3B2023 直流系统正极接地有可能造成保护误动，负极接地有可能造成保护拒动。（√）

Lb3B2024 变压器过电压有大气过电压和操作过电压两类。（√）

Lb3B2025 安全和稳定是电力系统正常运行所不可缺少的两个基本条件，它们是两个相同的基本概念。（×）

Lb3B2026 中性点不接地系统比接地系统供电可靠性高。（√）

Lb3B2027 在系统变压器中，无功功率损耗较有功功率损耗大得多。（√）

Lb3B2028 电网无功补偿的原则是分层分区和就地平衡。（√）

Lb3B2029 变压器差动保护反映的是该保护范围内的变压器内部及外部故障。（√）

Lb3B2030 在220kV系统中，采用单相重合闸是为了满足系统静态稳定的要求。（×）

Lb3B2031 当系统频率降低时，发电机调速系统将调整励磁电流，增加发电机组的有功功率。（×）

Lb3B2032 变压器的零序保护是线路的后备保护。（√）

Lb3B2033 所谓"弱馈方式"亦即单电源负荷端控制字为"是"。（√）

Lb3B2034 纵差保护是由安装在被保护线路两端的两套保护组成。（√）

Lb3B2035 一次设备状态分为运行、热备用、冷备用、试验、检修等状态。（×）

Lb3B2036 "拆除地线"是指将接地短路线从电气设备上取下的操作。（×）

Lb3B3037 特殊运行方式是指主干线路、大联络变压器等设备检修及其他对系统稳定运行影响较严重的运行方式。（√）

Lb3B3038 电网的正常方式是指正常运行和按负荷曲线及季节变化的水电大发、火电大发、最大最小负荷和最大最小开机方式下较长期出现的运行方式。（×）

Lb3B3039 "装设地线"是指通过导线使电气设备全部或部分可靠接地操作。（×）

Lb3B3040 "近后备"是指当元件故障的保护装置或开关拒绝动作时，由各电源侧的相邻元件保护装置动作将故障切开。（×）

Lb3B3041 电容式的重合闸可以多次动作。（×）

Lb3B3042 中性点经小电阻接地系统也叫作小电流接地系统。（×）

Lb3B3043 系统振荡时系统三相是对称的。（√）

Lb3B3044 线路停送电操作至线路空载时末端电压将降低。（×）

Lb3B3045 变压器中性点接地，属于保护接地。（×）

Lb3B3046 大气过电压与设备电压等级无关。（√）

Lb3B3047 电流互感器二次侧可以开路，但不能短路；电压互感器二次侧可以短路，但不能开路。（×）

Lb3B3048 电容器串联后的总电容将会增大。（×）

Lb3B3049 变压器的铜损等于铁损时效率最高。（√）

Lb3B3050 空载变压器投入运行时，励磁涌流的最大峰值可达到变压器额定电流的6～8倍。（√）

Lb3B3051 电网的顺调压方式是指在大负荷时提高中枢点电压，在小负荷时降低中枢点电压的调压方式。（×）

Lb3B3052 变压器经济运行目的是在供电量相同的情况下，最大限度地降低变压器

的无功损失。（×）

Lb3B3053 变压器的温升是指线圈与变压器周围环境的温度之差。（×）

Lb3B3054 当变压器三相负载不对称时，将出现负序电流。（√）

Lb3B3055 趋肤效应对电路的影响，是随着交流电流的频率和导线截面的增加而增大。（√）

Lb3B3056 在将断路器合入有永久性故障的线路时，跳闸回路中的跳跃闭锁继电器不起作用。（×）

Lb3B3057 电流互感器二次侧可以短路，但不能开路。（√）

Lb3B3058 电网主接线方式大致可分为有备用和无备用两大类。（√）

Lb3B3059 电气化铁道负载是典型的三相平衡谐波源。（×）

Lb3B3060 电磁环网中高压线路故障断开时，系统间的联络阻抗将显著减小。（×）

Lb3B3061 电力系统的电压特性主要取决于各地区的有功和无功供需平衡，与网络结构无关。（×）

Lb3B4062 误发信号总数量是指当月调控中心监控系统主站接收到监控告警，但经检查未发现设备故障异常的信号总数量。（√）

Lb3B4063 漏发信号总数量是指当月现场装置已动作或设备故障异常已发生，但调控中心监控系统主站未收到相应监控告警的信号总数量。（√）

Lb3B4064 电网稳定管理包括电网安全稳定分析、电网运行方式安排、稳定限额管理、安全稳定措施管理以及电网运行控制策略管理等工作。（√）

Lb3B5065 事故追忆功能是指当电力系统发生事故时，调度自动化系统将事故发生后一段时间内事故的所有实时稳态信息全过程记录、保存下来，并且能够真实、完整地反应电网的整个事故过程，再现当时的电网模型、运行方式及事件，作为事故分析的依据。（×）

Lb3B5066 继电保护的"远后备"是指当元件故障的保护装置或开关拒绝动作时，由各电源侧的相邻元件保护装置动作将故障切开。（√）

Lb3B5067 断路器因本体或操作机构异常出现"合闸闭锁"尚未出现"分闸闭锁"时，值班调度员可视情况下令拉开此开关。（√）

Lb3B5068 方向高频保护是比较被保护线路两侧工频电流相位的高频保护。当两侧电流相位相反时，保护动作跳闸。（×）

Lb3B5069 自动重合闸有两种启动方式：断路器控制开关位置与断路器位置不对应启动方式和保护启动方式。（√）

Lb3B5070 "合上"是指断路器（开关）、隔离开关通过人工操作使其由分闸位置转为合闸位置的操作。（√）

Lb3B5071 一般当负荷变动甚小，线路电压损耗小，或用户处于允许电压偏移较大的农业网时，才采用顺调压的方式。（√）

Lb3B5072 在方向比较式的高频保护中，收到的信号作闭锁保护用，叫闭锁式方向高频保护。（√）

Lc3B3073 影响变压器励磁涌流的主要原因有：①变压器剩磁的存在；②电压合闸

角。（√）

Lc3B3074 电压互感器二次熔丝熔断时间应大于保护动作时间。（×）

Lc3B3075 对停电母线进行试送时，应优先采用外来电源。试送断路器必须完好，并有完备的继电保护。有条件者可对故障母线进行零起升压。（√）

Lc3B3076 断路器跳闸辅助接点要先断开、后投入。（×）

Lc3B3077 当电气触头刚分开时，虽然电压不一定很高，但触头间距离很小，因此不会产生很强的电场强度。（×）

Lc3B3078 扩建接地网与原接地网间应为多点连接。（√）

Lc3B4079 在电容充电过程中，充电电流逐渐减小，则电容两端的电压逐渐增加。（√）

Lc3B4080 装设避雷器可以防止变压器绕组的主绝缘因过电压而损坏。（√）

Lc3B4081 隔离开关可以切无故障电流。（×）

Lc3B4082 所谓发电机调相运行，是指发电机发出有功而吸收无功的稳定运行状态。（×）

Lc3B4083 当电流互感器的变比误差超过10％时，将影响继电保护的正确动作。（√）

Lc3B4084 电容器具有隔断直流电，通过交流电的性能。（√）

Lc3B4085 变压器油枕中的胶囊器起使空气与油隔离和调节内部油压的作用。（√）

Lc3B4086 中性点经消弧线圈接地的系统正常运行时，消弧线圈带有电压。（√）

Lc3B4087 变压器铁芯和外壳应同时接地，目的是保证它们始终处于相同电位，防止它们之间存在电位差，可能形成间隙放电。（√）

Lc3B4088 变压器绝缘可分为全绝缘和半绝缘。（×）

Lc3B4089 变压器油封杯作用是延长硅胶使用寿命，把硅胶与大气隔开，只有进入变压器内，空气才通过硅胶。（√）

Lc3B4090 局部放电是指发生在电极之间并且贯穿电极的放电。（×）

Jd3B1091 在同一变电站站内，依次进行的带电作业可以使用一张带电作业工作票。（√）

Jd3B1092 在未办理工作票终结手续以前，任何人员不准将停电设备合闸送电。（√）

Jd3B1093 拉合断路器、隔离开关的单一操作可以不用操作票。（×）

Jd3B1094 串联补偿装置因故障停运，可以试送一次。（×）

Jd3B1095 调度管辖范围是指调控机构直接下令操作的发、输、变电系统。（×）

Jd3B1096 调度计划包括发输电计划和设备停电计划。（√）

Jd3B1097 一般电网电压调整采用顺调压方式。（×）

Jd3B1098 计划工作时间包括设备的停电操作时间。（×）

Jd3B1099 事故抢修也包含事故后转为检修的工作。（×）

Jd3B1100 工作票中小时计时采用12小时制。（×）

Jd3B1101 母线充电保护只在母线充电时投入，何时停用不作要求。（×）

Jd3B1102 逐项操作指令是指值班调度员发布的只对一个单位进行的操作。（×）

Jd3B1103 计划工作时间是指包括设备停、送电操作及安全措施实施时间的设备检修时间。（×）

Jd3B1104 工作票中所列的安全措施可以在许可开工后陆续做完。(×)

Jd3B1105 值班调度人员可以按照有关规定，根据电网运行情况，调整日发电、供电调度计划。(√)

Jd3B1106 对地电压为1000V的设备是低压设备。(×)

Jd3B1107 在运行中的高压设备上工作可以分为：全停电工作、部分停电工作和不停电工作。(√)

Jd3B1108 电力线路检修时间的计算是从值班调度员下达"停运开工令"时开始，到值班调度员得到申请单位值班调度员报告"人员撤离、工作地点地线拆除，相位正确，具备送电条件"为止。(×)

Jd3B1109 变压器并列操作时按照先低压侧再高压侧的顺序进行。(×)

Jd3B1110 变压器解列操作时按照先高压侧再低压侧的顺序进行。(×)

Jd3B2111 第一、二种工作票和带电作业工作票的有效时间，以工作票签发人填写的检修期为限。(×)

Jd3B2112 事故应急处理可以不用操作票，但在完成后应作好记录，并保存原始记录。(√)

Jd3B2113 室内高压设备虽然全部停电，但通至邻接高压室的门没有全部闭锁，也属于全部停电。(×)

Jd3B2114 厂站运行值班单位及输变电设备运维单位，必须服从调控机构的调度。(√)

Jd3B2115 电网非正常解列应认定为电网七级事件。(×)

Jd3B2116 一条10kV线路掉闸对用户少供电，应定为设备一类障碍。(√)

Jd3B2117 新设备试运行期间需对其进行全面监视。(×)

Jd3B2118 负责规范缺陷管理工作是调控处的职责。(×)

Jd3B2119 设备集中监视分位全面监视和正常监视。(×)

Jd3B3120 在正常负载和冷却条件下，变压器的温度不正常并不断上升时，现场值班人员应立即将异常情况向值班调度员汇报听候处理。(×)

Jd3B3121 在停电设备上进行，且对运行电网不会造成较大影响的临时检修，值班调控员有权批准。(√)

Jd3B3122 地调管辖的110kV变电站全站事故停电时，地调值班员无需向省调值班员汇报事故情况。(×)

Jd3B3123 未列入月度计划的检修为非计划检修，非计划检修包括临时检修和事故检修，但经省调批准，在低谷时段进行的维护性检修不属临时检修。(√)

Jd3B3124 省调越级拉闸限电后，要及时通知相关地调，以避免重复限电，地调及时恢复送电。(×)

Jd3B3125 值班调控员在独立值班之前应经培训、实习和考试合格，经有关领导批准后，方可正式值班，并书面通知各有关单位。(√)

Jd3B3126 调控员脱离岗位两个月及以上时需要经业务考试合格才可上岗工作。(×)

Jd3B3127 向母线充电应使用带有反应各种故障类型的速动保护的断路器，且充电时

保护在投入状态；用变压器开关向母线充电时，该变压器中性点必须接地。（√）

Jd3B3128 新设备启动过程中，如需对启动方案进行变更，必须经调控机构同意，现场和其他部门不得擅自变更。（√）

Jd3B5129 只有在所有工作票都已终结，并得到值班调度员或运行值班负责人的许可指令后，方可合闸送电。（×）

Jd3B5130 已批准的检修设备在预定的开始时间未能停下来，原则上应将投运时间顺延，检修时间不变。（×）

Jd3B5131 调度操作指令形式有：即时命令、逐项命令、综合命令。（√）

Jd3B5132 检修设备停电，必须把高、低压侧的电源完全断开。（×）

Je3B1133 主变本体油温过高告警属于危急缺陷。（√）

Je3B2134 任何情况下变压器均不能过负荷运行。（×）

Je3B2135 调控中心应建立监控信息定期与专项分析机制，对各类监控信息进行统计分析，提出设备状况存在的普遍性和趋势性问题，督导变电运维单位闭环落实整改。（×）

Je3B2136 变电站运维检修单位应将变电站设备监控信息纳入定期巡视范畴，发现异常信息及时向调控中心汇报。（√）

Je3B2137 调控中心应对变电站设备监控信息采集中断、遥控故障、不正确上送等事件进行分析和试验，并向运维检修单位报送分析报告。（×）

Je3B2138 变电站设备检修工作开始前，运维检修单位应汇报调控中心当值监控员，并做好监控信息封锁的技术措施。（√）

Je3B2139 变电站设备进行检修、改造等工作，造成监控信息变更的，运维检修单位应提前向调控中心提交监控信息变更申请，并在设备投运前与调控中心完成联调验收。（√）

Je3B2140 变电站实施集中监控前，调控中心和设备运维检修单位应对变电站设备监控信息是否满足集中监控条件进行现场检查，满足条件后办理许可手续，并完成监控业务交接。（×）

Je3B2141 监控远方操作应在监控系统主接线图或者间隔图上进行。（×）

Je3B2142 备用主要发供电设备不能按调度规定的时间投入运行，应算作事故。（√）

Je3B2143 电磁环网的操作，按分级操作的原则进行，合解环操作尽量在高压侧进行。（×）

Je3B2144 开关停送电和并解列的操作前后，必须检查开关实际位置和表计指示。（√）

Je3B2145 可以利用隔离开关进行同期并列。（×）

Je3B2146 正常运行时，允许将消弧线圈同时接到两台变压器的中性点上。（×）

Je3B2147 备用的电流互感器的二次绕组端子应先短路后接地。（√）

Je3B2148 运行中的高压设备缺陷共分为两类：一般缺陷、紧急缺陷。（×）

Je3B2149 事故处理中应注意，切不可只凭站用电源全停或照明全停而误认为是变电站全停电。（√）

Je3B2150 根据《调控机构设备监控信息处置管理规定》要求，断路器异常变位信息

属于异常信息。（×）

Je3B2151 值班监控员对告警信息进行初步判断认定为缺陷后应立即汇报相关值班调度员。（×）

Je3B2152 值班监控员收到检修班组核准的缺陷定性后，应及时更新缺陷管理记录。（×）

Je3B2153 缺陷管理分为缺陷发起、缺陷汇报、缺陷处理和消缺验收四个阶段。（×）

Je3B2154 值班监控员通过监控系统发现监控告警信息后，应立即汇报值班调度员。（×）

Je3B2155 调控中心负责监控范围内变电站设备监控信息和状态在线监测告警信息的集中监视。（√）

Je3B2156 监控信息处置以"分类处置、闭环管理"为原则，分为信息收集、实时处置、检查考核三个阶段。（×）

Je3B2157 遥测联调验收的安全风险典型控制措施是：对监控画面、遥测逐项进行联调测试，确保信息的采样、变比、相位正确，数据曲线连续，发现问题应及时纠正。（√）

Je3B2158 目前未实现告警直传方式的变电站，其告警直传信息以调控直采方式接入。（√）

Je3B2159 电科院负责协助调控机构开展监控信息表审核，作好相关技术支持。（√）

Je3B2160 设计单位负责督促施工单位按照监控信息表和设计图纸开展新（改、扩）建变电站施工调试工作。（×）

Je3B2161 调控中心在收到运维单位书面申请后第3个工作日起，变电站进入集中监控试运行期。（×）

Je3B2162 变电站设备集中监控试运行期限一般为两周。（√）

Je3B3163 并网电厂必须满足《电网运行准则》相关要求。（√）

Je3B3164 二次设备检修状态是指该设备与系统彻底隔离，与运行设备没有物理连接的状态。（√）

Je3B3165 误碰保护引起断路器跳闸后，自动重合闸不应动作。（×）

Je3B3166 电网调度的性质有①指挥性质；②生产性质；③职能性质。（√）

Je3B3167 在电网无接地故障时，允许用刀闸拉合电流互感器。（×）

Je3B3168 断路器在运行中出现闭锁分合闸时应尽快将闭锁断路器从运行中隔离出来。（√）

Je3B3169 线路跳闸后，不查明原因，调控员不可进行送电操作。（×）

Je3B3170 电力系统发生事故时，首先要想办法恢复对重要用户的供电。（×）

Je3B3171 事故发生后，发现有装设备自投装置未动作的断路器，可以立即给予送电。（×）

Je3B3172 线路断路器由于误碰掉闸，值班员应立即恢复送电。（×）

Je3B3173 厂、站发生直流系统接地时，值班调度员应通知有关检修单位到现场处理，现场根据查找直流接地的需要，自行掌握有关保护装置的投停。（×）

Je3B3174 当母线无电时，电容器组未跳开，应将电容器组手动断开。（√）

Je3B3175 SF_6 断路器气体压力降低闭锁分闸时，可以就地手动断开断路器。（×）

Je3B3176 当母线发生谐振时，禁止用断开电压互感器的方法来消除谐振。（√）

Je3B3177 调控员在进行事故处理时，可不用填写操作命令票和相关事故处理记录。（×）

Je3B3178 对人身和设备安全有威胁的设备停电可不待调度指令自行处理然后报告。（√）

Je3B3179 空载运行的输电线路跳闸后可以进行强送。（×）

Je3B3180 发生一般报告类事件，相应分中心或省调调度员须在 3 小时内向国调中心调度员报告。（×）

Je3B3181 下列事件属于紧急报告类事件：省（自治区、直辖市）级电网与所在区域电网解列运行故障。（√）

Je3B3182 装有备用电源自投装置的变电站母线电压消失，备用电源自投装置拒动时，现场值班人员应进行检查等待调度指令处理故障。（×）

Je3B3183 母线因后备保护动作跳闸电压消失，可立即对母线试送一次。（×）

Je3B3184 强油风冷式变压器事故过负荷时，只要在 30min 内变压器可超过任意数值运行。（×）

Je3B3185 运行中的星形接线电容器的中性点应接地。（×）

Je3B3186 需要并列运行的变压器，在并列运行之前应根据实际情况预计负荷电流的分配。（√）

Je3B3187 断路器检修分为：大修、小修、临时性大修。（√）

Je3B3188 特殊运行方式是指主干线路、大联络变压器等设备检修及其他对系统稳定运行影响较严重的运行方式。（√）

Je3B3189 自耦变压器的中性点需根据运行方式安排是否直接接地运行。（×）

Je3B3190 新设备或检修后相位可能变动的设备投入运行时，应校验相序相同后才能进行同期并列，校核相位相同后，才能进行合环操作。（√）

Je3B3191 母线电压互感器更换后，应安排核相。（√）

Je3B3192 新线路的投运以及可能使相位变动的检修，送电前都必须核对相序。（×）

Je3B3193 35kV 输电线路没有按调度规定的时间恢复送电，应定为一般设备事故。（×）

Je3B3194 厂站母线电压异常时，调控机构应立即采取措施（包括投切无功补偿装置、调整机组无功出力、调整联络线潮流等）使电压恢复至限额以内。（√）

Je3B3195 检查监控系统时发现某站 3 号变上层油温 25℃，2 号变上层油温 60℃，两台变压器型号一致，负载率均为 60% 左右，环境温度在 25℃ 左右，说明 3 号变散热良好，无问题。（×）

Je3B3196 检查监控系统发现某站 220kV4 号母线电压数值为灰色且不刷新，应列严重缺陷。（√）

Je3B3197 监控系统发 "2211 线路保护电压互感器断线报警" 动作，此缺陷属于危急缺陷。（√）

Je3B3198 监控系统发 "5031 测控装置与监控系统通信中断报警" 动作，此缺陷属

于严重缺陷。（×）

Je3B3199 监控员应及时将全面监视和特殊监视范围、时间、监视人员和监视情况汇报监控值长。（×）

Je3B3200 主变保护装置电流互感器断线告警属于严重缺陷。（×）

Je3B3201 直流系统中 UPS 逆变交流输入异常是危急缺陷。（×）

Je3B3202 交流系统中站用电备自投装置故障属于危急缺陷。（√）

Je3B3203 正常监视是指监控员值班期间对变电站设备事故、异常、越限、变位信息及输变电设备状态在线监测告警信息进行定期监视。（×）

Je3B3204 严重缺陷是指监控信息反映出对人身或设备有重要威胁，需立即处理的缺陷。（×）

Je3B3205 变压器送电前，应检查与并列运行的变压器分接头位置一致或符合要求。（√）

Je3B3206 遥控操作的项目，包括变压器分接头调整、电容器投切、信号复归等，均应得到调度员指令或许可方可进行。（×）

Je3B3207 监控信息分析，按照变电站对监控信息进行统计分析。（×）

Je3B3208 站内只有一台变压器，则中性点应经小电抗接地。（×）

Je3B3209 正常监视要求监控员在值班期间不得遗漏监控信息，对各类告警信息及时确认。（√）

Je3B3210 线路故障后通过远方遥控试送电时，为防止重合闸动作，应提前停用重合闸功能。（×）

Je3B3211 断路器发"弹簧未储能"信号时，可进行远方控分操作。（√）

Je3B3212 遥控执行在设定时间内未收到遥控执行确认信息，应自动结束遥控流程。（√）

Je3B3213 为防止主变调档时发生滑档，设置"急停"出口按钮，急停出口触点通常为常闭触点。（×）

Je3B3214 监控远方操作中，若发现电网或现场设备发生事故及异常，影响操作安全时，监控员应立即终止操作并报告调度员，无需通知运维单位。（×）

Je3B3215 变电运维人员到达现场后，如果此时线路尚未恢复运行，应由现场运维人员确认具备试送条件。（√）

Je3B3216 发生事故变电运维人员到达现场后，应立即通知调控中心，检查确认相关一、二次设备运行状态，并及时汇报调控中心。（√）

Je3B3217 新设备启动过程中，如需对启动方案进行变更，必须经调控机构同意，现场和其他部门不得擅自变更。（√）

Je3B3218 小电流接地系统查找接地时的线路试停操作，原则上应由运维单位就地执行。（×）

Je3B3219 线路任一侧电压互感器发生异常情况影响线路保护时，线路应配合停运。（√）

Je3B3220 交流母线为 3/2 接线方式的设备送电时，应先合母线侧断路器，后合中间

断路器。停电时应先拉开中间断路器，后拉开母线侧断路器。（√）

Je3B3221 线路故障后，在试送前，值班调度员应与值班监控员、厂站运行值班人员及输变电设备运维人员确认具备试送条件。具备监控远方试送操作条件的，应进行监控远方试送。（√）

Je3B3222 一、二次设备出现异常告警信息，调控中心不允许进行远方遥控操作。（×）

Je3B3223 在系统发生事故时，不允许变压器过负荷运行。（×）

Je3B3224 当全站无电后，必须将电容器的断路器拉开。（√）

Je3B3225 检修申请票的内容应包括工作时间、申请单位、工作内容以及对电网的要求等。（×）

Je3B3226 营销部门与10（6）～35kV接入的分布式电源项目业主签订《并网调度协议》。（×）

Je3B3227 地县调控机构在上级单位组织下，开展分布式光伏、风电发电功率预测。（√）

Je3B4228 分布式电源项目的调度自动化、通信和并网运行信息采集及传输，应满足调度自动化、电力通信和电力监控系统安全防护等方面制度标准的要求。（√）

Je3B4229 380/220V接入的分布式电源项目，纳入调控部门运行管理。（×）

Je3B4230 异常和事故分析的风险辨识要点为：开展电网异常和事故分析、编制分析报告。（√）

Je3B4231 联调验收方式的风险辨识要点为：落实主站侧安全措施。（×）

Je3B4232 在线监测系统的主要功能可实现对电力设备状态的参数的连续监测、传输、处理分析，并可实现越限报警，提示设备可能有潜在缺陷。（√）

Je3B4233 母差保护发"电压回路断线"告警信号时，该母差保护须退出。（×）

Je3B4234 地调管辖的110kV变电站全站事故停电时，地调值班员无需向省调值班员汇报事故情况。（×）

Je3B4235 调度倒闸操作应填写操作指令票。当投退AVC功能、无功补偿装置、故障处置操作时，值班调度员可不用填写操作指令票。（√）

Je3B4236 遥控操作中如发生异常或故障，应立即汇报当值负责人及发令调度，并通知运维人员现场检查。（√）

Je3B4237 拟写操作指令票应以停电工作票或临时工作要求、日前调度计划、调试调度实施方案、安全稳定及继电保护相关规定等为依据。拟写操作指令票前，拟票人应核对现场一、二次设备实际状态。（√）

Je3B4238 断路器操作时，若远方操作失灵，厂站规定允许就地操作，应三相同时操作，不得分相操作。（√）

Je3B4239 主变过负荷时，在紧急情况下可以调整变电器有载分接开关。（×）

Je3B4240 线路保护切换继电器同时接通属于严重缺陷。（×）

Je3B4241 监控员收集到变位信息后，应确认设备变位情况是否正常。如变位信息异常，应根据情况参照事故信息或异常信息进行处置。（√）

Je3B4242　接有电容器的母线失压时，其电容器断路器应及时断开，恢复送电时，应先合上电容器断路器，再合上所有出线断路器。（×）

Je3B4243　电压互感器计量电压空开跳开，属于危急缺陷。（×）

Je3B4244　220kV 主变冷却器全停告警属于事故信息。（×）

Je3B4245　220kV 第一套合并单元装置故障属于异常信息。（√）

Je3B4246　如出现家族缺陷，则具有同一设计、和/或材质、和/或工艺的其他设备，不论其当前是否可检出同类缺陷，在这种缺陷隐患被消除之前，都称为有家族缺陷设备。（√）

Je3B4247　不良工况是设备在运行中经受的，可能对设备状态造成不良影响的各种特别工况。（√）

Je3B4248　当发现电压互感器有异常可能发展为故障时，应立即用隔离开关拉开故障电压互感器。（×）

Je3B4249　新建的变电设备投入运行前需进行全电压冲击合闸操作，应选择距离电源较远，对负荷影响较小的断路器作为冲击合闸点。（√）

Je3B4250　在直流系统中，无论哪一极的对地绝缘被破坏，则另一极电压就升高。（×）

Je3B4251　无人值守变电站继电保护和安全自动装置的动作信息、告警信息应传至调控中心。（√）

Je3B4252　无人值守变电站开始操作前，运维人员应告知值班监控员，避免双方同时操作同一对象。（√）

Je3B4253　无人值守变电站须具备完善的安防设施，应能实现安防系统运行情况监视、防盗报警等主要功能，相关报警信息应传送至安监部门。（×）

Je3B4254　110kV 母线故障跳闸要组织开展专项分析。（√）

Je3B4255　110kV 及以上主变故障跳闸要组织开展专项分析。（×）

Je3B5256　当变压器过流保护动作跳闸，进行外部检查无异常后，可以试送一次。（√）

Je3B5257　变电站工业视频系统不具备自动巡视功能。（×）

Je3B5258　无人值守站配置蓄电池容量应至少满足全站设备 3h 以上和事故照明 1h 以上的用电要求。（×）

Jf3B2259　继电保护和安全自动装置远方操作覆盖调控主站、变电站和数据传输通道三部分内容。（√）

Jf3B2260　变电站监控系统断路器状态采集要求中规定：三相联动机构断路器，应采用合位、分位双位置接点采集；分相操作机构断路器则不需要进行位置信号采集。（×）

Jf3B2261　不应在测控装置和保测一体装置的缓存中存储遥控控制指令，但是通信网关机的缓存中可以存储遥控控制指令的。（×）

Jf3B2262　已经通过遥控功能验收的断路器，当调控主站新建、改造或者进行与前置系统相关的升级时，无需再次对断路器进行遥控功能正确性验证。（×）

Jf3B2263　换流站以及通过交流线路与之相连的对端变电站，应尽量避免仅通过断路

器辅助接点位置作为最后断路器的判断依据。（√）

Jf3B2264 变压器额定负荷时，强油风冷装置全部停止运行，此时其上层油温不超过75℃就可以长时间运行。（×）

Jf3B2265 高频闭锁零序或负序功率方向保护，当电压互感器装在母线上而线路非全相运行时会误动，此时该保护必须经过综合重合闸的 M 端子。（√）

Jf3B2266 微机型变压器保护中的非电量保护，其跳闸回路不进入微机保护装置，直接作用于跳闸，以保证可靠性。（√）

Jf3B2267 由于自耦变压器短路阻抗较小，其短路电流较普通变压器大，因此在必要时需要采取限制短路电流的措施。（√）

Jf3B2268 断路器失灵保护动作的必要条件是失灵保护电压闭锁回路开放，本站有保护装置动作且超过失灵保护整定时间仍未返回。（×）

Jf3B2269 在大电流接地系统中，Yn，d 接线变压器的差动保护，其 Y0 侧电流互感器的二次侧接成三角形，是为了防止当变压器中性点接地运行情况下发生外部接地短路时，由于零序电流的作用而使差动保护误动作，那么，在变压器差动保护范围内高压引线上发生单相接地时，差动保护也不应动作。（×）

Jf3B2270 电压互感器的二次中性线回路如果存在多点接地，当系统发生接地故障时，继电器所感受的电压会与实际电压有一定的偏差，甚至可能造成保护装置误动。（×）

Jf3B2271 电压中枢点一定是电压监测点。（√）

Jf3B2272 智能变电站继电保护装置除检修采用硬压板外其余均采用软压板。（√）

Jf3B2273 每套完整、独立的保护装置应能处理可能发生的所有类型的故障；两套保护之间不应有任何电气联系，当一套保护异常或退出时不应影响另一套保护的运行。（√）

Jf3B4274 调控实时数据可分为电网运行数据、保护故障信号、设备监控数据三大类。（×）

Jf3B4275 变压器分接头调整不能增减系统的无功，只能改变无功分布。（√）

Jf3B4276 强迫油循环散热的变压器，油泵停了可以降低容量长期运行。（×）

Jf3B4277 变压器空载合闸的励磁涌流，仅在变压器一侧有电流。（√）

Jf3B4278 为了防止变压器的油位过高，所以在变压器上装设防爆管。（×）

Jf3B4279 直流电网技术发展是保障清洁能源大规模发展和电网安全经济运行的关键。（×）

Jf3B4280 在小电流、低电压的电路中，隔离开关具有一定的自然灭弧能力。（√）

Jf3B4281 为了增加保护的可靠性，变压器中性点零序过流保护和间隙过压保护应同时投入。（×）

Jf3B4282 所有线路、变压器、母线的保护均需引入母线电压。（×）

Jf3B4283 为提高保护动作的可靠性，不允许交、直流回路共用同一根电缆。（√）

Jf3B4284 接入分布式电源的配电网线路，分布式电源侧重合闸启停不做具体要求。（×）

Jf3B4285 保护装置面板信号灯指示不影响保护动作和信号上送，可进行远方复归。（×）

Jf3B4286　新、扩建或改造的变电站直流系统的馈出网络应采用环网供电方式。（×）

Jf3B4287　为防止变压器出口短路事故，低压侧应进行全热缩绝缘化处理。（√）

Jf3B5288　变压器压力释放阀、气体继电器和油流速动继电器应加装防雨罩。（√）

Jf3B5289　500kV线路的并联电抗器停运时，必须先将线路停运。（√）

Jf3B5290　在经过试验的情况下，隔离开关允许通断一定的小电流。（√）

Jf3B5291　严禁用隔离开关在雷电时拉合避雷器。（√）

Jf3B5292　不同组别的变压器是不能并列运行的。（√）

Jf3B5293　用在电网中的自耦变压器的中性点必须可靠地直接接地。（√）

Jf3B5294　特高压线路的一个显著特点是线路电容产生的无功功率很大。（√）

Jf3B5295　隔离开关可以拉合主变压器中性点。（√）

Jf3B5296　高频保护通道的工作方式，可分为长期发信和故障时发信两种。（√）

Jf3B5297　低频、低压减负荷装置出口动作后，应当启动重合闸回路，使线路重合。（×）

Jf3B5298　电缆线路采用单相重合闸方式。（×）

Jf3B5299　单相重合闸进行过程中不闭锁三相不一致保护。（×）

Jf3B5300　线路运行时必须将线路短引线保护停运。（√）

1.3 多选题

La3C1001 电路的基本定律有（　　）。

（A）戴维南定律；（B）基尔霍夫第一定律；（C）基尔霍夫第二定律；（D）欧姆定律。

答案：BCD

La3C2002 电功率的大小与（　　）有关。

（A）电压；（B）频率；（C）电流；（D）时间。

答案：ABC

La3C3003 正弦交流电的三要素是（　　）。

（A）最大值；（B）电压；（C）初相位；（D）频率。

答案：ACD

La3C3004 交流电路中，功率因数等于（　　）。

（A）电压与电流的相位角差的正弦；（B）电压与电流的相位角差的余弦；（C）无功功率与视在功率的比值；（D）有功功率与视在功率的比值。

答案：BD

La3C4005 星形连接的对称三相电路中，电压、电流的关系特点是（　　）。

（A）线、相电压是两组对称电压；（B）线电压有效值是相电压有效值的 1.732 倍；（C）各线电压滞后相应相电压 30°；（D）线电流与相电流有效值相等。

答案：ABD

Lb3C1006 以下设备中，属于电力系统中无功电源的有（　　）。

（A）发电机；（B）异步电动机；（C）静止补偿器；（D）串联电容器。

答案：ACD

Lb3C2007 电力负荷曲线由（　　）组成。

（A）基荷；（B）低谷；（C）峰荷；（D）腰荷。

答案：ACD

Lb3C2008 电力系统的设备运行状态一般分为（　　）。

（A）检修；（B）冷备用；（C）旋转备用；（D）运行。

答案：ABD

Lb3C2009　系统有功功率备用容量包括（　　）。

（A）负荷备用容量；（B）事故备用容量；（C）检修备用容量；（D）低频减负荷容量。

答案：**ABC**

Lb3C2010　电力系统在运行中发生短路故障时，通常伴随着（　　）。

（A）电压大幅度上升；（B）电压急剧下降；（C）电流大幅度上升；（D）电流急剧下降。

答案：**BC**

Lb3C2011　继电保护装置包括（　　）。

（A）逻辑部分；（B）测量部分；（C）直流部分；（D）执行部分。

答案：**ABD**

Lb3C2012　继电保护装置应满足"四性"的要求，具体包括（　　）。

（A）灵敏性；（B）选择性；（C）可靠性；（D）速动性。

答案：**ABCD**

Lb3C3013　我国电力系统中，中性点接地方式有（　　）。

（A）中性点经小电阻接地；（B）中性点经消弧线圈接地方式；（C）中性点不接地方式；（D）中性点直接接地方式。

答案：**ABCD**

Lb3C3014　电力系统运行的基本要求（　　）。

（A）保证可靠的持续供电；（B）保证良好的电能质量；（C）保证系统的运行经济性；（D）保证系统运行的灵活性。

答案：**ABC**

Lb3C3015　三段式电流保护是由（　　）组合而构成的一套保护装置。

（A）无时限电流速断保护；（B）限时电流速断保护；（C）定时限过电流保护；（D）反时限过电流保护。

答案：**ABC**

Lb3C3016　继电保护的"三误"指（　　）。

（A）误操作；（B）误碰；（C）误接线；（D）误整定。

答案：**BCD**

Lb3C3017　重合闸重合于永久性故障时对电力系统的影响有（　　）。

（A）使电力系统又一次受到故障冲击；（B）使开关的工作条件变得更加严重；（C）减少停电损失；（D）提高了供电的可靠性。

答案：**AB**

Lb3C4018 在系统发生非对称性故障时，故障点的（　　）最高，向电源侧逐步降低为零。

（A）正序电压；（B）负序电压；（C）零序电压；（D）相电压。

答案：BC

Lb3C4019 单相重合闸的优点（　　）。

（A）提高供电的可靠性；（B）没有操作过电压问题；（C）减少转换性故障发生；（D）提高系统并联运行的稳定性。

答案：ABCD

Lb3C4020 电网继电保护的整定不能兼顾速动性、选择性或灵敏性要求时，按（　　）原则取舍。

（A）局部电网服从整个电网；（B）局部问题自行消化；（C）下一级电网服从上一级电网；（D）尽量照顾局部电网和电网的需要。

答案：ABCD

Lb3C4021 继电保护的后备保护整定原则是（　　）。

（A）后备保护的灵敏段必须按满足规定的全线灵敏度要求整定；（B）保证上下级后备保护之间的选择性配合，但对动作时间无严格的配合要求；（C）在配置完整的两套主保护的线路上，后备保护可以与相邻线路纵联保护配合整定；（D）后备保护的最末段按远后备整定。

答案：AC

Lb3C5022 以下单相重合闸动作的方式说法正确的是（　　）。

（A）单相故障跳单相；（B）相间故障跳三相重合一次；（C）单相重合不成跳三相；（D）单相重合不成跳单相。

答案：AC

Lb3C5023 采用单相重合闸对系统稳定性的影响是（　　）。

（A）减少加速面积；（B）减少减速面积；（C）增加减速面积；（D）能够提高暂态稳定性。

答案：ACD

Lc3C1024 各类作业人员有权拒绝（　　）。

（A）违章指挥；（B）强令冒险作业；（C）加班工作；（D）带电工作。

答案：AB

Lc3C1025 倒闸操作可以通过（　　）完成。

（A）就地操作；（B）模拟操作；（C）遥控操作；（D）程序操作。

答案：**ACD**

Lc3C1026 下列（　　）可以不用操作票。

（A）事故紧急处理；（B）拉合断路器的单一操作；（C）程序操作；（D）遥控操作。

答案：**ABC**

Lc3C3027 各类作业人员应被告知其作业现场和工作岗位（　　）。

（A）存在的危险因素；（B）反事故措施；（C）防范措施；（D）事故紧急处理措施。

答案：**ACD**

Lc3C4028 验电时，以下做法正确的是（　　）。

（A）应使用相应电压等级且合格的接触式验电器；（B）无法在有电设备上进行试验时，可用工频高压发生器等确认验电器良好；（C）验电前，应先在有电设备上进行试验，确认验电器良好；（D）在装设接地线或合接地刀闸（装置）处对其中一相验电。

答案：**ABC**

Lc3C4029 装有 SF_6 设备的配电装置室和 SF_6 气体实验室，应（　　）。

（A）装设强力通风装置；（B）风口应设置在室内顶部；（C）排风口不应朝向居民住宅；（D）排风口不应朝向行人。

答案：**ACD**

Jd3C1030 调度指令的形式包括（　　）。

（A）综合指令；（B）即时指令；（C）口头指令；（D）逐项指令。

答案：**ABD**

Jd3C1031 调度术语中"调度管辖"是指调度机构对（　　）行使调度权。

（A）设备调整；（B）事故处理；（C）倒闸操作；（D）状态改变。

答案：**ABCD**

Jd3C2032 电气主接线方式主要有（　　）。

（A）双母线接线；（B）单母线接线；（C）桥形接线；（D）3/2 接线。

答案：**ABCD**

Jd3C2033 检修申请票的内容应包括（　　）。

（A）工作时间；（B）工作内容；（C）对电网的要求；（D）停电范围。

答案：**ABCD**

Jd3C2034 计划操作应尽量避免在（   ）进行。

（A）交接班时；（B）深夜时；（C）恶劣天气时；（D）电网发生异常及事故时。

答案：ACD

Jd3C3035 无备用接线方式包括单回的（   ）网络。

（A）放射式；（B）干线式；（C）两端供电；（D）链式。

答案：ABD

Jd3C3036 电压互感器的基本误差有（   ）。

（A）电压误差；（B）电流误差；（C）角度误差；（D）频率误差。

答案：AC

Jd3C3037 电流互感器的二次负荷包括（   ）。

（A）表计和继电器电流线圈的电阻；（B）1次电流电缆回路电阻；（C）连接点的接触电阻；（D）接线电阻。

答案：ACD

Jd3C3038 在监控系统上进行操作，必须执行（   ）和（   ）的双重唱票确认工作；严禁单人独自操作。

（A）操作员；（B）班组长；（C）值长；（D）监护人。

答案：AD

Jd3C3039 事故处理的原则有（   ）。

（A）尽速限制事故发展，消除事故根源并解除对人身、设备和电网安全的威胁；（B）用一切可能的方法保持正常设备继续运行和对用户的正常供电；（C）尽速对已停电的用户恢复供电；（D）尽速恢复电网的正常运行方式。

答案：ABCD

Jd3C3040 为防止事故扩大，厂站值班员可不待调度指令自行进行的紧急操作有（   ）。

（A）对人身和设备安全有威胁的设备停电；（B）将故障停运已损坏的设备隔离；（C）当厂（站）用电部分或全部停电时，恢复其电源；（D）拉开振荡线路的断路器。

答案：ABC

Jd3C3041 系统发生事故时，有关单位值班人员必须立即、准确地向值班员汇报（   ）。

（A）断路器的动作时间、相别；（B）保护及自动装置的动作情况；（C）故障点及设备检查情况；（D）天气、现场作业及其他情况。

答案：ABCD

Jd3C5042 相对于二次侧的负荷来说，（　　）。

（A）电压互感器的一次内阻抗较小；（B）电压互感器的一次内阻抗较大；（C）电流互感器的一次内阻很大；（D）电流互感器的一次内阻很小。

答案：AC

Je3C1043 中性点经消弧线圈接地有以下（　　）补偿方式。

（A）欠补偿；（B）全补偿；（C）无补偿；（D）过补偿　。

答案：ABD

Je3C1044 变压器调压的方式有（　　）。

（A）强励；（B）有载调压；（C）进相运行；（D）无载调压。

答案：BD

Je3C2045 按信源分，遥信信号可分为（　　）。

（A）硬接点信号；（B）告警信号；（C）事故信号；（D）软报文信号。

答案：AD

Je3C2046 负荷功率因数低造成的影响是（　　）。

（A）有功损耗减小；（B）有功损耗增大；（C）发电设备未能充分发挥作用；（D）线路电压损失增大。

答案：BCD

Je3C2047 电压互感器的停电操作应（　　）。

（A）考虑进行二次电压切换；（B）拉开高压侧隔离开关，然后取下低压侧熔丝；（C）在电压互感器与其高压侧隔离开关之间验电接地；（D）取下低压侧熔丝，然后拉开高压侧隔离开关。

答案：ACD

Je3C2048 倒闸操作的基本条件包括（　　）。

（A）有与现场一次设备和实际运行方式相符的一次系统模拟图；（B）操作设备应具有明显的标志；（C）高压电气设备都应安装完善的防误操作闭锁装置；（D）有值班调度员正式发布的指令。

答案：ABCD

Je3C2049 以下关于消弧线圈操作的说法正确的是（　　）。

（A）应先拉开消弧线圈隔离开关，再进行分接头调整；（B）应先倒换分接头位置，再线路送电；（C）系统接地报警时，禁止投切消弧线圈；（D）系统接地报警时，应切除消弧线圈。

答案：ABC

Je3C3050 重要遥测量主要有设备有功、无功、（　　）等，是需实时监控、及时处理的重要信息。

（A）电流；（B）电压；（C）分接头位置；（D）主变油温。

答案：ABD

Je3C3051 遥控操作严格执行（　　）三个步骤。

（A）遥控选择；（B）遥控确认；（C）遥控预置；（D）遥控执行。

答案：ACD

Je3C3052 自动化信息表分为（　　）。

（A）遥测；（B）遥信；（C）遥控；（D）遥调。

答案：ABCD

Je3C3053 电力系统过电压包括（　　）。

（A）操作过电压；（B）大气过电压；（C）谐振过电压；（D）工频过电压。

答案：ABCD

Je3C3054 电力系统的谐振过电压主要分为（　　）。

（A）线性谐振过电压；（B）非线性谐振过电压；（C）铁磁谐振过电压；（D）参数谐振过电压。

答案：ACD

Je3C3055 长线路送电过程中，可能会出现的过电压有（　　）。

（A）大气过电压；（B）工频过电压；（C）操作过电压；（D）谐振过电压。

答案：BC

Je3C3056 调整电压的主要手段有（　　）。

（A）调整发电机的励磁电流；（B）调整变压器分头位置；（C）投入或停用补偿电容器和低压电抗器；（D）调整发电厂间的出力分配。

答案：ABCD

Je3C3057 限制谐振过电压的措施有（　　）。

（A）提高断路器动作的同期性；（B）高抗中性点加装小电抗；（C）防止发电机自励磁；（D）选用灭弧能力强的断路器。

答案：ABC

Je3C3058 系统电压调整的常用方法有（　　）。

（A）改变网络参数进行调压；（B）改变有功功率和无功功率的分布进行调压；（C）增减无功功率进行调压；（D）调整用电负荷或限电。

答案：ABCD

Je3C3059 消除变压器过负荷的措施有（　　）。

（A）拉闸限电；（B）投入备用变；（C）改变接线方式；（D）调节变压器分接头 。

答案：ABC

Je3C3060 变压器分接头一般都从高压侧抽头，其主要考虑（　　）。

（A）分接开关造价低；（B）抽头引出连接方便；（C）调压时对系统影响小；（D）引出线导体截面小 。

答案：ABD

Je3C3061 （　　）情况下不允许调整有载调压变压器的分接头。

（A）变压器过负荷运行；（B）有载调压装置的瓦斯保护频繁发出信号；（C）有载调压装置发生异常；（D）电压监视和控制点的母线电压超出规定值。

答案：ABC

Je3C3062 变压器出现以下（　　）情况时应立即停电处理。

（A）严重过负荷；（B）油枕或防爆管喷油；（C）漏油致使油面下降，低于油位指示计的指示限度；（D）过流保护出现异常信号。

答案：BC

Je3C3063 造成变压器的有载调压装置动作失灵的原因有（　　）。

（A）操作电源电压消失或过低；（B）电机绕组断线烧毁，启动电机失压；（C）转动机构脱扣及销子脱落；（D）联锁触点接触不良。

答案：ABCD

Je3C3064 （　　）保护同时动作而跳闸时，不论其情况如何，未经变压器内部检验，不得将其投入运行。

（A）轻瓦斯；（B）重瓦斯；（C）差动；（D）过流。

答案：BC

Je3C4065 下列（　　）信息属于遥信信息。

（A）断路器分、合状态；（B）隔离开关分、合状态；（C）线路的功率分布；（D）返送校核信息。

答案：AB

Je3C4066 以下操作可能引起操作过电压的是（　　）。

（A）切除空载变压器；（B）合解大环路；（C）空载线路合闸；（D）空载长线路的电容效应引起的过电压。

答案：ABC

Je3C4067 以下措施可以限制操作过电压的是（　　）。

（A）选用灭弧能力强的断路器；（B）采用性能良好的避雷器；（C）电网中性点直接接地运行；（D）断路器断口加装并联电阻。

答案：ABCD

Je3C4068 在中性点经消弧线圈接地的电网中，过补偿运行时，消弧线圈的主要作用（　　）。

（A）改变接地电流相位；（B）减小接地电流；（C）消除铁磁谐振过电压；（D）减小单相故障接地时故障点恢复电压。

答案：BCD

Je3C4069 消弧线圈动作时应记录（　　），并报告调度。

（A）动作时间；（B）接地相别；（C）中性点电压、电流；（D）三相对地电压的变化及时间。

答案：ABCD

Je3C4070 通过变压器分接头调压的缺点（　　）。

（A）调压不易达到要求的电压标准值；（B）频繁的操作对变压器的差动保护有影响，容易造成误动；（C）无载调压变压器需要停电调压；（D）频繁的操作对变压器的安全不利，也容易造成变压器油污染。

答案：ACD

Je3C4071 三绕组变压器，调节高压侧分接头，可调（　　）。

（A）中压侧电压；（B）高压侧电压；（C）低压侧电压；（D）三侧电压。

答案：AC

Je3C4072 操作电容器时，以下说法正确的是（　　）。

（A）当全站停电时，应先拉开电容器断路器，后拉各出线断路器；（B）当全站停电时，应先拉开各出线断路器，后拉电容器断路器；（C）电容器断路器跳闸（或者熔断器熔断）后可以进行一次强送；（D）电容器断路器跳闸（或者熔断器熔断）后不能进行强送。

答案：AD

Je3C4073 变压器油位过低时（　　）。

（A）轻瓦斯保护动作；（B）重瓦斯保护动作；（C）严重缺油时，变压器内部铁芯线圈暴露在空气中，容易绝缘受潮（并且影响带负荷散热）发生引线放电与绝缘击穿事故；（D）无任何现象。

答案：AC

Je3C4074 以下情况，变压器可不立即停电处理的是（　　）。

（A）轻瓦告警；（B）过负荷；（C）油色变化过甚，油内出现碳质；（D）在正常负荷和冷却条件下，变压器温度不正常且不断上升。

答案：AB

Je3C4075 在中性点不接地系统中，发生单相金属性接地时，下列说法正确的是（　　）。

（A）线电压不变；（B）中性点电压变为线电压；（C）非故障相电压升高 1.732 倍；（D）故障相对地电位变为零。

答案：ACD

Je3C4076 变压器主保护动作跳闸时，试送电前应注意事项为（　　）。

（A）检查变压器外部无明显故障；（B）进行油分析检验；（C）查瓦斯气体；（D）检查故障录波器动作情况。

答案：ABCD

Je3C5077 以下遥控操作项目，可以不得到调度员指令或许可的为（　　）。

（A）有载调压变压器分接头调整；（B）电容器投切；（C）信号复归；（D）系统倒方式。

答案：ABC

Je3C5078 关于电力系统的电压特性描述，正确的是（　　）。

（A）电力系统各节点的电压通常情况下是不完全相同的；（B）电力系统各节点的电压主要取决于各区的有功和无功供需平衡情况；（C）电力系统各节点的电压与网络结构（网络阻抗）没有关系；（D）电压不能全网集中统一调整，只能分区调整控制。

答案：ABD

Je3C5079 引起电力系统工频过电压的原因主要有（　　）。

（A）并解列引起的工频电压升高；（B）空载长线路的电容效应；（C）不对称短路引起的非故障相电压升高；（D）甩负荷引起的工频电压升高。

答案：BCD

Je3C5080 对于变压器有载分接开关的操作，说法正确的是（ ）。

（A）应逐级调压，同时监视分接位置及电压、电流的变化；（B）单相变压器组和三相变压器分相安装的有载分接开关，宜三相同步电动操作；（C）有载调压变压器并联运行时，其调压操作应轮流逐级或同步进行；（D）有载调压变压器与无励磁调压变压器并联运行时，两变压器的分接电压应尽量靠近。

答案：ABCD

Je3C5081 变压器跳闸，对存在（ ）的情况不得送电。

（A）变压器系瓦斯保护动作跳闸，未查明原因和消除故障；（B）变压器系差动保护动作跳闸，未查明原因和消除故障；（C）后备保护动作跳闸；（D）由于人员误碰造成的跳闸。

答案：AB

Jf3C1082 线损由（ ）组成。

（A）理论损耗；（B）固定损耗；（C）可变损耗；（D）其他损耗。

答案：BCD

Jf3C1083 线损电量分为（ ）。

（A）固定损失；（B）分配损失；（C）可变损失；（D）其他损失。

答案：ABCD

Jf3C2084 对调度员模拟培训系统（DTS）的要求是（ ）。

（A）真实性；（B）可靠性；（C）灵活性；（D）一致性。

答案：ACD

Jf3C2085 调度自动化系统必须保证（ ），才能确保调控中心及时了解电力系统的运行状态，并作出正确的控制决策。

（A）实时性；（B）可靠性；（C）准确性；（D）快速性。

答案：ABC

Jf3C2086 电网调度自动化系统，基本结构包括（ ）三部分。

（A）控制中心；（B）主站系统；（C）厂站端和信息通道；（D）四遥功能。

答案：ABC

Jf3C2087 AVC控制对象包括（ ）。

（A）发电机（包括调相机）；（B）有载调压变压器；（C）静止无功补偿器（SVC）；（D）并联电容/电抗器。

答案：ABCD

Jf3C2088 调度自动化系统的主要功能有（　　）。

（A）远程遥量；（B）远程遥视；（C）远程控制；（D）远程调节。

答案：ACD

Jf3C2089 影响线损的因素是（　　）。

（A）网络结构不合理；（B）运行方式不尽合理；（C）无功补偿配置不合理；（D）管理制度不健全。

答案：ABCD

Jf3C3090 能量管理系统（EMS）应用功能有（　　）。

（A）数据采集与监视（SCADA）；（B）发电控制（AGC）与计划；（C）网络应用分析；（D）数据采集与传输。

答案：ABC

Jf3C3091 AVC 系统组成包括（　　）。

（A）AVC 主站；（B）AVC 子站；（C）传输通道；（D）有载变压器。

答案：ABC

Jf3C3092 电力系统调度自动化体系由三个层次组成，即（　　）。

（A）厂站内系统；（B）主站与厂站之间；（C）主站侧系统；（D）厂站与厂站之间。

答案：ABC

1.4 计算题

La3D1001 同步电机的交流电流频率 $f=50\text{Hz}$，电机的极对数 $p=X_1$，则同步电机的转速 $n=$ ____ r/min。（结果保留一位小数）

X_1 取值范围：1～4 的整数

计算公式： $n=60\times f\div p=60\times50\div X_1$

La3D1002 一直流电动机端电压 $U=220\text{V}$，电流 $I=X_1\text{A}$，若电动机运行 5h，电动机接受电能 $Y_1=$ ____ kW·h。（结果保留两位小数）

X_1 取值范围：200，300，400，500

计算公式： $Y_1=220\times x_1\times5\div1000$

La3D1003 将一个纯电感线圈接在 220V，50Hz 的电源上，通过 $X_1\text{A}$ 电流，假设圆周率为 3.14，则该线圈的电感 $L=$ ____ H。（结果保留两位小数）

X_1 取值范围：2.5，3，4，5

计算公式： $L=\dfrac{220}{2\times3.14\times50\times X_1}$

La3D1004 交流接触器线圈的电阻 $R=200\Omega$，电感 $L=X_1\text{H}$，接到 $U=220\text{V}$ 的工频电源上，则线圈中的电流 $I=$ ____ A，圆周率取 3.14。（结果保留三位小数）

X_1 取值范围：1，1.2，1.5，2.5

计算公式： $I=\dfrac{220}{\sqrt{200^2+(3.14\times2\times50\times X_1)^2}}$

La3D1005 交流接触器线圈的电阻 $R=X_1\Omega$，电感 $L=1.5\text{H}$，接到 $U=220\text{V}$ 的工频电源上，则线圈中的电流 $I=$ ____ A，圆周率取 3.14。（结果保留三位小数）

X_1 取值范围：50，100，150，200

计算公式： $I=\dfrac{220}{\sqrt{X_1^2+(3.14\times2\times50\times1.5)^2}}$

La3D1006 一台额定容量 $S_N=X_1\text{MV·A}$ 的双绕组变压器，短路电压百分数 $U_k（\%）=10.5$，取基准容量 $S_d=100\text{MV·A}$，则阻抗标幺值 $X_T=$ ____。（结果保留两位小数）

X_1 取值范围：15，30，40，60

计算公式： $X_T=0.105\times\dfrac{100}{X_1}$

La3D1007 将一把电阻是 X_1 的电烙铁接在 220V 的电源上，使用 4h 后消耗电量 $Y_1=$ ____ W。

X_1 取值范围：100，200，300，400

计算公式：$Y_1 = 4 \times \dfrac{220^2}{X_1}$

La3D1008 将 220V、X_1W 的灯泡接在 220V 的电源上，允许电源电压波动±10％（即 198～242V），求最高电压时灯泡的实际功率 $Y_1 =$ ＿＿ W。（结果保留两位小数）

X_1 取值范围：60，50，40，25

计算公式：$Y_1 = X_1 \times \dfrac{242^2}{220^2}$

La3D1009 一台电磁炉取用电流为 X_1A，接在电压为 220V 的电路上，电磁炉的功率 $Y_1 =$ ＿＿ W。

X_1 取值范围：2～5 的整数

计算公式：$Y_1 = X_1 \times 220$

La3D2010 将一块最大刻度是 300A 的电流表接入变比为 300/5 的电流互感器二次回路中，当电流表的指示为 X_1A，表计的线圈实际通过了电流 $Y_1 =$ ＿＿ A。（结果保留两位小数）

X_1 取值范围：1～300 的整数

计算公式：
用高压侧实际电压除以变压器实际变比可以得到实际的数

$Y_1 = \dfrac{X_1}{60}$

La3D2011 在 50Hz、380V 的单相电路中，接有感性负载，负载的有功功率为 X_1kW，功率因数为 0.6，电路中负载通过的电流 $Y_1 =$ ＿＿ A。（结果保留两位小数）

X_1 取值范围：1～20 的整数

计算公式：$Y_1 = \dfrac{X_1 \times 1000}{380 \times 0.6}$

La3D2012 有一三相对称负载，每相电阻 $R = X_1\Omega$，感抗 $X = X_2\Omega$，如果负载连成三角形，接到线电压为 380V 的三相电源上，则负载的相电流 $Y_1 =$ ＿＿ A。（结果保留两位小数）

X_1 取值范围：1～10 的整数

X_2 取值范围：1～10 的整数

计算公式：$Y_1 = \dfrac{380}{\sqrt{X_1^2 + X_2^2}}$

La3D2013 如图所示，已知 $X_{AB} = X_1\Omega$，$X_{BC} = X_2\Omega$，$X_{CA} = 50\Omega$，则 $X_A =$ ＿＿，

$X_B=$＿＿＿，$X_C=$＿＿＿。（结果保留位小数）

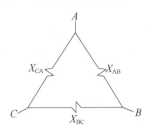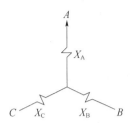

X_1 取值范围：10～20 的整数

X_2 取值范围：10～20 的整数

计算公式：

$$X_A=\frac{X_1\times50}{X_1+X_2+50}$$

$$X_B=\frac{X_1\times X_2}{X_1+X_2+50}$$

$$X_C=\frac{50\times X_2}{X_1+X_2+50}$$

La3D2014 有一台电动机绕组接成三角形后连接在线电压 U_L 为 380V 的电源上，电源的有功功率 $P=X_1\text{kW}$，功率因数 $\cos\varphi=0.83$，则电动机的相电流 $Y_1=$＿＿＿ A。（结果保留两位小数）

X_1 取值范围：8，10，12，15

计算公式：$Y_1=\dfrac{X_1}{\sqrt{3}\times0.866\times380}\div\sqrt{3}$

La3D2015 一台 220kV 电力变压器，额定容量为 $X_1\text{kV}\cdot\text{A}$，额定电压为 $220+2\times2.5\%/110\text{kV}$，则高压侧额定电流 $Y_1=$＿＿＿ A。（结果保留两位小数）

X_1 取值范围：120000，130000，140000，150000

计算公式：$Y_1=\dfrac{X_1}{\sqrt{3}\times220}$

La3D2016 一台 220kV 电力变压器，额定容量为 $X_1\text{kV}\cdot\text{A}$，额定电压为 $220+2\times2.5\%/110\text{kV}$，则低压侧额定电流 $Y_1=$＿＿＿ A。（结果保留两位小数）

X_1 取值范围：120000，130000，140000，150000

计算公式：$Y_1=\dfrac{X_1}{\sqrt{3}\times110}$

La3D3017 直流电路中，一个 $I=10\text{A}$ 的正值电流从电路的端钮 a 流入，并从端钮 b 流出，已知 a 点的电位相对于 b 点高出 $U=X_1\text{V}$，则电路的功率 $P=$＿＿＿ W。（结果取整数）

X_1 取值范围：15～25 的整数

计算公式： $P = X_1 \times 10$

La3D3018 已知内电动势 $E = 214\text{V}$，其内阻抗为 $r = 0.003\Omega$，接线如图所示。
$I = X_1\text{A}$，那么 A、B 端子间的电压 $U_{AB} = \underline{\quad}$ V。（结果保留两位小数）

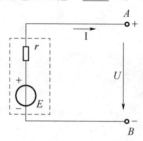

X_1 取值范围：1000，2000，3000，4000

计算公式： $U_{AB} = 214 - 0.003 \times X_1$

La3D3019 如图所示，已知 $X_A = X_1\Omega$，$X_B = X_2\Omega$，$X_C = 15\Omega$，将其等效变换为左侧 △形电路，则 $X_{AB} = \underline{\quad}$，$X_{BC} = \underline{\quad}$，$X_{CA} = \underline{\quad}$。（结果保留两位小数）

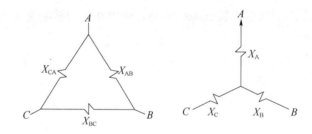

X_1 取值范围：1～10 的整数

X_2 取值范围：1～10 的整数

计算公式：

$$X_{AB} = \frac{(X_1 \times X_2 + X_1 \times 15 + X_2 \times 15)}{15}$$

$$X_{BC} = \frac{(X_1 \times X_2 + X_1 \times 15 + X_2 \times 15)}{X_1}$$

$$X_{CA} = \frac{(X_1 \times X_2 + X_1 \times 15 + X_2 \times 15)}{X_2}$$

La3D3020 电路如图所示，若 $U = X_1\text{V}$，电路总电流 $I = \underline{\quad}$ A。（结果保留两位小数）

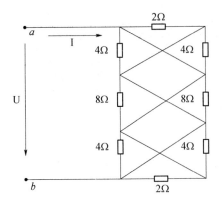

X_1 取值范围：4，8，16，32

计算公式：

等效电阻$\dfrac{1}{R_{eq}} = \dfrac{1}{2} + \dfrac{1}{2} + \dfrac{1}{4} + \dfrac{1}{4} + \dfrac{1}{4} + \dfrac{1}{4} + \dfrac{1}{8} + \dfrac{1}{8} = \dfrac{9}{4}$

$I = \dfrac{U}{R_{eq}} = \dfrac{X_1 \times 9}{4}$

La3D3021　电路如图所示，若 ab 端口输入电压 $U = X_1 V$，电路总电流 $I =$ ____ A。

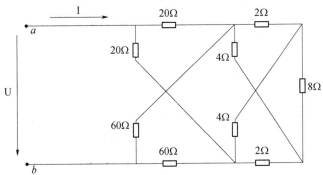

X_1 取值范围：20，40，60，80

计算公式：

20Ω 和 60Ω 电阻组成一个平衡电桥，因此完全可以忽略 4Ω 电阻和 2Ω 电阻所构成的回路。

等效电阻 $R_{eq} = \dfrac{1}{2} \times (20 + 60) = 40Ω$

$I = \dfrac{U}{R_{eq}} = \dfrac{X_1}{40}$

La3D3022　电路如图所示，$r = 40.5Ω$，$R = 5Ω$，若 ab 端口输入电压 $U = X_1 V$，电路总电流 $I =$ ____ A。（结果保留两位小数）

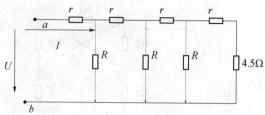

X_1 取值范围：45，90，135，32

计算公式：

等效电阻 $R_{eq}=45\Omega$

$$I=\frac{U}{R_{eq}}=\frac{X_1}{40}$$

La3D3023 电路如图所示，若 ab 端口输入电压 $U=X_1\mathrm{V}$，电路总电流 $I=$ ____ A。（结果保留两位小数）

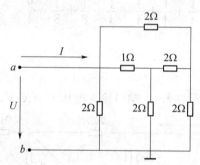

X_1 取值范围：5，10，15，20

计算公式：

该题目可以采用节点电压法进行求解等效电阻。

等效电阻 $R_{eq}=\dfrac{5}{6}\Omega$

$$I=\frac{U}{R_{eq}}=\frac{X_1\times 6}{5}$$

La3D3024 电路如图所示，$R_1=X_1\Omega$，若将电路图 1 转换为电路图 2 接线方式，且电路 1 和电路 2 对外部电路等效，则电路图 2 等效阻抗 $R_2=$ ____ Ω。（结果保留两位小数）

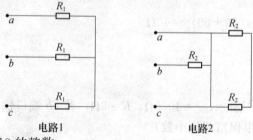

电路1　　　　　　　　　　　　电路2

X_1 取值范围：1～10 的整数

124

计算公式： $R_2 = X_1 \times 3$

La3D3025 有额定相电压 $U_N = X_1 \text{kV}$，额定容量 $S_N = 100 \text{kV} \cdot \text{A}$ 的电容器 48 台，每两台串联后再并联星接，接入 35kV 母线，则该组电容器的额定电流 $I_n = $ ____ A。（结果保留一位小数）

X_1 取值范围：10，15，20，25

计算公式：

$$I_n = \frac{S_N}{U_N} \times 8 = \frac{100}{X_1} \times 8$$

La3D3026 图中电路的 $R_1 = X_1$、$R_2 = 60\Omega$，A、B 间等效电阻值 $R_{AB} = $ ____ Ω。

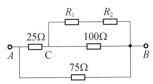

X_1 取值范围：40，45，50，55

计算公式： $Y_1 = \dfrac{(25 + \dfrac{(X_1 + 60) \times 100}{(X_1 + 60) + 100}) \times 75}{25 + \dfrac{(X1 + 60) \times 100}{(X_1 + 60) + 100}) + 75}$

La3D3027 已知电路如图所示，$R_1 = 50\Omega$、$R_2 = 200\Omega$、$R_3 = X_1\Omega$；$I_1 = 10\text{A}$、$I_2 = 2\text{A}$。若设 $U_E = 0\text{V}$，则 $U_A = $ ____ V。

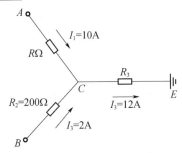

X_1 取值范围：200，300，400，500

计算公式： $U_A = 12 \times X_1 + 10 \times 50$

La3D3028 如图所示，图示电路中电压源电压为 $X_1\text{V}$，求电阻 R_L 能吸收的最大功率 $Y_1 = $ ____ W。（结果保留整数）

X_1 取值范围：6，12，18，20

计算公式：

首先计算从 ab 端看去的等效电阻：

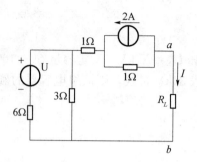

$$R_{eq} = 1 + 1 + \frac{6 \times 3}{6 + 3} = 4\Omega$$

当 $R_L = R_{eq}$ 时，R_L 能吸收最大功率。

然后计算从 ab 端看去的开路电压 U_{oc}

$$U_{oc} = X_1 \times \frac{3}{6 + 3}$$

所以

$$Y_1 = \frac{U_{oc}^2}{R_{eq}} = \frac{\left(X_1 \times \dfrac{3}{6 + 3}\right)^2}{4}$$

La3D3029 如图所示，图示电路中电压源电压为 X_1 V，则电流 $Y_1 = \underline{\quad}$ 。（结果保留整数）

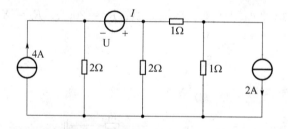

X_1 取值范围：12，24，48，96

计算公式：

首先计算从电压源看去的等效电阻：

$$R_{eq} = 1 + 2 = 3\Omega$$

然后计算从 ab 端看去的开路电压 U_{oc}：

$$U_{oc} = - (4 \times 2 + 2 \div 4 \times 2) = -9\text{V}$$

所以

$$Y_1 = \frac{U + U_{oc}}{R_{eq}} = \frac{(X_1 - 9)}{3}$$

La3D4030 长 200m 的照明线路，负载电流为 X_1A，如果采用截面面积为 $10mm^2$ 的铝线，则导线上的电压损耗 $Y_1=$ ____ V（$\rho=0.0283\Omega \cdot mm^2/m$）。（结果保留两位小数）

X_1 取值范围：4，6，8，10

计算公式： $Y_1=\rho \times 200 \div 10 \times X_1 \times 2$

La3D4031 在磁感应强度为 X_1T 的磁场中有一条有效长度为 0.1m 的导线，导线在垂直磁力线的方向上切割磁力线时，速度为 20m/s，则导线中产生的感应电动势 E 的大小 $Y_1=$ ____ V。

X_1 取值范围：0.5，0.6，0.7，0.8

计算公式： $Y_1=0.1 \times X_1 \times 20$

Lb3D2032 容量为 $S_N=10000kV \cdot A$ 的变电所，现有负荷恰为 $S_1=10000kV \cdot A$，其功率因数为 0.8，若该变电所再增加功率因数 0.6、功率为 $P_2=X_1kW$ 的负荷，为使变电所不过负荷，则最小需要装置并联电容器的容量 $Q=$ ____ $kV \cdot A$。（结果保留一位小数）。

X_1 取值范围：10000，11000，11500，12000

计算公式：

负荷增加后所需要的总无功：

$Q_1=10000 \times \sin[\arccos(0.8)]+X_1 \times \tan[\arccos(0.6)]$

变电站满供有功时能提供的无功：

$Q_2=\sqrt{10000^2-(10000 \times 0.8+X_1)^2}$

需要装置并联电容器的容量 Q：

$Q=Q_1-Q_2$

Lb3D2033 一台三相变压器的变比为 220/38.5kV，若此时将高压侧分头调至 X_1kV，电网电压仍维持 220kV，则低压侧电压 $U_2=$ ____ kV。（结果保留两位小数）

X_1 取值范围：214.5，225.5，231，242

计算公式：

用高压侧实际电压除以变压器实际变比可以得到实际的数：

$U_2=\dfrac{220}{\dfrac{X_1}{38.5}}$

Lb3D2034 有一台额定容量 15MV·A 的三相变压器，接在 $U_1=220kV$ 的电源上，变压器空载时的二次电压 $U_2=64kV$，若此时电网电压维持为 $U_1=220kV$，而将高压侧分接头调至 $U_1=X_1kV$，此时低压侧电压 $U_2=$ ____ kV。（结果保留一位小数）

X_1 取值范围：214.5，225.5，231，242

计算公式： $U_2=\dfrac{220}{\dfrac{X_1}{64}}$

Lb3D2035 一台单相变压器，已知一次电压 $U_1=220\text{V}$，一次绕组匝数 $N_1=500$ 匝，二次绕组匝数 $N_2=475$ 匝，二次电流 $I_2=X_1\text{A}$，则二次满负荷时的输出功率 $Y_1=$ ＿＿ W。（结果保留两位小数）

X_1 取值范围：4，10，12，15

计算公式：$Y_1=\dfrac{X_1\times220}{\dfrac{500}{475}}$

Lb3D2036 一台 $X_1\text{kV}\cdot\text{A}$ 的变压器，接线组别为 Yn，d11，变比为 110000/10500V，低压侧相电流 $Y_1=$ ＿＿ A。（结果保留两位小数）

X_1 取值范围：50000，80000，100000，120000

计算公式：$Y_1=\dfrac{X_1}{\sqrt{3}\times10.5}\div\sqrt{3}$

Lb3D3037 三台具有相同变比和连接组别的三相变压器，其额定容量和短路电压分别为：$S_{N1}=1000\text{kV}\cdot\text{A}$，$U_{k1}=6.25\%$，$S_{N2}=1800\text{kV}\cdot\text{A}$，$U_{k2}=6.6\%$，$S_{N3}=3200\text{kV}\cdot\text{A}$，$U_{k3}=7\%$，将它们并联运行后带负载 $S=X_1\text{kV}\cdot\text{A}$，则第二台变压器分配的负荷 $S_2=$ ＿＿ kV·A。（结果取整数）

X_1 取值范围：5000，5400，5500，5600

计算公式：$S_2=\dfrac{\dfrac{S_{N2}}{6.6}}{\dfrac{S_{N1}}{6.25}+\dfrac{S_{N2}}{6.6}+\dfrac{S_{N3}}{7}}\times X_1$

Lb3D3038 中性点不接地系统，无接地正常时各相对地电容电流为 $X_1\text{A}$，发生单相金属性接地时，非接地相对地电容电流 $Y_1=$ ＿＿ A。（结果保留两位小数）

X_1 取值范围：3，4，5，6

计算公式：$Y_1=\sqrt{3}\times X_1$

Lb3D3039 中性点不接地系统，无接地正常时各相对地电容电流为 $X_1\text{A}$，发生单相金属性接地时，接地相接地电流 $Y_1=$ ＿＿ A。

X_1 取值范围：3，4，5，6

计算公式：$Y_1=\sqrt{3}\times X_1\times\sqrt{3}$

Lb3D4040 三台具有相同变比和连接组别的三相变压器，其额定容量和短路电压分别为：$S_{N1}=1000\text{kV}\cdot\text{A}$，$U_{k1}=X_1\%$，$S_{N2}=1200\text{kV}\cdot\text{A}$，$U_{k2}=12\%$，$S_{N3}=800\text{kV}\cdot\text{A}$，$U_{k3}=14\%$，将它们并联运行后带负载 $S=2000\text{kV}\cdot\text{A}$，则第二台变压器分配的负荷 $S_2=$ ＿＿ kV·A。（结果取整数）

X_1 取值范围：3，4，5，6

计算公式：

主变并联，负荷分配只与主变等效阻抗有关，可以假设主变并联空载，所有的功率损耗都可近似为主变短路阻抗的功率损耗。

第二台变压器分配的负荷：

$$Y = \frac{\dfrac{S_{N2}}{12}}{\dfrac{S_{N1}}{X_1} + \dfrac{S_{N2}}{12} + \dfrac{S_{N3}}{14}} \times S$$

Lb3D4041 如图所示，已知架空线路 L 长为 80km，每千米电抗为 0.4。（要求用近似计算方法，取全系统的基准功率 $S_B = X_1 MV \cdot A$，各段基准电压等于平均额定电压。则输电系统变压器 T_1 标幺值 $X_{T1} = \underline{\quad}$、架空线路 L 的标幺值 $X_L = \underline{\quad}$。（结果保留两位小数）

X_1 取值范围：100，200，500，1000

计算公式：

$$X_{T1} = \frac{10.5}{100} \times \frac{X_1}{31.5}$$

$$X_L = \frac{0.4 \times 80}{100} \times \frac{X_1}{115^2}$$

Lb3D4042 三台具有相同变比和连接组别的三相变压器，其额定容量和短路电压分别为：$S_{N1} = 1500kV \cdot A$，$U_{k1} = X_1\%$，$S_{N2} = 2000kV \cdot A$，$U_{k2} = 6\%$，$S_{N3} = 2400kV \cdot A$，$U_{k3} = 8\%$，将它们并联运行后带负载 $S = 4500kV \cdot A$，则第一台变压器分配的负荷 $S_1 = \underline{\quad} kV \cdot A$。（结果保留两位小数）

X_1 取值范围：4，5，6，7

计算公式：

$$S_1 = \frac{\dfrac{S_{N1}}{X_1}}{\dfrac{S_{N1}}{X_1} + \dfrac{S_{N2}}{6} + \dfrac{S_{N3}}{8}} \times S$$

Lb3D4043 已知一个系统装机容量为 $X_1 MW$，机组平均 KG 为 20，负荷 KF 为 2.5，现机组全部满发，一台 100MW 机组突然跳闸，此时系统频率 $f = \underline{\quad} Hz$。

X_1 取值范围：1800，2000，2100，2200

计算公式：

机组全部满发意味着频率只受负荷调节效应影响。

$$KF = \frac{\frac{\Delta P}{P_N}}{\frac{\Delta f}{f_N}} \Rightarrow \Delta f = \frac{\Delta P}{P_N} \times f_N \div KF = \frac{100}{X_1} \times 50 \div 2.5$$

$$f = 50 - \Delta f$$

Lb3D5044 四台具有相同变比和连接组别的三相变压器，其额定容量和短路电压分别为：$S_{N1} = X_1 \mathrm{kV \cdot A}$，$U_{k1} = 4\%$，$S_{N2} = 1500 \mathrm{kV \cdot A}$，$U_{k2} = 5\%$，$S_{N3} = 1800 \mathrm{kV \cdot A}$，$U_{k3} = 6\%$，$S_{N4} = 2400 \mathrm{kV \cdot A}$，$U_{k4} = 8\%$，将它们并联运行后带负载，则四台变压器在不允许任何一台过负荷的情况下担负最大总负荷时变压器总的设备利用率 $R = \underline{\quad}$。（注：利用率用小数表示为结果保留三位小数）

X_1 取值范围：1000，1200，1500，1600

计算公式：

在任意一台主变不过负荷的前提下担负最大负荷，意味着阻抗最小的主变负载率为1。等价于以下公式：

$$负荷 = S_{max} \times \frac{\frac{Sn_{min}}{U_{ki}\%}}{\sum_{i=1}^{n} \frac{Sn_i}{U_{ki}\%}} \div Sn_{min} = 1$$

对上式进行等价变换，推导出 $S_{max} = \frac{U_{ki}\%}{100} \times \sum_{i=1}^{n} \frac{Sn_i}{\frac{U_{ki}\%}{100}}$

所以，$S_{max} = \frac{4\%}{100} \times \left(\frac{X_1}{0.04} + \frac{1500}{0.05} + \frac{1800}{0.06} + \frac{2400}{0.08} \right)$

$$R = \frac{4\%}{100} \times \left(\frac{X_1}{0.04} + \frac{1500}{0.05} + \frac{1800}{0.06} + \frac{2400}{0.08} \right) \div (X_1 + 1500 + 1800 + 2400)$$

Lb3D5045 四台具有相同变比和连接组别的三相变压器，其额定容量和短路电压分别为：$S_{N1} = 1200 \mathrm{kV \cdot A}$，$U_{k1} = 4\%$，$S_{N2} = 1500 \mathrm{kV \cdot A}$，$U_{k2} = 5\%$，$S_{N3} = 1800 \mathrm{kV \cdot A}$，$U_{k3} = 6\%$，$S_{N4} = 2100 \mathrm{kV \cdot A}$，$U_{k4} = X_1\%$，将它们并联运行后带负载，则四台变压器在不允许任何一台过负荷的情况下能担负的最大总负荷 $S_{max} = \underline{\quad} \mathrm{kV \cdot A}$。（结果保留一位小数）

X_1 取值范围：4，5，6，7

计算公式： $S_{max} = \frac{4\%}{100} \times \left(\frac{1200}{0.04} + \frac{1500}{0.05} + \frac{1800}{0.06} + \frac{2100}{\frac{X_1}{100}} \right)$

Lc3D3046 本题中所有数据均采用标幺值。已知故障点正、负、零序综合阻抗 $Z_{\Sigma_1} = X_1$、$Z_{\Sigma_2} = X_2$、$Z_{\Sigma_0} = X_3$；故障前电压 $U(0) = 1$，则当故障点发生单相金属性接地短路时，正序短路电流 $I_1 = \underline{\quad}$。（结果保留两位小数）

X_1 取值范围：1～4 的整数

X_2 取值范围：1～4 的整数

X_3 取值范围：1～4 的整数

计算公式：$I_1 = \dfrac{1}{X_1 + X_2 + X_3}$

Lc3D3047 一条两侧均有电源的 220kV 线路 k 点短路故障，短路点到母线 M 的零序阻抗标幺值 $X_{0M} = X_1$，短路点到母线 N 的零序阻抗标幺值 $X_{0N} = X_2$，两侧电源各序阻抗的标幺值如图所示，设正、负序阻抗相等。短路点到 M 侧发电机的零序阻抗 $X_{M0} = $____，短路点到 N 侧发电机的零序阻抗 $X_{N0} = $____。（均为标幺值）

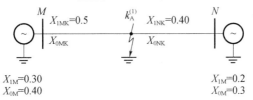

X_1 取值范围：0.1～0.4 的一位小数

X_2 取值范围：0.1～0.4 的一位小数

计算公式：

$X_{M0} = X_1 + 0.4$

$X_{N0} = X_2 + 0.3$

Lc3D3048 本题中所有数据均采用标幺值。已知故障点正、负、零序综合阻抗 $Z_{\Sigma_1} = X_1$、$Z_{\Sigma_2} = X_2$、$Z_{\Sigma_0} = X_0$；故障前电压 $U(0) = 1$，则当故障点发生两相金属性相间短路时，正序电流 $Y_1 = $____。（结果保留两位小数）

X_1 取值范围：1～4 的整数

X_2 取值范围：1～4 的整数

X_3 取值范围：1～4 的整数

计算公式：

第一台变压器负荷分配比例

$Y_1 = \dfrac{1}{X_1 + X_2}$

Lc3D3049 如图所示 220kV 线路 k 点 A 相单相接地短路。电源、线路阻抗标幺值已注明在图中，设正、负序电抗相等，基准电压为 230kV，基准容量为 X_1MV·A。计算出短路点的全电流 $Y_1 = $____ A。（结果保留两位小数）

X_1 取值范围：100，500，800，1000

计算公式：$Y_1 = 3 \times \dfrac{1}{0.8 \times 2 + 1.75} \times \dfrac{X_1 \times 1000}{\sqrt{3} \times 230}$

Lc3D3050　如图所示，220kV 线路 k 点三相接地短路。电源、线路阻抗标幺值已注明在图中，设正、负序电抗相等，基准电压为 230kV，基准容量为 X_1MV·A，则线路短路点全电流 $Y_1 = $＿＿＿ A。（结果保留两位小数）

X_1 取值范围：100，500，800，1000

计算公式：$Y_1 = \dfrac{1}{0.8} \times \dfrac{X_1 \times 1000}{\sqrt{3} \times 230}$

Lc3D3051　如图所示，已知 $X_G^* = 0.14$，$X_T^* = 0.094$，$X_{0T}^* = 0.08$，线路 L 的 $X_1 = 0.126$，（上述参数均已统一归算至 X_1MV·A 为基准的标幺值），且线路的 $X_0 = 3X_1$。试求 k 点发生三相短路时，线路 L 短路电流 $Y_1 = $＿＿＿ A。（结果保留三位小数）

X_1 取值范围：100，500，800，1000

计算公式：$Y_1 = \dfrac{1}{0.14 + 0.094 + 0.126} \times \dfrac{X_1 \times 1000}{\sqrt{3} \times 220}$

Lc3D3052　如图所示，已知 $X_G^* = 0.14$，$X_T^* = 0.094$，$X_{0T}^* = 0.08$，线路 L 的 $X_1 = 0.126$，（上述参数均已统一归算至 X_1MV·A 为基准的标幺值），且线路的 $X_0 = 3X_1$。试求 k 点发生三相短路时，发电机短路电流短路电流 $Y_1 = $＿＿＿ A。（结果保留三位小数）

X_1 取值范围：：100，500，800，1000

计算公式：$Y_1 = \dfrac{1}{0.14 + 0.094 + 0.126} \times \dfrac{X_1 \times 1000}{\sqrt{3} \times 13.8}$

Lc3D4053　线路 M 侧电源阻抗 $Z_M = X_1 \Omega$，线路阻抗 $Z_L = 20\Omega$，线路 N 侧电源阻抗 $Z_N = 20\Omega$，则该系统振荡中心距 M 侧的阻抗 $Z = $＿＿＿ Ω。（假设两侧电源阻抗的阻抗角与

线路阻抗角相同）（结果保留一位小数）

X_1 取值范围：$10\sim20$ 的整数

计算公式： $Z=\dfrac{(X_1+20+20)}{2}-X_1$

Lc3D4054 本题中假设线路两侧电源阻抗的阻抗角与线路阻抗角相同。已知线路 M 侧电源阻抗 $Z_M=10\Omega$，线路阻抗 $Z_L=X_1\Omega$，线路 N 侧电源阻抗 $Z_N=20\Omega$，则该系统振荡中心距 M 侧的阻抗 $Y_1=\underline{\quad}\ \Omega$，距 N 侧的阻抗 $Y_2=\underline{\quad}\ \Omega$。（结果取整数）

X_1 取值范围：10，20，30，40

计算公式：

$$Y_1=\frac{1}{2}\times(Z_M+Z_L+Z_N)-Z_M=\frac{1}{2}\times(10+X_1+20)-10$$

$$Y_2=\frac{1}{2}\times(Z_M+Z_L+Z_N)-Z_N=\frac{1}{2}\times(10+X_1+20)-20$$

Lc3D4055 如图所示，220kV 线路 k 点 A 相经过渡电阻接地短路。电源、线路阻抗标幺值已注明在图中，设正、负序电抗相等，过渡电阻 $X_g=X_1$，基准电压为 230kV，基准容量为 1000MV·A，则线路短路的零序等值阻抗标幺值 $Y_1=\underline{\quad}\ \Omega$。（结果取整数）

X_1 取值范围：0.1，0.2，0.3，0.4

计算公式： $Y_1=0.4+1.35+3\times X_1$

Lc3D4056 如图所示，220kV 线路 k 点 A 相经过渡电阻接地短路。电源、线路阻抗标幺值已注明在图中，设正、负序电抗相等，过渡电阻 $X_g=X_1$，基准电压为 230kV，基准容量为 1000MV·A，则线路短路点全电流 $Y_1=\underline{\quad}\ A$。（结果取整数）

X_1 取值范围：0.1，0.2，0.3，0.4

计算公式： $Y_1=\dfrac{1}{0.8\times2+1.75+3\times X_1}\times3\times\dfrac{1000\times1000}{\sqrt{3}\times230}$

Lc3D4057 局部系统与主网发生振荡时，主网的频率是 50Hz，局部系统的频率 $f=X_1\,\mathrm{Hz}$，求此时的振荡周期 $T=\underline{\quad}\ S$。（结果取整数）

X_1 取值范围：49，49.5，49.8

计算公式：

振荡周期与主网和局部的角频率差值成反比：

$$Y_1 = \frac{1}{50 - X_1}$$

Lc3D5058 一台变压器：180/180/90MV·A，220±8×1.25%/121/10.5kV，Uk_{1-2}＝13.5%，Uk_{1-3}＝23.6%，Uk_{2-3}＝7.7%，Yn，d11 接线，高压加压中压开路阻抗值为 64.8Ω，高压开路中压加压阻抗值为 6.5Ω，高压加压中压短路阻抗值为 36.7Ω，高压短路中压加压阻抗值为 3.5Ω。短路计算用主变高压正序阻抗标幺值 Y_1＝＿＿。基准容量 S_j＝X_1MV·A，基准电压 220kV、121kV、10.5kV。（结果保留三位小数）

X_1 取值范围：1000，800，500，100

计算公式： $Y_1 = 0.5 \times \dfrac{(Uk_{1-2}\% + Uk_{1-3}\% - Uk_{2-3}\%)}{100} \times \dfrac{X_1}{180}$

Lc3D5059 一台变压器：180/180/90MV·A，220±8×1.25%/121/10.5kV，Uk_{1-2}＝13.5%，Uk_{1-3}＝23.6%，Uk_{2-3}＝7.7%，Yn，d11 接线，高压加压中压开路阻抗值为 64.8Ω，高压开路中压加压阻抗值为 6.5Ω，高压加压中压短路阻抗值为 36.7Ω，高压短路中压加压阻抗值为 3.5Ω。计算短路计算用主变中压正序阻抗标幺值 Y_1＝＿＿。基准容量 S_j＝X_1MV·A，基准电压 220kV、121kV、10.5kV。（结果保留三位小数）

X_1 取值范围：1000，800，500，100

计算公式： $Y_1 = 0.5 \times \dfrac{(Uk_{1-2}\% - Uk_{1-3}\% + Uk_{2-3}\%)}{100} \times \dfrac{X_1}{180}$

Jd3D2060 某三相对称电路，线电压为 380V，三相对称负载接成星形，每相负载为 R＝X_1Ω，负载消耗的总有功功率 P＝＿＿ W。（结果保留两位小数）

X_1 取值范围：1～10 的整数

计算公式：

用高压侧实际电压除以变压器实际变比可以得到实际的数：

$$P = \frac{380^2}{X_1}$$

Jd3D2061 某三相对称电路，线电压为 380V，三相对称负载接成星形，每相负载 R＝X_1Ω，感抗 X＝X_2Ω，每相负载通过的电流 Y_1＝＿＿ A。（结果保留两位小数）

X_1 取值范围：1～10 的整数

X_2 取值范围：1～10 的整数

计算公式： $Y_1 = \dfrac{380}{\sqrt{3} \times \sqrt{X_1{}^2 + X_2{}^2}}$

Jd3D2062　某三相变压器为两卷变，其低压侧电压 400V，电流是 X_1A，已知功率因数 $\cos\varphi = 0.866$，求这台变压器的有功功率（P）$Y_1 = $____ W。（结果保留两位小数）

X_1 取值范围：200，300，400，500

计算公式：$Y_1 = \sqrt{3} \times 400 \times X_1 \times 0.866$

Jd3D2063　某三相变压器为两卷变，其低压侧电压 400V，电流是 X_1A，已知功率因数 $\cos\varphi = 0.866$，求这台变压器的无功功率（Q）$Y_1 - $____ V·A。（结果保留两位小数）

X_1 取值范围：200，300，400，500

计算公式：$Y_1 = \sqrt{3} \times 400 \times X_1 \times \sqrt{1 - 0.866^2}$

Jd3D2064　某三相变压器为两卷变，其低压侧电压 400V，电流是 X_1A，已知功率因数 $\cos\varphi = 0.866$，求这台变压器的视在功率（S）$Y_1 = $____ kV·A。（结果保留两位小数）

X_1 取值范围：200，300，400，500

计算公式：$Y_1 = \sqrt{3} \times 400 \times X_1$

Jd3D2065　拉开某变电站三个断路器时，合计减少电流为 X_1A，该变电站功率因数为 0.866，其电压为 10.5kV，共拉掉 $Y_1 = $____ kW 有功负荷。（结果保留两位小数）

X_1 取值范围：100，200，300，400

计算公式：$Y_1 = \sqrt{3} \times 10.5 \times X_1 \times 0.866$

Je3D2066　某地区原有负荷 $P_1 = 88$MW，平均功率因数 0.8（感性）。现该地区经济发展，负荷增加到 $P_2 = X_1$MW，假定该地区负荷功率因数不变，则应对变压器的容量增容 $S = $____ kV·A 才能满足需要。（结果保留两位小数）

X_1 取值范围：120，150，160，180

计算公式：$S = \dfrac{(X_1 - 88) \times 1000}{0.8}$

Je3D2067　一台 1000kV·A 的变压器，24h 的有功电量为 X_1kW·h，功率因数为 0.85，则此变压器 24h 的利用率 $Y_1 = $____％。（结果保留整数）

X_1 取值范围：15000，16000，18000，20000

计算公式：$Y_1 = \dfrac{X_1}{24 \times 0.85 \times 1000} \times 100$

Je3D2068　负荷批量控制拉开某变电站三个断路器时，合计减少电流为 X_1A，该变电站功率因数为 0.866，其电压为 110kV，共拉掉 $Y_1 = $____ kW 有功负荷。（结果保留两位小数）

X_1 取值范围：50，100，120，150

计算公式：$Y_1 = X_1 \times 110 \times \sqrt{3} \times 0.866$

Je3D3069 某条 10kV 线路，首端电压为 10.2kV，线路上的电压损耗为 X_1%，末端电压 $Y_1 = \underline{\quad}$ kV。（结果保留两位小数）

X_1 取值范围：0.5，1，1.5，2

计算公式： $Y_1 = 10.2 - X_1 \div 100 \times 10$

Je3D2070 某条 10kV 线路，首端电压为 X_1 kV，则其首端电压偏移 $Y_1 = \underline{\quad}$%。（结果保留两位小数）

X_1 取值范围：10.2，10.3，10.4，10.5

计算公式：

$$\text{电压偏移} = \frac{U_1 - U_N}{U_N} \times 100\%$$

$$Y_1 = \frac{X_1 - 10}{10} \times 100\%$$

Je3D3071 某 220kV 变电所 35kV 母线装设有电力电容器，其容量 $S = 15$MV·A，此时母线电压为 $U = 35$kV，将电容器投上时，其电压上升了 X_1 kV，则其短路容量 $S_0 = \underline{\quad}$ MV·A。（结果保留整数）

X_1 取值范围：2~5 的整数

计算公式：

如下图所示

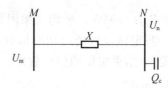

假设 N 测母线三相短路，三相短路容量为 S_d，N 侧母线电压降为 0。

$$U_m = S_d \times \frac{X}{U}$$

如果投入电容器，线路减供无功等于电容器容量，减少线路压降

$$\Delta U = Q_c \times \frac{X}{U} = Q_c \times \frac{U_m}{S_d} = \text{投入无功占短路容量百分比} \times \text{额定电压}$$

所以，

$$S_0 = Q_c \times \frac{U_m}{\Delta U} = 15 \times \frac{35}{X_1}$$

Je3D3072 某条 10kV 线路，首端电压为 10.2kV，末端电压为 X_1 kV，线路上的电压损耗 $Y_1 = \underline{\quad}$%。（结果保留一位小数）。

X_1 取值范围：9.8，9.9，10.1，10.2

计算公式：

$$\text{电压损耗} = \frac{U_1 - U_2}{U_N} \times 100\%$$

$$Y_1 = \frac{10.2 - X_1}{10} \times 100\%$$

Je3D3073 某一电网某日全天供电量为 $X_1 \text{kW} \cdot \text{h}$，最大电力为 $X_2 \text{kW}$，最小电力为 $X_3 \text{kW}$，则该电网此日平均负荷 $Y_1 = $ ____ kW。（结果保留整数）

X_1 取值范围：1200000，2400000，4800000，5000000

X_2 取值范围：5000，6000，7000，8000

X_3 取值范围：2000，3000，4000，4500

计算公式： $Y_1 = \dfrac{X_1}{24}$

Je3D3074 某一电网某日全天供电量为 $X_1 \text{kW} \cdot \text{h}$，最大电力为 $X_2 \text{kW}$，最小电力为 $X_3 \text{kW}$，则该电网峰谷差 $Y_1 = $ ____ kW。（结果保留整数）

X_1 取值范围：1200000，2400000，4800000，5000000

X_2 取值范围：5000，6000，7000，8000

X_3 取值范围：2000，3000，4000，4500

计算公式： $Y_1 = \text{round}(X_2 - X_3)$

Je3D3075 某一电网某日全天供电量为 $X_1 \text{kW} \cdot \text{h}$，最大电力为 $X_2 \text{kW}$，最小电力为 $X_3 \text{kW}$，则该电网负荷率 $Y_1 = $ ____。（结果保留两位小数）

X_1 取值范围：1200000，2400000，4800000，5000000

X_2 取值范围：5000，6000，7000，8000

X_3 取值范围：2000，3000，4000，4500

计算公式： $Y_1 = \dfrac{X_1}{X_2 \times 24}$

Je3D3076 某台调相机的额定容量 Q 为 $X_1 \text{kV} \cdot \text{A}$，额定电压 U_e 为 10.5kV，功率因数 $\cos\varphi = 0$，则额定电流 $Y_1 = $ ____ A。（结果保留两位小数）

X_1 取值范围：3000，6000，4000，5000

计算公式： $Y_1 = \dfrac{Q}{\sqrt{3} \times U_e \times \sqrt{1 - \cos\varphi^2}} = \dfrac{X_1}{\sqrt{3} \times 10.5}$

Je3D3077 有一台额定容量 15MV·A 的三相变压器，接在 $U_1 = 220 \text{kV}$ 的电源上，变压器空载时的二次电压 $U_2 = 110 \text{kV}$，若此时电网电压维持为 $U_1 = 220 \text{kV}$，而将高压侧分接头调至 $U_1 = X_1 \text{kV}$，则低压侧电压 $U_2 = $ ____ kV。（结果保留两位小数）

X_1 取值范围：214.5，225.5，231，242

计算公式：$U_2 = \dfrac{220}{\dfrac{X_1}{110}}$

Je3D4078 某变压器的额定容量为 $S_N = X_1\text{MV} \cdot \text{A}$，变比为 $110 \pm 2 \times 2.5\%/38.5\text{kV}$，其短路损耗 $P_k = 200\text{kW}$，短路电压 $U_k\% = 10.5$，空载损耗 $P_0 = 86\text{kW}$，空载电流 $I_0\% = 2.7$，则变压器归算到 110kV 侧时的参数电阻 $R_B = \_\_\_\_$ Ω，电抗 $X_B = \_\_\_\_$ Ω，电导 $S_0 = \_\_\_\_$ Ω，电纳 $X_0 = \_\_\_\_$ Ω。（结果保留两位小数）

X_1 取值范围：31.5，50，80，120

计算公式：

$$R_B = \frac{P_k}{S_N} \times \frac{110^2}{S_N} \times 1000 = \frac{P_k}{X_1} \times \frac{110^2}{X_1} \times 1000$$

$$X_B = \frac{U_k\%}{100} \times \frac{110^2}{S_N} \times 1000 = \frac{U_k\%}{100} \times \frac{110^2}{X_1} \times 1000$$

$$S_0 = \frac{P_0}{110^2} \div 1000$$

$$X_0 = \frac{I_0\%}{100} \times \frac{S_N}{110^2} \div 1000 = \frac{I_0\%}{100} \times \frac{X_1}{110^2} \div 1000$$

Je3D4079 有一台 110/11kV、额定容量 $S_N = 20\text{MV} \cdot \text{A}$ 的三相双绕组变压器，短路电压百分数 $U_k(\%) = X_1\%$，如果基准容量就取 $20\text{MV} \cdot \text{A}$，基准电压为额定电压，则变压器串联电抗的标幺值 $X_T = \_\_\_\_$，高压侧有名值 $X_{T_1} = \_\_\_\_$ Ω，低压侧有名值 $X_{T_2} = \_\_\_\_$ Ω。（结果保留两位小数）

X_1 取值范围：3，4，5，6

计算公式：

$$X_T = \frac{X_1}{100}$$

$$X_{T_1} = \frac{X_1}{100} \times \frac{110^2}{20 \times 1000} \times 1000$$

$$X_{T_2} = \frac{X_1}{100} \times \frac{11^2}{20 \times 1000} \times 1000$$

Je3D4080 某 220kV 变电所 35kV 母线短路容量为 $S_0 = 300\text{MV} \cdot \text{A}$，已知某空载线路，其单位长度容量 $\Delta S = 1.5\text{MV} \cdot \text{A/km}$，其长度为 L，此时母线电压为 $U = 35\text{kV}$，若将该空载线路接此 35kV 母线运行时，其电压上升了 $X_1\text{kV}$，则该线路的长度 $L = \_\_\_\_$ km。（结果保留两位小数）

X_1 取值范围：0.875，1.75，3.5，5.25

计算公式：$L = \dfrac{X_1 \times S_0}{35 \times S}$

Je3D4081 某 220kV 变电所 35kV 母线短路容量为 S_0MV·A，已知某空载线路，其单位长度电容量 $\Delta S=1.5$MV·A/km，其长度为 L＝10km，此时母线电压为 U＝35kV，若将该空载线路接此 35kV 母线运行时，其电压上升了 X_1kV，则其短路容量 S_0＝＿＿MV·A。（结果保留整数）

X_1 取值范围：0.875，1.75，3.5，5.25

计算公式： $S_0=\dfrac{L\times35\times\Delta S}{X_1}$

Je3D4082 某 220kV 变电所 35kV 母线短路容量为 $S_0=300$MV·A，装设有电力电容器，其容量为 S MV·A，此时母线电压为 U＝35kV，将电容器投上时，其电压上升了 X_1kV，试求电容器容量 S＝＿＿ MV·A。（结果保留整数）

X_1 取值范围：0.875，1.75，3.5，5.25

计算公式： $S=\dfrac{X_1\times S_0}{35}$

Je3D5083 有 A、B 变压器并联运行，A、B 变压器参数如下：$S_a=800$kV·A，$U_{ka}=X_1\%$，$S_b=1200$kV·A，$U_{kb}=5\%$，请求出 A 变压器负荷分配比例 Y＝＿＿。（结果保留一 1 位小数）

X_1 取值范围：4，5，6，7

计算公式：

主变并联，负荷分配只与主变等效阻抗有关，可以假设主变并联空载，所有的功率损耗都可近似为主变短路阻抗的功率损耗。

A 变压器短路阻抗损耗：

$$Q_{TA}=\dfrac{\Delta U^2}{\dfrac{U_{ka}}{100}\times\dfrac{U_n^2}{S_{na}}}$$

B 变压器短路阻抗损耗：

$$Q_{TB}=\dfrac{\Delta U^2}{\dfrac{U_{kb}}{100}\times\dfrac{U_n^2}{S_{nb}}}$$

A 变压器负荷分配比例

$$Y=\dfrac{Q_{TA}}{Q_{TA}+Q_{TB}}=\dfrac{\dfrac{S_{na}}{X_1}}{\dfrac{S_{na}}{X_1}+\dfrac{S_{nb}}{5}}$$

Je3D5084 有两台额定容量均为 $S_N=100$MV·A 的变压器并列运行后带负荷 S＝180MV·A，第一台变压器的短路电压 U_{k1}（％）＝X_1％，第二台变压器的短路电压 U_{k2}（％）＝5.0，两台变压器并列运行时，第一台变压器的负荷 Y_1＝＿＿ MV·A，第二台变压器的负荷 Y_2＝＿＿ MV·A。（结果取整数）

X_1 取值范围：4，5，6，7

计算公式：

$$Y_1 = \frac{\dfrac{S_N}{X_1}}{\dfrac{S_N}{X_1} + \dfrac{S_N}{5}} \times 180$$

$$Y_2 = \frac{\dfrac{S_N}{5}}{\dfrac{S_N}{X_1} + \dfrac{S_N}{5}} \times 180$$

Je3D5085 有两台额定容量 S_N 均为 100MV·A 的变压器并列运行后带负荷 $S =$ 116MV·A，第一台变压器的短路电压 U_{k1}（%）$= X_1\%$，第二台变压器的短路电压 U_{k2}（%）$= X_2\%$，两台变压器并列运行时，第一台变压器的负荷 $S_1 = \underline{\quad}$ MV·A，第二台变压器的负荷 $S_2 = \underline{\quad}$ MV·A。（结果保留两位小数）

X_1 取值范围：1～4 的整数

X_2 取值范围：1～4 的整数

计算公式：

第一台变压器负荷分配比例：

$$S_1 = \frac{\dfrac{S_N}{X_1}}{\dfrac{S_N}{X_1} + \dfrac{S_N}{X_2}} \times S$$

$$S_2 = \frac{\dfrac{S_N}{X_2}}{\dfrac{S_N}{X_1} + \dfrac{S_N}{X_2}} \times S$$

Je3D5086 有两台额定容量 S_N 均为 120MV·A 的变压器并列运行，第一台变压器的短路电压 U_{k1}（%）$= X_1\%$，第二台变压器的短路电压 U_{k2}（%）$= X_2\%$，则任何一台均不过载的情况下，两台变压器并列运行后最多可以带的最大负荷 $S_{max} = \underline{\quad}$ MV·A。（结果保留两位小数）

X_1 取值范围：2～8 的整数

X_2 取值范围：2～8 的整数

计算公式： $S_{max} =$（X_1 和 X_2 之间的最小值）$\times \left(\dfrac{120}{X_1} + \dfrac{120}{X_2}\right)$

Jf3D2087 某 10kV 线路因负荷增长，将电流互感器 150/5 更换为 200/5，原来过流整定值为 X_1A，如果原一次整定值不变，那么二次整定电流 $Y_1 = \underline{\quad}$ A。（结果保留两位小数）

X_1 取值范围：4～8 的整数

计算公式： $Y_1 = X_1 \times 30 \div 40$

Jf3D4088　一台变压器的差动、瓦斯保护的出口回路如图所示。它接于电压差为 220V 的直流母线上。KM1、KM2 为中间继电器，电阻为 2000Ω，R 为外串电阻，2000Ω。KS1 和 KS2 为信号继电器，其电阻为 X_1Ω，问仅当 KD 合上时，流过 KS1 的电流 $Y_1 = \underline{\quad}$ A。（结果保留两位小数）

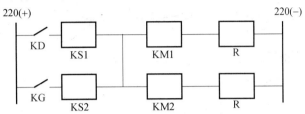

X_1 取值范围：100，200，300，400

计算公式：$Y_1 = \dfrac{220}{2000 \times 2 \times 0.5 + X_1}$

Jf3D4089　一台变压器的差动、瓦斯保护的出口回路如图所示。它接于电压差为 220V 的直流母线上。KM1、KM2 为中间继电器，电阻为 2000Ω，R 为外串电阻，2000Ω。KS1 和 KS2 为信号继电器，其电阻为 X_1Ω，问当 KD 和 KG 均合上时，流过 KS1 的电流 $Y_1 = \underline{\quad}$ A。（结果保留 2 位小数）

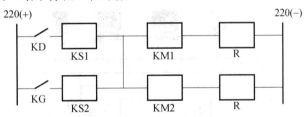

X_1 取值范围：100，200，300，400

计算公式：$Y_1 = \dfrac{220}{2000 \times 2 + X_1}$

Jf3D5090　如图所示，某电网电力铁路工程的供电系统采用的是 220kV 两相供电方式，但牵引站的变压器 T 为单相变压器，容量 S_N 为 X_1MV·A，假设变压器 T 满负荷运行，正常运行时，负序电流大小 $Y_1 = \underline{\quad}$ A。（结果保留整数）

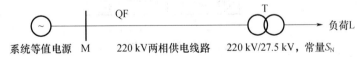

X_1 取值范围：50，100，150，200

计算公式：$Y_1 = \dfrac{X_1 \times 1000}{220 \times \sqrt{3}}$

1.5 识图题

La3E1001 下图所示为有备用接线方式。（　　）

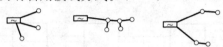

（A）正确；（B）错误。

答案：B

La3E2002 下图所示为有备用接线方式。（　　）

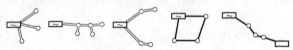

（A）正确；（B）错误。

答案：A

Lc3E2003 下图所示为某智能变电站结构图，请问 MU 和智能单元属于（　　）。

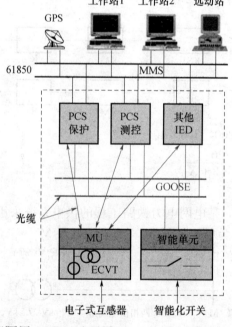

（A）站控层；（B）间隔层；（C）过程层。

答案：C

Lc3E3004 下图为 220kV 智能变电站 220kV 出线间隔整个信息流关系图（220kV 双母接线）：数字标注（3）的信息流具体传输内容为（　　）。

（A）线路间隔电流遥测；（B）线路保护用电流及切换后电压；（C）间隔开关机构信

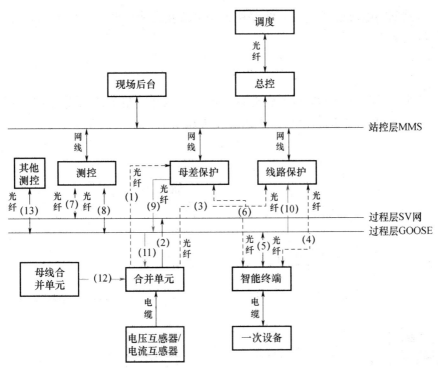

息；（D）母线电压。

答案：B

Lc3E3005 下图为 220kV 智能变电站 220kV 出线间隔整个信息流关系图（220kV 双母接线）：数字标注（2）的信息流具体传输内容为（　　　）。

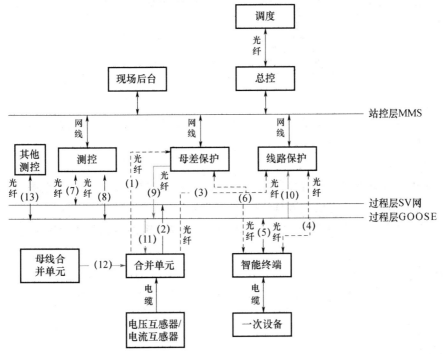

（A）线路间隔电流遥测；（B）线路保护用电流及切换后电压；（C）间隔开关机构信息；（D）母线电压。

答案：A

Lc3E3006 下图为 220kV 智能变电站 220kV 出线间隔整个信息流关系图（220kV 双母接线）：数字标注（1）的信息流具体传输内容为（　　）。

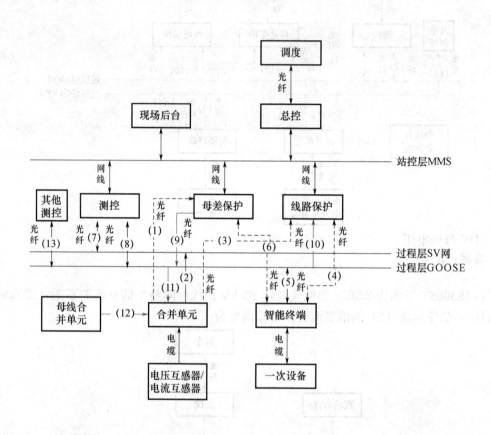

（A）切换后电压；（B）间隔电流；（C）线路抽取电压；（D）刀闸位置。

答案：B

Lc3E4007 下图为 220kV 智能变电站 220kV 出线间隔整个信息流关系图（220kV 双母接线）：数字标注（4）的信息流具体传输内容为（　　）。

（A）母线电压；（B）出线间隔电流；（C）一次设备机构信息及跳合闸信息；（D）线路抽取电压。

答案：C

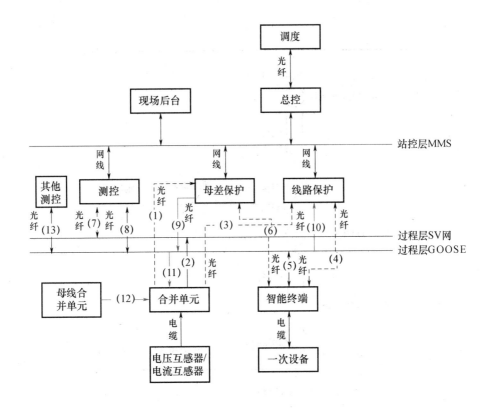

Lc3E5008 Y，d11 变压器，设变比 $n=1$，下图为此变压器 Y 侧故障时高、低压侧电流正负零序相量图，Y 侧故障为（　　）。

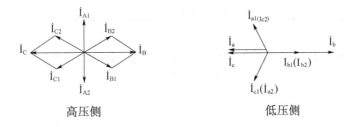

（A）三相短路；（B）两相短路；（C）两相接地短路；（D）单相短路。

答案：B

Je3E4009 下图所示为某 220kV 变电站的 220kV 侧某出线串接线图（其他间隔省略），所有开关和刀闸均在合位，应退出的保护为（　　）。

（A）断路器保护；（B）短引线保护；（C）线路保护；（D）母差保护。

答案：B

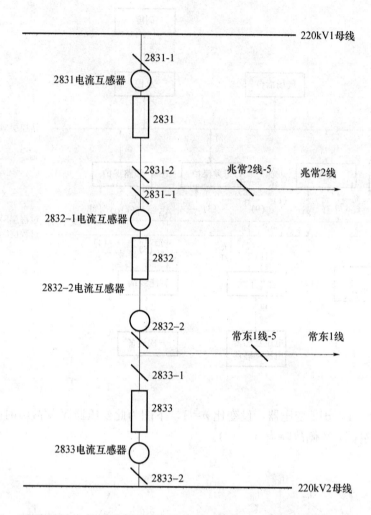

Jd3E2010 下图所示为某变电站 D5000 监控画面，2 号主变负载率为（ ）。

(A) 66%；(B) 54%；(C) 82%；(D) 72%。

答案：A

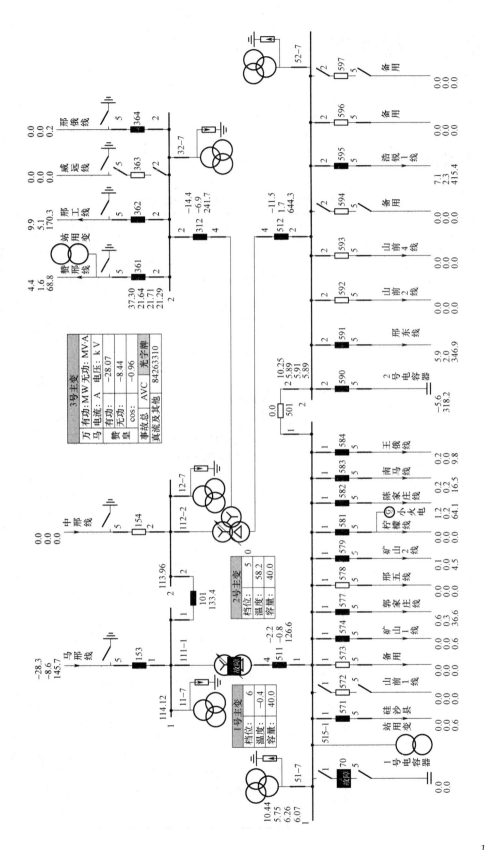

147

2 技能操作

2.1 技能操作大纲

电力调度员技能操作（高级工）考核大纲

等级	考核方式	能力种类	能力项	考核项目	考核主要内容
高级工	技能操作	基本技能	01. 倒闸操作	01. 110kV 开关倒闸操作	（1）纵差保护运行注意事项及停投操作。 （2）旁路转带方式安排。 （3）调度指令票填写与执行
				02. 35kV 开关倒闸操作	（1）检修方式安排。 （2）调度指令票填写与执行
				03. 110kV 双电源线路倒闸操作	（1）线路停电方式安排。 （2）线路保护投停操作。 （3）调度指令票填写与执行。 （4）遥控操作票填写与执行
				04. 10kV 单电源辐射线路倒闸操作	（1）线路停电方式安排。 （2）调度指令票填写与执行
				05. 110kV 变压器倒闸操作	（1）中低压侧电压及负荷调整。 （2）主变中性点运行方式安排。 （3）继电保护及自动装置调整。 （4）调度指令票填写与执行
				06. 35kV 变压器倒闸操作	（1）低压侧电压及负荷调整。 （2）继电保护及自动装置调整。 （3）调度指令票填写与执行
		专业技能	01. 异常处理	01. 大电流接地系统开关异常处理	（1）开关闭锁原因分析。 （2）异常开关运行方式安排和隔离
				02. 小电流接地系统开关异常处理	（1）开关闭锁原因分析。 （2）异常开关隔离
				03. 刀闸异常处理	（1）刀闸发热的原因分析。 （2）刀闸异常处理
			02. 事故处理	01. 大电流接地系统线路事故处理	（1）110kV 线路单相接地保护动作分析。 （2）线路事故处理。 （3）线路事故后运行方式安排

等级	考核方式	能力种类	能力项	考核项目	考核主要内容
高级工	技能操作	专业技能	02. 事故处理	02. 小电流接地系统线路事故处理	(1) 35kV 线路三段式过流保护动作分析。 (2) 线路事故处理原则。 (3) 线路事故后方式安排
				03. 110kV 变压器事故处理	(1) 变压器瓦斯保护动作分析。 (2) 变压器瓦斯保护动作处理。 (3) 变压器故障后运行方式安排
				04. 35kV 变压器事故处理	(1) 变压器瓦斯保护动作分析。 (2) 变压器瓦斯保护动作处理。 (3) 变压器故障后运行方式安排
		相关技能	01. 检修管理	01. 新设备投运	(1) 投运前的准备。 (2) 投运前运行方式安排。 (3) 投运流程及步骤

2.2 技能操作大纲

高级工技能操作考核大纲

等级	考核方式	能力种类	能力项	考核项目	考核主要内容
高级工	技能操作	基本技能	01. 倒闸操作	01. 220kV 许营站 145 开关由运行转检修	(1) 纵差保护运行注意事项及停投操作。 (2) 旁路转带方式安排。 (3) 调度指令票填写与执行
				02. 35kV 小越站 346 开关由运行转检修	(1) 检修方式安排。 (2) 调度指令票填写与执行
				03. 110kV 罗清线 由运行转检修	(1) 线路停电方式安排。 (2) 线路保护投停操作。 (3) 调度指令票填写与执行。 (4) 遥控操作票填写与执行
				04. 10kV 海天线 由运行转检修	(1) 线路停电方式安排。 (2) 调度指令票填写与执行
				05. 110kV 西柏坡 站 1 号主变由运行 转检修	(1) 中低压侧电压及负荷调整。 (2) 主变中性点运行方式安排。 (3) 继电保护及自动装置调整。 (4) 调度指令票填写与执行
				06. 35kV 小越站 1 号主变由运行转检修	(1) 低压侧电压及负荷调整。 (2) 继电保护及自动装置调整。 (3) 调度指令票填写与执行
		专业技能	01. 异常处理	01. 110kV 无极站 172 开关分合闸闭锁	(1) 开关闭锁原因分析。 (2) 异常开关运行方式安排和隔离
				02. 110kV 杨家窑 站 591 开关漏气	(1) 开关闭锁原因分析。 (2) 异常开关隔离
				03. 35kV 小越站 2 号主变的 312-2 刀闸 C 相接头严重过热	(1) 刀闸发热的原因分析。 (2) 刀闸异常处理
			02. 事故处理	01. 110kV 韩留一 线单相永久接地 故障	(1) 110kV 线路单相接地保护动 作分析。 (2) 线路事故处理。 (3) 线路事故后运行方式安排
				02. 35kV 北越线 相间永久性故障	(1) 35kV 线路三段式过流保护动 作分析。 (2) 线路事故处理原则。 (3) 线路事故后方式安排

等级	考核方式	能力种类	能力项	考核项目	考核主要内容
高级工	技能操作	专业技能	02. 事故处理	03.110kV 华曙站 1 号主变调压瓦斯故障	(1) 变压器瓦斯保护动作分析。 (2) 变压器瓦斯保护动作处理。 (3) 变压器故障后运行方式安排
				04.35kV 小越站 2 号主变内部故障	(1) 变压器瓦斯保护动作分析。 (2) 变压器瓦斯保护动作处理。 (3) 变压器故障后运行方式安排
		相关技能	01. 检修管理	01.35kV 长里站新装 2 号主变投运	(1) 投运前的准备。 (2) 投运前运行方式安排。 (3) 投运流程及步骤

2.2.1 DD3JB0101 220kV许营站145开关由运行转检修

一、作业

（一）工器具、材料、设备

（1）工器具：碳素笔。

（2）材料：参考图1-8、图1-74、A4纸、空白调度指令票。

（3）设备：调度仿真系统。

（二）安全要求

（1）线路停电按照开关、线路侧刀闸、母线侧刀闸的顺序操作，送电时顺序相反。

（2）挂接地线标示牌时，注意带电设备，防止带电挂地线。

（3）转代时旁路开关保护、线路保护正确停投。

（三）操作步骤及工艺要求（含注意事项）

1.操作前的安全校核

1）核对当前运行方式及检修方式安排

（1）系统正常运行方式：220kV许营站见图1-8和110kV热电四厂见图1-74。

（2）110kV许热线145开关由运行转检修，方式安排如下：

① 旁路102开关保护按转代110kV许热线145开关保护定值调整。

② 退出110kV许热线线路两端纵联保护。

③ 旁路102开关转代110kV许热线145开关后，145开关转检修。

2）制订电网安全措施和事故处理预案并督促落实

（1）电网薄弱环节：由于110kV许热线线路纵差保护不能切换到旁路开关，必须退出跳闸；旁路开关与被转代开关合环期间，110kV许热线线路有故障时，保护有可能失去选择性。

（2）对相关单位要求

① 要求许营站对运行设备加强巡视检查。

② 提前下达操作预令，要求相关变电站运维人员做好操作准备。

3）倒闸操作前模拟和危险点分析与预控措施

（1）审核倒闸操作步骤的正确性、合理性，履行操作管理制度，依次审核签字。

（2）在EMS上进行模拟操作。

（3）询问操作现场天气条件是否合适。

（4）检查、督促电网安全措施和事故预案的制订和落实情况。

4）系统调整

调整热电四厂出力，尽量减少110kV许热线线路潮流。

2.典型指令票

用旁路102开关转代145开关典型指令票见下表。

表　用旁路102开关转代145开关典型指令票

操作项目及内容			220kV许营站145开关转检修
序号	操作单位	令号	指令内容
一	热电四厂	1	令：将许热线153开关的纵差保护退出跳闸

操作项目及内容			220kV 许营站 145 开关转检修
序号	操作单位	令号	指令内容
一	许营站	1	令：将许热线 145 开关的纵差保护退出跳闸
二	许营站	1	令：用旁路 102 开关转代许热线 145 开关后，145 开关由运行转检修
备 注			

3. 注意事项

(1) 转代操作令为综合令，具体操作包括：许营站 110kV 双母线按正常方式运行，合上旁路开关两侧刀闸（与拟转代开关上同一母线，本次操作上 110kV1 号母线），保护按要求改定值并投入（投转代 145 开关的保护定值），用旁路开关向旁路母线试充电正常后再拉开；合上被转代 145 开关的旁母刀闸；合上旁路 102 开关，拉开 145 开关及两侧刀闸；在 145 开关两侧挂地线（或合上接地刀闸），做好安全措施后开工。

(2) 要注意转代操作前，令两侧同时退出不能切至旁路开关运行的纵联保护。

(3) 转代操作必须在良好的天气下进行，同时保证 110kV 母差保护良好投入。

(4) 线路纵差保护退出跳闸后，如果旁路保护与电厂并网保护不配合，必要时应要求电厂停机。

二、考核

（一）考核要求

(1) 要求填票操作。

(2) 按调度倒闸操作流程进行。

(3) 单人完成全部操作任务。

（二）考核场地

调度仿真系统 1 套。

（三）考核时间

考核时间为 30min。

（四）考核要点

(1) 线路开关转代操作规范、流程。

(2) 线路纵差保护停运规范、流程。

三、评分标准

行业：电力工程　　　　　　工种：电力调度员　　　　　　等级：三

编号	DD3JB0101	行为领域	d	鉴定范围		地调调度员	
考核时限	30min	题型	A	满分	100 分	得分	
试题名称	220kV 许营站 145 开关由运行转检修						

考核要点 及其要求	(1) 严格遵守《国家电网电力工作安全规程》(以下简称《安规》)《国家电网调度控制管理规程》(以下简称《调规》)等规章制度。 (2) 在规定时间内未操作完的扣 50 分。 (3) 出现误操作且造成后果的扣 100 分。 (4) 出现误操作但未造成后果的扣 50 分
现场设备、 工器具、材料	(1) 仿真系统 1 套。 (2) 碳素笔 1 支。 (3) A4 纸 1 张
备注	参考图 1-8、图 1-74

评分标准

序号	考核项目名称	质量要求	分值	扣分标准	扣分原因	得分
1	安全校核	(1) 核对运行方式和现场操作设备状态。 (2) 核对检修工作票批复检修方式安排。 (3) 在 EMS 上模拟操作安全校核	30	(1) 运行方式和现场操作设备状态核对错误扣 10 分。 (2) 检修工作票批复检修方式安排核对错误扣 10 分。 (3) 未在 EMS 上模拟操作安全校核扣 10 分		
2	操作步骤	(1) 退出不能切换到旁路开关的纵联保护。 (2) 将旁路 102 开关保护调整并投入。 (3) 用旁路 102 开关转代 145 开关。 (4) 110kV 许热线 145 开关转检修	40	(1) 未退出纵联保护扣 10 分。 (2) 未调整投入旁路 102 开关保护扣 10 分。 (3) 未正确用旁路 102 开关转代 145 开关扣 10 分。 (4) 未正确将 145 开关转检修扣 10 分		
3	规范化	(1) 互报单位、姓名。 (2) 使用统一的调度术语、操作术语。 (3) 遵守复诵、录音、记录、汇报制度	30	(1) 未互报单位、姓名扣 10 分。 (2) 未使用统一的调度术语、操作术语扣 10 分。 (3) 未遵守复诵、录音、记录、汇报制度扣 10 分		
4	否决项	(1) 未将许热线纵差保护正确退出跳闸扣 50 分。 (2) 在规定时间内未操作完的扣 50 分。 (3) 未进行转代操作的扣 100 分。 (4) 出现误操作且造成后果的扣 100 分				

2.2.2　DD3JB0102　35kV 小越站 346 开关由运行转检修

一、作业

（一）工器具、材料、设备

（1）工器具：碳素笔。

（2）材料：参考图 1-10、图 1-14、A4 纸、空白调度指令票。

（3）设备：调度仿真系统。

（二）安全要求

（1）线路停电按照开关、线路侧刀闸、母线侧刀闸的顺序操作，送电时顺序相反。

（2）挂接地线标示牌时，注意带电设备，防止带电挂地线。

（3）严禁用刀闸进行合解环操作。

（三）操作步骤及工艺要求（含注意事项）

1. 操作前的安全校核

1）核对当前运行方式及检修方式安排

（1）当前运行方式：35kV 小越站为正常运行方式，见图 1-14。

（2）检修方式安排如下：

① 将小越站 35kV 备用电源自投装置停运，35kV 小越站倒至马越线供电后，346 开关转检修，合环操作前征得地调许可，解环后汇报地调。

② 投入马集站马越线 345 开关的重合闸，停用栾北站北越线 332 开关的重合闸。

2）制订电网安全措施和事故处理预案并督促落实

（1）电网薄弱环节：346 开关转检修期间，35kV 小越站为单电源供电，可靠性降低。

（2）对相关单位要求：

① 要求 35kV 小越站对运行设备加强巡视检查。

② 要求输电运检工区加强对 35kV 马越线线路的巡视检查，提前消缺。

③ 提前下达操作预令，要求 35kV 小越站值班人员做好操作准备。

3）倒闸操作前模拟和危险点分析与预控措施

（1）审核倒闸操作步骤的正确性、合理性；履行操作管理制度，依次审核签字。

（2）在 EMS 上进行模拟操作安全校核。

（3）询问操作现场天气条件是否合适。

（4）检查、督促电网安全措施和事故预案的制定和落实情况。

2. 典型指令票

35kV 小越站 346 开关由运行转检修典型指令票见下表。

表　35kV 小越站 346 开关由运行转检修典型指令票

操作项目及内容			35kV 小越站 346 开关由运行转检修
序号	操作单位	令号	指令内容
一	小越站	1	令：将 35kV 备用电源自投装置停运
		2	令：合上马越线 345 开关
		3	令：将 346 开关由运行转检修

操作项目及内容			35kV 小越站 346 开关由运行转检修
二	马集站	1	令：投入马越线 345 开关的重合闸
二	栾北站	1	令：停用北越线 332 开关的重合闸
备注			

3．注意事项

（1）346 开关转检修前，需将小越站 35kV 备用电源自投装置停运。

（2）操作时应尽量缩短合环时间。

二、考核

（一）考核要求

（1）要求填票操作。

（2）按调度倒闸操作流程进行。

（3）单人完成全部操作任务。

（二）考核场地

调度仿真系统 1 套。

（三）考核时间

考核时间为 30min。

（四）考核要点

（1）线路开关转检修操作规范、流程。

（2）合环操作的规范、流程。

三、评分标准

行业：电力工程　　　　　　　工种：电力调度员　　　　　　　等级：三

编号	DD3JB0102	行为领域	d	鉴定范围		县调调度员
考核时限	30min	题型	A	满分	100 分	得分	
试题名称	35kV 小越站 346 开关由运行转检修					
考核要点 及其要求	（1）严格遵守《安规》《调规》等规章制度。 （2）在规定时间内未操作完的扣 50 分。 （3）出现误操作且造成后果的扣 100 分。 （4）出现误操作但未造成后果的扣 50 分					
现场设备、 工器具、材料	（1）仿真系统 1 套。 （2）碳素笔 1 支。 （3）A4 纸 1 张					
备注	参考图 1-14					

评分标准

序号	考核项目名称	质量要求	分值	扣分标准	扣分原因	得分
1	安全校核	（1）核对运行方式和现场操作设备状态。 （2）核对检修方式安排。 （3）在 EMS 上模拟操作安全校核	30	（1）未核对运行方式和现场操作设备状态扣 10 分。 （2）未核对检修方式安排扣 10 分。 （3）未在 EMS 上模拟操作安全校核扣 10 分		
2	操作步骤	（1）提前了解天气情况。 （2）停运 35kV 线路自投装置。 （3）合上马越线 345 开关，北越线 346 开关由运行转检修。 （4）投入马集站马越线 345 开关的重合闸，停用栾北站北越线 332 开关的重合闸	40	（1）未提前了解天气情况扣 5 分。 （2）未停运 35kV 线路自投装置扣 5 分。 （3）346 开关未正确转检修扣 20 分。 （4）未投入马集站 345 开关的重合闸，停用栾北站 332 开关的重合闸扣 10 分		
3	规范化	（1）互报单位、姓名。 （2）使用统一的调度术语、操作术语。 （3）遵守复诵、录音、记录、汇报制度	30	（1）未互报单位、姓名扣 10 分。 （2）未使用统一的调度术语、操作术语扣 10 分。 （3）未遵守复诵、录音、记录、汇报制度扣 10 分		
4	否决项	（1）在规定时间内未操作完的扣 50 分。 （2）出现误操作且造成后果的扣 100 分				

2.2.3 DD3JB0103 110kV 罗清线由运行转检修

一、作业

（一）工器具、材料、设备

（1）工器具：碳素笔。

（2）材料：参考图 1-62、图 1-64、A4 纸、空白调度指令票、空白遥控操作票。

（3）设备：调度仿真系统。

（二）安全要求

（1）线路停电按照开关、线路侧刀闸、母线侧刀闸的顺序操作，送电时顺序相反。

（2）挂接地线标示牌时，注意带电设备，防止带电挂地线。

（3）遥控操作应规范、正确，检查项目齐全，确保设备操作到位。

（三）操作步骤及工艺要求（含注意事项）

1. 操作前的安全校核

1）核对当前运行方式及检修方式安排

（1）系统正常运行方式；220kV 罗庄站见图 1-62 和 110kV 清泉站见图 1-64。

（2）110kV 罗清线检修，方式安排如下：

① 遥控操作 110kV 清泉站全停，有工作尽量配合进行。

② 调整 110kV 清泉站站用电源方式，保证站变电源。

2）制订电网安全措施和事故处理预案并督促落实

（1）电网薄弱环节：无。

（2）对相关单位要求

① 要求有关县调、客服中心负责通知重要用户：做好 110kV 清泉站全站停电准备工作。

② 要求县调做好 110kV 清泉站备用电源的保证工作，确保站用电源。

③ 提前下达操作预令，要求相关变电站运维人员做好操作准备。

3）倒闸操作前模拟和危险点分析与预控措施

（1）审核倒闸操作步骤的正确性、合理性。履行操作管理制度，值班调度员依次审核签字。

（2）在 EMS 上进行模拟操作，校核停电操作过程中潮流、电压的变化是否有超设备稳定极限情况。

（3）询问操作现场天气条件是否合适。

（4）检查、督促电网安全措施和事故预案的制订和落实情况。

4）系统调整

根据模拟操作结果调整系统电压。

2. 典型指令票和遥控操作票（表 DD3JB0103-1～表 DD3JB0103-4）

表 DD3JB0103-1　110kV 罗清线转检修典型指令票

操作项目及内容			110kV 罗清线由运行转检修
序号	操作单位	令号	指令内容
一	监控员	1	令：将清泉站 1 号主变由运行转热备用
		2	令：拉开清泉站罗清线 174 开关
		3	令：拉开罗庄站罗清线 197 开关
二	罗庄站	1	令：将罗清线 197 开关由热备用转冷备用
二	清泉站	1	令：将罗清线 174 开关由热备用转冷备用
三	罗庄站	1	令：在罗清线 197-5 刀闸线路侧挂地线一组
		2	令：在罗清线 197-5 刀闸操作把手上悬挂工作牌
三	清泉站	1	令：在罗清线 174-5 刀闸线路侧挂地线一组
		2	令：在罗清线 174-5 刀闸操作把手上悬挂工作牌
四	输电运检工区		令：在 110kV 罗清线线路上挂地线开工
备　注			

操作人：　　　　　　　　　　监护人：　　　　　　　　　　值班负责人（值长）：

表 DD3JB0103-2　110kV 清泉站 1 号主变由运行转热备用典型遥控操作票

变电站：110kV 清泉站　　　　　　　　　　　　　　编号 000000××

发令人		受令人		发令时间		年　　月　　日 时　　　分
操作结束时间：	年　月　日 时　　分			操作结束时间：		年　　月　　日 时　　　分

（√）调度下令操作（　）监控员自行操作

操作任务：清泉站 1 号主变由运行转热备用

执行 （√）	顺序	操作项目	模拟 （√）
	1	核对调度指令，确认与操作任务相符	
	2	合上清泉站 1 号主变 111-9 刀闸	
	3	检查清泉站 1 号主变 111-9 刀闸监控指示在合位	
	4	拉开清泉站 1 号主变 511 开关	
	5	检查清泉站 1 号主变 511 开关监控指示在分位	
	6	检查清泉站 1 号主变 511 开关电流指示为零	
	7	拉开清泉站 1 号主变 111 开关	
	8	检查清泉站 1 号主变 111 开关监控指示在分位	
	9	检查清泉站 1 号主变 111 开关电流指示为零	

备注：

操作人：　　　　　　　　　　监护人：　　　　　　　　　　值班负责人（值长）：

表 DD3JB0103-3　110kV 清泉站罗清线 174 开关由运行转热备用典型遥控操作票

变电站：110kV 清泉站　　　　　　　　　　　　　　　　　　　　编号 000000××

发令人		受令人		发令时间		年　　月　　日 时　　分	
操作结束时间：　年　　月　　日 时　　分				操作结束时间：　年　　月　　日 时　　分			

（√）调度下令操作（　）监控员自行操作

操作任务：清泉站罗清线 174 开关由运行转热备用

执行 （√）	顺序	操作项目	模拟 （√）
	1	核对调度指令，确认与操作任务相符	
	2	拉开清泉站罗清线 174 开关	
	3	检查清泉站罗清线 174 开关监控指示在分位	
	4	检查清泉站罗清线 174 开关电流指示为零	

备注：

操作人：　　　　　　　　　　监护人：　　　　　　　　　　值班负责人（值长）：

表 DD3JB0103-4　220kV 罗庄站罗清线 197 开关由运行转热备用典型遥控操作票

变电站：220kV 罗庄站　　　　　　　　　　　　　　　　　　　　编号 000000××

发令人		受令人		发令时间		年　　月　　日 时　　分	
操作结束时间：　年　　月　　日 时　　分				操作结束时间：　年　　月　　日 时　　分			

（√）调度下令操作（　）监控员自行操作

操作任务：罗庄站罗清线 197 开关由运行转热备用

执行 （√）	顺序	操作项目	模拟 （√）
	1	核对调度指令，确认与操作任务相符	
	2	拉开罗庄站罗清线 197 开关	
	3	检查罗庄站罗清线 197 开关监控指示在分位	
	4	检查罗庄站罗清线 197 开关电流指示为零	

备注：

操作人：　　　　　　　　　　监护人：　　　　　　　　　　值班负责人（值长）：

3. 注意事项

（1）由于 110kV 清泉站单母线接线，只有 110kV 罗清线一条电源进线供电，当该线路检修时，清泉站全站停电，因此必须先考虑外供站用电源方式。

（2）单电源供电变电站线路停电，必须遵守逐级停电的原则。县调负责遥控操作 10kV 母线各出线开关转热备用，地调负责遥控操作主变及进线开关转热备用。

（3）将主变由运行转热备用时，应考虑主变中性点接地。

（4）调度安排检修计划时为减少重复停电，一般要求 110kV 清泉站配合工作，本典型操作对 110kV 清泉站配合检修工作的调度指令略。

二、考核

（一）考核要求

（1）要求填票操作。

（2）按调度倒闸操作流程进行。

（3）单人完成全部操作任务。

（二）考核场地

调度仿真系统 1 套。

（三）考核时间

考核时间为 100min。

（四）考核要点

（1）线路转检修操作规范、流程。

（2）遥控操作的规范、流程。

三、评分标准

行业：电力工程		工种：电力调度员			等级：三		
编号	DD3JB0103	行为领域	d	鉴定范围		地调调度员	
考核时限	100min	题型	A	满分	100 分	得分	
试题名称	110kV 罗清线由运行转检修						
考核要点 及其要求	（1）严格遵守《安规》《调规》等规章制度。 （2）在规定时间内未操作完的扣 50 分。 （3）出现误操作且造成后果的扣 100 分。 （4）出现误操作但未造成后果的扣 50 分						
现场设备、 工器具、材料	（1）仿真系统 1 套。 （2）碳素笔 1 支。 （3）A4 纸 1 张						
备注	参考图 1-62、图 1-64						

评分标准

序号	考核项目名称	质量要求	分值	扣分标准	扣分原因	得分
1	安全校核	（1）核对运行方式和现场操作设备状态。 （2）核对检修工作票批复检修方式安排。 （3）电网安全措施和事故预案的制订。 （4）督促电网安全措施和事故预案落实。 （5）在 EMS 上模拟操作安全校核。 （6）调整系统运行参数	30	（1）未核对运行方式和现场操作设备状态扣 5 分。 （2）未核对检修工作票批复检修方式安排扣 5 分。 （3）未制订电网安全措施和事故预案扣 5 分。 （4）未落实电网安全措施和事故预案扣 5 分。 （5）未在 EMS 上模拟操作安全校核扣 5 分。 （6）未调整系统运行参数扣 5 分		

序号	考核项目名称	质量要求	分值	扣分标准	扣分原因	得分
2	操作步骤	（1）将清泉站内所有设备转热备用。 （2）110kV罗清线路转冷备用。 （3）110kV罗清线路转检修。 （4）许可输电运检工区开工	40	（1）未将清泉站内所有设备转热备用扣10分。 （2）未将110kV罗清线路转冷备用扣10分。 （3）未将110kV罗清线路转检修扣10分。 （4）未许可输电运检工区开工扣10分		
3	规范化	（1）互报单位、姓名。 （2）使用统一的调度术语、操作术语。 （3）遵守复诵、录音、记录、汇报制度	30	（1）未互报单位、姓名扣10分。 （2）未使用统一的调度术语、操作术语扣10分。 （3）未遵守复诵、录音、记录、汇报制度扣10分		
4	否决项	（1）未按照逐级停电原则操作扣50分。 （2）在规定时间内未操作完的扣50分。 （3）出现误操作且造成后果的扣100分				

2.2.4 DD3JB0104 10kV 海天线由运行转检修

一、作业

（一）工器具、材料、设备

（1）工器具：碳素笔。

（2）材料：参考图 1-6、A4 纸、空白调度指令票。

（3）设备：调度仿真系统。

（二）安全要求

（1）线路停电按照开关、线路侧刀闸、母线侧刀闸的顺序操作，送电时顺序相反。

（2）挂接地线标示牌时注意带电设备，防止带电挂地线。

（三）操作步骤及工艺要求（含注意事项）

1. 操作前的安全校核

1）核对前运行方式及检修方式安排

（1）当前运行方式：系统为正常运行方式，110kV 马集站见图 1-6。

（2）检修方式安排为：10kV 海天线用户停电配合检修。

2）对相关单位要求

（1）客服中心负责通知用户。

（2）提前下达操作预令，要求相关运维值班员做好操作准备。

3）倒闸操作前模拟和危险点分析与预控措施

（1）审核倒闸操作步骤的正确性、合理性；履行操作管理制度，依次审核签字。

（2）在 EMS 上进行模拟操作。

（3）询问操作现场天气条件是否合适。

2. 典型指令票（见下表）

表　10kV 海天线线路转检修典型指令票

操作项目及内容			10kV 海天线由运行转检修
序号	操作单位	令号	指令内容
一	马集站	1	令：将海天线 556 开关由运行转冷备用
		2	令：在海天线 556 开关线路侧挂地线一组
		3	令：在海天线 556 开关操作把手上悬挂工作牌
	备注		注意用户侧开关应在冷备用状态

3. 注意事项

（1）由于海天线线路检修，将导致其所供用户停电，因此值班调度员将线路停电前，必须先与用户联系。

（2）10kV 海天线线路两侧开关分属县调调度管辖和用户管辖，因此操作过程中双方配合至关重要，值班调度员必须待用户侧开关转冷备用后，才能下令在线路上做安全措施，且必须在将供电侧开关转冷备用后，才能通知用户在线路上做安全措施。

（3）线路检修工作的危险点是带电挂地线或带地线送电，调度员在下令前，一定要认真核对线路两端设备的状态。

二、考核

（一）考核要求

（1）要求填票操作。

（2）按调度倒闸操作流程进行。

（3）单人完成全部操作任务。

（二）考核场地

调度仿真系统 1 套。

（三）考核时间

考核时间为 100min。

（四）考核要点

（1）线路转检修操作规范、流程。

（2）用户联系的规范、流程及注意事项。

三、评分标准

行业：电力工程		工种：电力调度员				等级：三	
编号	DD3JB0104	行为领域	d	鉴定范围		县调调度员	
考核时限	100min	题型	A	满分	100 分	得分	
试题名称	10kV 海天线由运行转检修						
考核要点 及其要求	（1）严格遵守《安规》、《调规》等规章制度。 （2）在规定时间内未操作完的扣 50 分。 （3）出现误操作且造成后果的扣 100 分。 （4）出现误操作但未造成后果的扣 50 分						
现场设备、 工器具、材料	（1）仿真系统 1 套。 （2）碳素笔 1 支。 （3）A4 纸 1 张						
备注	参考图 1-6						

评分标准

序号	考核项目名称	质量要求	分值	扣分标准	扣分原因	得分
1	安全校核	（1）核对运行方式和现场操作设备状态。 （2）核对检修方式安排。 （3）核对电网安全措施和事故预案的制订。 （4）督促电网安全措施和事故预案的落实。 （5）在 EMS 上模拟操作安全校核	30	（1）未核对运行方式和现场操作设备状态扣 6 分。 （2）未核对检修方式安排扣 6 分。 （3）未制订电网安全措施和事故预案扣 6 分。 （4）未落实电网安全措施和事故预案扣 6 分。 （5）未在 EMS 上模拟操作安全校核扣 6 分		

序号	考核项目名称	质量要求	分值	扣分标准	扣分原因	得分
2	操作步骤	（1）停电前与用户联系。 （2）操作前核对用户侧设备状态。 （3）10kV海天线线路转检修	40	（1）停电前未与用户联系扣10分。 （2）操作前未核对用户侧设备状态扣10分。 （3）10kV海天线线路未正确转检修扣20分		
3	规范化	（1）互报单位、姓名。 （2）使用统一的调度术语、操作术语。 （3）遵守复诵、录音、记录、汇报制度	30	（1）未互报单位、姓名扣10分。 （2）未使用统一的调度术语、操作术语扣10分。 （3）未遵守复诵、录音、记录、汇报制度扣10分		
4	否决项	（1）在规定时间内未操作完的扣50分。 （2）出现误操作且造成后果的扣100分				

2.2.5　DD3JB0105　110kV 西柏坡站 1 号主变由运行转检修

一、作业

（一）工器具、材料、设备

（1）工器具：碳素笔。

（2）材料：参考图 1-30、图 1-61、A4 纸、空白调度指令票。

（3）设备：调度仿真系统。

（二）安全要求

（1）变压器停电时，应先停负荷侧，再停电源侧的顺序操作，送电时顺序相反。

（2）系统中性点数量应符合系统要求，保持系统零序网络稳定。

（3）防止运行设备过负荷，不超过设备过载能力。

（三）操作步骤及工艺要求（含注意事项）

1. 操作前的安全校核

1）核对当前运行方式及检修方式安排

（1）系统为正常运行方式，220kV 平山站见图 1-30、110kV 西柏坡站见图 1-61。

（2）检修方式安排：

退出西柏坡站 110kV、35kV、10kV 备用电源自投装置，将 1 号、2 号主变三侧并列，待主变停运后恢复 110kV 母线原方式。

2）制订电网安全措施和事故处理预案并督促落实

（1）电网薄弱环节：110kV 西柏坡站单主变运行，供电可靠性降低；恢复有人值守。

（2）事故影响：2 号主变事故跳闸，造成西柏坡站供电负荷全停。

（3）对相关单位要求：

① 要求 110kV 西柏坡站对运行设备加强巡视检查，同时做好设备停电后的事故预想。

② 要求有关县调、客服中心负责通知重要用户，做好事故预案。

③ 提前下达操作预令，要求相关变电站运维人员做好操作准备。

（4）事故处理预案。

① 110kV 西柏坡站 2 号主变事故跳闸，地调值班监控员通知运维班人员检查设备，地调值班调度员立即汇报有关省调和领导。

② 西柏坡站值班员及时启用备用站用电。

③ 西柏坡站值班员汇报保护动作情况和设备检查情况，如果故障点能够隔离，地调调度员立即下令隔离故障点，恢复 2 号主变送电。

④ 如果 2 号主变故障不能恢复送电，值班调度员下令将 2 号主变转检修，立即开展抢修处理，同时考虑停止 1 号主变工作，恢复送电。

⑤ 值班调度员通知有关县调和客服中心做好停电用户的解释工作。

⑥ 抢修工作完毕或 1 号主变检修工作完毕，及时恢复西柏坡站的供电。

3）倒闸操作前模拟和危险点分析与预控措施

（1）审核倒闸操作步骤的正确性、合理性。履行操作管理制度，依次审核签字。

（2）在 EMS 上进行模拟操作，校核操作过程中潮流、电压的变化是否有超设备稳定极限情况。

（3）询问操作现场天气条件是否合适。

（4）检查、督促电网安全措施和事故预案的制订和落实情况。

4）系统调整

（1）调整合、解环操作中相关变电站的电压。

（2）调整系统潮流不超过继电保护、电网稳定和设备容量等方面的限额。

（3）调整 110kV 西柏坡站 35kV、10kV 母线负荷，确保运行主变不过负荷。

2. 典型指令票（见下表）

表　110kV 西柏坡站 1 号主变转检修典型指令票

操作项目及内容			110kV 西柏坡站 1 号主变由运行转检修
序号	操作单位	令号	指令内容
一	西柏坡站	1	令：将 110kV 备用电源自投装置停运
		2	令：将 35kV 备用电源自投装置停运
		3	令：将 10kV 备用电源自投装置停运
		4	令：合上 110kV 分段 101 开关（合环）
		5	令：拉开平坡线 171 开关（解环）
		6	令：合上 35kV 分段 301 开关
		7	令：合上 10kV 分段 501 开关
		8	令：将 1 号主变由运行转冷备用
		9	令：合上平坡线 171 开关
		10	令：将 110kV 备用电源自投装置投运
		11	令：将 1 号主变由冷备用转检修
二	平山站	1	令：停用平坡线 154 开关的重合闸
	备　注		

3. 注意事项

（1）主变停电首先考虑倒出负荷或配合检修，确保运行主变不过负荷。

（2）桥形接线分列运行，一台主变停电应考虑先将两台主变并列后，再将检修主变停电；主变并列操作，为防止跨电压等级合环，应先将高压侧并列，再将中、低压侧并列，同时应考虑电磁环网时间最短。

（3）为防止跨电压等级合环，合解环操作需事先征得省调的同意。

（4）变压器投、停操作，各侧中性点必须接地。

（5）检修主变停电后，要注意将 110kV 母线恢复正常方式。

（6）检修主变停电后，应将检修主变的后备保护停跳中、低压侧分段开关。

二、考核

（一）考核要求

（1）要求填票操作。

（2）按调度倒闸操作流程进行。

（3）单人完成全部操作任务。

（二）考核场地

调度仿真系统1套。

（三）考核时间

考核时间为100min。

（四）考核要点

（1）主变停电操作规范、流程。

（2）不能造成运行设备过负荷。

三、评分标准

行业：电力工程			工种：电力调度员			等级：三	
编号	DD3JB0105	行为领域	d	鉴定范围		地调调度员	
考核时限	100min	题型	C	满分	100分	得分	
试题名称	110kV西柏坡站1号主变由运行转检修						
考核要点 及其要求	（1）严格遵守《安规》《调规》等规章制度。 （2）在规定时间内未操作完的扣50分。 （3）出现误操作且造成后果的扣100分。 （4）出现误操作但未造成后果的扣50分。 （5）1号主变停运前没有将中、低压侧母线并列，导致用户停电视为误操作。 （6）1号主变转检修后，没有恢复西柏坡站110kV母线方式视为误操作						
现场设备、 工器具、材料	（1）仿真系统1套。 （2）碳素笔1支。 （3）A4纸1张						
备注	参考图1-30、图1-61						

评分标准

序号	考核项目名称	质量要求	分值	扣分标准	扣分原因	得分
1	安全校核	（1）核对运行方式和现场操作设备状态。 （2）核对检修工作票批复检修方式安排。 （3）核对电网安全措施和事故预案的制订。 （4）督促电网安全措施和事故预案的落实。 （5）在EMS上模拟操作和安全校核。 （6）调整系统运行参数	30	（1）未核对运行方式和现场操作设备状态扣5分。 （2）未核对检修工作票批复检修方式安排扣5分。 （3）未制订电网安全措施和事故预案扣5分。 （4）未落实电网安全措施和事故预案扣5分。 （5）未在EMS上模拟操作和安全校核扣5分。 （6）未调整系统运行参数扣5分		

序号	考核项目名称	质量要求	分值	扣分标准	扣分原因	得分
2	操作步骤	（1）合解环前征得省调同意。 （2）主变三侧并列操作。 （3）保护和自动装置的调整。 （4）主变投停操作中性点接地。 （5）1号主变转检修。 （6）恢复110kV母线方式	40	（1）合解环前未征得省调同意扣5分。 （2）未进行主变三侧并列操作扣10分。 （3）未进行保护和自动装置的正确调整扣5分。 （4）主变投停操作中性点未接地扣5分。 （5）1号主变转检修不正确扣10分。 （6）未恢复110kV母线方式扣5分		
3	规范化	（1）互报单位、姓名。 （2）使用统一的调度术语、操作术语。 （3）遵守复诵、录音、记录、汇报制度	30	（1）未互报单位、姓名扣10分。 （2）未使用统一的调度术语、操作术语扣10分。 （3）未遵守复诵、录音、记录、汇报制度扣10分		
4	否决项	（1）在规定时间内未操作完的扣50分。 （2）跨电压等级合环的扣50分。 （3）出现误操作且造成后果的扣100分				

2.2.6　DD3JB0106　35kV 小越站 1 号主变由运行转检修

一、作业

（一）工器具、材料、设备

（1）工器具：碳素笔。

（2）材料：参考图 1-14、A4 纸、空白调度指令票。

（3）设备：调度仿真系统。

（二）安全要求

（1）变压器停电时，应先停负荷侧，再停电源侧的顺序操作，送电时顺序相反。

（2）防止运行设备过负荷，不超过设备过载能力。

（三）操作步骤及工艺要求（含注意事项）

1. 操作前的安全校核

1）核对当前运行方式及检修方式安排

（1）当前运行方式：系统为正常运行方式；35kV 小越站 1 号主变负荷 4.3MW，2 号主变负荷 4.1MW；35kV 小越站见图 1-14。

（2）检修方式安排：

35kV 小越站 1 号主变停电前，应退出 10kV 备用电源自投装置，合上 10kV 分段 501 开关；通知相关用户控制负荷，将小越站全站负荷控制在 6MW。

2）制订电网安全措施和事故处理预案并督促落实

（1）电网薄弱环节：35kV 小越站单主变运行，供电可靠性降低。

（2）事故影响：35kV 小越站 2 号主变事故跳闸，造成小越站供电负荷全停。

（3）对相关单位要求：

① 要求 35kV 小越站对运行设备加强巡视检查，同时做好设备停电后的事故预想。

② 要求客服中心负责通知重要用户做好事故预案和事故限电的准备。

③ 提前下达操作预令，要求相关运维值班员做好操作准备。

（4）事故处理预案。

① 小越站 2 号主变事故跳闸，值班监控员应首先将事故情况汇报县调值班调度员，县调值班调度员应立即汇报领导。

② 小越站汇报保护动作情况和设备检查情况，如果故障点能够隔离，县调值班调度员应立即下令隔离故障点，恢复 2 号主变送电。

③ 如果确系 2 号主变故障，且不能恢复送电，则应下令将 2 号主变转检修，立即开展抢修处理；同时考虑停止 1 号主变检修工作，恢复送电；如主变均不能及时恢复运行，应考虑用 10kV 线路反送站用电。

④ 通知客服中心做好停电用户的解释工作。

⑤ 抢修工作完毕或 1 号主变检修工作完毕，及时恢复小越站的供电。

3）倒闸操作前模拟和危险点分析与预控措施

（1）审核倒闸操作步骤的正确性、合理性；履行操作管理制度，依次审核签字。

（2）在 EMS 上进行模拟操作。

（3）询问操作现场天气条件是否合适。

（4）检查、督促电网安全措施和事故预案的制订和落实情况。

2. 典型操作票（见下表）

表 35kV小越站1号主变转检修典型指令票

操作项目及内容			35kV小越站1号主变由运行转检修
序号	操作单位	令号	指令内容
一	小越站	1	令：将10kV备用电源自投装置停运
		2	令：合上10kV分段501开关
		3	令：将1号主变由运行转检修
备注			应退出1号主变联跳运行设备的保护

3. 注意事项

（1）1号主变停运前，应考虑2号主变能否带全站负荷。

（2）注意小越站低压母线为分列运行，1号主变停前要合上低压侧分段开关。

（3）要退出检修主变保护跳运行开关的保护出口压板。

（4）由于35kV小越站所带负荷超过2号主变负载能力，所以1号主变停电前必须先通知用户控制负荷。

二、考核

（一）考核要求

（1）要求填票操作。

（2）按调度倒闸操作流程进行。

（3）单人完成全部操作任务。

（二）考核场地

调度仿真系统1套。

（三）考核时间

考核时间为100min。

（四）考核要点

（1）主变停电操作规范、流程。

（2）严禁造成运行设备过负荷。

三、评分标准

行业：电力工程　　　　　　　　工种：电力调度员　　　　　　　　等级：三

编号	DD3JB0106	行为领域	d	鉴定范围		县调调度员
考核时限	100min	题型	C	满分	100分	得分
试题名称	35kV小越站1号主变由运行转检修					
考核要点 及其要求	（1）严格遵守《安规》《调规》等规章制度。 （2）在规定时间内未操作完的扣50分。 （3）出现误操作且造成后果的扣100分。 （4）出现误操作但未造成后果的扣50分					

现场设备、工器具、材料	(1) 仿真系统 1 套。 (2) 碳素笔 1 支。 (3) A4 纸 1 张
备注	参考图 1-14

评分标准

序号	考核项目名称	质量要求	分值	扣分标准	扣分原因	得分
1	安全校核	(1) 核对运行方式和现场操作设备状态。 (2) 核对检修方式安排。 (3) 核对电网安全措施和事故预案的制订。 (4) 督促电网安全措施和事故预案的落实。 (5) 在 EMS 上模拟操作校核	30	(1) 未核对运行方式和现场操作设备状态扣 6 分。 (2) 未核对检修方式安排扣 6 分。 (3) 未核对制订电网安全措施和事故预案扣 6 分。 (4) 未督促落实电网安全措施和事故预案扣 6 分。 (5) 未在 EMS 上模拟操作校核扣 6 分		
2	操作步骤	(1) 通知用户控制负荷。 (2) 两台主变并列操作。 (3) 1 号主变的停电操作。 (4) 自动装置调整。 (5) 保护装置调整	40	(1) 未通知用户控制负荷扣 5 分。 (2) 两台主变未并列操作扣 10 分。 (3) 1 号主变的停电操作不正确扣 10 分。 (4) 自动装置未调整扣 10 分。 (5) 保护装置未调整扣 5 分		
3	规范化	(1) 互报单位、姓名。 (2) 使用统一的调度术语、操作术语。 (3) 遵守复诵、录音、记录、汇报制度	30	(1) 未互报单位、姓名扣 10 分。 (2) 未使用统一的调度术语、操作术语扣 10 分。 (3) 未遵守复诵、录音、记录、汇报制度扣 10 分		
4	否决项	(1) 在规定时间内未操作完的扣 50 分。 (2) 出现误操作且造成后果的扣 100 分				

2.2.7 DD3ZY0101 110kV无极站172开关分合闸闭锁

一、作业

（一）工器具、材料、设备

（1）工器具：碳素笔。

（2）材料：参考图1-26、图1-47、图1-29、A4纸、空白调度指令票、空白检修申请票。

（3）设备：调度仿真系统。

（二）安全要求

（1）采取措施防止172开关跳闸，防止开关爆炸伤人。

（2）采取措施尽快将172开关从系统中隔离。

（3）线路停电按照开关、线路侧刀闸、母线侧刀闸的顺序操作，送电时顺序相反。

（4）防止运行设备过负荷，不超过设备过载能力。

（三）操作步骤及工艺要求（含注意事项）

1. 运行方式

（1）系统为正常运行方式。

（2）110kV无极站1号主变负荷15MW，2号主变负荷10MW。

（3）220kV侯坊站见图1-26、220kV东寺站见图1-47、110kV无极站见图1-29。

2. 天气情况

晴；气温25℃。

3. 异常现象

110kV无极站侯无线172开关SF_6气体泄漏（开关型号：LW25-126），发出"压力异常"和"合闸闭锁""分闸闭锁"信号。

4. 异常现象分析和处理思路

（1）异常现象分析：110kV侯无线172开关作为无极站2号主变主进开关，当2号主变故障而172开关拒分，除扩大停电范围外还有可能加重主变损坏程度；当110kV侯无线故障跳闸后，会使110kV备用电源自投装置失效，扩大停电范围，降低110kV无极站供电可靠性，所以应立即停运处理。

（2）处理思路：因110kV无极站为内桥接线且110kV侯无线172开关已拒分，110kV侯无线172开关停运操作，需要先将无极站110kV分段101开关合上，两台变完全并列后，再将2号主变转热备用，拉开侯坊站110kV侯无线163开关和无极站110kV分段101开关使其与系统脱离；将172开关两侧刀闸断开后，应及时恢复110kV无极站2号主变运行，最后对172开关进行处理。

5. 异常处理

（1）监控值班员汇报：110kV无极站侯无线172开关发出"压力异常"和"合闸闭锁""分闸闭锁"信号，已通知运维人员到站检查。

（2）汇报领导和省调，跨区合环得到省调许可。

（3）运维人员到达无极站，检查设备发现侯无线172开关SF_6气体泄漏，压力降低，发出"合闸闭锁""分闸闭锁"信号，需紧急停运进行处理，做好无极站事故跳闸全站停电的事故预想。

(4) 令110kV无极站：

① 将110kV备用电源自投装置停运。

② 合上110kV分段101开关（合环）。

(5) 令220kV侯坊站：拉开110kV侯无线163开关（解环）。

(6) 令110kV无极站：

① 将35kV备用电源自投装置停运。

② 合上35kV分段301开关。

③ 将10kV备用电源自投装置停运。

④ 合上10kV分段501开关。

⑤ 拉开2号主变的512开关。

⑥ 拉开2号主变的312开关。

⑦ 拉开110kV分段101开关。

⑧ 拉开110kV侯无线172-5-2刀闸。

⑨ 将2号主变由热备用转运行。

⑩ 拉开35kV分段301开关。

⑪ 将35kV备用电源自投装置投运。

⑫ 拉开10kV分段501开关。

⑬ 将10kV备用电源自投装置投运。

(7) 通知检修单位处理无极站110kV侯无线172开关缺陷（申请受理和开工手续略）。

6. 注意事项

(1) 隔离110kV侯无线172开关时不得造成用户停电，防止带负荷拉刀闸。

(2) 跨区合环前应征得省调同意。

二、考核

（一）考核要求

(1) 采取措施防止172开关跳闸，防止开关爆炸伤人。

(2) 尽快将172开关从系统中隔离。

(3) 按调度倒闸操作流程进行。

(4) 单人完成全部操作任务。

（二）考核场地

调度仿真系统1套。

（三）考核时间

考核时间为100min。

（四）考核要点

(1) 内桥接线线路开关闭锁后隔离的规范、流程。

(2) 线路开关闭锁应急处置。

(3) 解合环操作。

三、评分标准

行业：电力工程　　　　　　工种：电力调度员　　　　　　等级：三

编号	DD3ZY0101	行为领域	e	鉴定范围		地调调度员
考核时限	100min	题型	C	满分	100 分	得分
试题名称	110kV 无极站 172 开关分合闸闭锁					
考核要点及其要求	(1) 严格遵守《安规》《调规》等规章制度。 (2) 在规定时间内未操作完的扣 50 分。 (3) 出现误操作且造成后果的扣 100 分。 (4) 出现误操作但未造成后果的扣 50 分					
现场设备、工器具、材料	(1) 仿真系统 1 套。 (2) 碳素笔 1 支。 (3) A4 纸 1 张					
备注	参考图 1-26；图 1-47、图 1-29					

评分标准

序号	考核项目名称	质量要求	分值	扣分标准	扣分原因	得分
1	汇报通知	(1) 无极站汇报故障情况。 (2) 通知无极站做好停电事故预案。 (3) 汇报领导和省调。 (4) 跨区合环得到省调许可	10	(1) 无极站未汇报故障情况扣 2 分。 (2) 未通知无极站做好停电事故预案扣 2 分。 (3) 未汇报领导和省调扣 3 分。 (4) 跨区合环未得到省调许可扣 3 分		
2	故障设备隔离	(1) 退出 110kV 备用电源自投装置。 (2) 合上 110kV 分段 101 开关（合环）。 (3) 令 220kV 侯坊站：拉开 110kV 侯无线 163 开关（解环）。 (4) 退出 35kV 备用电源自投装置。 (5) 合上 35kV 分段 301 开关。 (6) 退出 10kV 备用电源自投装置。 (7) 合上 10kV 分段 501 开关。 (8) 拉开 2 号主变的 512 开关。 (9) 拉开 2 号主变的 312 开关。 (10) 拉开 110kV 分段 101 开关。 (11) 拉开 110kV 侯无线 172-5-2 刀闸	40	(1) 未退出 110kV 备用电源自投装置扣 3 分。 (2) 未合上 110kV 分段 101 开关扣 5 分。 (3) 未拉开 110kV 侯无线 163 开关扣 5 分。 (4) 未退出 35kV 备用电源自投装置扣 2 分。 (5) 未合上 35kV 分段 301 开关扣 3 分。 (6) 未退出 10kV 备用电源自投装置扣 2 分。 (7) 未合上 10kV 分段 501 开关扣 3 分。 (8) 未拉开 2 号主变的 512 开关扣 3 分。 (9) 未拉开 2 号主变的 312 开关扣 3 分。 (10) 未拉开 110kV 分段 101 开关扣 5 分。 (11) 未拉开 110kV 侯无线 172-5-2 刀闸扣 6 分		

序号	考核项目名称	质量要求	分值	扣分标准	扣分原因	得分
3	无故障设备恢复运行	(1) 将 2 号主变由热备用转运行。 (2) 拉开 35kV 分段 301 开关。 (3) 投入 35kV 备用电源自投装置。 (4) 拉开 10kV 分段 501 开关。 (5) 投入 10kV 备用电源自投装置	30	(1) 未将 2 号主变由热备用转运行扣 10 分。 (2) 未拉开 35kV 分段 301 开关扣 5 分。 (3) 未投入 35kV 备用电源自投装置扣 5 分。 (4) 未拉开 10kV 分段 501 开关扣 5 分。 (5) 未投入 10kV 备用电源自投装置扣 5 分		
4	故障设备转检修	(1) 办理检修申请。 (2) 172 开关转检修。 (3) 办理开工手续	10	(1) 未办理检修申请扣 2 分。 (2) 172 开关未正确转检修扣 5 分。 (3) 未办理开工手续扣 3 分		
5	规范化	(1) 调度术语应用规范。 (2) 遵守调度工作制度。 (3) 处理信息记录齐全	10	(1) 调度术语应用不规范扣 4 分。 (2) 未遵守调度工作制度扣 2 分。 (3) 处理信息记录不齐全扣 4 分		
6	否决项	(1) 未将 172 开关正确隔离的扣 100 分。 (2) 在规定时间内未操作完的扣 50 分。 (3) 出现误操作且造成后果的扣 100 分				

2.2.8 DD3ZY0102 110kV杨家窑站591开关漏气

一、作业

（一）工器具、材料、设备

（1）工器具：碳素笔。

（2）材料：参考图1-3、A4纸、空白调度指令票、空白检修申请票。

（3）设备：调度仿真系统。

（二）安全要求

（1）采取措施防止591开关跳闸，防止开关爆炸伤人。

（2）采取措施尽快将591开关从系统中隔离。

（3）线路停电按照开关、线路侧刀闸、母线侧刀闸的顺序操作，送电时顺序相反。

（三）操作步骤及工艺要求（含注意事项）

1. 运行方式

（1）系统为正常运行方式。

（2）110kV杨家窑站全站负荷45MW；1号主变负荷25MW，2号主变负荷20MW，1号主变511开关负荷13MW，2号主变512开关负荷10MW。

（3）110kV杨家窑站见图1-3。

2. 天气情况

晴；气温25℃。

3. 异常现象

运维班巡视过程中发现杨家窑站10kV东王线591开关真空破坏。

4. 异常现象分析和处理思路

（1）异常现象分析：当东王线591线路发生相间短路故障时，开关跳闸将发生爆炸，越级造成1号主变的后备保护动作，10kV1号母线所带设备全停，扩大事故范围。

（2）处理思路：因110kV杨家窑站10kV东王线591开关已不具备灭弧能力，应尽快断开其控制电源，并将其从系统中脱离。对于单母线接线只能通过将10kV1号母线停运将其隔离，再恢复10kV1号母线及其他出线运行，最后对东王线591开关进行处理。

5. 异常处理

（1）110kV杨家窑站值班员汇报：10kV东王线591开关漏气，不能坚持运行，令其做好10kV1号母线停电事故预想。

（2）令110kV杨家窑站：断开10kV东王线591开关控制电源。

（3）县调汇报地调：申请杨家窑站1号主变的511开关需短时停送电，处理东王线591开关漏气缺陷，汇报公司领导，通知客服中心，杨家窑站10kV1号母线所带用户短时停电，东王线591开关异常需要紧急处理。

（4）令110kV杨家窑站：

① 拉开10kV各出线开关（不包括591开关）。

② 拉开1号主变的511开关。

③ 拉开东王线591-5-1刀闸。

④ 合上1号主变的511开关。

⑤ 恢复 10kV1 号母线其他出线开关运行。

（5）汇报地调，汇报公司领导，通知客服中心。

（6）通知检修单位对 110kV 杨家窑站 10kV 东王线 591 开关缺陷进行处理。

（7）设备检修。

① 110kV 杨家窑站向县调申请：××日××：××—××日××：××，10kV 东王线 591 开关转检修，处理缺陷。

② 令 110kV 杨家窑站：将 10kV 东王线 591 开关由冷备用转检修。

③ 许可检修单位开工。

6. 注意事项

（1）因 110kV 杨家窑站东王线 591 开关真空破坏，灭弧能力不足，因此应尽快断开其控制电源，防止线路故障开关跳闸时因灭弧能力不足造成开关爆炸；不允许直接拉开开关使其停电，必须采取停母线办法使其与系统脱离。

（2）操作 1 号主变的 511 开关前向地调汇报。

二、考核

（一）考核要求

（1）采取措施防止 591 开关跳闸，防止开关爆炸伤人。

（2）尽快将 591 开关从系统中隔离。

（3）按调度倒闸操作流程进行。

（4）单人完成全部操作任务。

（二）考核场地

调度仿真系统 1 套。

（三）考核时间

考核时间为 100min。

（四）考核要点

（1）线路开关闭锁后隔离的规范、流程。

（2）线路开关闭锁应急处置。

三、评分标准

行业：电力工程　　　　　　工种：电力调度员　　　　　　等级：三

编号	DD3ZY0102	行为领域	e	鉴定范围		县调调度员
考核时限	100min	题型	C	满分	100分	得分	
试题名称	110kV 杨家窑站 591 开关漏气					
考核要点 及其要求	（1）严格遵守《安规》《调规》等规章制度。 （2）在规定时间内未操作完的扣 50 分。 （3）出现误操作且造成后果的扣 100 分。 （4）出现误操作但未造成后果的扣 50 分。					
现场设备、 工器具、材料	（1）仿真系统 1 套。 （2）碳素笔 1 支。 （3）A4 纸 1 张					
备注	参考图 1-3					

评分标准

序号	考核项目名称	质量要求	分值	扣分标准	扣分原因	得分
1	异常现象分析	（1）了解杨家窑站 10kV 东王线 591 开关异常情况。 （2）采取措施防止 591 开关跳闸	10	（1）未了解 591 开关异常情况扣 5 分。 （2）未采取措施防止 591 开关跳闸扣 5 分		
2	汇报通知	（1）通知杨家窑站做好 10kV1 号母线停电的事故预想。 （2）将异常情况汇报领导	10	（1）未通知杨家窑站做好 10kV1 号母线停电的事故预想扣 5 分。 （2）未将异常情况汇报领导扣 5 分		
3	故障设备隔离	（1）拉开 10kV 各出线开关（不包括 591 开关）。 （2）拉开 1 号主变的 511 开关。 （3）拉开东王线 591-5-1 刀闸	30	（1）未拉开 10kV 各出线开关（不包括 591 开关）扣 10 分。 （2）未拉开 1 号主变的 511 开关扣 10 分。 （3）未拉开东王线 591-5-1 刀闸扣 10 分		
4	恢复无故障设备运行	（1）合上 1 号主变的 511 开关。 （2）恢复 10kV1 号母线其他出线开关运行。 （3）汇报地调，汇报公司领导，通知客服中心	30	（1）未合上 1 号主变的 511 开关扣 10 分。 （2）未恢复 10kV1 号母线其他出线开关运行扣 15 分。 （3）未汇报地调，汇报公司领导，通知客服中心扣 5 分		
5	故障设备转检修	（1）办理检修申请。 （2）591 开关转检修。 （3）办理开工手续	10	（1）未办理检修申请扣 3 分。 （2）未将 591 开关转检修扣 5 分。 （3）未办理开工手续扣 2 分		
6	规范化	（1）调度术语应用规范。 （2）遵守调度工作制度。 （3）处理信息记录齐全	10	（1）调度术语应用不规范扣 4 分。 （2）未遵守调度工作制度扣 2 分。 （3）处理信息记录不齐全扣 4 分		
7	否决项	（1）未将 591 开关正确隔离的扣 100 分。 （2）在规定时间内未操作完的扣 50 分。 （3）出现误操作且造成后果的扣 100 分				

2.2.9 DD3ZY0103 35kV 小越站 2 号主变 312-2 刀闸 C 相接头严重过热

一、作业

（一）工器具、材料、设备

（1）工器具：碳素笔。

（2）材料：参考图 1-10、图 1-6、图 1-14、A4 纸、空白调度指令票、空白检修申请票。

（3）设备：调度仿真系统。

（二）安全要求

（1）变压器停电时，应先停负荷侧，再停电源侧的顺序操作，送电时顺序相反。

（2）防止运行设备过负荷，不超过设备过载能力。

（3）用开关进行解合环操作。

（三）操作步骤及工艺要求（含注意事项）

1. 运行方式

（1）系统正常运行方式。

（2）35kV 小越站负荷 5.5MW。

（3）110kV 栾北站见图 1-10、110kV 马集站见图 1-6、35kV 小越站见图 1-14。

2. 天气情况

晴；气温 32℃。

3. 异常现象

35kV 小越站 2 号主变的 312-2 刀闸 C 相过热。

4. 异常现象分析和处理思路

（1）异常现象分析：35kV 小越站 2 号主变的 312-2 刀闸 C 相温度达 104℃，不能坚持运行，需要马上停运。

（2）处理思路：先将 2 号主变转热备用，然后合环将小越站由 35kV 北越线倒 35kV 马越线运行后，将小越站 35kV2 号母线转检修进行处理。

5. 异常处理

（1）35kV 小越站值班员汇报：2 号主变的 312-2 刀闸 C 相严重过热，温度达 104℃，不能坚持运行。

（2）汇报地调及领导，向地调申请要求 35kV 小越站短时合环倒供线路。

（3）征得地调同意许可合环后，令 35kV 小越站。

① 将 10kV 备自投装置停运。

② 合上 10kV 分段 501 开关。

③ 将 2 号主变由运行转热备用。

④ 将 2 号主变的 312 开关由热备用转冷备用。

⑤ 将 35kV 备自投装置停运。

⑥ 合上 35kV 马越线 345 开关（合环）。

⑦ 拉开 35kV 北越线 346 开关（解环）。

（4）汇报地调已经解环。

（5）令 35kV 小越站：将 35kV2 号母线由运行转冷备用。

（6）通知 35kV 小越站做好单变运行方式下的事故预想。

（7）通知有关用户做好停电事故预想。

（8）通知检修单位处理 35kV 小越站 2 号主变的 312-2 刀闸严重过热缺陷。

（9）设备检修。

① 35kV 小越站向县调申请：××日××：××—××日××：××，35kV2 号母线转检修，2 号主变的 312 开关转检修，处理 312-2 刀闸严重过热缺陷。

② 令 35kV 小越站：

a. 将 35kV2 号母线由冷备用转检修。

b. 将 2 号主变的 312 开关由冷备用转检修。

③ 许可检修单位开工。

6. 注意事项

（1）合环前征得地调同意，解环后及时汇报地调。

（2）通知 35kV 小越站及所带用户做好停电的事故预想。

二、考核

（一）考核要求

（1）主变停电按调度倒闸操作流程进行。

（2）防止运行设备过负荷。

（3）单人完成全部操作任务。

（二）考核场地

调度仿真系统 1 套。

（三）考核时间

考核时间为 100min。

（四）考核要点

（1）主变停送电的规范、流程。

（2）刀闸过热的应急处置。

三、评分标准

行业：电力工程　　　　　　　工种：电力调度员　　　　　　　等级：三

编号	DD3ZY0103	行为领域	e	鉴定范围		县调调度员
考核时限	100min	题型	C	满分	100 分	得分
试题名称	35kV 小越站 2 号主变 312-2 刀闸 C 相接头严重过热					
考核要点及其要求	（1）严格遵守《安规》《调规》等规章制度。 （2）在规定时间内未操作完的扣 50 分。 （3）出现误操作且造成后果的扣 100 分。 （4）出现误操作但未造成后果的扣 50 分					
现场设备、工器具、材料	（1）仿真系统 1 套。 （2）碳素笔 1 支。 （3）A4 纸 1 张					
备注	参考图 1-10、图 1-6、图 1-14					

		评分标准				
序号	考核项目名称	质量要求	分值	扣分标准	扣分原因	得分
1	汇报通知	（1）了解小越站2号主变的312-2刀闸异常情况。 （2）将异常情况汇报地调和领导。 （3）合环前征得地调同意	30	（1）未了解小越站2号主变的312-2刀闸异常情况扣10分。 （2）未将异常情况汇报地调和领导扣10分。 （3）合环前未征得地调同意扣10分		
2	故障设备隔离	（1）退出10kV备自投装置。 （2）合上10kV分段501开关。 （3）将2号主变由运行转热备用。 （4）将2号主变的312开关由热备用转冷备用	20	（1）未退出10kV备自投装置扣5分。 （2）未合上10kV分段501开关扣5分。 （3）未将2号主变由运行转热备用扣5分。 （4）未将2号主变的312开关由热备用转冷备用扣5分		
3	故障设备转检修	（1）退出35kV备自投装置。 （2）合上35kV马越线345开关（合环）。 （3）拉开35kV北越线346开关（解环）。 （4）汇报地调已经解环。 （5）令35kV小越站：将35kV2号母线由运行转冷备用	20	（1）未退出35kV备自投装置扣4分。 （2）合解环操作不正确扣10分。 （3）未汇报地调扣2分。 （4）未将35kV2号母线转冷备用扣4分		
4	落实安全措施	（1）通知35kV小越站做好单变运行方式下的事故预想。 （2）通知有关用户做好停电事故预想。 （3）办理检修申请。 （4）故障设备转检修	20	（1）未通知35kV小越站做好单变运行方式下的事故预想扣5分。 （2）未通知有关用户做好停电事故预想扣5分。 （3）未办理检修申请扣5分。 （4）未将故障设备转检修扣5分		
5	规范化	（1）调度术语应用规范。 （2）遵守调度工作制度。 （3）处理信息记录齐全	10	（1）未互报单位、姓名扣4分。 （2）未使用统一的调度术语、操作术语扣2分。 （3）未遵守复诵、录音、记录、汇报制度扣4分		
6	否决项	（1）在规定时间内未操作完的扣50分。 （2）出现误操作且造成后果的扣100分				

2.2.10　DD3ZY0201　110kV 韩留一线单相永久接地故障

一、作业

（一）工器具、材料、设备

（1）工器具：碳素笔。

（2）材料：参考图 1-17、图 1-18、图 1-21、图 1-22、A4 纸、空白调度指令票。

（3）设备：调度仿真系统。

（二）安全要求

（1）线路停电按照开关、线路侧刀闸、母线侧刀闸的顺序操作，送电时顺序相反。

（2）挂接地线标示牌时，注意带电设备，防止带电挂地线。

（3）防止运行设备过负荷，不超过设备过载能力。

（4）隔离故障点后再合闸送电，防止带故障点合闸。

（三）操作步骤及工艺要求（含注意事项）

1. 系统运行方式

（1）系统为正常运行方式。

（2）110kV 留村站负荷 52MW；110kV 白伏站负荷 40MW；110kV 良村站负荷 48MW。

（3）220kV 韩通站见图 1-17、110kV 白伏站见图 1-18、110kV 良村站见图 1-21、110kV 留村站见图 1-22。

2. 天气情况

晴；环境温度 25℃。

3. 事故现象

（1）韩通站：韩留一线接地距离一段、零序一段保护动作，韩留一线 136 开关分闸，重合不成功，136 开关后加速跳闸。

（2）留村站：1 号电容器低电压动作，1 号电容器 522 开关分闸，35kV、10kV 备自投动作，1 号主变 311、511 开关分闸；分段 301、501 开关合闸。110kV1 号母线失压。

（3）白伏站：2 号电容器低电压动作，2 号电容器 522 开关分闸，站用电备自投动作，110kV 备自投动作，留白线 196 开关分闸；分段 101 开关合闸。

4. 故障分析及事故处理思路

（1）韩通站：110kV 韩留一线 136 开关接地距离一段、零序一段保护动作跳闸，重合不成功，可判断线路存在永久性单相接地故障。

（2）留村站：110kV 韩留一线线路失压，造成留村站 110kV1 号母线失压，引起 1 号电容器 522 开关低电压保护动作跳闸；由于 110kV 母联未配置备自投装置，35kV、10kV 备自投动作，1 号主变 311、511 开关分闸；分段 301、501 开关合闸。

（3）白伏站：110kV 留白线线路失压，造成白伏站 110kV2 号母线失压，引起 110kV 备自投动作，跳 196 开关，合 101 开关；2 号电容器 522 开关低电压保护动作跳闸，站用电备自投动作。

（4）事故处理思路：首先检查韩通站、留村站、白伏站设备有无过负荷情况，及时处理过负荷情况；隔离故障点，调整各站运行方式，优化系统，注意保护及自动装置配合操作；最后将线路转检修，处理跳闸线路。

5. 事故处理

1）了解汇报

（1）值班监控员向值班调度员汇报：

××：××，韩通站：110kV 韩留一线 136 开关接地距离一段、零序一段保护动作跳闸，重合不成功。

××：××，留村站：110kV 韩留一线线路失压，造成留村站 110kV1 号母线失压，引起 1 号电容器 522 开关低电压保护动作跳闸；由于 110kV 母联未配置备自投装置，35kV、10kV 备自投动作，1 号主变 311、511 开关分闸；分段 301、501 开关合闸。

××：××，白伏站：2 号电容器低电压动作，2 号电容器 522 开关分闸，站用电备自投动作，110kV 备自投动作，留白线 196 开关分闸；分段 101 开关合闸。

（2）值班监控员将上述情况，通知相关运维班，要求其检查变电站设备并及时汇报。

（3）220kV 韩通站运维人员汇报：现场检查设备发现，110kV 韩留一线 136 开关接地距离一段、零序一段保护动作跳闸，重合不成功，开关在热备用状态，其他设备无异常。

（4）110kV 留村站运维人员汇报：现场检查设备发现，110kV1 号母线失压，1 号电容器 522 开关低电压保护动作跳闸；35kV、10kV 备自投动作，1 号主变 311、511 开关分闸；分段 301、501 开关合闸；其他设备无异常。

（5）110kV 白伏站运维人员汇报：现场检查设备发现，110kV 备自投动作，196 开关分闸，101 开关合闸；2 号电容器 522 开关低电压动作跳闸，站用电备自投动作，其他设备无异常。

（6）值班调度员通知线路运检单位对 110kV 韩通一线带电查线，同时对 110kV 韩通二线线路特巡。

（7）值班调度员通知白伏站、良村站、南智邱站相关用户做好单电源事故预想；通知留村站相关用户做好单电源、单主变事故预想。

（8）值班调度员将上述情况简要汇报相关领导。

2）应急处置

（1）值班监控员检查留村站 2 号主变负荷，是否出现过负荷情况，加强监视。

（2）值班监控员拉开留村站失压开关 173、175、111 开关。

3）查找、隔离故障点

（1）令韩通站运维人员，拉开韩留一线 136-5-1 刀闸，隔离故障点。

（2）令留村站运维人员，拉开韩留一线 171-5-1 刀闸，隔离故障点。

4）调整系统的运行方式

（1）令留村站运维人员，投入 110kV 母联充电保护，合上 110kV 母联 101 开关，检查留村站 110kV1 号母线电压正常，退出 110kV 母联充电保护。

（2）令留村站运维人员，合上留白线 173 开关，检查 110kV 留白线电流、有功、无功遥测值正常。

（3）令留村站运维人员，合上南留线 175 开关，检查 110kV 南留线电流、有功、无功遥测值正常。

（4）令留村站运维人员，合上 1 号主变 111 开关，检查 1 号主变运行正常后，合上 311 开关，拉开 301 开关；合上 511 开关、拉开 501 开关。

（5）令值班监控员，根据留村站、白伏站母线电压情况，投入电容器。

5）设备抢修

（1）线路运检人员汇报：带电查 110kV 韩留一线发现 3 号杆 A 相瓷瓶闪络接地，不能运行，向地调提申请："××日××：××—××日××：××，110kV 韩留一线转检修，3 号杆 A 相瓷瓶更换，工作负责人××"

（2）将 110kV 韩留一线转检修。

令留村站运维人员：在 110kV 韩留一线 171-5 刀闸线路侧挂地线一组；

在 110kV 韩留一线 171-5 刀闸操作把手上悬挂工作牌。

令韩通站运维人员：在 110kV 韩留一线 136-5 刀闸线路侧挂地线一组；

在 110kV 韩留一线 136-5 刀闸操作把手上悬挂工作牌。

令线路工作负责人：在 110kV 韩留一线线路上挂地线开工。

6. 注意事项

（1）线路故障跳闸，应优先通知两侧变电站值班员检查本站内设备有无明显故障点，对于双电源线路故障且重合不成功，一般不再进行强送电。

（2）对停电用户应该首先恢复保安负荷，然后根据设备的负载能力逐步恢复负荷。

（3）线路故障应及时通知输电运检工区带电查线，并对特殊方式下比较重要的线路进行特巡。

（4）在事故处理期间，应优先恢复变电站供电，允许保护与运行方式不配合，但时间应尽量缩短；在事故处理告一段落，应及时调整保护及自动装置与当前运行方式相适应。

（5）注意充分利用系统的有效资源，优化事故后系统方式，同时注意各站电压的调整。

二、考核

（一）考核要求

（1）分析线路故障造成的保护动作情况。

（2）按照事故处理流程处理事故。

（3）单人完成全部操作任务。

（二）考核场地

调度仿真系统 1 套。

（三）考核时间

考核时间为 100min。

（四）考核要点

（1）根据保护动作行为、开关动作行为分析、判断故障发生位置和性质。

（2）确认故障性质和影响范围。

（3）故障点隔离后，尽快恢复非故障设备运行方式。

三、评分标准

行业：电力工程　　　　　　工种：电力调度员　　　　　　等级：三

编号	DD3ZY0201	行为领域	e	鉴定范围	地调调度员
考核时限	100min	题型	C	满分	100 分	得分	
试题名称	110kV 韩留一线单相永久接地故障				
考核要点及其要求	(1) 严格遵守《安规》《调规》等规章制度。 (2) 在规定时间内未操作完的扣 5～100 分。 (3) 出现误操作且造成后果的扣 100 分。 (4) 出现误操作但未造成后果的扣 50 分。				
现场设备、工器具、材料	(1) 仿真系统 1 套。 (2) 碳素笔 1 支。 (3) A4 纸 1 张				
备注	参考图 1-17、图 1-18、图 1-21、图 1-22				

评分标准

序号	考核项目名称	质量要求	分值	扣分标准	扣分原因	得分
1	汇报通知	(1) 监控员汇报各站事故报文。 (2) 将故障情况简要汇报领导和省调。 (3) 通知运维人员检查各站设备。 (4) 通知线路运检单位带电查线。 (5) 通知线路运检单位线路特巡。 (6) 通知相关厂站做好事故预案	30	(1) 未收集各站事故报文扣 5 分。 (2) 未将故障情况简要汇报领导和省调扣 5 分。 (3) 未通知运维人员检查各站设备扣 5 分。 (4) 未通知线路运检单位带电查线扣 5 分。 (5) 未通知线路运检单位线路特巡扣 5 分。 (6) 未通知相关厂站做好事故预案扣 5 分		
2	应急处置	(1) 检查留村站 2 号主变负荷，加强监视。 (2) 拉开留村站失压开关 173、175、111 开关	10	(1) 未检查留村站 2 号主变负荷，加强监视扣 5 分。 (2) 未拉开留村站失压开关 173、175、111 开关扣 5 分		
3	故障设备隔离	(1) 韩通站拉开韩留一线 136-5-1 刀闸。 (2) 留村站拉开韩留一线 171-5-1 刀闸	10	(1) 未拉开韩通站韩留一线 136-5-1 刀闸扣 5 分。 (2) 未拉开留村站韩留一线 171-5-1 刀闸扣 5 分		
4	调整系统的运行方式	(1) 留村站 110kV1 号母线电压送电。 (2) 送出留白线。 (3) 送出南留线 175 开关。 (4) 留村站送出 1 号主变。 (5) 根据留村站、白伏站母线电压情况，投入电容器	30	(1) 未将留村站 110kV1 号母线电压送电扣 6 分。 (2) 未送出白线扣 6 分。 (3) 未送出南留线 175 开关扣 6 分。 (4) 留村站未送出 1 号主变扣 6 分。 (5) 未根据留村站、白伏站母线电压情况，投入电容器扣 6 分		

序号	考核项目名称	质量要求	分值	扣分标准	扣分原因	得分
5	故障设备转检修	（1）受理查线结果、检修申请。 （2）110kV 韩留一线转检修。 （3）办理开工手续	10	（1）未受理查线结果、检修申请扣 3 分。 （2）未将 110kV 韩留一线转检修扣 5 分。 （3）未办理开工手续扣 2 分		
6	规范化	(1) 调度术语应用规范。 (2) 遵守调度工作制度。 (3) 处理信息记录齐全	10	（1）调度术语应用不规范扣 4 分。 （2）不遵守调度工作制度扣 4 分。 （3）处理信息记录不齐全扣 2 分		
7	否决项	(1) 在规定时间内未处理完的扣 50 分。 (2) 出现误操作且造成后果的扣 100 分				

2.2.11　DD3ZY0202　35kV 北越线相间永久性故障

一、作业

（一）工器具、材料、设备

（1）工器具：碳素笔。

（2）材料：参考图 1-6、图 1-10、图 1-14、A4 纸、空白调度指令票。

（3）设备：调度仿真系统。

（二）安全要求

（1）线路停电按照开关、线路侧刀闸、母线侧刀闸的顺序操作，送电时顺序相反。

（2）挂接地线标示牌时，注意带电设备，防止带电挂地线。

（3）防止运行设备过负荷，不超过设备过载能力。

（4）隔离故障点后再合闸送电，防止带故障点合闸。

（三）操作步骤及工艺要求（含注意事项）

1. 系统运行方式

（1）系统为正常运行方式。

（2）110kV 马集站 1 号主变负荷 32MW；35kV 小越站负荷 8.3MW。

（3）110kV 马集站见图 1-6、110kV 栾北站见图 1-10、35kV 小越站见图 1-14。

2. 天气情况

晴；环境温度 25℃。

3. 事故现象

（1）栾北站：北越线过流保护动作，北越线 332 开关分闸，重合不成功，332 开关后加速跳闸。

（2）小越站：1 号、2 号电容器低电压动作，1 号电容器 521 开关、2 号电容器 522 开关分闸；35kV 备自投动作，北越线 346 开关分闸，马越线 345 开关合闸。

4. 故障分析及事故处理思路

（1）栾北站：35kV 北越线 332 开关过流保护动作，北越线 332 开关分闸，重合不成功，可判断线路存在永久性相间接地故障。

（2）小越站：35kV 北越线线路失压，造成 1 号、2 号电容器低电压动作，1 号电容器 521 开关、2 号电容器 522 开关分闸，35kV 备自投动作，北越线 346 开关分闸；马越线 345 开关合闸。

（3）事故处理思路：首先检查马集站设备有无过负荷情况，及时处理过负荷情况；隔离故障点，调整各站运行方式，优化系统，注意保护及自动装置配合操作；最后将线路转检修，处理跳闸线路。

5. 事故处理

1）了解汇报

（1）值班监控员向县调、地调值班调度员汇报：

××：××，栾北站：35kV 北越线开关过流保护动作跳闸，重合不成功。

××：××，小越站：35kV 北越线线路失压，造成 1 号、2 号电容器低电压动作，1 号电容器 521 开关、2 号电容器 522 开关分闸，35kV 备自投动作，北越线 346 开关分闸，马越线 345 开关合闸。

（2）值班监控员将上述情况简要汇报相关领导。

（3）值班监控员将上述事故现象通知许营运维班值班员，要求其检查栾北站、小越站设备。

（4）值班监控员加强对马集站 1 号主变的负荷监视。

（5）县调值班调度员通知许营运维班和小越站相关用户，做好单电源事故预想。

（6）县调值班调度员通知线路运检单位对 35kV 北越线带电查线，同时对 35kV 马越线线路特巡。

2）应急处置

值班监控员检查马集站 1 号主变负荷，是否出现过负荷情况，加强监视。

3）查找、隔离故障点

（1）栾北站汇报：现场检查栾北站设备发现，北越线 332 开关过流保护动作跳闸，重合不成功，开关在热备用状态，其他设备无异常。

（2）小越站汇报：现场检查小越站设备发现，1 号电容器 521 开关、2 号电容器 522 开关低电压动作跳闸，35kV 备自投动作，北越线 346 开关分闸，马越线 345 开关合闸；其他设备无异常。

（3）县调值班调度员令栾北站：拉开北越线 332-5-2 刀闸，隔离故障点。

（4）县调值班调度员令小越站：拉开北越线 346-5-2 刀闸，隔离故障点。

4）调整系统的运行方式

（1）县调值班调度员令小越站停用小越站 35kV 备自投。

（2）令值班监控员，根据马集站、小越站母线电压情况，投入电容器。

5）设备抢修

（1）线路运检人员汇报：带电查 35kV 北越线发现 6 号杆 AB 相导线烧伤断线，不能运行，向地调提申请："××日××：××—××日××：××，35kV 北越线转检修，6 号杆 AB 相导线烧伤断线处理，工作负责人××"。

（2）将 35kV 北越线转检修。

县调值班调度员令栾北站：在 35kV 北越线 332-5 刀闸线路侧挂地线一组；

在 35kV 北越线 332-5 刀闸操作把手上悬挂工作牌。

县调值班调度员令小越站：在 35kV 北越线 346-5 刀闸线路侧挂地线一组；

在 35kV 北越线 346-5 刀闸操作把手上悬挂工作牌。

令线路工作负责人：在 35kV 北越线线路上挂地线开工。

6. 注意事项

（1）线路故障跳闸，应优先通知两侧变电站值班员检查本站内设备有无明显故障点，对于双电源线路故障且重合不成功，一般不再进行强送电。

（2）对停电用户应该首先恢复保安负荷，然后根据设备的负载能力逐步恢复负荷。

（3）线路故障应及时通知线路运检单位带电查线，并对特殊方式下比较重要的线路进行特巡。

（4）在事故处理期间，应优先恢复变电站供电，允许保护与运行方式不配合，但时间应尽量缩短；事故处理告一段落，应及时调整保护及自动装置与当前运行方式相适应。

（5）注意充分利用系统的有效资源，优化事故后系统方式，同时注意各站电压的调整。

二、考核

（一）考核要求

（1）分析线路故障造成的保护动作情况。

（2）按照事故处理流程处理事故。

（3）单人完成全部操作任务。

（二）考核场地

调度仿真系统1套。

（三）考核时间

考核时间为100min。

（四）考核要点

（1）根据保护动作行为、开关动作行为分析、判断故障发生位置和性质。

（2）确认故障性质和影响范围。

（3）故障点隔离后，尽快恢复非故障设备运行方式

三、评分标准

行业：电力工程		工种：电力调度员				等级：三	
编号	DD3ZY0202	行为领域	e	鉴定范围		县调调度员	
考核时限	100min	题型	C	满分	100分	得分	
试题名称	35kV北越线相间永久性故障						
考核要点及其要求	（1）严格遵守《安规》《调规》等规章制度。 （2）在规定时间内未操作完的扣50分。 （3）出现误操作且造成后果的扣100分。 （4）出现误操作但未造成后果的扣50分						
现场设备、工器具、材料	（1）仿真系统1套。 （2）碳素笔1支。 （3）A4纸1张						
备注	参考图1-6、图1-10、图1-14						

评分标准

序号	考核项目名称	质量要求	分值	扣分标准	扣分原因	得分
1	信息收集汇报通知	（1）收集各站事故报文、开关跳闸和保护动作情况。 （2）将故障情况简要汇报领导和地调。 （3）通知运维人员检查各站设备。 （4）通知线路运检单位带电查线。 （5）通知线路运检单位线路特巡。 （6）通知相关厂站做好事故预案	30	（1）未收集各站事故报文、开关跳闸和保护动作情况扣5分。 （2）未将故障情况简要汇报领导和地调扣5分。 （3）未通知运维人员检查各站设备扣5分。 （4）未通知线路运检单位带电查线扣5分。 （5）未通知线路运检单位线路特巡扣5分。 （6）未通知相关厂站做好事故预案扣5分		

序号	考核项目名称	质量要求	分值	扣分标准	扣分原因	得分
2	应急处置	监视马集站1号主变负荷	10	未监视马集站1号主变负荷扣10分		
3	故障设备隔离	（1）栾北站：拉开北越线332-5-2刀闸。 （2）小越站：拉开北越线346-5-2刀闸	10	（1）未拉开栾北站北越线332-5-2刀闸扣5分。 （2）未拉开小越站北越线346-5-2刀闸扣5分		
4	调整系统的运行方式	（1）停用小越站35kV备自投。 （2）根据马集站、小越站母线电压情况，投入电容器	10	（1）未停用小越站35kV备自投扣5分。 （2）未根据马集站、小越站母线电压情况，投入电容器扣5分		
5	故障设备转检修	（1）受理查线结果、检修申请。 （2）35kV北越线转检修。 （3）办理开工手续	20	（1）未受理查线结果、检修申请扣5分。 （2）35kV北越线未正确转检修扣10分。 （3）未办理开工手续扣5分		
6	规范化	（1）调度术语应用规范。 （2）遵守调度工作制度。 （3）处理信息记录齐全	20	（1）调度术语应用不规范扣5分。 （2）不遵守调度工作制度扣10分。 （3）处理信息记录不齐全扣5分		
7	否决项	（1）在规定时间内未处理完的扣50分。 （2）出现误操作且造成后果的扣100分				

2.2.12 DD3ZY0203 110kV华曙站1号主变调压瓦斯故障

一、作业

（一）工器具、材料、设备

（1）工器具：碳素笔。

（2）材料：参考图1-60、图1-33、图1-56、A4纸、空白调度指令票。

（3）设备：调度仿真系统。

（二）安全要求

（1）防止运行设备过负荷，不超过设备过载能力。

（2）隔离故障点后再合闸送电，防止带故障点合闸。

（三）操作步骤及工艺要求（含注意事项）

1. 系统运行方式

（1）系统为正常运行方式。

（2）华曙站1号主变、2号主变负荷均为26MW。

（3）110kV华曙站见图1-60、220kV柳林站见图1-33、220kV兆通站见图1-56。

2. 天气情况

晴；环境温度：25℃。

3. 事故现象

（1）华曙站：1号主变非电量保护、调压重瓦斯保护动作，178、101、311、511开关分闸；1号、3号电容器低电压保护动作，522、533开关分闸；站用电Ⅰ段失电、备自投动作；110kV备自投动作，179开关合闸；35kV备自投动作，301开关合闸；10kV备自投动作，501开关合闸；2号主变过负荷。

（2）兆通站：10kV1号、2号母线电压越上限。

4. 故障分析及事故处理思路

（1）华曙站：1号主变非电量保护、调压重瓦斯保护动作，主变各侧开关跳闸，可判断为主变内部故障；110kV备自投动作，179开关合闸，2号主变供35kV2号母线、10kV2号母线运行；35kV、10kV备自投动作，301、501开关合闸2号主变过负荷；由于10kV1号、2号母线瞬时失压，造成1号、3号电容器低电压保护动作，522、533开关分闸；站用电Ⅰ段失电、备自投动作。

（2）兆通站：10kV1号、2号母线电压越上限，电压为10.74kV。

（3）事故处理思路：首先处理2号主变过负荷，并应立即通知现场检查1号主变本体，查找故障点并隔离；然后将无故障设备送电，并调整、优化运行方式，注意保护及自动装置配合操作、调整系统电压；最后将故障设备转检修。

5. 事故处理

1）检查、汇报、通知

（1）值班监控员向值班调度员汇报：

××：××，华曙站：1号主变非电量保护、调压重瓦斯保护动作，主变各侧开关跳闸，可判断为主变内部故障；110kV备自投动作，179开关合闸，2号主变供35kV2号母线、10kV2 号母线运行；35kV、10kV 备自投动作，301、501 开关合闸 2 号主变过负荷；由于 10kV1 号、2 号母线瞬时失压，造成 1 号、3 号电容器低电压保护动作，522、533 开关分闸；站用电 I 段失电、备自投动作。

（2）值班调度员将上述情况简要汇报相关领导。

（3）值班监控员将上述事故现象（含华曙站站用电 I 段失电、备自投动作情况），通知兆通运维班值班员，要求其检查华曙站设备并及时汇报。

（4）值班监控员加强对柳林站 154 开关及华曙站 2 号主变的负荷监视。

（5）值班调度员通知柳林运维班、兆通运维班值班员分别做好柳林站、兆通站操作准备。

（6）值班调度员通知兆通运维班和华曙站相关县调，做好华曙站 110kV 单电源、单母线、单主变的事故预想。

（7）值班调度员通知输电运检工区对 110kV 柳华线进行特巡。

2）应急处置

（1）值班调度按照事故拉路序位表令值班监控员进行拉路限电，控制 2 号主变负荷在允许范围内。

（2）值班监控员调整华曙、兆通站 10kV 母线电压。

3）查找、隔离故障点

（1）兆通运维班值班员汇报：经现场检查发现华曙站 1 号主变调压油枕喷油，其他设备未见异常。

（2）兆通运维班值班员隔离故障点：将华曙站 1 号主变转冷备用。

4）将无故障设备送电

值班调度员令华曙站操作：合上 110kV 分段 101 开关。

5）调整系统运行方式

（1）值班调度员令柳林站操作：投入兆华线 168 开关的重合闸。

（2）值班调度员令兆通站操作：停用柳华线 154 开关的重合闸。

（3）值班调度员令华曙站操作：将 35kV、10kV 备用自投装置停运。

6）故障设备转检修

（1）华曙站运维人员向地调提申请："××日××：××—××日××：××，华曙站 1 号主变转检修；1 号主变的 311 开关转冷备用，1 号主变的 511 开关转冷备用。1 号主变调压油枕喷油检查、处理，工作负责人××"。

（2）值班调度员令兆通运维班值班员进行华曙站操作：将 1 号主变由冷备用转检修。

（3）值班调度员将事故处理情况简要汇报相关领导。

6. 注意事项

（1）有载调压主变压器正常运行时，调压开关的重瓦斯保护投入跳闸。

（2）当变压器非电量保护动作跳闸后，如不是保护误动，在检查外部无明显故障，需经瓦斯气体检查（必要时要进行色谱分析和测直流电阻）证明变压器内部无明显故障后，经设备主管单位总工程师同意，方可试送一次。

（3）注意充分利用系统的有效资源，优化事故后系统方式，同时注意各站电压的调整。

（4）主变转检修，注意将其联跳运行设备的保护退出跳闸。

二、考核

（一）考核要求

（1）分析主变故障造成的保护动作情况。

（2）按照事故处理流程处理事故。

（3）单人完成全部操作任务。

（二）考核场地

调度仿真系统 1 套。

（三）考核时间

考核时间为 100min。

（四）考核要点

（1）根据保护动作行为、开关动作行为分析、判断故障发生位置和性质。

（2）确认故障性质和影响范围。

（3）故障点隔离后，尽快恢复非故障设备运行方式。

三、评分标准

行业：电力工程		工种：电力调度员				等级：三	
编号	DD3ZY0203	行为领域	e	鉴定范围		地调调度员	
考核时限	100min	题型	C	满分	100 分	得分	
试题名称	110kV 华曙站 1 号主变调压瓦斯故障						
考核要点 及其要求	（1）严格遵守《安规》《调规》等规章制度。 （2）在规定时间内未操作完的扣 5～100 分。 （3）出现误操作且造成后果的扣 100 分。 （4）出现误操作但未造成后果的扣 50 分						
现场设备、 工器具、材料	（1）仿真系统 1 套。 （2）碳素笔 1 支。 （3）A4 纸 1 张						
备注	参考图 1-60、图 1-33、图 1-56						

评分标准

序号	考核项目名称	质量要求	分值	扣分标准	扣分原因	得分
1	汇报通知	（1）监控员汇报各站事故报文。 （2）将故障情况简要汇报领导。 （3）通知运维人员检查各站设备。 （4）通知相关单位做好事故预案。 （5）通知输电运检工区线路特巡	30	（1）未记录事故报文扣 6 分。 （2）未将故障情况简要汇报领导扣 6 分。 （3）未通知运维人员检查各站设备扣 6 分。 （4）未通知相关单位做好事故预案扣 6 分。 （5）未通知输电运检工区线路特巡扣 6 分		

序号	考核项目名称	质量要求	分值	扣分标准	扣分原因	得分
2	应急处置	（1）控制华曙站 2 号主变负荷。 （2）调整华曙站、兆通站 10kV 母线电压	10	（1）未控制华曙站 2 号主变负荷扣 5 分。 （2）未调整华曙站、兆通站 10kV 母线电压扣 5 分		
3	隔离故障	（1）故障原因受理。 （2）将华曙站 1 号主变转冷备用	10	（1）未检查故障原因扣 5 分。 （2）未正确将华曙站 1 号主变转冷备用扣 5 分		
4	无故障设备送电	华曙站合 101 开关	10	未合上华曙站 101 开关扣 10 分		
5	调整系统方式	（1）柳林站投入兆华线 168 开关的重合闸。 （2）兆通站停用柳华线 154 开关的重合闸。 （3）华曙站停用 35kV、10kV 备自投装置	10	（1）未投入兆华线 168 开关的重合闸扣 4 分。 （2）未停用柳华线 154 开关的重合闸扣 3 分。 （3）未停用 35kV、10kV 备自投装置扣 3 分		
6	故障设备转检修	（1）受理检修申请。 （2）华曙站 1 号主变转检修	10	（1）未受理检修申请扣 4 分。 （2）未将华曙站 1 号主变转检修扣 6 分		
7	规范化	（1）调度术语应用规范。 （2）遵守调度工作制度。 （3）处理信息记录齐全	20	（1）调度术语应用不规范扣 8 分。 （2）不遵守调度工作制度扣 8 分。 （3）处理信息记录不齐全扣 4 分		
8	否决项	（1）1 号主变未经检查直接送电的扣 100 分。 （2）在规定时间内未处理完的扣 50 分。 （3）出现误操作且造成后果的扣 100 分				

2.2.13 DD3ZY0204 35kV 小越站 2 号主变内部故障

一、作业

（一）工器具、材料、设备

（1）工器具：碳素笔。

（2）材料：参考图 1-14、A4 纸、空白调度指令票。

（3）设备：调度仿真系统。

（二）安全要求

（1）防止运行设备过负荷，不超过设备过载能力。

（2）隔离故障点后再合闸送电，防止带故障点合闸。

（三）操作步骤及工艺要求（含注意事项）

1. 运行方式

（1）系统为正常运行方式。

（2）35kV 小越站 1 号主变负荷 4.3MW，2 号主变负荷 4.1MW。

（3）35kV 小越站见图 1-14。

2. 天气情况

晴；气温 25℃，风力 1—2 级。

3. 事故现象

（1）35kV 小越站 2 号主变差动、重瓦斯保护动作，2 号主变的 312、512 开关跳闸，10kV 备用电源自投装置动作，512 开关分闸，501 开关合闸。

（2）1 号主变过负荷。

4. 故障分析和处理思路

1）故障分析

（1）35kV 小越站 2 号主变跳闸，根据保护动作情况可以判断出是 2 号主变内部故障，且不能立即投运；2 号主变跳闸后 10kV2 号母线失压，10kV 备用电源自投装置符合动作判据，动作成功。

（2）35kV 小越站 2 号主变跳闸后，1 号主变负荷约 8.4MW，过负荷 2.3MW 左右。

2）处理思路

根据保护动作情况确定 35kV 小越站 2 号主变不能及时恢复运行，首先采取事故拉路解除 1 号主变过负荷现象，然后将小越站 2 号主变转检修处理，最后根据需要调整 1 号变所带出线负荷，恢复部分拉路负荷。

5. 事故处理

1）了解汇报

（1）值班监控员汇报：××：××，小越站 2 号主变差动、重瓦斯保护动作，2 号主变的 312、512 开关跳闸，1 号主变过负荷，10kV 备用电源自投装置动作，512 开关分闸，501 开关合闸。

（2）通知运维班检查小越站设备。

（3）将上述情况汇报领导。

2）解除 35kV 小越站 1 号主变过负荷

令 35kV 小越站控制负荷 2.2MW（按照事故拉路序位，拉开 545 开关即可）。

3）调整系统方式

（1）令 35kV 小越站：将 10kV 备用电源自投装置停运。

（2）通知 35kV 小越站用户做好单主变供电全停的事故预案。

（3）将上述情况汇报领导。

4）设备检修

（1）35kV 小越站向县调申请："××日××：××—××日××：××，2 号主变转检修，事故处理"。

（2）令 35kV 小越站：将 2 号主变由热备用转检修。

（3）通知维护单位对 35kV 小越站 2 号主变检修试验。

6．注意事项

（1）应尽快限制 35kV 小越站 1 号主变负荷，解除威胁。

（2）注意停用小越站 10kV 备用电源自投装置，提醒现场将小越站 2 号主变跳运行设备的保护退出跳闸。

二、考核

（一）考核要求

（1）分析主变故障造成的保护动作情况。

（2）按照事故处理流程处理事故。

（3）单人完成全部操作任务。

（二）考核场地

调度仿真系统 1 套。

（三）考核时间

考核时间为 100min。

（四）考核要点

（1）根据保护动作行为、开关动作行为分析、判断故障发生位置和性质。

（2）确认故障性质和影响范围。

（3）故障点隔离后，尽快恢复非故障设备运行方式。

三、评分标准

行业：电力工程 　　　　　　　　工种：电力调度员 　　　　　　　　等级：三

编号	DD3ZY0204	行为领域	e	鉴定范围		县调调度员
考核时限	100min	题型	C	满分	100 分	得分
试题名称	35kV 小越站 2 号主变内部故障					
考核要点及其要求	（1）严格遵守《安规》《调规》等规章制度。 （2）在规定时间内未操作完的扣 50 分。 （3）出现误操作且造成后果的扣 100 分。 （4）出现误操作但未造成后果的扣 50 分					
现场设备、工器具、材料	（1）仿真系统 1 套。 （2）碳素笔 1 支。 （3）A4 纸 1 张					
备注	参考图 1-14					

评分标准

序号	考核项目名称	质量要求	分值	扣分标准	扣分原因	得分
1	汇报通知	(1) 了解相关站设备情况。 (2) 了解相关保护动作情况。 (3) 汇报领导。 (4) 通知相关厂站做好事故预案	20	(1) 未了解相关站设备情况扣5分。 (2) 未了解相关保护动作情况扣5分。 (3) 未汇报领导扣5分。 (4) 未通知相关厂站做好事故预案扣5分		
2	应急处置	(1) 解除35kV小越站1号主变过负荷。 (2) 令35kV小越站控制负荷2.2MW（按照事故拉路序位，拉开545开关即可）	20	(1) 未解除35kV小越站1号主变过负荷扣10分。 (2) 未按照事故拉路序位，拉开545开关扣10分		
3	调整系统运行方式	(1) 停用10kV备用电源自投装置。 (2) 通知35kV小越站用户做好单主变供电全停的事故预案。 (3) 将上述情况汇报领导	20	(1) 未停用10kV备用电源自投装置扣10分。 (2) 未通知35kV小越站用户做好单主变供电全停的事故预案扣5分。 (3) 未将上述情况汇报领导扣5分		
4	故障设备转检修	(1) 受理检修申请。 (2) 将2号主变由热备用转检修。 (3) 通知维护单位对35kV小越站2号主变检修试验	20	(1) 未受理检修申请扣5分。 (2) 未将2号主变由热备用转检修扣10分。 (3) 未通知维护单位对2号主变检修试验扣5分		
5	规范化	(1) 调度术语应用规范。 (2) 遵守调度工作制度。 (3) 处理信息记录齐全	20	(1) 调度术语应用不规范扣8分。 (2) 不遵守调度工作制度扣8分。 (3) 处理信息记录不齐全扣4分		
6	否决项	(1) 2号主变未经检查直接送电的扣100分。 (2) 在规定时间内未处理完的扣50分。 (3) 出现误操作且造成后果的扣100分				

2.2.14　DD3XG0101　35kV长里站新装2号主变投运

一、作业

（一）工器具、材料、设备

（1）工器具：碳素笔。

（2）材料：参考图1-55、图1-26、图1-52、A4纸、空白调度指令票。

（3）设备：调度仿真系统。

（二）安全要求

（1）投运前准备工作全部完毕，验收合格，传动正确，定值核对正确。

（2）主变冲击合闸间隔时间按现场规程掌握。

（3）主变带负荷后要进行相应保护的相量检查，正确后方可试并。

（4）新投运变压器中低压侧母线要注意进行定相正确后再并列；同时应防止跨电压等级合环。

（三）操作步骤及工艺要求（含注意事项）

1. 工程说明

（1）投运日期：××××年××月××日。

（2）本期投运设备：35kV长里站2号主变、312开关及其两侧刀闸、512开关及其两侧刀闸、相应综自装置、二次回路、远动装置，10kV备用电源自投装置。

（3）调度范围划分：本次投运设备属县调调度管辖。

2. 投运前的准备工作

（1）35kV变电运维工区提前两个工作日向县调申请长里站2号主变投运。

（2）县调值班调度员与长里站值班员核对调度范围、一次设备双重编号及设备保护定值正确。

（3）35kV长里站向县调报：2号主变、312开关及其两侧刀闸、512开关及其两侧刀闸以及相应综自装置、二次回路安装、接引、调试传动工作完毕，遥控、遥调试验正常，验收合格，地线拆除，可以送电，所有待投运开关、刀闸均在断位；调整2号主变分接头，确保空载充电时母线电压在合格范围内；10kV备用电源自投装置传动正确，可以投运。

3. 送电前相关设备运行方式

35kV长里站35kV2号母线、352开关、10kV2号母线、2号主变冷备用状态，35kV长里站见图1-55、220kV候坊站见图1-26、220kV东田站见图1-52。

4. 投运操作前的安全校核

（1）核对投运前长里站运行方式。

（2）制订电网安全措施和事故处理预案并督促落实。

① 电网薄弱环节。

② 主变投运期间35kV长里站单主变供电。

③ 事故影响：35kV长里站1号主变事故跳闸，造成长里站供电负荷全停。对相关单位要求：

a. 要求有关县调通知35kV长里站10kV2号母线用户：2号主变投运期间短时停电。

b. 要求 35kV 长里站运维人员对运行设备加强巡视检查，同时做好设备停电后的事故预想。

c. 要求有关县调、客服中心负责通知长里站重要用户做好事故预案。

d. 要求相关变电站运维人员按投运措施做好操作准备。

④ 事故处理预案。

a. 35kV 长里站事故跳闸，值班监控员首先将事故情况汇报县调值班调度员，同时通知运维班人员检查站内设备；县调值班调度员立即汇报有关地调和领导。

b. 暂时停止 2 号主变投运操作，及时启用备用站用电源。

c. 35kV 长里站运维人员汇报保护动作情况和设备检查情况。

d. 县调值班员通知运维人员立即通知检修工区开展抢修处理。

e. 通知客服中心做好停电用户的解释工作。

f. 抢修工作完毕及时恢复 35kV 长里站投运工作。

（3）倒闸操作前模拟和危险点分析与预控措施。

① 35kV 长里站报 2 号主变及相关设备安装竣工，验收合格，具备投运条件，双方核对现场设备运行状态。

② 审核投运措施中所列倒闸操作步骤的正确性、合理性，履行操作管理制度，依次审核签字。

③ 在 EMS 上进行模拟操作。

④ 询问操作现场天气条件是否合适。

⑤ 检查、督促电网安全措施和事故预案的制订和落实情况。

⑥ 长里站 2 号主变投运前转冷备用，2 号主变分头调至与 1 号主变一致，投入 2 号主变全部保护（35kV 长里站 2 号主变的 312 开关保护改临时定值并投入）。

（4）系统调整。

合上长里站 35kV 母联 301 开关，拉开长里站侯里线 352 开关，将 301 自投停运。

5. 典型指令票（见下表）

表　35kV 长里站新装 2 号主变投运典型指令票

操作项目及内容			35kV 长里站新装 2 号主变投运
序号	操作单位	令号	指令内容
一	长里站	1	令：将 2 号主变的保护投入跳闸
		4	令：用 2 号主变的 312 开关对 2 号主变冲击合闸 5 次，最后开关在合位
二	长里站	1	令：将 10kV2 号母线由运行转热备用
		2	令：拉开 10kV 分段 501-2 刀闸
		3	令：将 2 号主变的 512 开关由冷备用转运行
		4	令：在 10kV1 号、2 号 PT 间进行二次核相
		5	令：合上 10kV 分段 501-2 刀闸及开关试并
		6	令：将 10kV 分段 501 充电保护停运

操作项目及内容			35kV 长里站新装 2 号主变投运
三	长里站	1	令：调节 1 号、2 号主变分头
		2	令：2 号主变一微机、二微机差动保护（312 对 512）分别做向量检查
四	长里站	1	令：1 号、2 号主变分头恢复原位置
		2	令：拉开 10kV 分段 501 开关
		3	令：将 10kV 备用电源自投装置投运
		4	令：合上侯里线 352 开关
		5	令：拉开 35kV 母联 301 开关
		6	令：将 35kV 母联 301 备用电源自投装置投运
备　注			

6. 注意事项

（1）新设备投运前必须核对现场设备状态和启动范围内设备验收合格，具备投运条件。

（2）有备用电源的变压器充电，应考虑用备用电源，防止造成运行主变停电。

（3）主变压器充电应将所有保护投入跳闸，但此时联跳母联（分段）的保护不能投运，待主变向量检查正确后即可投运；中性点由变电站值班员按照调度规程规定掌握。

（4）主变冲击次数要符合规程要求，并注意冲击间隔时间合理，每次冲击后要对变压器进行检查。

（5）主变对低压侧送电时应注意控制母线电压在规定范围内。

（6）新投运变压器中低压侧母线要注意进行定相正确后再并列；同时应防止跨电压等级合环。

（7）主变带负荷后要进行相应保护的相量检查，正确后方可试并。

（8）35kV 长里站 2 号主变投运后正常运行方式安排。

① 35kV 母线为单母线分段接线方式，田长线 351 开关供 35kV1 号母线带 1 号主变运行，侯里线 352 开关供 35kV2 号母线带 2 号主变运行，分段 301 开关热备用，备用电源自投装置投运。

② 10kV 母线为单母线分段接线方式，分段 501 开关热备用，备用电源自投装置投运。

二、考核

（一）考核要求

（1）要求填票操作。

（2）按调度倒闸操作流程进行。

（3）单人完成全部操作任务。

（二）考核场地

调度仿真系统 1 套。

（三）考核时间

考核时间为 100min。

（四）考核要点

（1）现场竣工办理规范、流程。

（2）新变压器投运规范、流程。

三、评分标准

行业：电力工程　　　　　　　工种：电力调度员　　　　　　　等级：三

编号	DD3XG0101	行为领域	f	鉴定范围		县调调度员
考核时限	100min	题型	C	满分	100 分	得分
试题名称	35kV 长里站新装 2 号主变投运					
考核要点及其要求	(1) 严格遵守《安规》《调规》等规章制度。 (2) 在规定时间内未操作完的扣 50 分。 (3) 出现误操作且造成后果的扣 100 分。 (4) 出现误操作但未造成后果的扣 50 分					
现场设备、工器具、材料	(1) 仿真系统 1 套。 (2) 碳素笔 1 支。 (3) A4 纸 1 张					
备注	参考图 1-55、图 1-26、图 1-52					

评分标准

序号	考核项目名称	质量要求	分值	扣分标准	扣分原因	得分
1	安全校核	(1) 核对现场报竣工，新设备具备投运条件。 (2) 核对运行方式和现场操作设备状态。 (3) 核对投运申请票批复和启动方案。 (4) 核对并督促电网安全措施和事故预案的落实。 (5) 在 EMS 上模拟操作。 (6) 调整系统运行方式	30	(1) 未核对现场报竣工，新设备具备投运条件扣 5 分。 (2) 未核对运行方式和现场操作设备状态扣 5 分。 (3) 未核对投运申请票批复和启动方案扣 5 分。 (4) 未核对并督促电网安全措施和事故预案的落实扣 5 分。 (5) 未在 EMS 上模拟操作扣 5 分。 (6) 未调整系统运行方式扣 5 分		
2	投运操作步骤	(1) 主变充电时所有保护均投入跳闸。 (2) 主变冲击次数符合规程规定。 (3) 主变冲击时注意间隔时间合理。 (4) 对 10kV1 号、2 号母电压互感器进行二次定相，主变试并。 (5) 主变带负荷后进行向量检查。 (6) 投运后的运行方式符合要求	40	(1) 主变充电时所有保护未投入跳闸扣 5 分。 (2) 主变冲击次数不符合规程规定扣 10 分。 (3) 主变冲击时间间隔时间不合理扣 5 分。 (4) 未对 10kV 1 号、2 号母电压互感器进行二次定相，主变试并扣 5 分。 (5) 主变带负荷后未进行向量检查扣 10 分。 (6) 投运后的运行方式不符合要求扣 5 分		

序号	考核项目名称	质量要求	分值	扣分标准	扣分原因	得分
3	规范化	（1）互报单位、姓名。 （2）使用统一的调度术语、操作术语。 （3）遵守复诵、录音、记录、汇报制度	30	（1）未互报单位、姓名扣10分。 （2）未使用统一的调度术语、操作术语扣10分。 （3）未遵守复诵、录音、记录、汇报制度扣10分		
4	否决项	（1）在规定时间内未操作完的扣50分。 （2）出现误操作且造成后果的扣100分				

第二部分　技　　师

1 理论试题

1.1 单选题

La2A1001 可用隔离开关操作拉合小于（　　）A 的空线路。

(A) 3；(B) 5；(C) 10；(D) 15。

答案：B

La2A2002 变压器励磁涌流的衰退时间为（　　）。

(A) 1.5～2s；(B) 0.5～1s；(C) 3～4s；(D) 4.5～5s。

答案：B

La2A2003 一台三相变压器的接线组别是 Yn，d11 表示一次绕组为星形接法，二次绕组为三角形接法，则二次绕组超前一次绕组为（　　）。

(A) 30°；(B) 60°；(C) 90°；(D) 120°。

答案：A

La2A2004 环网内有变压器时，则合环操作一般允许角度差是（　　）。

(A) 30°；(B) 60°；(C) ≤30°；(D) ≤15°。

答案：C

La2A2005 在正常运行情况下，中性点不接地系统中性点位移电压不得超过（　　）倍的相电压。

(A) 0.15；(B) 0.1；(C) 0.05；(D) 0.2。

答案：A

La2A2006 自动低频减载装置动作时采用的延时一般为（　　）。

(A) 0.5～1s；(B) 1.5～3s；(C) 3～5s；(D) 0.15～0.3s。

答案：D

La2A3007 一台额定电压为 110/10.5kV 的两相变压器，当高压侧线电压为 115kV 时，低压侧线电压为（　　）kV。

(A) 10；(B) 10.5；(C) 10.97；(D) 15。

答案：C

La2A3008 过流保护加装复合电压闭锁可以（　　）。

（A）加快保护动作时间；（B）增加保护的可靠性；（C）提高保护的选择性；（D）提高保护的灵敏性。

答案：**D**

La2A5009 某变电站电压互感器的开口三角形侧 B 相接反，则正常运行时，如一次侧运行电压为 20kV，且该 20kV 系统采用中性点经小电阻接地，则开口三角形的输出为（　　）。

（A）0V；（B）100V；（C）200V；（D）67V。

答案：**C**

Lb2A1010 电容器的常用保护不包括（　　）。

（A）电流速断保护；（B）低电压保护；（C）过电压保护；（D）复合电压过流保护。

答案：**D**

Lb2A1011 断路器额定电压指（　　）。

（A）断路器正常工作电压；（B）正常工作相电压；（C）正常工作线电压有效值；（D）正常工作线电压最大值。

答案：**C**

Lb2A1012 断路器分闸速度快慢影响（　　）。

（A）灭弧能力；（B）合闸电阻；（C）消弧片；（D）分闸阻抗。

答案：**A**

Lb2A2013 变压器并联运行的理想状况：空载时，并联运行的各台变压器绕组之间（　　）。

（A）无位差；（B）同相位；（C）连接组别相同；（D）无环流。

答案：**D**

Lb2A2014 大接地电流系统中，发生接地故障时，零序电压在（　　）。

（A）接地短路点最高；（B）变压器中性点最高；（C）发电机中性点最高；（D）各处相等。

答案：**A**

Lb2A2015 变电站接地网接地电阻的大小与（　　）无关。

（A）接地体的尺寸；（B）土壤电阻率；（C）地网面积；（D）电气设备的数量。

答案：**D**

Lb2A2016 500kV 四分裂线路的自然功率参考值为（　　）。

（A）2350MW；（B）1000MW；（C）625MW；（D）350MW。

答案：B

Lb2A3017 变压器并联运行时负荷电流与其短路阻抗（　　）。

（A）没有关系；（B）成平方比；（C）成正比；（D）成反比。

答案：D

Lb2A3018 变压器并列运行时功率（　　）。

（A）按功率分配；（B）按功率成反比分配；（C）按短路电压成正比分配；（D）按短路电压成反比分配。

答案：D

Lb2A3019 大电流接地系统，发生单相接地故障，故障点距母线远近与母线上零序电压值的关系是（　　）。

（A）与故障点位置无关；（B）故障点越远零序电压越高；（C）故障点越远零序电压越低；（D）以上说法均不正确。

答案：C

Lb2A3020 中性点不接地系统发生单相接地故障时，一般来说，接地故障电流比负荷电流（　　）。

（A）大；（B）小；（C）相等；（D）不确定。

答案：B

Lb2A3021 零序电流的分布，主要取决于（　　）。

（A）发电机是否接地；（B）变压器中性点接地的数目；（C）用电设备的外壳是否接地；（D）故障电流。

答案：B

Lb2A3022 零序电压的特性是（　　）。

（A）接地故障点最高；（B）变压器中性点零序电压最高；（C）接地电阻大的地方零序电压高；（D）接地故障点最低。

答案：A

Lb2A3023 220kV 及以下电网的无功电源安装总容量，一般应等于（　　）。

（A）0.8 倍的电网最大自然无功负荷；（B）电网最大自然无功负荷；（C）1.15 倍的电网最大自然无功负荷；（D）2 倍的电网最大自然无功负荷。

答案：C

Lb2A3024 如果电网提供的无功功率小于负荷需要的无功功率，则电压（　　）。

（A）降低；（B）不变；（C）升高；（D）不一定。

答案：**A**

Lb2A3025 小电流接地系统单相接地时，故障线路的零序电流为（　　）。

（A）本线路的接地电容电流；（B）所有线路的接地电容电流之和；（C）所有非故障线路的接地电容电流之和；（D）以上都有可能。

答案：**C**

Lb2A3026 断路器降压运行时，其遮断容量会（　　）。

（A）相应增加；（B）增加或者降低；（C）相应降低；（D）先降低后升高。

答案：**C**

Lb2A3027 断路器灭弧能力过强将会引起（　　）。

（A）工频过电压；（B）截流过电压；（C）谐振过电压；（D）以上都不是。

答案：**B**

Lb2A3028 零序保护的最大特点（　　）。

（A）只反映接地故障；（B）只反映相间故障；（C）同时反映相间故障及接地故障；（D）只反映三相接地故障。

答案：**A**

Lb2A4029 变压器过激磁与系统频率的关系是（　　）。

（A）与系统频率成反比；（B）与系统频率无关；（C）与系统频率成正比。

答案：**A**

Lb2A4030 当大电流接地系统发生振荡时，容易发生误动的保护是（　　）。

（A）电流差动保护；（B）零序电流速断保护；（C）相间距离保护。

答案：**C**

Lb2A4031 各种类型短路的电压分布规律是（　　）。

（A）正序电压、负序电压、零序电压越靠近电源数值越高；（B）正序电压越靠近电源数值越高，零序电压越靠近短路点越高；（C）正序电压越靠近电源数值越高，负序电压、零序电压越靠近短路点越高；（D）正序电压、负序电压、零序电压越靠近短路点数值越高。

答案：**C**

Lb2A4032 变电站 AVC 针对每个站点设置的电压监控标志 ONITOR，其含义是（　　）。

（A）不监视站点电压的越限情况；（B）监视站点电压的越限情况，有越限时即进行相应的控制；（C）只监视站点电压的越限情况，即使发生越限，也不进行相应的控制。

答案：C

Lb2A4033 断路器中交流电弧熄灭的条件是（   ）。

（A）弧隙介质强度恢复速度比弧隙电压的上升速度快；（B）触头间并联电阻小于临界并联电阻；（C）弧隙介质强度恢复速度比弧隙电压的上升速度慢；（D）触头间并联电阻大于临界并联电阻。

答案：B

Lb2A4034 断路器最低跳闸电压及最低合闸电压不应低于30%的额定电压，且不应大于（   ）额定电压。

（A）50%；（B）65%；（C）60%；（D）40%。

答案：B

Lb2A4035 零序电流保护的后加速采用0.1s延时是为了（   ）。

（A）断路器准备好动作；（B）故障点介质绝缘强度的恢复；（C）躲过断路器三相合闸不同步的时间；（D）保证断路器的可靠断开。

答案：C

Lb2A5036 当系统运行方式变小时，电流和电压的保护范围是（   ）。

（A）电流保护范围变小，电压保护范围变大；（B）电流保护和电压保护范围均变小；（C）电流保护范围变大，电压保护范围变小；（D）电流保护和电压保护范围均变大。

答案：A

Lc2A1037 消弧线圈补偿度 $\rho < 0$，对应于（   ）时的情况。

（A）全补偿；（B）过补偿；（C）恒补偿；（D）欠补偿。

答案：D

Lc2A2038 线路发生两相短路时，短路点处正序电压（   ）负序电压。

（A）大于；（B）等于；（C）小于；（D）其他三个选项都不是。

答案：B

Lc2A2039 逆变器与整流器的根本区别是（   ）。

（A）电压不同；（B）电流不同；（C）相位不同；（D）功率不同。

答案：C

Lc2A3040 电流互感器二次绕组开路后，其铁芯中的磁通（　　）。

（A）数值与开路前相同；（B）数值增加很多；（C）数值减少很多；（D）以上都有可能。

答案：**B**

Lc2A4041 平行线路之间存在零序互感，当相邻平行线流过零序电流时，将在线路上产生感应零序电势，有可能改变（　　）的相量关系。

（A）零序电流与零序电压；（B）正序电流与正序电压；（C）三相电流与三相电压；（D）零序电流与正序电压。

答案：**A**

Lc2A4042 设置电网解列点的目的是（　　）。

（A）便于检修；（B）便于控制负荷；（C）电网发生大事故时，解开电网以保主网安全，不发生系统前崩溃事故。

答案：**C**

Lc2A5043 EMS 通过厂站 RTU 或测控装置采集的数据反映了电网的稳态潮流情况，其实时性通常能达到（　　）。

（A）毫秒级；（B）秒级；（C）分钟级；（D）小时级。

答案：**B**

Lc2A5044 大电流接地系统中的线路发生接地故障时，在保护安装处流过该线路的 $3I_0$ 与母线 $3U_0$ 的相位为（　　）。

（A）电流超前电压约 110°；（B）电流滞后电压约 70°；（C）电流滞后电压约 110°；（D）电压滞后电流约 70°。

答案：**A**

Lc2A5045 在发生非全相运行时，应闭锁（　　）保护。

（A）零序Ⅱ段；（B）距离Ⅰ段；（C）高频；（D）失灵。

答案：**B**

Jd2A1046 电网备用容量应满足（　　）要求。

（A）电力系统技术导则；（B）电网运行准则；（C）并网调度协议；（D）电力系统安全稳定导则。

答案：**A**

Jd2A1047 省调统筹安排（　　）kV 以上电网月度发输电计划。

（A）220；（B）500；（C）750；（D）110。

答案：**A**

Jd2A1048 国调及分中心统筹制订（　　）kV 以上主网设备月度停电计划，统一开展安全校核。

(A) 500；(B) 330；(C) 220；(D) 110。

答案：A

Jd2A1049 国调及分中心统一开展（　　）kV 以上主网年度运行方式。

(A) 750；(B) 500；(C) 330；(D) 220。

答案：B

Jd2A2050 国调、分中心、省调按照（　　）范围制订并发布月度发输电调度计划。

(A) 直调；(B) 许可；(C) 调管；(D) 管辖。

答案：A

Jd2A2051 国调及分中心统一下达国家电网（　　）kV 以上主网安全稳定控制方案，统一下达省级电网低频自动减负荷方案。

(A) 500；(B) 330；(C) 220；(D) 110。

答案：A

Jd2A2052 国调及分中心统一制订（　　）kV 以上主网设备年度停电计划。

(A) 500；(B) 330；(C) 220；(D) 110。

答案：A

Jd2A2053 国调及分中心主要负责公司（　　）kV 以上主网调度运行，指挥直调范围内电网的运行、操作和故障处置。

(A) 500；(B) 330；(C) 220；(D) 750。

答案：A

Jd2A2054 若发现操作 SF$_6$ 断路器漏气时，应立即远离现场。室外应远离漏气点（　　）以上，并处在上风口；室内撤至室外。

(A) 4m；(B) 6m；(C) 8m；(D) 10m。

答案：D

Jd2A2055 省调主要负责公司（　　）kV 电网调度运行，指挥直调范围内电网的运行、操作和故障处置。

(A) 220 (330)；(B) 500；(C) 750；(D) 110。

答案：A

Jd2A2056 特高压交直流系统、跨区交直流系统及其（　　）出线范围内设备按相同规则进行调度命名。

（A）第一级；（B）相关；（C）第二级；（D）第三级。

答案：**A**

Jd2A2057 无人值守变电站配置蓄电池容量应至少满足全站设备（　　）h以上，事故照明 1h 以上的用电要求。

（A）1.5；（B）2；（C）12；（D）24。

答案：**B**

Jd2A2058 系统解列时，需将解列点的有功功率调至（　　），电流调至（　　）。

（A）零、最小；（B）零、最大；（C）无要求、最小；（D）无要求、最大。

答案：**A**

Jd2A2059 遥控操作必须核对设备（　　）。

（A）编号；（B）设备名称；（C）位置；（D）设备名称和编号。

答案：**D**

Jd2A2060 有载调压开关不能连续操作，应间隔 1min，且每天不能超过（　　）次。

（A）3；（B）5；（C）10；（D）15。

答案：**C**

Jd2A3061 调控机构应根据水电厂报送的来水预报和发电计划建议及电网运行实际，根据（　　）的原则，编制发电计划。

（A）最高发电效率；（B）最高水能发电效率；（C）水能充分利用；（D）电网安全稳定。

答案：**C**

Jd2A3062 恢复电网运行和电力供应，应当优先保证（　　）、重要输变电设备、电力主干网架的恢复。

（A）重要电厂厂用电源；（B）各个大电厂的用电；（C）重要地区企业用电；（D）重要企业的用电。

答案：**A**

Jd2A3063 机组一次调频性能应满足（　　）要求，并按规定投入，未经调度许可不得退出。

（A）电网运行准则；（B）稳定规定；（C）并网调度协议；（D）电力系统安全稳定导则。

答案：**A**

Je2A1064 监控员发现监控机上有异常信号，下面做法正确的是（　　）。

（A）立刻汇报调度；（B）立刻填写缺陷记录；（C）通知运维班现场核实，确属设备严危缺陷再上报调度；（D）立刻通知领导。

答案：C

Je2A1065 变电站的母线上装设避雷器是为了（　　）。

（A）防止直击雷；（B）防止反击过电压；（C）防止雷电行波；（D）防止雷电流。

答案：C

Je2A2066 全线敷设电缆的配电线路，一般不装设自动重合闸，原因是（　　）。

（A）电缆线路故障概率少；（B）电缆线路故障多系永久性故障；（C）电缆线路故障后无法实现重合；（D）电缆配电线路是低压线路。

答案：B

Je2A2067 "××线××重合闸动作"信息属于（　　）告警信息。

（A）事故信息；（B）异常信息；（C）变位信息；（D）越限信息。

答案：A

Je2A2068 开关断口并联电容起（　　）作用。

（A）灭弧；（B）均压；（C）改变参数；（D）改变电流。

答案：B

Je2A2069 变电站的直流系统直流绝缘监视装置监测的是（　　）。

（A）监测变电站的直流系统正负极间绝缘；（B）监测变电站的直流系统正极对地间绝缘；（C）监测变电站的直流系统负极对地间绝缘；（D）监测变电站的直流系统正、负极对地绝缘。

答案：D

Je2A2070 变电站计算机监控系统控制操作优先权顺序为（　　）。

（A）就地控制—间隔层控制—站控层控制—远方控制；（B）远方控制—站控层控制—间隔层控制—就地控制；（C）间隔层控制—就地控制—站控层控制—远方控制；（D）就地控制—站控层控制—间隔层控制—远方控制。

答案：A

Je2A2071 变电站全停指该变电站各级电压母线转供负荷均（　　）。

（A）降至零；（B）明显上升；（C）略有下降；（D）明显下降。

答案：A

Je2A2072 变压器过负荷时,不能采取( )措施消除过负荷。

(A) 投入备用变压器;(B) 将变压器二次侧并列运行,使得两台变压器负荷均衡,但接近满载;(C) 限制负荷;(D) 转移负荷。

答案:B

Je2A2073 变压器过负荷时应( )。

(A) 立即拉闸限电;(B) 立即停役过负荷变压器;(C) 指令有关调度转移负荷;(D) 立即调整主变压器分接头。

答案:C

Je2A2074 变压器投切时会产生( )。

(A) 系统过电压;(B) 操作过电压;(C) 大气过电压;(D) 雷击过电压。

答案:B

Je2A2075 当断路器允许遮断故障次数少于( )次时,应停用该断路器的重合闸。

(A) 1;(B) 2;(C) 3;(D) 4。

答案:B

Je2A2076 电网振荡对直流输电系统( )影响。

(A) 有;(B) 没有;(C) 不确定。

答案:A

Je2A2077 对变压器进行短路试验时,二次绕组短路,一次绕组分接头应放在( )位置上。

(A) 最大;(B) 额定;(C) 最小;(D) 任意。

答案:B

Je2A3078 断路器在下列情况下,可以进行分闸操作的有( )。

(A) 真空损坏;(B) 合闸闭锁;(C) 套管炸裂;(D) 严重漏油。

答案:B

Je2A3079 对于开展重合闸软压板远方投退的线路保护,应在间隔图中设置"重合闸投入"软压板和( )状态指示。

(A) 重合闸退出;(B) 重合闸充电完成;(C) 硬压板;(D) 重合闸装置运行。

答案:B

Je2A3080 进行电网合环操作前若发现两侧（ ）不同，则不允许操作。

（A）频率；（B）相位；（C）电压；（D）相角。

答案：**B**

Je2A3081 断路器在运行时发生非全相时，应（ ）。

（A）试合断路器一次；（B）一相运行时断开，两相运行时试合；（C）立即隔离断路器；（D）立即拉开断路器。

答案：**B**

Je2A3082 下列参数的变化不会改变 EMS 系统中潮流计算的结果的是（ ）。

（A）变压器中性点接地方式的改变；（B）变压器分接头位置的改变；（C）同塔双回线中的一回线路断开；（D）发电机无功功率的改变。

答案：**A**

Je2A3083 线路送电时，应注意（ ）。

（A）应避免由发电厂侧先送电；（B）充电断路器必须具备完整的继电保护（应有手动加速功能），并具有足够的灵敏度；（C）必须考虑充电功率可能引起的电压波动或线路末端电压升高；（D）以上均正确。

答案：**D**

Je2A3084 （ ）电压等级运行的线路，通过变压器电磁回路的连接而构成的环路，叫作电磁环网。

（A）相同；（B）不同；（C）可能相同；（D）其他三个选项都不是。

答案：**B**

Je2A3085 （ ）kV 以上的变压器中性点接地方式由调管该设备的调控机构确定，并报上级调控机构备案。

（A）220；（B）110；（C）35；（D）10。

答案：**A**

Je2A3086 按照无功电压综合控制策略，电压和功率因数都低于下限，控制方法为（ ）。

（A）调节分接头；（B）先投入电容器组，根据电压变化情况再调有载分接头位置；（C）投入电容器组；（D）先调节分接头升压，再根据无功功率情况投入电容器组。

答案：**B**

Je2A3087 变电站 AVC（　　）的动作策略，可以避免了补偿电容、电抗同时运行的情况。

（A）分区运行；（B）分时段运行；（C）分站运行；（D）分电压等级运行。

答案：**A**

Je2A3088 变电站 VQC 设置了（　　），以防止电压来回摆动。

（A）电压上限；（B）电压下限；（C）电压死区；（D）无功下限。

答案：**C**

Je2A3089 变压器（　　）动作跳闸后，经外部检查及初步分析后强送一次。

（A）差动保护；（B）瓦斯保护；（C）后备保护；（D）差动和瓦斯保护。

答案：**C**

Je2A3090 变压器过负荷，（　　）措施是无效的。

（A）投入备用变压器；（B）转移负荷；（C）改变系统接线方式；（D）调整变压器分接头。

答案：**D**

Je2A3091 变压器后备过流保护动作跳闸后，（　　）。

（A）停用后备过流保护后可试送电；（B）不得进行试送电；（C）可试送两次；（D）在找到故障并有效隔离后，可试送一次。

答案：**D**

Je2A3092 变压器空载合闸时，易导致（　　）保护误动作。

（A）轻瓦斯；（B）差动保护；（C）重瓦斯；（D）零序。

答案：**B**

Je2A3093 变压器事故过负荷时，采取（　　）措施消除过负荷是不妥当的。

（A）退出过负荷变压器；（B）指令有关调度转移负荷；（C）投入备用变压器；（D）按有关规定进行拉闸限电。

答案：**A**

Je2A3094 变压器铁芯及其所有金属构件必须可靠接地的原因是（　　）。

（A）防止产生过电压；（B）防止绝缘击穿；（C）防止产生悬浮电位、造成局部放电；（D）以上都不是。

答案：**C**

Je2A3095 变压器瓦斯继电器的安装，要求导管沿油枕方向与水平面具有（　　）升高坡度。

(A) 0.5％～1.5％；(B) 2％～4％；(C) 4.5％～6％；(D) 6.5％～7％。

答案：B

Je2A3096 并列运行的主变在遥调分接头前，应先检查主变负荷情况，当主变超过额定负荷的（　　）时应禁止操作。

(A) 0.85；(B) 0.8；(C) 0.9；(D) 0.75。

答案：A

Je2A3097 带负荷错拉隔离开关，当隔离开关已全部拉开后，应（　　）。

(A) 立即合上；(B) 保持断位；(C) 待观察一、二次设备无问题后，合上该隔离开关；(D) 以上皆不对。

答案：B

Je2A3098 带负荷合隔离开关时，发现合错，应（　　）。

(A) 在刀片刚接近固定触头，发生电弧，这时应停止操作；(B) 在刀片刚接近固定触头，发生电弧时，应立即拉开；(C) 不准直接将隔离开关再拉开；(D) 准许直接将隔离开关再拉开。

答案：C

Je2A3099 当大气过电压使线路上所装设的避雷器放电时，电流速断保护应（　　）。

(A) 快速动作；(B) 不动作；(C) 延时动作；(D) 视情况而定。

答案：B

Je2A3100 当断路器出现辅助接点接触不良，合闸或分闸位置继电器故障时，会导致监控系统报出（　　）。

(A) 断路器控制回路断线；(B) 断路器控制电源消失；(C) 断路器弹簧未储能；(D) 断路器分合闸闭锁。

答案：A

Je2A3101 当母线发生故障后（　　）。

(A) 可直接对母线强送电；(B) 一般不允许用主变断路器向故障母线试送电；(C) 用主变断路器向母线充电时，变压器中性点一般不接地；(D) 充电时，母差保护应退出跳闸。

答案：B

Je2A3102 当母线停电，并伴随因故障引起的爆炸、火光等异常现象时，处理方法为（   ）。

（A）在得到调度令之前，现场不得自行决定任何操作；（B）立即组织对停电母线强送电，以保证不失去站用电源；（C）现场应拉开故障母线上的所有断路器，并隔离故障点；（D）现场应立即组织人员撤离值班室。

答案：C

Je2A3103 对变压器差动保护进行相量图分析时，应在变压器（   ）时进行。

（A）停电；（B）空载；（C）带有一定负荷；（D）过负荷。

答案：C

Je2A4104 断路器远控操作失灵，允许断路器可以近控分相和三相操作时，下列说法错误的是（   ）。

（A）必须现场规程允许；（B）确认即将带电的设备应属于无故障状态；（C）限于对设备进行轻载状态下的操作；（D）限于对设备进行空载状态下的操作。

答案：C

Je2A4105 对采用三相重合闸的线路，当线路发生相间短路故障时，保护及重合闸的动作顺序（   ）。

（A）三相跳闸不重合；（B）选跳故障相，延时重合单相，后加速跳三相；（C）三相跳闸，延时重合三相，后加速跳三相；（D）选跳故障相，延时重合单相，后加速再跳故障相。

答案：C

Je2A4106 变压器断路器跳闸时，其处理原则错误的是（   ）。

（A）重瓦斯和差动保护同时动作时，未消除故障之前不得强送；（B）重瓦斯或差动保护之一动作时，经检查无明显故障后，经领导同意后，可试送一次；（C）变压器后备保护动作后，可不经外部检查试送一次；（D）变压器因过流保护动作跳闸时，现场检查相关一次设备无异常且出线保护未动作时，可在拉开全部出线后，试送一次。

答案：C

Je2A4107 变压器高压侧与系统断开时，由中压侧向低压侧或相反方向送电，变压器高压侧的中性点（   ）。

（A）不接地；（B）根据系统运行方式接地；（C）可靠接地；（D）根据调度指令接地。

答案：C

Je2A4108 变压器停送电操作时，中性点必须接地是为了（   ）。

（A）防止过电压损坏主变；（B）减小励磁涌流；（C）主变零序保护需要；（D）主变间隙保护需要。

答案：A

Je2A4109 变压器油枕集气盒下面连有两根管，对这两根管说明正确的是（　　）。

（A）一根是注油管，一根是排油管；　　（B）一根是注、排油管，一根是排气管；（C）两根都是注油管；（D）两根都是排气管。

答案：**B**

Je2A4110 变压器在带负荷测试前，一般情况下应将（　　）退出，再进行测试。

（A）重瓦斯保护；（B）差动保护；（C）复压过流保护；（D）间隙保护。

答案：**B**

Je2A4111 操作中有可能产生较高过电压的是（　　）。

（A）投入空载变压器；（B）切断空载带电长线路；（C）投入补偿电容器；（D）投入电抗器。

答案：**B**

Je2A4112 当大电源切除后发供电功率严重不平衡，将造成频率或电压降低，如用低频减负荷不能满足安全运行要求时，须在某些地点装设（　　），使解列后的局部电网保持安全稳定运行，以确保对重要用户的可靠供电。

（A）低频或低压解列装置；（B）联切负荷装置；（C）稳定切机装置；（D）振荡解列装置。

答案：**A**

Je2A4113 电压互感器发生异常有可能发展成故障时，母差保护应（　　）。

（A）停用；（B）改接信号；（C）改为单母线方式；（D）仍启用。

答案：**D**

Je2A4114 电压互感器高压侧熔丝一相熔断时，电压互感器二次电压（　　）。

（A）熔断相电压降低，非熔断相电压不变；（B）熔断相电压一定为 0，非熔断相电压略升高；（C）熔断相电压降低，但是不会出现零序电压；（D）熔断相电压一定为 0，非熔断相电压不变。

答案：**A**

Je2A4115 调整电力变压器分接头，会在其差动回路中引起不平衡电流的增大，解决方法为（　　）。

（A）增大差动保护比率制动系数；（B）提高差动保护的动作门槛值；（C）改变差动保护二次谐波制动系数；（D）提高差动速断保护的整定值。

答案：**B**

Je2A4116 断路器液压操作机构油压逐渐下降时发出的信号依次为（　　）。

（A）闭锁合闸信号→闭锁重合闸信号→闭锁分闸信号；（B）闭锁重合闸信号→闭锁合闸信号→闭锁分闸信号；（C）闭锁分闸信号→闭锁合闸信号→闭锁重合闸信号；（D）闭锁分闸信号→闭锁重合闸信号→闭锁合闸信号。

答案：B

Je2A4117 断路器液压机构漏油，将先后发（　　）信号。

（A）开关油压低告警→开关油压低闭锁；（B）开关油压低闭锁→开关油压低告警；（C）开关油压低告警→开关油压低重合闸闭锁→开关油压低合闸闭锁→开关油压低分合闸总闭锁；（D）开关油压低告警→开关油压低合闸闭锁→开关油压低重合闸闭锁→开关油压低分合闸总闭锁。

答案：C

Je2A4118 对采用单相重合闸的线路，当线路发生永久性单相接地故障时，保护及重合闸的动作顺序（　　）。

（A）三相跳闸不重合；（B）选跳故障相，延时重合单相，后加速跳三相；（C）三相跳闸，延时重合三相，后加速跳三相；（D）选跳故障相，延时重合单相，后加速再跳故障相。

答案：B

Je2A5119 对采用三相重合闸的中性点直接接地线路，当线路发生永久性单相接地故障时，保护及重合闸的动作顺序（　　）。

（A）三相跳闸不重合；（B）选跳故障相，延时重合单相，后加速跳三相；（C）三相跳闸，延时重合三相，后加速跳三相；（D）选跳故障相，延时重合单相，后加速再跳故障相。

答案：C

Je2A5120 变压器运行电压长时间超过分接头电压运行，使变压器（　　）。

（A）空载电流和空载损失增加，影响其使用寿命；（B）空载电流和空载损失减少，增加其使用寿命；（C）空载电流和空载损失增加，使用寿命没有任何影响；（D）仅空载损失增加。

答案：A

Je2A5121 当电网发生常见的单一故障时，对电力系统稳定性的要求是（　　）。

（A）电力系统应当保持稳定运行，同时保持对用户的正常供电；（B）电力系统应当保持稳定运行，但允许损失部分负荷；（C）系统不能保持稳定运行时，必须有预定的措施以尽可能缩小故障影响范围和缩短影响时间；（D）在自动调节器和控制装置的作用下，系统维持长过程的稳定运行。

答案：A

Je2A5122 当遇到（　　）时，不允许对线路进行远方试送。

（A）电缆线路故障或者故障可能发生在电缆段范围内；（B）断路器远方操作到位判断题条件满足两个非同样原理或非同源指示"双确认"；（C）线路主保护正确动作、信息清晰完整，且无母线差动、开关失灵等保护动作；（D）通过工业视频未发现故障线路间隔设备有明显漏油、冒烟、放电等现象。

答案：**A**

Je2A5123 电压互感器发生冒烟或喷油时，下列（　　）措施是错误的。

（A）禁止用近控操作电压互感器高压侧隔离开关；（B）可用母线停电方式隔离；（C）不得将母差保护改为非固定连结方式；（D）可将故障电压互感器母线保护停用。

答案：**D**

Je2A5124 电源联络线故障断路器跳闸，根据调度指令进行处理（　　）。

（A）有重合闸而重合闸停用或拒动时，应立即强送一次，强送不成，不再强送；（B）重合闸重合不成，一般应强送一次，强送不成，不再强送；（C）无重合闸而重合闸停用或拒动时，应立即强送一次，强送不成，不再强送；（D）不再强送。

答案：**C**

Jf2A1125 DTS 系统的核心模块是（　　）。

（A）教员控制模块；（B）电力系统仿真模块；（C）控制中心仿真模块；（D）继电保护和自动装置仿真模块。

答案：**B**

Jf2A2126 备自投不具有（　　）闭锁功能。

（A）手分闭锁；（B）有流闭锁；（C）主变保护闭锁；（D）断路器拒分闭锁。

答案：**D**

Jf2A2127 变电站内监控系统与继电保护装置的通信通常采用的规约是（　　）。

（A）101 规约；（B）102 规约；（C）103 规约；（D）104 规约。

答案：**C**

Jf2A2128 变电站与调度主站之间网络数据通信通常采用的规约是（　　）。

（A）101 规约；（B）102 规约；（C）103 规约；（D）104 规约。

答案：**D**

Jf2A2129 应急启动后，跟踪分析（　　）、来水情况、电煤供应情况及气象情况等，结合电网安全要求，做好发电机组应急启动和停机安排。

（A）电网运行情况；（B）电力平衡情况；（C）电网负荷情况；（D）电量平衡情况

答案：**B**

Jf2A3130 备调管理内容包括（　　）、备调人员管理、备调演练及启用管理。

（A）备调场所管理；（B）技术支持系统管理；（C）备调场所及技术支持系统管理；（D）备调场所及规章制度管理。

答案：**C**

Jf2A3131 备自投装置应设置备自投充电完成状态指示，应支持以（　　）形式上送。

（A）遥控；（B）遥信；（C）遥调；（D）遥测。

答案：**B**

Jf2A3132 对于局部电网无功功率过剩，电压偏高，应避免采取的措施为（　　）。

（A）发电机低功率因数运行，尽量多发无功；（B）部分发电机进相运行，吸收系统无功；（C）投入并联电抗器；（D）控制低压电网无功电源上网。

答案：**A**

Jf2A3133 油浸式变压器开展色谱分析，一般取变压器（　　）油样。

（A）上部；（B）底部；（C）瓦斯继电器；（D）分接开关。

答案：**B**

Jf2A3134 断路器的遮断容量应根据（　　）选择。

（A）变压器容量；（B）运行中的最大负荷电流；（C）安装地点出现的最大短路电流；（D）以上都不是。

答案：**C**

Jf2A3135 能满足系统稳定和设备安全要求，以最快速度有选择性地切除故障线路或设备的保护是（　　）。

（A）远后备保护；（B）近后备保护；（C）辅助保护；（D）主保护。

答案：**D**

Jf2A3136 三相并联电抗器可以装设纵差保护，但该保护不能保护电抗器下列故障类型的是（　　）。

（A）相间短路；（B）单相接地；（C）匝间短路；（D）以上都不对。

答案：**C**

Jf2A3137 单相重合闸遇永久性单相接地故障时（　　）。

（A）选跳故障相，瞬时重合单相，后加速跳三相；（B）选跳故障相，延时重合单相，后加速跳三相；（C）三相跳闸不重合；（D）三相跳闸，延时三相重合，后加速跳三相。

答案：**B**

Jf2A4138 《国家电网公司调控机构安全工作规定》调控机构应执行迎峰度夏（冬、汛）、节假日及特殊保电时期等安全检查制度，根据季节性特点、检修时段，每年组织不少于（　　）调控系统安全专项检查。

（A）两次；（B）三次；（C）一次；（D）四次。

答案：C

Jf2A4139 EMS 状态估计的数据源为（　　）。

（A）实时数据、历史数据、故障数据；　　（B）测量数据、开关数据、故障数据；
（C）实时数据、历史数据、计划数据；（D）测量数据、历史数据、故障数据。

答案：C

Jf2A4140 110kV 及以下系统宜采用（　　）保护方式。

（A）以远后备为主，以近后备为辅；（B）近后备；（C）远后备；（D）以近后备为主，以远后备为辅。

答案：C

Jf2A4141 以下（　　）措施有利于限制谐振过电压。

（A）使电网的中性点直接接地运行；（B）提高开关动作的同期性；（C）选用灭弧能力强的高压开关；（D）开关断口加装并联电阻。

答案：B

Jf2A4142 转供能力是指某一供电区域内，当电网元件或变电站发生停运时，电网转移负荷的能力，一般量化为（　　）。

（A）可转移的负荷的最大值；（B）可转移的负荷占该区域总负荷的比例；（C）可转移的负荷的最小值；（D）可转移的负荷的平均值。

答案：B

Jf2A4143 以下关于变压器保护说法正确的是（　　）。

（A）由自耦变压器高、中压及公共绕组三侧电流构成的分相电流差动保护无需采取防止励磁涌流的专门措施；（B）由自耦变压器高、中压及公共绕组三侧电流构成的分相电流差动保护需要采取防止励磁涌流的专门措施；（C）自耦变压器的零序电流保护应接入中性点引出线电流互感器的二次电流；（D）自耦变压器零序方向保护的电流互感器不能安装在主变高压侧。

答案：A

Jf2A5144 以下措施不是消除系统间联络线过负荷的有效措施的为（　　）。

（A）受端系统的发电厂迅速增加出力；（B）有条件时，值班调控员改变系统结线方式，使潮流强迫分配；（C）受端切除部分负荷；（D）送端系统的发电厂迅速增加出力。

答案：D

Jf2A5145 方向闭锁高频保护发讯机启动后当判断为外部故障时，（　　）。

（A）两侧立即停讯；（B）两侧继续发讯；（C）正方向一侧发讯，反方向一侧停讯；（D）正方向一侧停讯，反方向一侧继续发讯。

答案：D

1.2 判断题

La2B1001 电力变压器中性点直接接地或经消弧线圈接地的电力系统，称为大接地系统。（×）

La2B1002 被保护线路上任一点发生 AB 两相金属性短路时，母线上电压 U_{AB} 将等于 0。（×）

La2B1003 内部过电压按其起因可分为谐振过电压、工频过电压和操作过电压。（√）

La2B1004 振荡时系统三相是对称的，而短路时系统可能出现三相不对称。（√）

La2B1005 线路的充电功率与其长度成正比。（√）

La2B1006 电磁环网是指不同电压等级运行的线路，通过变压器电磁回路的连接而构成的环路，由于可以提高供电可靠性，因此应在电力系统中经常使用。（×）

La2B1007 变压器输入功率与输出功率之比的百分数称为变压器的平均利用率。（×）

La2B1008 零序阻抗与网络结构，特别是和变压器的接线方式及中性点接地方式有关。（√）

La2B2009 系统最长振荡周期一般按 2.5s 考虑。（×）

La2B2010 电力系统的静态稳定是指电力系统受到大的扰动后，如电网发生故障或断开线路等操作时，能自动恢复到起始运行状态的能力。（×）

La2B2011 故障点零序综合阻抗小于正序综合阻抗时，单相接地故障电流大于三相短路电流。（√）

La2B2012 采用三角形接线的负载不论对称与否，各相所承受的电压均为电源的线电压。（√）

La2B2013 所谓调相运行，就是发电机不发有功，主要用来向电网输送感性无功功率。（√）

La2B4014 当沿线路传送某一固定有功功率，线路产生的无功功率和消耗的无功功率能相互平衡时，这个有功功率，叫作线路的"自然功率"。（√）

La2B4015 如果没有本电网的具体数据，除大区系统间的弱联系联络线外，系统最长振荡周期一般按 2.0s 考虑。（×）

La2B4016 在整流二级管上所经受的最大反峰电压，或称最大逆电压，它等于整流二级管所经受的最大直流工作电压。（×）

La2B4017 发生短路时，正序电压是越近故障点数值越小，负序电压和零序电压是越近故障点数值越大。（√）

Lb2B2018 系统发生振荡时，提高系统电压有利于提高系统的稳定水平。（√）

Lb2B2019 串联电容器和并联电抗器一样，可以提高功率因数。（√）

Lb2B2020 3/2 接线方式的母线，应尽可能保持环状运行。（√）

Lb2B2021 内桥接线用于发生故障较多的长线路和变压器不需要经常切换的情况。（√）

Lb2B2022 快速切除线路与母线的短路电流，可以提高电力系统的暂态稳定水平。（√）

Lb2B2023 电压监测点一定是电压中枢点。（×）

Lb2B2024 系统主要联络线过载时，可以通过提高送端电压来降低线路电流以缓解过载情况。（√）

Lb2B2025 当系统运行电压降低时，应增加系统中的无功出力；当系统频率降低时，应增加系统中的有功出力。（√）

Lb2B2026 调整负荷具有调峰和调荷两方面的含义，简而言之就是多发电和限制用电。（×）

Lb2B2027 三相重合闸方式即任何类型故障，保护动作三相跳闸三相重合，重合不成功跳开三相。（√）

Lb2B2028 因为差动保护和瓦斯保护的保护范围不完全相同，因而差动保护不能代替瓦斯保护。（√）

Lb2B2029 过流保护加装复合电压闭锁可以提高保护的可靠性，防止设备过负荷时掉闸。（×）

Lb2B2030 瓦斯保护是变压器的主要保护，能有效地反映变压器的各种故障。（×）

Lb2B2031 用有载调压装置调压时，对系统来说不能补偿系统无功的不足。（√）

Lb2B2032 当系统运行电压降低时，应增加系统中的无功出力。（√）

Lb2B2033 两台变压器并列运行时，其过流保护要加装低电压闭锁装置。（√）

Lb2B3034 调整变压器分接头的运行位置，可以从根本上改善电网的供电电压质量。（×）

Lb2B3035 对于线路纵联保护，在被保护范围末端发生高阻接地故障时，应有足够的灵敏度。（×）

Lb2B3036 变压器空载合闸时，其零序保护可能发生误动。（√）

Lb2B3037 在整个系统普遍缺少无功的情况下，不可能用改变分接头的方法来提高所有用户的电压水平。（√）

Lb2B3038 调控机构设备监控信息表是指满足调控机构变电站集中监控需要的接入调控机构的变电站信息表。（√）

Lb2B3039 程序化控制是指利用计算机系统等自动化设备，根据编制的程序或预设的条件所进行的控制行为。（√）

Lb2B3040 并网电厂至调控机构具备三个以上可用的独立路由的通信通道。（×）

Lb2B3041 对于特高压直流系统，单换流器运行时只能安排 80% 降压方式运行。（×）

Lb2B3042 风电场、光伏电站应具备 AGC、AVC 等功能。（√）

Lb2B3043 线路高抗（无专用开关）投停操作可在线路热备用或冷备用状态下进行。（×）

Lb2B3044 线路运行状态时，线路两侧断路器在断开位置、隔离开关在合闸位置。（×）

Lb2B3045 线路热备用时相应的二次回路不需要投入。（×）

Lb2B3046 重合闸动作不成功是指重合闸装置投入，且满足动作的相关技术条件，

但断路器跳闸后重合闸未动作。（×）

Lb2B3047 顺调压是指在电压允许偏差范围内，调整供电电压使电网高峰负荷时的电压值高于低谷负荷时的电压值，保证用户的电压高峰、低谷相对稳定。（×）

Lb2B3048 一般情况下，变压器投入运行时，应先合电源侧开关，后合负荷侧开关，停运时操作顺序相反。对于有多侧电源的变压器，应同时考虑差动保护灵敏度和后备保护情况。（√）

Lb2B3049 操作过电压可采取带有并联电阻的高压断路器或配合母线及变压器的低残压磁吹断路器氧化锌避雷器加以限制。（√）

Lb2B3050 电流互感器工作时，二次回路始终是闭合的，接近于空载状态。（×）

Lb2B3051 串联补偿装置因故障停运，未经检查处理，不得试送。（√）

Lb2B3052 电压互感器二次侧可以开路，但不能短路。（√）

Lb2B3053 发电机的中性点，主要采用不接地、经消弧线圈接地、经电阻或直接接地三种方式。（√）

Lb2B3054 在大电流接地系统中，线路发生单相接地短路时，母线上电压互感器开口三角形的电压，就是母线的零序电压 $3U_0$。（√）

Lb2B3055 对于供电企业来说，负荷率接近于1，表明可以充分发挥输变电设备的效能，减少投资、降低各个环节的电能损耗。（√）

Lb2B3056 开关在合闸状态下，发弹簧未储能只会影响开关重合闸，不会影响开关分闸。（√）

Lb2B3057 在投检定同期和检定无压重合闸的线路中，一侧必须投无压检定方式，另一侧则可以投同期检定和无压检定方式。（×）

Lb2B3058 当电流回路发生断线时，可能造成零序电流保护误动作。（√）

Lb2B3059 过电流保护在系统运行方式变小时，保护范围将变大。（×）

Lb2B3060 在 220kV 及以上系统中，继电保护的"近后备"是指用双重化的保护配置方式来加强元件本身的保护，使之在区内故障时，保护无拒绝动作的可能，同时装设失灵保护，以便当开关拒绝跳闸时启动失灵保护来切除变电站同一母线的所有高压开关，或遥切对侧开关。（√）

Lb2B3061 继电保护的"三误"是指整定计算中的"误整定"、运行检修试验过程中对运行保护和设备的"误碰"及继电保护安装和试验中的"误操作"，简称"三误"。（×）

Lb2B3062 高频保护不反应被保护线路以外的故障，所以不作为下一段线路的后备保护。（√）

Lb2B4063 环网系统（或并列双回线）突然开环，使两部分电网的联络阻抗突然增大，引起动稳破坏而失去同步是电网发生振荡的原因之一。（√）

Lb2B4064 在大电流接地系统中，当故障点综合零序阻抗大于综合正序阻抗时，单相接地故障零序电流小于两相短路接地零序电流。（×）

Lb2B4065 超高压电网中，并联高压电抗器中性点加小电抗的作用是补偿导线对地电容，使相对地阻抗趋于无穷小，消除潜供电流分量，从而提高重合闸的成功率。（×）

Lb2B4066 值班监控员无法对变电站实施正常监视时，应通知相关输变电设备运维

单位，并将监控职责移交至输变电设备运维人员。（√）

Lb2B4067 采用单相重合闸线路的零序电流保护的最末一段的时间要躲过重合闸周期。（√）

Lc2B4068 互感器 SF_6 气压低告警属于严重缺陷。（×）

Lc2B4069 SF_6 气体的缺点是电气性能受电场均匀程度及水分、杂质影响特别大。（√）

Lc2B4070 把电容器串联在线路上以补偿电路电抗，可以改善电压质量，提高系统稳定性和增加电力输出能力。（√）

Lc2B4071 串联电抗器主要用来限制短路电流，同时也由于短路时电抗压降较大，它可以维持母线的电压水平。（√）

Lc2B4072 连接组别是表示变压器一、二次绕组的连接方式及相电压之间的相位差，以时钟表示。（×）

Lc2B4073 导体的电阻率是随导体的长度变化而变化。（×）

Lc2B4074 变压器中的油主要起绝缘和冷却作用，而少油断路器中的油主要起灭弧作用。（√）

Lc2B4075 正常运行中的电流互感器一次最大负荷不得超过 1.2 倍额定电流。（√）

Lc2B5076 断路器在分闸过程中，动触头离开静触头后跳闸辅助触点再断开。（√）

Lc2B5077 安装并联电容器的目的，一是改善系统的功率因数，二是调整网络电压。（√）

Lc2B5078 变压器全电压空载冲击合闸试验的全电压就是指变压器的额定电压。（√）

Lc2B5079 防止电压过高运行，是防止变压器过励磁的一项措施。（√）

Lc2B5080 变压器的并联运行可以提高电网运行的经济性。（√）

Lc2B5081 空载长线路充电时，末端电压会升高，就是由于对地电容电流在线路自感电抗上产生了电压降。（√）

Lc2B5082 自耦变压器的中性点可以不接地或经小电抗接地。（×）

Lc2B5083 在正常温度情况下，SF_6 气体分解物与水分和空气等杂质反应可能产生一些有毒物质。（×）

Lc2B5084 变比不等的两台变压器并列，即使不带负载也有环流存在。（√）

Jd2B1085 调度控制专业负责协调运检部门和运维单位对监控信息进行现场处置。（×）

Jd2B1086 监控远方操作和现场操作应在调控中心统一调度指挥下开展。（√）

Jd2B1087 工作间断、验收和终结制度是保证安全的组织措施之一。（×）

Jd2B1088 在进行解、并列操作前后，对检查相关电源运行及负荷分配情况应写入操作票。（√）

Jd2B1089 中性点有效接地系统中有可能引起单相接地的带电作业应停用重合闸，并不得强送电。（√）

Jd2B1090 紧急事故情况下可以"约时停电和送电"。（×）

Jd2B1091 电气设备发生事故后，拉开有关断路器及隔离开关，即可接触设备。（×）

Jd2B1092 新投入的变压器或大修后变动过内外连接线的变压器，在投入运行前必须进行定相。（√）

Jd2B1093 变压器差动保护在新投运前应带负荷测量向量和差电压。（√）

Jd2B1094 有载调压变应避免在变压器满负荷时进行带负荷调整分接头。（√）

Jd2B1095 变压器油温越限应立即停役该变压器。（×）

Jd2B1096 监控远方操作前后，值班监控员应检查核对设备名称、编号和开关、刀闸的分、合位置。若对设备状态有疑问，应通知输变电设备运维人员核对设备运行状态。（√）

Jd2B1097 变压器投、停前，各侧中性点必须接地。（√）

Jd2B1098 运行中的变压器，其 110kV 及以上侧开关处于断开位置时，相应侧中性点应接地。（√）

Jd2B1099 变压器充电时，重瓦斯应投信号。（×）

Jd2B1100 开关遮断容量受限时，应停用线路重合闸。（√）

Jd2B1101 长期对重要线路充电时，应投入线路重合闸。（×）

Jd2B1102 电缆线路一般不装设重合闸。（√）

Jd2B1103 调度管辖、调度许可和调度同意的设备，严禁约时停送电。（√）

Jd2B1104 《电网调度管理条例》的基本原则之一是：调度指令具有强制力的原则。（√）

Jd2B2105 变压器充电前，应将全部保护投入跳闸位置。先合变压器侧隔离开关，再合母线侧隔离开关，由保护健全侧电源断路器充电后，合上其余侧断路器停电时顺序相。（×）

Jd2B2106 变压器过负荷运行时也可以调节有载调压装置的分接开关。（×）

Jd2B2107 低一级电网中的任何元件发生各种类型的故障均不得影响高一级电网的稳定运行。（√）

Jd2B2108 调度机构在调度业务上接受上级调度机构领导，内部实行统一调度、分级管理。（√）

Jd2B2109 解列操作时尽可能将解列点的有功潮流调至零，无功潮流调至最小。（√）

Jd2B2110 变压器并列运行应考虑运行的可靠性与经济性，同时应注意不宜频繁操作。（√）

Jd2B2111 计划操作应尽量避免在交接班时进行。（√）

Jd2B2112 不重要的电力设备可以在短时间内无保护状态下运行。（×）

Jd2B2113 监控远方操作无法执行时，调控机构值班监控员可自行根据情况联系输变电设备运维单位进行操作。（×）

Jd2B2114 调控中心负责通过工业视频系统开展变电站场景巡视。（×）

Jd2B4115 继电保护和安全自动装置远方操作时，至少应有两个指示发生对应变化，且所有这些确定的指示均已同时发生对应变化，才能确认该设备已操作到位。（√）

Jd2B4116 下级值班人员接受省调值班调度员的调度指令时，应做书面记录，重复命令，核对无误，经省调值班调度员允许后方可执行。（√）

Jd2B5117 对已停电的设备，在未获得调度许可开工前，应视为有随时来电的可能，严禁自行进行检修。（√）

Jd2B5118 事故处理、拉合断路器的单一操作和拉合接地刀闸或拆除全厂（所）仅有的一组接地线等工作可以不用操作票。（×）

Jd2B5119 所有电流互感器和电压互感器的二次绕组应有一点且仅有一点永久性的、可靠的保护接地。（√）

Jd2B5120 接班值调控人员应提前 15min 到达调控大厅，认真阅读调度、监控运行日志、停电工作票、操作票等各种记录，全面了解电网和设备运行情况。（√）

Jd2B5121 对于现场发现的危急缺陷，值班监控员应根据缺陷的性质对一、二次设备进行方式调整。（×）

Jd2B5122 监控员确认监控功能恢复正常后，应及时以录音电话方式通知运维单位，收回监控职责，并做好相关记录。（×）

Jd2B5123 调控中心应对设备集中监视工作及相关记录进行检查，并定期对工作质量进行评价。（√）

Je2B2124 监控运行分析例会上，设备监控管理处汇报上月设备监控运行情况。（×）

Je2B2125 监控运行分析包括定期分析和不定期分析。（×）

Je2B2126 设备监控管理处负责监控范围内设备监控运行信息的收集和统计。（×）

Je2B2127 监控信息数量统计，对当月监控信息按站和时间进行统计、分析。（√）

Je2B2128 监控班每月第 3 个工作日前对上月监控运行工作进行汇总分析。（×）

Je2B2129 调控中心每月上旬组织召开监控运行分析例会，参会人员应包括调控中心设备管理处、运检部、省级检修公司和电科院等相关管理人员及专业人员。（×）

Je2B2130 事故信息处置过程中，监控员应只需及时发现事故信号并汇报相应调度。（×）

Je2B2131 电压越限时，应检查 AVC 系统运行情况，发现异常情况时应执行遥控投切电容器、电抗器进行电压调整，并及时通知相关人员处理。（√）

Je2B2132 监控员实时监视事故、异常、越限、变位、告知五类告警信息和设备状态在线监测告警信息，确保不漏监信息，对各类告警信息及时确认。（×）

Je2B2133 值班监控员应统计前一日告警信息，并反馈运维单位，做好记录。（×）

Je2B2134 变压器油中还溶解有一定含量的氧气和氮气，故障的发生也会引起氧、氮含量的变化，因此氧气和氮气也可以作为判断题设备内部故障的特征气体。（√）

Je2B2135 500kV 线路发生单相接地短路时，故障相电压下降。（√）

Je2B2136 500kV 线路发生单相接地短路时，非故障相电流基本不变。（√）

Je2B2137 变压器轻瓦斯动作后，若气体为无色，无臭而不可燃，则判断题为空气动作，信号动作间隔时间逐次缩短，则应将重瓦斯改为信号。（√）

Je2B2138 电流互感器断线应立即停用变压器差动保护。（√）

Je2B2139 测控装置异常，可能造成继电保护、信号、自动装置误动或拒动，或造成直流保险熔断，使保护及自动装置、控制回路失去电源。保护回路中同极两点接地，还可能将某些继电器短路，不能动作与跳闸，致使越级跳闸。（×）

Je2B2140　主变本体油位异常，属于一般缺陷。（×）

Je2B2141　如果断路器气动机构压力继续降低，就有可能闭锁合闸；再低，就会闭锁分闸回路，如果此时线路发生问题就有可能造成断路器误动，扩大停电范围。（×）

Je2B2142　对于带高抗运行的线路出现线路跳闸时，同时出现反映高抗故障的告警信息允许监控员直接进行远方试送。（×）

Je2B2143　备用直流控制系统发生严重或紧急故障时不必退出备用状态。（×）

Je2B2144　对油浸自冷和风冷变压器，总负荷不应超过额定容量的20%，对强迫油循环风冷和强迫油循环水冷变压器，不应超过30%。（×）

Je2B2145　电力系统发生全相振荡时，分相电流差动元件不会发生误动。（√）

Je2B2146　在同一回路中有零序保护，高频保护，电流互感器二次有作业时，均应在二次短路前停用上述保护。（√）

Je2B2147　中性点接地的变压器故障跳闸后，值班调度员应按规定调整其他运行变压器的中性点接地方式。（√）

Je2B2148　在整个系统普遍缺少无功的情况下，不可能用改变分接头的方法来提高所有用户的电压水平。（√）

Je2B2149　测控装置收GOOSE链路中断，不影响接收智能终端及合并单元的装置告警信息。（×）

Je2B2150　智能终端收GOOSE链路中断，将无法执行断路器、隔离开关的跳合闸命令。（√）

Je2B2151　合并单元发装置故障信号预示装置已经不能正常运行。（√）

Je2B2152　任何情况下，变压器短路电压不相同，都不允许并列运行。（×）

Je2B2153　容量不同的变压器不可以并列运行。（×）

Je2B2154　在任何情况下，都允许用隔离开关带电拉、合电压互感器及避雷器。（×）

Je2B2155　线路热备用时相应的二次回路不需要投入。（×）

Je2B2156　变压器中性点零序过流保护和间隙过压保护若同时投入，则保护将拒动。（×）

Je2B2157　值班监控员对于逾期缺陷，及时通知设备监控管理人员协调处理。（√）

Je2B2158　值班监控员通过工业视频系统巡视变电站场景，原则上在白班进行。（√）

Je2B2159　当AVC退出后，根据领导要求进行电压无功调整，并做好记录。（×）

Je2B2160　如定性为缺陷的，应按照缺陷流程进行处置，并做好记录；对于一般缺陷，应做好相应的风险防控预案。（×）

Je2B2161　交班前45min，统计计划检修、远方操作、设备缺陷、事故处理等情况，检查整理完善监控运行日志、缺陷记录等交班资料。（×）

Je2B2162　电压互感器二次侧不允许开路。（×）

Je2B3163　二次系统的直流正极接地有造成保护拒动的可能。（×）

Je2B3164　"××断路器SF_6气压低告警"属于一次设备异常告警信号。（√）

Je2B3165　"××主变110kV侧开关机构弹簧未储能"属于异常信息。（√）

Je2B3166　值班监控员对认定为缺陷的告警信息后，启动缺陷管理程序，报告值班调

度员，经确认后通知相应设备运维单位处理，并填写缺陷管理记录。（×）

Je2B3167 严重缺陷是指监控信息反映出对人身或设备有重要威胁，需立即退出运行并进行处理的缺陷。（×）

Je2B3168 变电站在集中监控试运行期满后，即使监控信息存在频繁变位现象，经领导同意，也可以通过评估。（×）

Je2B3169 值班监控员发现在线监测系统信息中断等异常情况无法正常监视时，应及时通知设备监控管理处排查处理。（×）

Je2B3170 消弧线圈装置拒动属于危急缺陷。（×）

Je2B3171 告警信息上送有遗漏属于危急缺陷。（×）

Je2B3172 保护装置通信中断将导致：保护装置无法正常保护跳闸，且相关告警信息无法正常上送调控中心。（×）

Je2B3173 监控员收集到异常信息后，应进行初步判断，通知运维单位检查处理。（×）

Je2B3174 监控员负责接收、审核和批复集中监控许可申请。（×）

Je2B3175 设备存在危急或严重缺陷时，集中监控评估报告应不予通过评估。（√）

Je2B3176 设备存在一般缺陷时，集中监控评估报告应不予通过评估。（×）

Je2B3177 监控信息存在误报、漏报、频繁变位现象时，集中监控评估报告应不予通过评估。（√）

Je2B3178 检修结束恢复送电前，运维单位不需要与值班监控员核对双方监控系统信息一致性。（×）

Je2B3179 当变电站综自系统改造、变电站远动机或其他变电站终端设备以及调度监控系统更换，调控中心可以不用组织开展监控信息验收。（×）

Je2B3180 变压器本体绕组温度过高告警属于严重缺陷。（×）

Je2B3181 断路器保护装置通信中断属于危急缺陷。（×）

Je2B3182 低频低压减载装置异常属于危急缺陷。（√）

Je2B3183 变电运维人员到达现场后，应检查确认相关一、二次设备运行状态，并及时汇报调控中心。如果此时线路尚未恢复运行，应由运维人员进行试送操作。（×）

Je2B3184 设备重载或接近稳定限额运行时，不需要开展特殊巡视。（×）

Je2B3185 事故信息处置结束后，现场运维人员应检查现场设备运行状态，并与监控员核对设备运行状态与监控系统是否一致。（√）

Je2B3186 发现变压器着火时，监控员应立即断开主变各侧电源，具备远方灭火操作功能的应立即远方启动灭火装置进行灭火。（√）

Je2B3187 若交接班过程中系统发生事故，应立即停止交接班，由接班值调控人员负责事故处理。（×）

Je2B3188 按照《调度集中监控告警信息相关缺陷分类标准》，"本体轻瓦斯告警"应列为危急缺陷。（×）

Je2B3189 按照《调度集中监控告警信息相关缺陷分类标准》，"本体压力释放告警"应列为危急缺陷。（√）

Je2B3190 按照《调度集中监控告警信息相关缺陷分类标准》，"直流母线电压异常"应列为危急缺陷。（√）

Je2B3191 值班监控员对告警信息进行初步判断，认定为缺陷后应立即汇报相关值班调度员。（×）

Je2B3192 值班监控员接到运维单位缺陷消除的报告后，应与运维单位核对监控信息，确认缺陷信息复归且相关异常情况恢复正常。（√）

Je2B3193 事故信息处置过程中，监控员应按照调度指令进行事故处理，并监视相关变电站运行工况，跟踪了解事故处理情况。（√）

Je2B3194 事故信息处置结束后，现场运维人员应检查现场设备运行状态即可，不必与监控员核对设备运行状态。（×）

Je2B3195 在中性点非直接接地的电网中，母线一相电压为0，另两相电压为线电压，这是两相断线不接地现象。（×）

Je2B3196 在事故处理过程中，可以不用填写操作票。（√）

Je2B3197 一次设备退出运行或处于备用、检修状态时，远动装置、测控单元、变送器、电能计量装置、网络通信设备以及监控系统均不得停运，确需停运的应按规定向调度申请。（√）

Je2B3198 变压器、高压电抗器后备保护动作跳闸，确定本体及引线无故障后，可试送一次。（√）

Je2B3199 系统解、合环操作必须保证操作后潮流不超继电保护、电网稳定和设备容量等方面的限额，电压在正常范围内。具备条件时，合环操作应使用同期装置。（√）

Je2B3200 变压器并列运行的变电站，应优先将10kV侧接有负荷（含站用变）的变压器中性点接地。（√）

Je2B3201 缺陷发起时值班监控员无需向相关值班调度员汇报。（×）

Je2B3202 缺陷处理过程中，值班监控员应及时在调控中心缺陷管理记录中记录缺陷发展以及处理情况。（√）

Je2B3203 监控员负责规范缺陷管理工作，定期对缺陷情况进行统计、分析，并协调运检部门和运维单位对缺陷进行处置。（×）

Je2B3204 变压器油中溶解气体装置上送调控中心的"气体绝对值越限"属于越限信息。（×）

Je2B3205 变比不同和短路电压不等的变压器经计算和试验，在任一台都不发生过负荷的情况下，可以并列运行。（√）

Je2B3206 变压器、高压电抗器后备保护动作跳闸，确定本体及引线无故障后，可试送一次。（√）

Je2B3207 并网电厂涉网保护、安全自动装置、PSS、AGC、AVC等应按规定投入，其运行状态及定值未经调度同意，不得擅自变更。（√）

Je2B3208 电缆线路故障，未查明原因前不得试送。（√）

Je2B3209 电网发生故障时，调控机构值班调度员应结合综合智能告警信息，监视本网频率、电压及重要断面潮流情况，开展故障处置。（√）

Je2B3210 电网发生严重故障后，调控机构应启动独立或联合应急状态在线分析。（√）

Je2B3211 接地极线路或接地极故障时，可采取改变直流系统运行方式的方法将接地极线路或接地极隔离。（√）

Je2B3212 经检查不能找到故障点，可以对停电母线试送一次。（×）

Je2B3213 开关操作时，若远方操作失灵，厂站规定允许就地操作，应三相同时操作，不得分相操作。（√）

Je2B3214 开关因本体或操作机构异常出现"合闸闭锁"尚未出现"分闸闭锁"时，值班调度员可视情况下令拉开此开关。（√）

Je2B3215 设备异常需紧急处理或设备故障停运后需紧急抢修时，值班调度员可安排相应设备停电，紧急停电无需补交检修申请。（×）

Je2B3216 未经值班调度员许可，任何单位和个人不得擅自改变其调度管辖设备状态。（√）

Je2B3217 系统解列操作前，原则上应将解列点的有功功率调至最小，无功功率调至零，使解列后的两个系统频率、电压均在允许范围内。（×）

Je2B3218 下级调控机构调管变电站命名可自行确定，无需送上级调控机构核备。（×）

Je2B3219 在无功无法就地平衡前提下，当变压器二次侧母线电压仍偏高或偏低，可以带负荷调整有载调压变压器分接头运行位置。（×）

Je2B3220 站间通信异常时，一般不进行直流极系统启动、停运操作，但可由主控站进行直流功率（电流）调整操作。（×）

Je2B3221 直流功率（电流）升降过程中，一般不进行有功控制方式、无功控制方式和直流电压方式的调整。（√）

Je2B3222 直流输电系统极开路试验包括不带线路极开路试验和带线路极开路试验。（√）

Je2B3223 直流输电系统两侧换流站站间通信故障时，一般不进行带线路极开路试验。（√）

Je2B3224 直流线路发生故障，系统降压再启动成功后，若站内设备运行稳定，可向调控机构申请恢复全压运行。（×）

Je2B3225 继电保护和安全自动装置及其通道的投入和停用，因不影响到一次设备的安全运行，电气值班人员可根据实际情况进行操作。（×）

Je2B3226 禁止用隔离开关拉合带负荷设备或带负荷线路，可以用隔离开关拉开、合上无故障的空载主变压器。（×）

Je2B3227 对于曾经发生谐振过电压的母线，必须采取防范措施才能进行倒闸操作。（√）

Je2B3228 系统发生单相接地故障时，不能进行自动跟踪接地补偿装置的调节操作，禁止对接地变压器进行投、切操作。（√）

Je2B3229 变压器的重瓦斯或差动保护之一动作跳闸，在检查变压器外部无明显故障，检查瓦斯气体、油分析和故障录波器动作情况，证明变压器内部无明显故障后，在系统需要时经变压器所属单位领导批准可以试送一次；有条件时，应尽量进行零起升压。（√）

Je2B5230 新（改、扩建）工程，调控机构审核通过后发布监控信息表调试稿，作为数据库制作及工程联调的依据。调控机构负责工程联调主站侧相关工作；运维单位负责督促施工单位开展工程联调变电站侧相关工作。（×）

Je2B5231 变电站一、二次设备检修、改造涉及监控信息变更时，运维单位应及时向调控机构提交变电站监控信息变更申请单并附监控信息表。（√）

Je2B5232 事故发生后，监控员应主动及时做好事故处理和恢复送电准备，执行远方操作，做好记录。（×）

Je2B5233 运行中的断路器因机构泄压闭锁分、合闸，因上一级保护可保护到本设备，故泄压的断路器可继续运行，等待安排检修。（×）

Je2B5234 运行断路器单相跳闸，造成两相运行时，厂站值班员应立即手动合闸一次，合闸不成应尽快拉开其余两相断路器。（√）

Je2B5235 220kV 线路重合闸在停用方式下，投勾三跳压板，若被保护线路发生单相故障，则本保护动作于三相跳闸。（√）

Je2B5236 断路器控制电源消失将导致：断路器操作机构无法储能，不能进行分合闸操作及影响保护跳闸。（×）

Je2B5237 严重缺陷是指监控信息反映出对人身或设备有重要威胁，暂时尚能坚持运行但需尽快处理的缺陷。（√）

Je2B5238 一般缺陷是指危急、严重缺陷以外的缺陷，指性质一般、程度较轻，对安全运行影响不大的缺陷。（√）

Je2B5239 若缺陷可能会导致电网设备退出运行或电网运行方式改变时，值班监控员应立即汇报监控值班负责人。（×）

Je2B5240 值班监控员发现可能会导致电网设备退出运行或电网运行方式改变的缺陷时，值班监控员应立即汇报设备运维单位处理，并填写缺陷管理记录。（×）

Je2B5241 变压器运行中冷却器全停时，冷却器全停保护动作，其动作后应立即切除变压器。（×）

Jf2B3242 智能终端应采用光纤通信，与间隔层设备间主要用 SV 协议传递上下行信息。（×）

Jf2B3243 合并单元应能够接收 IEC 61588 或 B 码同步对时信号。（√）

Jf2B4244 在 110kV 及以下电网中，线路都采用三相操作机构，电网继电保护的配置原则是"远后备"，即依靠上一级保护装置的动作来断开下一级未能断开的故障，因而没有设置断路器失灵保护的必要。（√）

Jf2B4245 对于开展重合闸软压板远方投退的线路保护，应在间隔图中设置"重合闸投入"软压板和"重合闸充电完成"状态指示。（√）

Jf2B4246 对于开展备自投软压板远方投退的装置，应在主接线图中设置"备自投投入"软压板和"备自投充电完成"状态指示。（×）

Jf2B4247 对于采用自保持接点上送远方信号的保护装置，应由监控人员进行远方复归。（×）

Jf2B4248 变电站测控装置遥控出口压板退出，会造成监控远方遥控预置失败。（×）

Jf2B4249 如 220kV 变电站有两台主变分列运行，在进行远方调压操作时，需两台主变同时调整。（×）

Jf2B4250 遥信变位应采用双位置接点，即断路器常闭接点与常开接点同时引入遥信值。（√）

Jf2B4251 强油风冷导向循环变压器冷却器全停会导致延时跳闸。（√）

Jf2B4252 雷电作用下，三相避雷器动作次数总是一致的，如出现动作次数不一致，说明计数器故障。（×）

Jf2B4253 根据断路器双位置遥信，当"主遥信"与"副遥信"状态相同时，监控系统会报断路器位置异常。（√）

Jf2B4254 在实际的开关操作中，手动分闸与远动分闸时，重合闸都应被闭锁。（√）

Jf2B4255 机房内设备的保护接地、防雷接地、静电接地、交流接地等应当分别引线到接地体上。（√）

Jf2B4256 强油循环变压器冷却器油泵要一次同时投入，避免形成湍流。（×）

Jf2B4257 无论储油柜是胶囊袋式还是隔膜式的变压器，变压器油都是完全封闭的。（×）

Jf2B4258 强迫油循环风冷变压器冷却装置投入的数量应根据变压器温度负荷来决定。（√）

Jf2B4259 避雷器与被保护设备的距离越近越好。（√）

Jf2B4260 新投运的变压器做冲击合闸试验，是为了检查变压器各侧主断路器能否承受操作过电压。（×）

Jf2B4261 运行中的高压设备其中性点接地系统的中性点可不视作带电体。（×）

Jf2B4262 变压器温度升高时，绝缘电阻值不变。（×）

Jf2B4263 隔离开关可以拉合无故障的电压互感器和避雷器。（√）

Jf2B4264 变压器每隔 1～3 年做一次预防性试验。（√）

Jf2B4265 当变压器运行电压超过额定值的 10% 时，不会引起变压器过励磁造成变压器发热。（×）

Jf2B4266 220kV 线路为中性点直接接地系统，因系统单相接地故障最多，所以断路器都装分相操动机构。（√）

Jf2B4267 变压器铁芯只允许一点接地，需要接地的各部件之间只允许单线连接。（√）

Jf2B4268 中性点不接地系统安装的变压器可以是分级绝缘变压器。（×）

Jf2B4269 新安装或大修后变压器投运前，应做冲击合闸试验，并均应连续冲击 5 次，每次间隔 5min。（×）

Jf2B4270 线路并联电抗器无功功率取决于线路电压，当线路电压低于额定电压时，对应并联电抗无功功率也低于额定容量。（√）

Jf2B4271　试验分为例行试验和诊断性试验。例行试验通常按周期进行，诊断性试验只在诊断设备状态时根据情况有选择地进行。（√）

Jf2B4272　备用设备投运前应对其进行诊断性试验；若更换的是新设备，投运前应按交接试验要求进行试验。（×）

Jf2B4273　变压器（电抗器）油中溶解气体在线监测装置主要组成部分：油样采集单元、油气分离单元、气体监测单元、数据采集与分析单元、控制与通信单元和辅助单元。（√）

Jf2B4274　变压器的瓦斯继电器应防水、防油渗漏，密封性好，必要时在继电器顶部安装防水罩。（√）

Jf2B4275　采用检定同期重合闸时不用后加速。（√）

Jf2B4276　220kV 的某些线路保护，如能实现远后备，则宜采用远后备，或同时采用远、近结合的后备方式。（√）

Jf2B4277　变压器非电气量保护可以启动失灵保护。（×）

Jf2B4278　当交流电流回路不正常或断线时，双母线接线和 3/2 接线应闭锁母线差动保护，并发出告警信号。（×）

Jf2B4279　对于断路器总位置信号，总的合位通常采用三个分相断路器合位触点的并生成，总的分位采用三个分相断路器分位触点的串联生成。（×）

Jf2B4280　对于 SF_6 断路器，当气压降低至不允许的程度时，断路器的跳闸回路断开，并发出"直流电源消失"信号。（×）

1.3 多选题

La2C2001 下列描述电感线圈主要物理特性的各项中，（　　）项是正确的。

（A）电感线圈能储存磁场能量；（B）电感线圈能储存电场能量；（C）电感线圈中的电流不能突变；（D）电感在直流电路中相当于短路。

答案：ACD

La2C3002 在电磁感应现象中，说法不正确的是（　　）。

（A）感应电动势的大小与穿过线圈磁通量的多少成正比；（B）感应电流产生的磁场方向总是与原磁场方向相反；（C）感应电动势的大小与穿过线圈磁通量的变化率成正比；（D）通过磁力线越多，感应电动势越大。

答案：ABD

La2C4003 在电阻、电感、电容的并联电路中，出现电路端电压和电流同相位的现象，叫作并联谐振，其特点是（　　）。

（A）并联谐振是一种完全的补偿，电源无需提供无功功率，只提供电阻所需的有功功率；（B）电路的总电流最小，而支路的电流往往大于电路的总电流，因此，并联谐振也称电流谐振；（C）发生并联谐振时，在电感和电容元件中会流过很大的电流，因此会造成电路的熔丝熔断或烧毁电气设备等事故；（D）在电感和电容上可能产生比电源电压大很多倍的高电压，因此并联谐振也称电压谐振。

答案：BC

La2C4004 在电阻、电感、电容的串联电路中，出现电路端电压和电流同相位的现象，叫作串联谐振，其特点是（　　）。

（A）电路呈纯电阻性，端电压和总电流同相位；（B）电抗等于零，阻抗等于电阻；（C）电路的阻抗最大，电流最小；（D）在电感和电容上可能产生比电源电压大很多倍的高电压，因此串联谐振也称电压谐振。

答案：ABD

Lb2C1005 关于标幺值说法正确的是（　　）。

（A）标幺值没有单位；（B）标幺值决定于基准值的选取；（C）不同的物理量可能有不同的标幺值；（D）一个物理量可以有多个标幺值。

答案：ABD

Lb2C1006 衡量电能质量的指标是（　　）。

（A）电压；（B）频率；（C）波形；（D）最大值。

答案：ABC

Lb2C1007 电力系统大扰动主要有（　　）。

（A）非同期并网（包括发电机非同期并列）；（B）各种突然断线故障；（C）大型发电机失磁、大容量负荷突然启停；（D）各种短路故障。

答案：**ABCD**

Lb2C1008 高压线路自动重合闸应（　　）。

（A）手动跳、合闸应闭锁重合闸；（B）手动合闸故障只允许一次重合闸；（C）重合永久故障开放保护加速逻辑；（D）远方跳闸启动重合闸。

答案：**AC**

Lb2C1009 综合重合闸有（　　）工作方式。

（A）综合重合闸方式；（B）单相重合闸方式；（C）三相重合闸方式；（D）停用重合闸方式。

答案：**ABCD**

Lb2C1010 光纤通道作为纵联保护通道的优点有（　　）。

（A）传输质量高，误码率低；（B）易受外力破坏；（C）抗干扰能力强；（D）传输信息量大。

答案：**ACD**

Lb2C2011 系统电压是电能质量的重要指标之一，电压质量对电力系统的（　　）等有直接的影响。

（A）安全稳定；（B）经济运行；（C）用户产品质量；（D）系统运行方式。

答案：**ABC**

Lb2C2012 并联电容器回路中安装串联电抗器有（　　）作用。

（A）抑制母线电压畸变，减少谐波电流；（B）限制合闸电流；（C）限制工频过电压；（D）抑制电容器对高次谐波的放大。

答案：**ABD**

Lb2C2013 距离保护一般由启动、测量、（　　）等几部分组成。

（A）振荡闭锁；（B）电压回路断线闭锁；（C）配合逻辑；（D）出口。

答案：**ABCD**

Lb2C2014 下面（　　）能作为线路纵联保护通道。

（A）电力线载波；（B）架空地线；（C）光纤；（D）导引线。

答案：**ACD**

Lb2C2015 220kV 变压器一般应装设（　　）保护。

（A）瓦斯；（B）过负荷；（C）距离；（D）差动。

答案：ABD

Lb2C2016 母线差动保护的基本类型有（　　）。

（A）固定接线式母差保护；（B）相位比较式母差保护；（C）中阻抗比率式母差保护；（D）单母线母差保护。

答案：ABCD

Lb2C2017 220kV 联络线的后备保护包括（　　）。

（A）距离保护；（B）零序保护；（C）过负荷保护；（D）电流速断保护。

答案：AB

Lb2C2018 电力系统的调频方式有（　　）。

（A）一次调频；（B）二次调频；（C）手动调频；（D）自动调频。

答案：AB

Lb2C2019 自动调频是电力系统调度自动化的组成部分，它具有（　　）等综合功能。

（A）调频；（B）优化机组运行工况；（C）系统间联络线交换功率控制；（D）经济调度。

答案：ACD

Lb2C2020 纵联保护的信号有（　　）。

（A）闭锁信号；（B）允许信号；（C）跳闸信号；（D）停信控制信号。

答案：ABC

Lb2C2021 允许式纵联保护有（　　）。

（A）全范围允许式；（B）超范围允许式；（C）欠范围允许式；（D）过范围允许式。

答案：BC

Lb2C3022 影响系统电压的因素有（　　）。

（A）由于生产、生活、气象等因素引起的负荷变化；（B）无功补偿容量的变化；（C）系统运行方式的改变引起的功率分布和网络阻抗变化；（D）大量照明负荷、电阻炉负荷的投退。

答案：ABC

Lb2C3023 并联电容器在电网中的作用是（　　　）。

（A）补偿无功功率，提高负荷的功率因数；（B）减少线路输送的无功功率，降低功率损耗和电能损耗；（C）提高系统供电能力；（D）改善电压质量。

答案：ABCD

Lb2C3024 距离保护有（　　　）闭锁。

（A）电压断线；（B）电流断线；（C）振荡；（D）低电压

答案：AC

Lb2C3025 大电流接地系统中，输电线路接地故障的主要保护方式有（　　　）。

（A）纵联保护；（B）零序电流保护；（C）过负荷保护；（D）接地距离保护。

答案：ABD

Lb2C3026 关于三相重合闸正确的动作方式，说法正确的是（　　　）。

（A）单相故障跳单相；（B）相间故障跳三相不重合；（C）相间故障跳三相重合一次；（D）单相故障跳三相。

答案：CD

Lb2C3027 关于微机继电保护的特点，下列说法正确的是（　　　）。

（A）灵活性大；（B）保护性能得到改善；（C）维护人员容易掌握；（D）可靠性高。

答案：ABD

Lb2C3028 按继电保护所起的作用可分为（　　　）。

（A）主保护；（B）后备保护；（C）辅助保护；（D）差动保护。

答案：ABC

Lb2C3029 下列属于变压器后备保护的是（　　　）。

（A）主变间隙保护；（B）主变复压过流保护；（C）主变零序过流保护；（D）主变差动保护。

答案：ABC

Lb2C3030 变压器本体安全保护装置的有（　　　）。

（A）防爆管；（B）温度指示控制器；（C）油位计；（D）差动保护。

答案：ABC

Lb2C3031 变压器短路故障后备保护，主要是作为（　　　）故障的后备保护。

（A）相邻元件；（B）变压器内部；（C）线路主保护；（D）发电机保护。

答案：AB

Lb2C3032 当电力系统出现（　　）时，将出现零序电流。

（A）不对称运行；（B）瞬时故障；（C）相间故障；（D）接地故障。

答案：AD

Lb2C3033 自动低频减负荷整定计算时的计算依据是（　　）。

（A）考虑有功功率缺额；（B）电动机的自启动电流大小；（C）系统电压保持不变；（D）系统平均频率的变化。

答案：ACD

Lb2C3034 关于发电机一次调频，下列说法正确的是（　　）。

（A）频率调整速度慢；（B）由发电机组调速系统的频率特性决定；（C）由发电机组励磁系统的特性决定；（D）频率调整速度快。

答案：BD

Lb2C3035 失灵保护动作的条件是（　　）和（　　），两者缺一不可。

（A）保护动作后不返回；（B）保护动作后返回；（C）故障仍然存在；（D）故障已经消除。

答案：AC

Lb2C4036 对于三段式距离保护下列说法正确的是（　　）。

（A）第一段带方向保护线路的 $15\%\sim20\%$；（B）第二段带方向保护线路的全长并作相邻母线的后备保护；（C）第三段带方向或不带方向作本线及相邻线段的后备保护；（D）第一段带方向保护线路的 $80\%\sim90\%$。

答案：BCD

Lb2C4037 电力系统振荡对阻抗继电器影响（　　）。

（A）周期性振荡时，电网中任一点的电压和流经线路的电流将随两侧电源电动势间相位角的变化而变化；（B）振荡电流增大，电压下降，阻抗继电器可能动作；（C）振荡电流减小，电压升高，阻抗继电器返回；（D）如果阻抗继电器触点闭合的持续时间长，就会造成保护装置误动作。

答案：ABCD

Lb2C4038 （　　）保护受系统振荡影响。

（A）相差高频保护；（B）高频闭锁距离保护；（C）接地距离保护；（D）分相电流差动保护。

答案：BC

Lb2C4039 重合闸时间为从故障切除后到开关主断口重新合上的时间，主要包括（　　）。

（A）开关动作时间；（B）重合闸整定时间；（C）开关固有合闸时间；（D）灭弧时间。

答案：BC

Lb2C4040 线路零序保护的Ⅰ、Ⅱ、Ⅲ、Ⅳ段的保护范围正确的是（　　）。

（A）Ⅰ段：按躲过本线路末端单相短路时流经保护装置的最大零序电流整定的，它不能保护线路全长；（B）Ⅱ段：与保护安装处相邻线路零序保护的Ⅰ段相配合整定，它不仅能保护本线路的全长，而且可以延伸至相邻线路；（C）Ⅲ段：与相邻线路的Ⅱ段相配合，是Ⅱ段的后备保护；（D）Ⅳ段：一般作为Ⅲ段的后备保护。

答案：ABD

Lb2C4041 下列关于零序电流保护说法正确的有（　　）。

（A）受故障过渡电阻影响大；（B）受故障过渡电阻影响小；（C）不受负荷电流影响；（D）结构与工作原理简单。

答案：BCD

Lb2C4042 双母线接线方式下，线路断路器失灵保护由（　　）部分组成。

（A）保护动作触点；（B）电流判别元件；（C）电压闭锁元件；（D）时间元件。

答案：ABCD

Lb2C5043 对于远距离超高压输电线路一般在输电线路的两端或一端变电所内装设三相对地的并联电抗器，其作用是（　　）。

（A）为吸收线路容性无功功率、限制系统的操作过电压；（B）提高系统的电压水平；（C）限制线路故障时的短路电流；（D）对于使用单相重合闸的线路，限制潜供电容电流、提高重合闸的成功率。

答案：AD

Lb2C5044 下列关于距离保护说法正确的有（　　）。

（A）距离Ⅰ段不受系统运行方式影响；（B）需要增加振荡闭锁装置；（C）距离保护装置调试简单；（D）需要增加电压回路断线闭锁装置。

答案：ABD

Lb2C5045 关于线路距离保护振荡闭锁的原则，下列说法正确的是（　　）。

（A）预定作为解列点上的距离保护不应经振荡闭锁控制；（B）动作时间大于振荡周期的距离保护不应经振荡闭锁；（C）预定作为解列点上的距离保护应该经振荡闭锁控制；（D）动作时间大于振荡周期的距离保护应该经振荡闭锁。

答案：AB

Lb2C5046 零序电流保护运行中的问题有（　　）。

（A）电流回路断线可能误动；（B）系统不对称运行也可能有零序电流；（C）同杆并架线路之一故障会在另一回感应零序电流；（D）零序电流二次回路断线不易发现。

答案：**ABCD**

Lb2C5047 电压断线信号出线时，应立即将（　　）保护停用。

（A）距离保护；（B）振荡解列装置；（C）检无电压重合闸；（D）低电压保护。

答案：**ABCD**

Lb2C5048 与电压回路有关的安全自动装置包括（　　）。

（A）高频切机；（B）低频自启动；（C）高低频解列装置；（D）振荡解列装置。

答案：**CD**

Lc2C2049 以下（　　）属于调度部门的过失而造成的事故。

（A）系统运行方式不合理；（B）设备检修安排不周；（C）检修质量不好；（D）系统备用容量不足。

答案：**ABD**

Lc2C2050 事故发生后，有关电力企业应当立即采取相应的紧急处置措施，控制事故范围，防止发生（　　）。

（A）主设备损坏；（B）电网系统瓦解；（C）电网系统性崩溃；（D）电网大面积停电。

答案：**BC**

Lc2C3051 电力生产与电网安全运行应当遵循的原则为（　　）。

（A）安全；（B）优质；（C）高效；（D）经济。

答案：**ABD**

Lc2C3052 并网调度协议必须以书面形式签订，其基本内容应包括（　　）。

（A）双方的义务；（B）并网条件及要求；（C）调度管理；（D）技术管理。

答案：**ABCD**

Lc2C3053 违反《电网调度管理条例》规定的（　　）行为，对主管人员和直接责任人员由其所在单位或者上级机关给予行政处分。

（A）不执行有关调度机构批准的检修计划的；（B）不如实反映电网运行情况的；（C）不如实反映执行调度指令情况的；（D）不执行调度指令和调度机构下达的保证电网安全措施的。

答案：**ABCD**

Lc2C4054 对（　　）事故，国务院电力监管机构接到事故报告后应当立即报告国务院。

（A）特别重大事故；（B）重大事故；（C）较大事故；（D）一般事故。

答案：**AB**

Lc2C4055 下列（　　）事故单位可不待调度指令自行先处理后再向调度报告。

（A）对人身和设备有威胁时，根据现场规程采取措施；（B）发电厂、变电站的自用电全部或部分停电时，用其他电源恢复自用电；（C）系统事故造成频率降低时，各发电厂增加机组出力和开出备用发电机组并入系统；（D）系统频率低至按频率减负荷、低频率解列装置应动作值，而该装置未动作时，在确认无误后立即手动切除该装置应动作切开的开关。

答案：**ABCD**

Lc2C4056 根据事故具体情况，电力调度机构可以开启或关停发电机组、（　　），发电企业和用户应当执行。

（A）调整发电机有功和无功负荷；（B）调整供电调度计划；（C）拉闸限电；（D）调整电网运行方式。

答案：**ABD**

Lc2C4057 事故应急指挥机构或电力监管机构应当按照有关规定，统一、准确、及时发布有关事故（　　）等信息。

（A）影响范围；（B）处理措施；（C）预计恢复供电时间；（D）处置工作进度。

答案：**ABC**

Lc2C4058 调查分析事故必须实事求是，尊重科学，严肃认真，要做到（　　）。

（A）事故原因不清楚不放过；（B）事故责任者和应受教育者没有受到教育不放过；（C）没有采取防范措施不放过；（D）事故责任者没有受到处罚不放过。

答案：**ABCD**

Jd2C1059 变压器油在变压器内起（　　）的作用。

（A）冷却；（B）绝缘；（C）防氧化；（D）过滤。

答案：**AB**

Jd2C1060 变压器并联运行的条件是（　　）。

（A）变比相等；（B）相位相同；（C）短路电压相等；（D）连接组别相同。

答案：**ACD**

Jd2C1061 并网发电机组应具有（　　）功能。

（A）调峰；（B）一次调频；（C）二次调频；（D）三次调频。

答案：**ABC**

Jd2C2062 变压器中性点接地的原则有（　　）。

（A）变压器停送电操作中性点要接地；（B）自耦变压器中性点一定接地；（C）变压器绝缘有问题的中性点要接地；（D）为保持系统零序阻抗而将中性点接地。

答案：ABCD

Jd2C2063 220kV变压器使用强油风冷冷却器，有（　　）三种工作状态。

（A）投入；（B）备用；（C）工作；（D）辅助。

答案：BCD

Jd2C2064 发电机中性点的接地方式有（　　）。

（A）不接地；（B）经电阻接地；（C）经消弧线圈接地；（D）直接接地。

答案：ABCD

Jd2C2065 调相机的作用有（　　）。

（A）向系统输送无功功率；（B）向系统输送有功功率；（C）增加了网络损耗；（D）降低了网络损耗。

答案：AD

Jd2C2066 自耦变压器具备（　　）等特点。

（A）体积小；（B）质量轻；（C）损耗小；（D）保护整定简单。

答案：ABC

Jd2C2067 自耦变压器在运行中（　　）。

（A）中性点必须可靠的直接接地；（B）必要时要采取限制短路电流的措施；（C）一次侧加装避雷器；（D）监视公用绕组的电流，使之不过负荷。

答案：ABD

Jd2C2068 不得直接进行遥控复归信号的项目有（　　）。

（A）过流保护动作跳闸，核实正确；（B）在未核实具体保护动作情况前；（C）误发信号；（D）开关或保护动作行为不正确时。

答案：BD

Jd2C2069 查找二次系统直流接地，采取拉路分段寻找处理的方法，原则是（　　）。

（A）先信号和照明部分，后操作部分；（B）先操作部分，后信号和照明部分；（C）先室外部分，后室内部分；（D）先室内部分，后室外部分。

答案：AC

Jd2C2070 电流互感器的二次负荷包括（　　）。

（A）表计和继电器电流线圈的电阻；（B）二次电流电缆回路电阻；（C）连接点的接触电阻；（D）接线电阻。

答案：ACD

Jd2C2071 异常信息是反映设备运行异常情况的报警信息和影响设备遥控操作的信息，主要包括（　　）。

（A）一次设备异常告警信息；（B）二次设备、回路异常告警信息；（C）自动化、通信设备异常告警信息；（D）开关异常变位信息。

答案：ABC

Jd2C2072 分析监控运行中发现的问题，对（　　）等进行重点分析。

（A）误报信号；（B）漏报信号；（C）事故信号；（D）频发信号。

答案：ABD

Jd2C3073 变压器一次匝数减少，二次匝数不变，会引起变压器（　　）。

（A）二次电压升高；（B）主磁通增加；（C）铁损增加；（D）励磁电流减少。

答案：ABC

Jd2C3074 变压器中的无功损耗分为（　　）。

（A）铁芯饱和损耗；（B）励磁支路损耗；（C）绕组匝间损耗；（D）绕组漏抗中的损耗。

答案：BD

Jd2C3075 当两台变比不同的变压器并列运行时，会（　　）。

（A）将会产生环流；（B）影响变压器的输出功率；（C）不能按变压器的容量比例分配负荷；（D）造成变压器短路。

答案：AB

Jd2C3076 变压器一次侧电压不变，电网频率升高，造成变压器（　　）。

（A）一次、二次绕组感应电势基本不变；（B）主磁通减少；（C）励磁电流减少；（D）一次、二次绕组感应电势基本减少。

答案：ABC

Jd2C3077 所谓进相运行调压是指发电机工作在欠励磁运行状态，发电机此时（　　）。

（A）发出有功；（B）发出无功；（C）吸收无功；（D）吸收有功。

答案：AC

Jd2C3078 断路器本身常见的故障有（　　）。

（A）拒绝合闸；（B）拒绝跳闸；（C）假合闸；（D）假跳闸。

答案：ABCD

Jd2C3079 断路器常见故障包括（　　）。

（A）闭锁分合闸；（B）三相不一致；（C）机构损坏或压力降低；（D）具有分相操作功能的开关不按指令的相别动作。

答案：ABCD

Jd2C3080 下列说法正确的有（　　）。

（A）运行中的电流互感器 二次侧不容许开路；（B）运行中的电流互感器二次侧需要时允许短接；（C）运行中的电压互感器二次侧不容许开路；（D）运行中的电压互感器二次侧不容许短路。

答案：ABD

Jd2C3081 减少电压互感器的基本误差方法有（　　）。

（A）增加电压互感器励磁电流；（B）减小电压互感器线圈的阻抗；（C）增加电压互感器线圈的阻抗；（D）减小电压互感器励磁电流。

答案：BD

Jd2C3082 以下关于直流系统两点接地危害说法正确的是（　　）。

（A）正极接地，可能造成保护误动；（B）正极接地，可能造成保护拒动；（C）负极接地，可能造成保护误动；（D）负极接地，可能造成保护拒动。

答案：AD

Jd2C3083 当监控系统报出下列（　　）信息时，应立即进行处理。

（A）线路保护主保护出口；（B）开关控制回路断线；（C）线路保护重合闸出口；（D）线路保护装置电流互感器断线。

答案：AC

Jd2C3084 集中监控系统"主变油温高告警"动作时，值班监控员应对相关设备采取加强监视措施，如（　　）、（　　）、对相关设备或变电站进行固定画面监视等，并做好事故预想及各项应急准备工作。

（A）增加监视频度；（B）做好相关记录；（C）定期抄录相关数据；（D）及时督促运维人员巡视。

答案：AC

Jd2C4085 下列（　　）情况可以使变压器工作磁密增加。

（A）电压升高；（B）频率升高；（C）电压降低；（D）频率降低。

答案：AD

Jd2C4086 通常发电机并列可采用（　　）方式。

（A）非同期并列；（B）自同期并列；（C）准同期并列；（D）都对。

答案：BC

Jd2C4087 电压互感器和电流互感器在作用原理上有（　　）区别。

（A）电流互感器二次可以短路，但不得开路，电压互感器二次可以开路，但不得短路；（B）相对于二次侧的负载来说，电压互感器的一次内阻抗较小以至可以忽略，而电流互感器的一次内阻很大；（C）故障时，电压互感器磁通密度下降，电流互感器磁通密度增加；（D）电压互感器正常工作时的磁通密度很低，电流互感器正常工作时磁通密度接近饱和值。

答案：ABC

Jd2C4088 下列说法正确的有（　　）。

（A）运行中的电流互感器二次侧容许短路；（B）运行中的电压互感器二次侧需要时允许短接；（C）运行中的电流互感器二次侧不容许开路；（D）运行中的电压互感器二次侧容许开路。

答案：ACD

Jd2C4089 Yn，d11 接线组别的变压器差动保护，其电流互感器接线要求是（　　）。

（A）高压侧接成星形，低压侧接成三角形；（B）高压侧接成三角形，低压侧接成星形；（C）除按照 B 接线外，还应注意极性。

答案：BC

Jd1C4090 对认定为可直接导致保护装置不正确动作的严重家族性缺陷，在反措实施前，应采取有效的（　　）、（　　），降低保护缺陷可能对电网造成的影响。

（A）组织措施；（B）临时技术；（C）管理措施；（D）安全措施。

答案：BC

Jd1C4091 集中监控系统报某站 2213 开关分，检查监控系统 2213 开关在分闸位置，有遥测值且不断刷新，下列说法正确的是（　　）。

（A）造成此现象的原因可能是 2213 测控装置遥信电源小开关跳闸；（B）造成此现象的原因可能是 2213 测控装置 3PU 插件松动；（C）在此情况下，即使现场 2213 开关实际在合闸位置，监控人员也无法在监控机对 2213 开关进行分闸操作；（D）可立即判断 2213 开关在分闸位置。

答案：ABC

Jd2C5092 集中监控系统报某站 2215 合并单元一装置异常，下列说法正确的是（　　）。

（A）此信号为异常类信息；（B）此信号发生后应立即通知运维队现场检查并列严重

缺陷；（C）此信号发生后将会影响 2215 遥测采样，影响保护装置正确动作；（D）合并单元装置 GOOSE 输入异常可能会造成此缺陷。

答案：ACD

Jd2C5093 监控屏发现某开关发"弹簧未储能信号"，此时该开关（　　）。

（A）不能分合闸；（B）会闭锁该开关重合闸；（C）只能分闸不能合闸；（D）只能合闸不能分闸。

答案：BC

Je2C1094 对线路零起升压前，应（　　）。

（A）退出线路重合闸；（B）退出线路保护；（C）停用发电机自动励磁；（D）发电机升压变中性点必须接地。

答案：ACD

Je2C1095 对线路零起加压，关于发电机励磁系统，下列说法正确的是（　　）。

（A）自动励磁调节装置、强行励磁装置应投入；（B）自动励磁调节装置、强行励磁装置应退出；（C）励磁调整电阻应放至最大；（D）励磁调整电阻应放至最小。

答案：BC

Je2C1096 电力系统谐波源主要分（　　）等类型。

（A）电阻型；（B）磁饱和型；（C）电子开关型；（D）电弧型。

答案：BCD

Je2C1097 以下设备中，属于电力系统中无功电源的有（　　）。

（A）发电机；（B）同步调相机；（C）静止补偿器；（D）异步电动机。

答案：ABC

Je2C1098 无功电压调度管理主要内容包括（　　）。

（A）确定电压考核点、电压监视点；（B）编制季度（月度）电压曲线；（C）指挥直调系统无功补偿装置运行，确定调整变压器分接头位置；（D）统计考核电压合格率。

答案：ABCD

Je2C1099 电网并列的条件是（　　）。

（A）相序、相位必须相同；（B）频率相等，无法调整时，频率偏差不得大于 0.2Hz，并列时两系统频率必须在（50±0.2）Hz 频率范围内；（C）电压相等，无法调整时，220kV 及以下电压差最大不超过 10%，500kV 时最大不超过 5%；（D）并列操作必须使用同期并列装置。

答案：ACD

Je2C1100　双回线中任一回线停送电操作，下列说法正确的是（　　）。

（A）线路停电之前，必须将双回线送电功率降低至一回线按稳定条件所允许的数值；（B）线路停电时，先拉开送端开关，然后再拉开受端开关；（C）线路送电前，运行线路潮流需保持稳定；（D）线路送电时，先合送端开关，后合受端开关。

答案：AB

Je2C1101　对新安装的变压器保护在在变压器启动时的试验有（　　）。

（A）测量差动保护不平衡电流；（B）带负荷校验；（C）变压器充电合闸试验；（D）测量差动保护的制动特性。

答案：ABC

Je2C1102　对于双母线接线方式的变电所，当某一出线发生故障且断路器拒动时，应由（　　）切除电源。

（A）失灵保护；（B）母线保护；（C）对侧线路保护；（D）主变后备保护。

答案：AC

Je2C1103　双回线中任一回线停电，可能造成以下（　　）现象。

（A）线路停电后，运行线路潮流超稳定限额；（B）线路送电造成稳定破坏；（C）拉开受端开关时，受端电压升高；（D）合上受端开关时，受端电压升高。

答案：ABD

Je2C2104　谐波对电网的影响有（　　）。

（A）对旋转设备和变压器引起附加损耗以及增加发热；（B）对线路引起附加损耗；（C）干扰通信设备；（D）引起系统的电感、电容发生谐振，使谐波放大。

答案：ABCD

Je2C2105　电网中的谐波对电力电容器的影响为（　　）。

（A）增加介质损耗；（B）引起或加剧介质内部的局部放电；（C）降低了介质内部的局部放电；（D）降低介质损耗。

答案：AB

Je2C2106　电网无功补偿应（　　）。

（A）按分层分区和就地平衡原则考虑；（B）保证系统各枢纽点的电压在正常和事故后均能满足规定的要求；（C）能随负荷或电压进行调整；（D）避免经长距离线路或多级变压器传送无功功率。

答案：ABCD

Je2C2107 220kV 变电站电压监视点母线电压值（   ）时，应立即报告所属调度值班调度员。

（A）低于 213.4kV；（B）高于 235.4kV；（C）高于 231kV；（D）低于 209kV。

答案：**AB**

Je2C2108 电压调整采用逆调压应满足下列（   ）条件。

（A）负荷变动较大；（B）负荷变动较小；（C）线路上的电压损耗较小；（D）线路上的电压损耗较大。

答案：**AD**

Je2C2109 变压器停送电操作，以下说法正确的是（   ）。

（A）变压器充电时，应投入全部继电保护；（B）变压器在充电或停运前，必须将中性点接地刀闸合上；（C）220kV 变压器高低压侧均有电源送电时，应由高压侧充电；（D）220kV 变压器高低压侧均有电源停电时，则先在高压侧解列。

答案：**ABC**

Je2C2110 进行电网合环操作前若发现两侧（   ）不同，则不允许操作。

（A）频率；（B）相位；（C）相角；（D）电压。

答案：**AB**

Je2C2111 新投产的线路或大修后的线路，必须进行（   ）核对。

（A）长度；（B）相序；（C）相位；（D）容量。

答案：**BC**

Je2C2112 以下情况下要核相的为（   ）。

（A）新投产的线路；（B）线路更换一段导线；（C）更换新电压互感器；（D）线路开断接入新变电站。

答案：**ACD**

Je2C2113 变压器过载属不良运行工况，应详细记录（   ）。

（A）过载前负载率；（B）过载倍数；（C）持续时间；（D）环境温度。

答案：**ABC**

Je2C2114 与发电厂直接相连的线路常在（   ）情况下采用零起加压。

（A）线路较短；（B）若全电压送出，则末端电压太高；（C）为检查线路事故跳闸后、检修后是否存在故障；（D）若全电压投入到故障线路，将引起过大的系统冲击或稳定破坏。

答案：**BCD**

Je2C3115 运行时，频率高于 50.20Hz，而且第一、第二调频厂已无降备用，此时省调调度员可以（   ）。

（A）调整其他发电厂出力；（B）拉路限电；（C）启动抽水蓄能机组；（D）停机备用。

答案：ACD

Je2C3116 消除系统间联络线过负荷的主要措施有（   ）。

（A）送端减出力；（B）送端加负荷；（C）受端加出力；（D）受端减负荷。

答案：ACD

Je2C3117 电力系统中的谐波对电网的电能质量有（   ）影响。

（A）电压与电流波形发生畸变；（B）电压波形发生畸变，电流波形不畸变；（C）降低电网电压；（D）提高电网电压。

答案：AC

Je2C3118 限制电网谐波对主要措施有（   ）。

（A）减少换流装置的脉动数；（B）加装有源滤波器；（C）加装交流滤波器；（D）加强谐波管理。

答案：BCD

Je2C3119 与频率变化基本上无关的电力负荷有（   ）。

（A）电炉；（B）照明；（C）压缩机；（D）水泵。

答案：AB

Je2C3120 电压调整的方式有（   ）。

（A）逆调压；（B）顺调压；（C）恒调压；（D）平调压。

答案：ABC

Je2C3121 无功功率不足的电网中，在高峰负荷到来前就应当将电容器投入，使电网电压提高至上限运行，这是因为（   ）。

（A）可以防止高峰负荷使电压下降；（B）先提高电压，可以使电容器充电无功增加；（C）如果电压下降后调整往往调不上去或调节效果不好；（D）先提高电压可以使线路的充电无功增加。

答案：ABC

Je2C3122 电压监视和控制点电压偏差超出电网调度的规定值（   ），且延续时间超过（   ），为一般电网事故。

（A）±5%，1h；（B）±5%，2h；（C）±10%，30min；（D）±10%，1h。

答案：BD

Je2C3123 局部电网无功功率过剩，电压偏高，应采取（　　）措施。

（A）发电机高功率因数运行；（B）发电机低功率因数运行；（C）切除并联电容器；（D）投入并联电容器。

答案：**AC**

Je2C3124 对于变电站的110kV母线电压的允许偏差值，说法正确的是（　　）。

（A）事故运行方式下，电压允许偏差为系统额定电压的$-10\%\sim+10\%$；（B）正常运行方式下，电压允许偏差为系统额定电压的$-3\%\sim+7\%$；（C）正常运行方式下，电压允许偏差为系统额定电压的$0\sim+10\%$；（D）事故运行方式下，电压允许偏差为系统额定电压的$-5\%\sim+10\%$。

答案：**AB**

Je2C3125 关于逆调压的说法中，正确的是（　　）。

（A）逆调压是指在电源允许偏差范围内，供电电压的调整使高峰负荷时的电压值高于低谷负荷时的电压值；（B）逆调压是指在电源允许偏差范围内，供电电压的调整使高峰负荷时的电压值低于低谷负荷时的电压值；（C）220kV及以下电网的电压调整，宜实行逆调压方式；（D）110kV及以上电网的电压调整，不宜实行逆调压方式。

答案：**AC**

Je2C3126 进行热倒母线操作时，应注意（　　）。

（A）母联断路器改为非自动；（B）母差保护必须停用；（C）母差保护不得停用；（D）一次接线与保护二次交直流回路是否对应。

答案：**ACD**

Je2C3127 线路停送电操作可能引起下列（　　）现象。

（A）发电机在无负荷情况下投入空载线路产生自励磁；（B）投入空线路时，电网电压大幅上升；（C）切除空线路时，电网电压大幅上升；（D）空载线路末端电压升高至允许值以上。

答案：**ABD**

Je2C3128 采用（　　）措施可以提高线路的输电能力。

（A）加强电力网络结构；（B）采用多分裂导线；（C）增大导线截面面积；（D）提高系统稳定水平。

答案：**ABCD**

Je2C3129 电网解环操作前应进行以下调整（　　）。

（A）降低解环点有功潮流；（B）降低解环点无功潮流；（C）重新考虑继电保护配合；

（D）和相关单位协调。

答案：ABCD

Je2C3130 当发生系统解列事故时，有同期并列装置的变电站在可能出现非同期电源来电时（　　）。

（A）拉开可能误合的断路器；（B）发现符合并列条件时，应立即主动进行并列，而不必等待值班调度员命令；（C）发现符合并列条件时，应立即汇报值班调度员，并等待命令；（D）应主动将同期并列装置接入，检验是否真正同期。

答案：BD

Je2C3131 未进行相应调整而进行合解环操作，可能出现以下（　　）现象。

（A）一些母线电压越限；（B）线路出现过载；（C）系统稳定遭破坏；（D）频率出现较大波动。

答案：ABC

Je2C3132 下列情况（　　）固定结线式母差应投入"有选择"方式运行。

（A）母线倒闸操作，隔离开关双跨两条母线；（B）双母线元件按固定方式联结；（C）母联断路器断开，两条母线元件仍按固定方式联结；（D）旁路断路器代路运行时。

答案：BCD

Je3C3133 内桥接线进线备自投启动条件包括（　　）。

（A）主供电源无压；（B）主供电源无流；（C）两台主变压器运行；（D）备用电源有电压。

答案：ABD

Je3C3134 对备用电源自投装置的要求是（　　）。

（A）备投的动作时间应使负荷停电时间尽可能短；（B）备投只能动作一次；（C）备用电源自动投入装置必须具备双向备投功能；（D）无论任何原因工作母线电压消失时，它均应动作。

答案：ABD

Je2C3135 变压器发生下列（　　）故障时，可由瓦斯保护反应出但差动保护却无反应。

（A）铁芯过热烧坏；（B）油面降低；（C）变压器绕组发生少数线匝的匝间短路；（D）中性点电压升高。

答案：ABC

Je2C3136 新变压器在投入运行前做冲击试验的目的为（   ）。检验变压器的绝缘能否承受操作过电压，考核变压器机械强度和验证继电保护是否会误动作的有效措施。

（A）检验变压器的绝缘能否承受操作过电压；（B）考核变压器操作过电压是否在合格范围内；（C）考核变压器机械强度；（D）验证继电保护是否会误动作。

答案：**ACD**

Je2C3137 关于母线启动的要求是（   ）。

（A）老母线扩建，宜采用母联断路器充电保护对新母线进行冲击；（B）冲击正常后，新母线电压互感器二次侧必须做核相试验；（C）用本侧电源对母线冲击一次，冲击侧应有可靠的二级保护；（D）用外来电源对母线冲击一次，冲击侧应有可靠的一级保护。

答案：**ABD**

Je2C3138 新设备启动时，已经投运的下列保护（   ）可视为一级可靠保护。

（A）具有全线灵敏度的距离－方向零序保护；（B）相差高频保护；（C）母联长充电保护；（D）母联短充电保护。

答案：**ABC**

Je2C3139 运行中的电压互感器出现（   ）现象时必须立即停止运行。

（A）高压侧熔断器接连熔断二、三次；（B）内部放电异音或噪声；（C）引线端子松动过热；（D）发出臭味或冒烟、溢油。

答案：**ABCD**

Je2C3140 带负荷合隔离开关时，发现合错，应（   ）。

（A）不准直接将隔离开关再拉开；（B）准许直接将隔离开关再拉开；（C）在刀片刚接近固定触头，发生电弧，这时也应立即合上；（D）在刀片刚接近固定触头，发生电弧时，应立即拉开。

答案：**AC**

Je2C3141 刀闸在运行时发生烧红、异响等情况，应（   ）。

（A）应采取措施降低通过该刀闸的潮流；（B）可以采用合另一把母线刀闸的方式；（C）可以采用旁路代的方式；（D）可以采用停用刀闸的方式。

答案：**ACD**

Je2C3142 变压器差动保护防止励磁涌流的措施有（   ）。

（A）采用二次谐波制动；（B）采用间断角判别；（C）采用五次谐波制动；（D）采用波形对称原理。

答案：**ABD**

Je2C3143 变压器过励磁产生的原因有（　　）。

（A）过负荷；（B）系统频率低；（C）局部电压高；（D）变压器过热。

答案：BC

Je2C3144 造成轻瓦斯保护动作的原因有（　　）。

（A）变压器故障产生少量气体；（B）因滤油，加油或冷却系统不严密以致空气进入变压器；（C）因温度下降或漏油致使油面低于气体继电器轻瓦斯浮筒以下；（D）气体继电器或二次回路故障。

答案：ABCD

Je2C3145 母线电压消失判别的依据是（　　）。

（A）该母线电压表指示消失；（B）该母线各元件负荷、电流指示为零；（C）该母线供电的厂（站）用电消失；（D）站内无任何保护信号。

答案：ABC

Je2C3146 电力系统发生振荡时，（　　）不会发生误动。

（A）电流差动纵联保护；（B）距离保护；（C）电流速断保护；（D）非电气量保护。

答案：AD

Je2C3147 值班调度员在向设备运行维护单位发布巡线指令时应说明（　　）。

（A）找到故障后是否可以不经联系立即开始抢修；（B）线路状态；（C）故障的处理经过；（D）故障线路继电保护及安全自动装置动作情况、故障录波器测量数据等情况。

答案：ABD

Je2C3148 当出现（　　）等紧急情况时，值班调度员可以调整日发电、供电调度计划，发布限电，调整发电厂功率，开停发电机组。

（A）主干线路功率值超过规定的稳定限额；（B）发电、供电设备发生重大事故或者电网发生事故；（C）输变电设备负载超过规定值；（D）电网频率或电压超过额定值。

答案：ABC

Je2C3149 对于送端系统，热稳定输送能力低的并行输电线路，为提高外送通道的供电能力，可以（　　）。

（A）装设过负荷解列装置；（B）联切负荷；（C）联切机装置；（D）联切大容量负荷变压器。

答案：AC

Je2C4150 系统发生频率突然大幅下降时，应采取（　　）措施恢复频率。

（A）投入旋转备用；（B）迅速启动备用机组；（C）发电机调相运行；（D）切除负荷。

答案：ABD

Je2C4151 关于电力系统频率特性的描述，正确的是（　　）。

（A）系统频率无法集中调整控制；（B）它是由系统的有功负荷平衡决定的，且与网络结构（网络阻抗）关系不大；（C）在非振荡情况下，同一电力系统的稳态频率是相同的；（D）电力系统的频率特性取决于负荷的频率特性和发电机的频率特性。

答案：BCD

Je2C4152 中性点经电阻或者直接接地的发电机有（　　）特点。

（A）供电可靠性好；（B）继电保护复杂；（C）继电保护简单；（D）内部过电压对相电压倍数较低。

答案：BD

Je2C4153 变压器空载合闸操作时产生的励磁涌流大小与（　　）的因素有关。

（A）铁芯磁通突变导致的暂态直流分量；（B）合闸操作时电压初相角，决定了暂态分量的大小；（C）铁芯极度饱和；（D）铁芯中的剩余磁通。

答案：BCD

Je2C4154 进行母线倒闸操作应注意（　　）。

（A）对母差保护的影响；（B）各段母线上电源与负荷分布是否合理；（C）主变中性点分布是否合理；（D）双母线电压互感器在一次侧没有并列前二次侧不得并列运行，防止电压互感器对停运母线反充电。

答案：ABCD

Je2C4155 解、合环操作，必须保证操作后潮流不超（　　）方面的限额。

（A）继电保护；（B）电网稳定；（C）设备容量；（D）变压器允许电流。

答案：ABC

Je2C4156 遇有下列情况（　　）应停用有关线路重合闸装置。

（A）查找直流失地；（B）系统有稳定要求时；（C）可能造成非同期合闸时；（D）超过开关跳合闸次数时。

答案：BCD

Je2C4157 对于配置双套母差保护的厂站，正常时（　　）。

（A）投信号的母差保护具备开关失灵出口跳闸功能；（B）投跳闸的母差保护具备开关失灵出口跳闸功能；（C）两套母差均具备开关失灵出口跳闸功能；（D）投信号的母差保护不具备开关失灵出口跳闸功能。

答案：BD

Je2C4158 变压器差动保护不同于瓦斯保护之处是（　　　）。

（A）差动保护不能反映油面降低的情况；　（B）差动保护能反映油面降低的情况；（C）差动保护受灵敏度限制，不能反映轻微匝间故障，而瓦斯保护能反映；（D）差动保护不受灵敏度限制，能反映轻微匝间故障。

答案：AC

Je2C4159 遇到下列情况（　　　），应退出主变差动保护。

（A）发现差回路差电压或差电流不合格时；　（B）电流互感器二次回路断线时；（C）差动保护任何一侧电流互感器回路有工作时；（D）装置异常或故障时。

答案：ABCD

Je2C4160 运行中的变压器瓦斯保护，当现场进行（　　　）工作时，重瓦斯保护应用"跳闸"位置改为"信号"位置运行。

（A）进行注油和滤油；（B）在瓦斯保护及其二次回路上进行工作；（C）采油样和气体继电器上部放气阀放气；（D）开－闭气体继电器连接管上的阀门。

答案：ABD

Je2C4161 新设备投运前必须具备的条件（　　　）。

（A）有关人员已通过调度规程考核；（B）设备验收完毕，有关单位已向省调提出新设备投运申请；（C）所需资料齐全，参数测量工作已结束，并提供给有关单位；（D）调度通信、自动化系统调试正确。

答案：ABCD

Je2C4162 隔离开关在运行中出现瓷瓶外伤严重，瓷瓶掉盖，对地击穿，瓷瓶爆炸，刀口熔焊等，应（　　　）。

（A）立即采取停电作业处理；（B）立即采取带电作业处理；（C）继续观察；（D）经过正式申请停电手续，再行处理。

答案：AB

Je2C4163 当断路器发生非全相运行时，正确的处理措施是（　　　）。

（A）发电机出口断路器非全相运行，应迅速降低该发电机有功、无功出力至零，然后进行处理；（B）断路器在正常运行中发生一相断开时，现场值班人员应立即向调度汇报，按调度指令处理；（C）断路器在正常运行中发生一相断开后，现场手动合闸不成，应尽快拉开其余两相断路器；（D）断路器在正常运行中发生两相断开时，现场值班人员可不待调度指令直接拉开断路器。

答案：ACD

Je2C4164 对于一侧有电源的受电变压器，当其开关非全相拉、合时，若其中性点不接地，以下说法正确的是（　　　）。

（A）变压器电源侧中性点对地电压最大可达相电压；（B）变压器电源侧中性点对地电压最大可达线电压；（C）变压器低压侧电压达到谐振条件时，可能会出现谐振过电压；（D）变压器的高、低压线圈之间的电容会造成高压对低压的"传递过电压"。

答案：ACD

Je2C4165 某线路"电压回路断线"时，可能会出现（　　　）情况。

（A）功率表指示降为零；（B）断线闭锁装置动作；（C）距离保护误动；（D）电流保护误动。

答案：ABC

Je2C4166 母线失压，在（　　　）情况下未查明原因前，不得试送母线。

（A）母差保护动作跳闸；（B）母线因后备保护动作跳闸；（C）母线有带电作业时电压消失；（D）母线因备自投装置拒动电压消失。

答案：ABC

Je2C4167 通信中断时，若母线故障，现场值班人员（　　　）。

（A）应对故障母线不经检查即行强送电一次；（B）查找不到故障点时，应继续查找，不得擅自恢复送电；（C）查找不到故障点时，应对故障母线试送电；（D）不允许对故障母线不经检查即行强送电。

答案：BD

Je2C4168 母线故障的处理原则（　　　）。

（A）若确认系保护误动作，应尽快恢复母线运行；（B）找到故障点并能迅速隔离的，在隔离故障点后对停电母线恢复送电；（C）双母线中的一条母线故障，且短时不能恢复，在确认故障母线上的元件无故障后，将其冷倒至运行母线并恢复送电；（D）找不到明显故障点的，有条件时应对故障母线零起升压，否则可对停电母线试送电一次。

答案：ABCD

Je2C4169 发生母线短路时，关于电流互感器二次侧电流的特点，以下说法正确的是（　　　）。

（A）直流分量大；（B）暂态误差大；（C）不平衡电流最大值不在短路最初时刻；（D）直流分量小。

答案：ABC

Je2C4170 线路跳闸后，不宜试送的情况有（　　　）。

（A）空充线路；（B）轻载线路；（C）电缆线路；（D）试运行线路。

答案：ACD

Je2C5171 系统发生解列的主要原因有（　　　）。

（A）为解除系统振荡，手动将系统解列；（B）低频、低压解列装置动作将系统解列；（C）联络变压器跳闸；（D）系统联络线跳闸。

答案：ABCD

Je2C5172 下列（　　　）情况，需要采用单相重合闸或综合重合闸方式。

（A）220kV及以上电压单回联络线；（B）220kV及以上两侧电源之间相互联系薄弱的线路；（C）当电网发生相间故障时，如果使用三重合闸不能保证系统稳定的线路；（D）允许使用三相重合闸的线路，若使用单相重合闸对系统恢复供电有较好效果时，可采用综合重合闸方式。

答案：ABD

Je2C5173 电压互感器发生异常情况可能发展成故障时，（　　　）。

（A）可以将母差保护改为非固定连结方式；（B）禁止将该电压互感器所在母线保护停用；（C）可以将该电压互感器所在母线保护停用；（D）禁止将母差保护改为非固定连结方式。

答案：BD

Je2C5174 断路器闭锁分闸现场采取措施无效时，尽快将闭锁断路器从运行中隔离的措施是（　　　）。

（A）用母联断路器串故障断路器，使故障断路器停电；（B）用专用旁路或母联兼旁路断路器隔离；（C）母联断路器故障，可用某一元件隔离开关跨接两母线（或倒单母线），然后拉开母联断路器两侧隔离开关；（D）3/2接线的断路器，保证故障断路器所在串与其他串并联运行时，可用其两侧隔离开关隔离。

答案：ABCD

Je2C5175 220kV双母线接线形式的变电站，当某一220kV出线发生故障且断路器拒动时，失灵保护启动跳开（　　　）。

（A）拒动断路器所在母线上的所有断路器；（B）母联断路器；（C）拒动断路器所在母线上的所有出线的对侧断路器；（D）两条母线上的所有断路器。

答案：ABC

Je2C5176 断路器出现分合闸闭锁时，采用（　　　）措施，再将断路器从系统中隔离。

（A）用旁路断路器转带该断路器；（B）用母联断路器串带该断路器；（C）用隔离开关跨接该断路器；（D）立即拉开该断路器的两侧隔离开关。

答案：ABC

Je2C5177 母线试送电原则（　　）。

（A）尽可能用外来电源进行试送电；（B）试送电断路器应有 0s 跳闸功能；（C）当使用本厂（站）电源试送电时，应首先使用带 0s 充电保护的母联或旁母断路器；（D）需要时也可使用主变断路器，但应更改主变保护定值，提高灵敏度，缩短动作时限。

答案：ABCD

Je2C5178 以下（　　）是异步振荡的现象。

（A）发电机-变压器和线路的电压-电流-有功和无功周期性的剧烈变化，发电机-变压器和电动机发出周期性的轰鸣声；（B）发电机发出有节奏的鸣响，且与有功－无功变化合拍，电压波动大，电灯忽明忽暗；（C）失去同步的发电厂或局部电网与主网之间联络线输送功率往复摆动；（D）失去同步的两个电网（电厂）之间出现明显的频率差异，受端电网频率升高送端频率降低，且略有波动。

答案：ABC

Je2C5179 在大电流接地系统中，当系统中各元件的正、负序阻抗相等时，则线路发生两相短路时，下列正确的是（　　）。

（A）非故障相中没有故障分量电流，保持原有负荷电流；（B）非故障相中除负荷电流外，还有故障分量电流；（C）非故障相电压要升高或降低，升高或降低随故障点离电源距离而变化；（D）非故障相电压保持不变。

答案：AD

Je2C5180 在大电流接地系统中，当系统中各元件的正、负序阻抗相等时，则线路发生单相接地时，下列正确的是（　　）。

（A）非故障相中没有故障分量电流，保持原有负荷电流；（B）非故障相中除负荷电流外，还有故障分量电流；（C）非故障相电压升高或降低，随故障点综合正序、零序阻抗相对大小而定；（D）非故障相电压保持不变。

答案：BC

Je2C5181 对线路零起加压，如各相电流电压不平衡，则可能是（　　）故障。

（A）三相接地；（B）单相接地；（C）两相相间短路；（D）两相接地短路。

答案：BCD

Je2C5182 当电网输电断面超过稳定限额时，应按以下（　　）原则采取措施降至限额以内。

（A）降低受端发电厂出力，并降低电压水平；（B）降低送端发电厂出力，并提高电压水平；（C）在受端进行限电；（D）调整系统运行方式，转移过负荷元件的潮流。

答案：BCD

Jf2C1183 根据《中华人民共和国可再生能源法》，可再生能源是指（　　）等能源。

（A）风能、太阳能、水能；　（B）生物质能、地热能、海洋；　（C）氢能、核能；
（D）燃煤、燃气热能。

答案：AB

Jf2C1184 智能变电站体系结构有（　　）层。

（A）过程层；（B）设备层；（C）间隔层；（D）站控层。

答案：ACD

Jf2C2185 电能作为（　　）的二次能源，能够替代绝大多数能源需求，是未来最重要的终端能源。

（A）优质；（B）清洁；（C）高污染；（D）高效。

答案：ABD

Jf2C2186 抽水蓄能机组具有（　　）运行工况。

（A）发电；（B）发电调相；（C）抽水；（D）水泵调相。

答案：ABCD

Jf2C2187 属于生物质能发电的是（　　）。

（A）有机垃圾发电；（B）秸秆发电；（C）尾气发电；（D）薪柴发电。

答案：ABD

Jf2C2188 生物质能发电的特点包括（　　）。

（A）要有配套的生物质能转换技术，且转换设备必须安全可靠，维修保养方便；
（B）利用当地生物质能资源发电的原料必须具有足够数量的储存，以保证持续供应；
（C）污染小，清洁卫生，有利于环境保护；（D）利用当地生物质能资源发电，就地供电。

答案：ABCD

Jf2C2189 区域电网互联的效益有（　　）。

（A）水火互济；（B）错峰效益；（C）事故支援；（D）互为备用。

答案：ABCD

Jf2C2190 配电自动化系统的状态估计是解决 SCADA 系统实时数据存在的（　　）问题。

（A）数据不齐全；（B）数据不准确；（C）数据有错误；（D）数据有变化。

答案：ABC

Jf2C2191 配电自动化实施区域的一次设备应满足（　　）或（　　）要求，需要实现遥控功能的还应具备电动操作机构。

（A）遥视；（B）遥调；（C）遥信；（D）遥测。

答案：CD

Jf2C2192 分布式电源包括太阳能和（   ）、地热能、海洋能、资源综合利用发电（含煤矿瓦斯发电）等。

（A）天然气；（B）小水电；（C）生物质能；（D）风能。

答案：ACD

Jf2C2193 目前，太阳能发电的主要应用是（   ）。

（A）光伏发电；（B）光吸收发电；（C）光转化发电；（D）太阳能热发电。

答案：AD

Jf2C3194 智能变电站相比于传统变电站，其主要特点包括（   ）。

（A）通信网络化；（B）保护设备数字化；（C）二次功能组件化；（D）一次设备智能化。

答案：CD

Jf2C3195 特高压输电的效益有（   ）。

（A）带动我国电工制造业技术全面升级；（B）提高电网安全性和可靠性；（C）减轻铁路煤炭运输压力，促进煤炭集约化开发；（D）减少走廊回路数，节约大量土地资源。

答案：ABCD

Jf2C3196 实施馈线自动化的线路应满足（   ）。

（A）故障情况下负荷转移的要求；（B）具备负荷转供路径；（C）足够的备用容量；（D）成熟稳定的网架结构。

答案：ABC

Jf2C3197 分布式电源的电能质量包括（   ）。

（A）谐波；（B）电压偏差；（C）电压不平衡度；（D）电压波动和闪变。

答案：ABCD

Jf2C3198 分布式电源并网信息包括接入前期、（   ）和并网调试等分布式电源项目并网各阶段的相关信息，以及公司分布式电源并网业务咨询及受理情况信息。

（A）接入工程建设；（B）合同及协议签署；（C）计量装置安装；（D）并网验收。

答案：ABD

Jf2C4199 发展特高压输电的主要目标是（   ）。

（A）带动中西部欠发达地区经济发展，使其达到东部沿海地区水平；（B）大容量、远距离从发电中心向负荷中心输送电能；（C）形成坚强的互联电网，有效利用各种发电资源，提高电网的可靠性和稳定性；（D）减少超高压输电的距离和网损，使电网经济、可靠运行。

答案：BCD

Jf2C4200 全球能源互联网是（　　）。

（A）以特高压电网为骨干网架；（B）以输送清洁能源为主导；（C）以大规模输送火电为主导；（D）是全球互联泛在的坚强智能电网。

答案：ABD

Jf2C4201 特高压直流输电的主要技术优势有（　　）。

（A）输送容量大；（B）送电距离长；（C）线路损耗低；（D）运行方式灵活。

答案：ABCD

Jf2C5202 智能变电站中关于直采直跳描述正确的是（　　）。

（A）"直采直跳"也称作"点对点"模式；（B）"直采"就是智能电子设备不经过以太网交换机而以点对点光纤直联方式进行采样值（SV）的数字化采样传输；（C）"直跳"是指智能电子设备间不经过以太网交换机，而以点对点光纤直联方式并用 GOOSE 进行跳合闸信号的传输；（D）以上都不正确。

答案：ABC

1.4 计算题

La2D2001 电力系统接线如图所示，k 点 A 相接地电流为 X_1kA，T_1 中性点电流为 1.2kA，则线路 M 侧 B 相电流值 $Y_1 =$ ___ kA。（结果保留一位小数）

X_1 取值范围：1.5，1.8，2，2.1

计算公式：

当 k 点单相接地短路后，故障点短路电流为 0，但是流过母线 M 的 B 相故障电流不为 0。

$$I_{MB} = (\alpha^2 + \alpha - C_{1M}) \times \frac{\dot{I}^{(1)}_{kA}}{3} = \frac{\dot{X}_1 - 1.2}{3}$$

C_{1M} 等于零序电流在 M 侧的分流系数，正序和负序 M 侧的分流系数为 1，因为在 N 侧，B 相无正序、负序电流通过。

La2D2002 电力系统接线如图所示，k 点 A 相接地电流为 X_1kA，T_1 中性点电流为 1.2kA，求线路 M 侧 A 相电流值 $Y_1 =$ ___ kA。（结果保留一位小数）

X_1 取值范围：1.5，1.8，2，2.1

计算公式：

当 K 点单相接地短路后，故障点短路电流为 0，但是流过母线 M 的故障电流不为 0。

$$I_{MB} = (1 + 1 - C_{1M}) \times \frac{\dot{I}^{(1)}_{kA}}{3} = \frac{2\dot{X}_1 - 1.2}{3}$$

C_{1M} 等于零序电流在 M 侧的分流系数，正序和负序 M 侧的分流系数为 1，因为在 N 侧，A 相无正序、负序电流通过。

Lb2D2003 已知一个系统装机容量为 X_1MW，机组平均 KG 为 20，负荷 KF 为 2.5，现机组全部满发，一台 100MW 机组突然跳闸，此时系统频率 $f =$ ___ Hz。

X_1 取值范围：1800，2000，2200，2500

计算公式：

机组全部满发意味着频率只受负荷调节效应影响。

$$KF = \frac{\dfrac{\Delta P}{P_N}}{\dfrac{\Delta f}{f_N}} \Rightarrow \Delta f = \frac{\Delta P}{P_N} \times f_N \div KF = \frac{100}{X_1} \times 50 \div 2.5$$

$$f = 50 - \Delta f$$

Lb2D2004 已知一个系统装机容量为 X_1MW，机组平均 KG 为 20，负荷 KF 为 2.5，现机组全部满发，一台 100MW 机组突然跳闸，此时若要将系统频率保持在 49.5Hz，需要拉路负荷 $P_{拉路}$ = ＿＿ MW。

X_1 取值范围：1800，2000，2200，2500

计算公式：

机组全部满发意味着频率只受负荷调节效应影响。

$$KF = \frac{\dfrac{\Delta P}{P_N}}{\dfrac{\Delta f}{f_N}} \Rightarrow \Delta P = \frac{\Delta f}{f_N} \times KF \times P_N = \frac{0.5}{50} \times 2.5 \times X_1$$

$$P_{拉路} = 100 - \Delta P$$

Lb2D4005 某低压厂变 T 接线如图，短路电压 $U_k = 8\%$，容量 $S_T = 1600$kV·A，该变压器带有一个 $P = X_1$kW 的电动机（其他负荷不计），电动机功率因数 0.80，启动电流是 $K = 10$ 倍额定电流。6kV 母线两相短路时流入该电动机的零序电流 I_0 = ＿＿ A。（所有元件 $Z_1 = Z_2$）（结果保留两位小数）

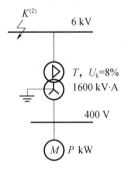

X_1 取值范围：200，400，600，800

计算公式：

由上图可知道，6kV 母线两相短路时，异步电动机无零序电流流过，所以 $I_0 = 0$

Lb2D4006 某低压厂变 T 接线如图，短路电压 $U_k = 8\%$，容量 $S_T = 1600$kV·A，该变压器带有一个 $P = 200$kW 的电动机（其他负荷不计），电动机功率因数 0.80，启动电流是 $K = X_1$ 倍额定电流。6kV 母线两相短路时流入该电动机的零序电流 I_0 = ＿＿ A。（所有元件 $Z_1 = Z_2$）（结果保留两位小数）

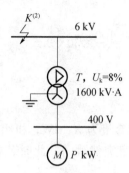

X_1 取值范围：5～8 的整数

计算公式：

由两相短路等值序网可知，6kV 母线两相短路时，异步电动机无零序电流流过，所以 $I_0 = 0$

Lb2D4007 某低压厂变 T 接线如图，短路电压 $U_k = 8\%$，容量 $S_T = 1600kV \cdot A$，该变压器带有一个 $P = 200kW$ 的电动机（其他负荷不计），电动机功率因数 0.80，启动电流是 $K = X_1$ 倍额定电流。6kV 母线两相短路时流入该电动机的正序电流 $I_1 = \_\_\_$ A。（所有元件 $Z_1 = Z_2$）（结果保留两位小数）

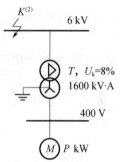

X_1 取值范围：5～8 的整数

计算公式：

假设以电动机容量为基准容量，额定电压为基准电压。

本题假设了所有元件的 $Z_1 = Z_2$，实际异步电动机的正序等值参数与机械负载大小有关，因此需要先计算负序等值参数。

由于电动机端施加负序电压 U_2 时，负序阻抗 Z_2 近似等于启动阻抗 Z_{S_T}，可以按照下式计算流入电动机负载电流 I_2：

$$I_2 = \frac{U_2}{Z_{S_T}} = \frac{U_2}{\dfrac{U_{N\varphi}}{K_{S_T} \times I_N}} \Rightarrow \frac{I_2}{I_N} = K_{S_T} \times \frac{U_2}{U_{N\varphi}}$$

所以异步电动机的负序阻抗与正序阻抗可以按照下式计算：

$$Z_1 = Z_2 = \frac{1}{Z_{S_T}}$$

所以主变的负序阻抗与正序阻抗可以按照下式计算：

$$Z_{T_1} = Z_{T_2} = \frac{8}{100} \times \frac{\dfrac{200}{0.8}}{1600}$$

正序电流可以按照下式计算

$$I_1 = \frac{1}{Z_{T_1} + Z_{T_2}} = \frac{1}{2 \times Z_{T_2}} = \frac{1}{2} \times \frac{1}{\left[\dfrac{8}{100} \times \dfrac{\left(\dfrac{200}{0.8}\right)}{1600} + \dfrac{1}{X_1}\right]} \times \frac{200}{0.8 \times 0.4 \times \sqrt{3}}$$

Lb2D5008 某低压厂变 T 接线如图，短路电压 $U_k = 8\%$，容量 $S_T = 1600\text{kV·A}$，该变压器带有一个 $P = X_1\text{kW}$ 的电动机（其他负荷不计），电动机功率因数 0.80，启动电流是 $K = 10$ 倍额定电流。6kV 母线两相短路时流入该电动机的负序电流 $I_2 = \underline{\quad}$ A。（所有元件 $Z_1 = Z_2$）（结果保留两位小数）

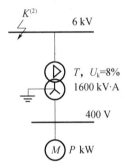

X_1 取值范围：200，400，600，800

计算公式：

假设以电动机容量为基准容量，额定电压为基准电压。

本题假设了所有元件的 $Z_1 = Z_2$，实际异步电动机的正序等值参数与机械负载大小有关，因此需要先计算负序等值参数。

由于电动机端施加负序电压 U_2 时，负序阻抗 Z_2 近似等于启动阻抗 Z_{S_T}，可以按照下式计算流入电动机负载电流 I_2：

$$I_2 = \frac{U_2}{Z_{S_T}} = \frac{U_2}{\dfrac{U_{N\varphi}}{K_{S_T} \times I_N}} \Rightarrow \frac{I_2}{I_N} = K_{S_T} \times \frac{U_2}{U_{N\varphi}}$$

所以异步电动机的负序阻抗与正序阻抗可以按照下式计算：

$$Z_1 = Z_2 = \frac{1}{Z_{S_T}}$$

所以主变的负序阻抗与正序阻抗可以按照下式计算：

$$Z_{T_1} = Z_{T_2} = \frac{8}{100} \times \frac{\left(\dfrac{X_1}{0.8}\right)}{1600}$$

负序电流可以按照下式计算：

$$I_2 = \frac{1}{Z_{T_1}+Z_{T_2}} = \frac{1}{2\times Z_{T_2}} = \frac{1}{2}\times\frac{1}{\left[\frac{8}{100}\times\frac{\left(\frac{X_1}{0.8}\right)}{1600}+\frac{1}{K_{S_T}}\right]}\times\frac{X_1}{0.8\times0.4\times\sqrt{3}}$$

Lb2D5009 某低压厂变 T 接线如图，短路电压 $U_k=8\%$，容量 $S_T=1600\mathrm{kV\cdot A}$，该变压器带有一个 $P=X_1\mathrm{kW}$ 的电动机（其他负荷不计），电动机功率因数 0.80，启动电流是 $K=10$ 倍额定电流。6kV 母线两相短路时流入该电动机的正序电流 $I_1=$ ＿＿ A。（所有元件 $Z_1=Z_2$）（结果保留两位小数）

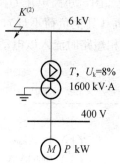

X_1 取值范围：200，400，600，800

计算公式：

假设以电动机容量为基准容量，额定电压为基准电压

本题假设了所有元件的 $Z_1=Z_2$，实际异步电动机的正序等值参数与机械负载大小有关，因此需要先计算负序等值参数。

由于电动机端施加负序电压 U_2 时，负序阻抗 Z_2 近似等于启动阻抗 Z_{S_T}，可以按照下式计算流入电动机负载电流 I_2：

$$I_2 = \frac{U_2}{Z_{S_T}} = \frac{U_2}{\left(\frac{U_{N\varphi}}{K_{S_T}\times I_N}\right)} \Rightarrow \frac{I_2}{I_N} = K_{S_T}\times\frac{U_2}{U_{N\varphi}}$$

所以异步电动机的负序阻抗与正序阻抗可以按照下式计算：

$$Z_1 = Z_2 = \frac{1}{Z_{S_T}}$$

所以主变的负序阻抗与正序阻抗可以按照下式计算：

$$Z_{T_1} = Z_{T_2} = \frac{8}{100}\times\frac{\frac{X_1}{0.8}}{1600}$$

正序电流可以按照下式计算：

$$I_1 = \frac{1}{Z_{T_1}+Z_{T_2}} = \frac{1}{2\times Z_{T_2}} = \frac{1}{2}\times\frac{1}{\left[\frac{8}{100}\times\frac{\left(\frac{X_1}{0.8}\right)}{1600}+\frac{1}{K_{S_T}}\right]}\times\frac{X_1}{0.8\times0.4\times\sqrt{3}}$$

Lb2D5010 某低压厂变 T 接线如图，短路电压 $U_k = 8\%$，容量 $S_T = 1600\mathrm{kV \cdot A}$，该变压器带有一个 $P = 200\mathrm{kW}$ 的电动机（其他负荷不计），电动机功率因数 0.80，启动电流是 $K = X_1$ 倍额定电流。6kV 母线两相短路时流入该电动机的负序电流 $I_2 = $_____ A。（所有元件 $Z_1 = Z_2$）（结果保留两位小数）

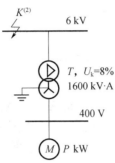

X_1 取值范围：5~8 的整数

计算公式：

假设以电动机容量为基准容量，额定电压为基准电压。

本题假设了所有元件的 $Z_1 = Z_2$，实际异步电动机的正序等值参数与机械负载大小有关，因此需要先计算负序等值参数。

由于电动机端施加负序电压 U_2 时，负序阻抗 Z_2 近似等于启动阻抗 Z_{S_T}，可以按照下式计算流入电动机负载电流 I_2：

$$I_2 = \frac{U_2}{Z_{S_T}} = \frac{U_2}{\left(\dfrac{U_{N\varphi}}{K_{S_T} \times I_N}\right)} \Rightarrow \frac{I_2}{I_N} = K_{S_T} \times \frac{U_2}{U_{N\varphi}}$$

所以异步电动机的负序阻抗与正序阻抗可以按照下式计算：

$$Z_1 = Z_2 = \frac{1}{Z_{S_T}}$$

所以主变的负序阻抗与正序阻抗可以按照下式计算：

$$Z_{T_1} = Z_{T_2} = \frac{8}{100} \times \frac{\dfrac{200}{0.8}}{1600}$$

负序电流可以按照下式计算：

$$I_2 = \frac{1}{Z_{T_1} + Z_{T_2}} = \frac{1}{2 \times Z_{T_2}} = \frac{1}{2} \times \frac{1}{\left[\dfrac{8}{100} \times \dfrac{\left(\dfrac{200}{0.8}\right)}{1600} + \dfrac{1}{X_1}\right]} \times \frac{200}{0.8 \times 0.4 \times \sqrt{3}}$$

Lc2D1011 如图所示系统，已知发电机 $XG^* = X_1$，$XT^* = 0.094$，$X_0T^* = 0.08$，线路 L 的 $X_L = 0.126$，（上述参数已统一归算至 $100\mathrm{MV \cdot A}$ 为基准的标幺值），设系统定正、负阻抗相等，且线路的 $X_0 = 3X_L$。（220kV 基准电流为 263A，13.8kV 基准电流为 4.19kA），当 K 点发生三相接地短路时，线路 L 短路电流 $I_k = $_____ kA。（结果保留两位小数）

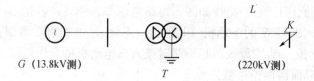

X_1 取值范围：0.14，0.28，0.42，0.56

计算公式：$I_k = 263 \times \dfrac{1}{X_1 + 0.094 + 0.126}$

Lc2D1012 如图所示系统，已知发电机 $XG^* = X_1$，$XT^* = 0.094$，$X_0 T^* = 0.08$，线路 L 的 $X_L = 0.126$，（上述参数已统一归算至 100MV·A 为基准的标幺值），设系统定正、负阻抗相等，且线路的 $X_0 = 3X_L$。 （220kV 基准电流为 263A，13.8kV 基准电流为 4.19kA），当 K 点发生 AB 两相短路时，线路 L 的 AB 两相短路电流 $I_{kAB} = \underline{\hspace{3em}}$ kA。（结果保留两位小数）

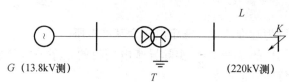

X_1 取值范围：0.14，0.28，0.42，0.56

计算公式：$I_{kAB} = \dfrac{\sqrt{3}}{2} \times \dfrac{1}{X_1 + 0.094 + 0.126}$

Lc2D2013 如图所示，电路中各元件正序参数的标幺值：元件 1 为 X_1、元件 2 为 0.5、元件 3 为 0.2。求 d_1 点三相短路时流过 110kV 线路始端开关中的短路电流 $I = \underline{\hspace{3em}}$ A。（$S_j = 100MWA$，$U_j = U_n$）（结果保留两位小数）

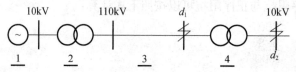

X_1 取值范围：0.3~0.6 的一位小数

计算公式：$I = \dfrac{1}{X_1 + 0.5 + 0.2} \times \dfrac{100000}{\sqrt{3} \times 110}$

Lc2D2014 如图所示，电路中各元件正序参数的标幺值：元件 1 为 X_1、元件 2 为 0.5、元件 3 为 0.2，假设各元件正负序参数相同，元件 3 零序参数等于正序参数的 3 倍。求 d_1 点两相短路时流过 110kV 线路始端开关中的短路电流 $I = \underline{\hspace{3em}}$ A。（$S_j = 100MW·A$，$U_j = U_n$）（结果保留两位小数）

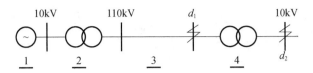

X_1 取值范围：0.3～0.6 的一位小数

计算公式： $I = \dfrac{\sqrt{3}}{2} \times \dfrac{1}{X_1 + 0.5 + 0.2} \times \dfrac{100000}{\sqrt{3} \times 110}$

Lc2D2015 如图所示，电路中各元件正序参数的标幺值：元件 1 为 X_1、元件 2 为 0.5、元件 3 为 0.2，假设各元件正负序参数相同，元件 2 主变为 D，yn11 点接线（高压侧为星形侧），元件 4 主变为 Y，d11 点接线（高压侧为星形侧），元件 3 零序参数等于正序参数的 3 倍。求 d_1 点单相接地短路时流过 110kV 线路始端开关中的短路电流 $I =$ ____ A。（$S_j = 100MW \cdot A$，$U_j = Un$）（结果保留两位小数）

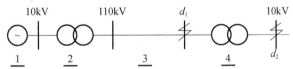

X_1 取值范围：0.3～0.6 的一位小数

计算公式：

$$I = \dfrac{3}{X_1 + 0.5 + 0.2 + X_1 + 0.5 + 0.2 + 0.5 + 0.2 \times 3} \times \dfrac{100000}{\sqrt{3} \times 110}$$

Lc2D3016 某厂用供电如图所示，变压器 T_1、T_2 的容量分别为 $S_{t_1} = X_1 MV \cdot A$ 和 $S_{t_2} = 1200kV \cdot A$，低厂变低压侧出口单相短路时故障点正序电流 $I_{k_1} =$ ____ kA（计算时不计元件电阻，不计 kV 系统阻抗，且各元件正、负、零序阻抗相同。假设基准功率 $S_B = 1000MW$）。（结果取三位小数）

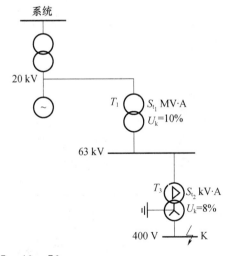

X_1 取值范围：20，25，40，50

计算公式：$I_{k1} = \dfrac{1}{\dfrac{10}{100} \times \dfrac{1000}{X_1} \times 2 + \dfrac{8}{100} \times \dfrac{1000}{1.2} \times 3} \times \dfrac{1000000}{\sqrt{3} \times 0.4}$

Lc2D3017 某厂用供电如图所示，变压器 T_1、T_2 的容量分别为 $S_{t_1} = X_1 \mathrm{MV \cdot A}$ 和 $S_{t_2} = 1200 \mathrm{kV \cdot A}$，低厂变低压侧出口单相短路时故障点全电流 $I_k = $ ____ kA（计算时不计元件电阻，不计 kV 系统阻抗，且各元件正、负、零序阻抗相同。假设基准功率 $S_B = 1000 \mathrm{MW}$）。（结果取三位小数）

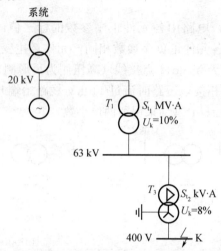

X_1 取值范围：20，25，40，50

计算公式：$I_k = \dfrac{3}{\dfrac{10}{100} \times \dfrac{1000}{X_1} \times 2 + \dfrac{8}{100} \times \dfrac{1000}{1.2} \times 3} \times \dfrac{1000000}{\sqrt{3} \times 0.4}$

Lc2D3018 某厂用供电如图所示，变压器 T_1、T_2 的容量分别为 $S_{t_1} = 20 \mathrm{MV \cdot A}$ 和 $S_{t_2} = X_1 \mathrm{kV \cdot A}$，低厂变低压侧出口两相短路时故障点负序电流 $I_{k_2} = $ ____ kA（计算时不计元件电阻，不计 kV 系统阻抗，且各元件正、负、零序阻抗相同。假设基准功率 $S_B = 1000 \mathrm{MW}$）。（结果取三位小数）

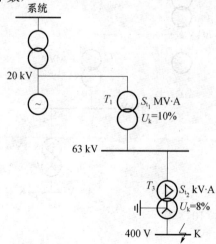

X_1 取值范围：1200，1500，1800，2000

计算公式：$I_{k_2} = \dfrac{1}{\dfrac{10}{100} \times \dfrac{1000}{20} \times 2 + \dfrac{8}{100} \times \dfrac{1000}{\frac{X_1}{1000}} \times 2} \times \dfrac{1000000}{\sqrt{3} \times 0.4}$

Lc2D3019 某厂用供电如图所示，变压器 T_1、T_2 的容量分别为 $S_{t_1} = 20\text{MV} \cdot \text{A}$ 和 $S_{t_2} = X_1 \text{kV} \cdot \text{A}$，低厂变低压侧出口两相短路时故障点正序电流 $I_{k_1} = \underline{\quad}$ kA（计算时不计元件电阻，不计 kV 系统阻抗，且各元件正、负、零序阻抗相同。假设基准功率 $S_B = 1000\text{MW}$）。（结果取三位小数）

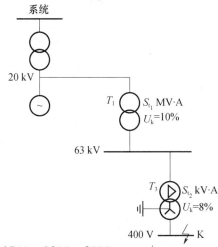

X_1 取值范围：1200，1500，1800，2000

计算公式：$I_{k1} = \dfrac{1}{\dfrac{10}{100} \times \dfrac{1000}{20} \times 2 + \dfrac{8}{100} \times \dfrac{1000}{\frac{X_1}{1000}} \times 2} \times \dfrac{1000000}{\sqrt{3} \times 0.4}$

Lc2D3020 某厂用供电如图所示，变压器 T_1、T_2 的容量分别为 $S_{t_1} = 20\text{MV} \cdot \text{A}$ 和 $S_{t_2} = X_1 \text{kV} \cdot \text{A}$，低厂变低压侧出口两相短路时故障点全电流 $I_k = \underline{\quad}$ kA（计算时不计元件电阻，不计 kV 系统阻抗，且各元件正、负、零序阻抗相同。假设基准功率 $S_B = 1000\text{MW}$）。（结果取三位小数）

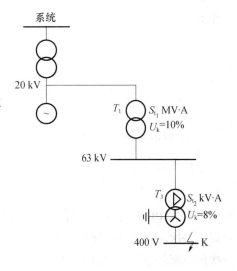

X_1 取值范围：1200，1500，1800，2000

计算公式：$I_k = \dfrac{\sqrt{3}}{\dfrac{10}{100} \times \dfrac{1000}{20} \times 2 + \dfrac{8}{100} \times \dfrac{1000}{\frac{X_1}{1000}} \times 2}$

$\times \dfrac{1000000}{\sqrt{3} \times 0.4}$

Lc2D3021 某厂用供电如图所示，变压器 T_1、T_2 的容量分别为 $S_{t_1} = 20\text{MV} \cdot \text{A}$ 和 $S_{t_2} = X_1\text{kV} \cdot \text{A}$，低厂变低压侧出口三相短路时故障点全电流 $I_k = \underline{\qquad}$ kA（计算时不计元件电阻，不计 kV 系统阻抗，且各元件正、负、零序阻抗相同。假设基准功率 $S_B = 1000\text{MW}$）。（结果取三位小数）

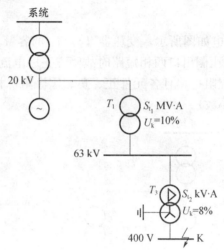

X_1 取值范围：1200，1500，1800，2000

计算公式：$I_k = \dfrac{1}{\dfrac{10}{100} \times \dfrac{1000}{20} + \dfrac{8}{100} \times \dfrac{1000}{\dfrac{X_1}{1000}}} \times \dfrac{1000000}{\sqrt{3} \times 0.4}$

Lc2D3022 如图所示系统，已知发电机 $XG^* = X_1$，$XT^* = 0.094$，$X_0T^* = 0.08$，线路 L 的 $X_L = 0.126$，（上述参数已统一归算至 100MV·A 为基准的标幺值），设系统定正、负阻抗相等，且线路的 $X_0 = 3X_L$。（220kV 基准电流为 263A，13.8kV 基准电流为 4.19kA），当 k 点发生 A 相接地短路时，线路 L 短路电流 $I_{kA} = \underline{\qquad}$ kA。（结果保留两位小数）

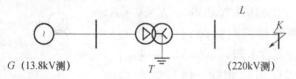

X_1 取值范围：0.14，0.28，0.42，0.56

计算公式：$I_{kA} = 263 \times \dfrac{3}{(X_1 + 0.094 + 0.126) \times 2 + (0.08 + 0.126 \times 3)}$

Lc2D4023 有一台 Y，d11 接线，容量为 31.5MV·A、变比为 115/10.5kV 的变压器，一次侧电流为 158A，二次侧电流为 1730A。一次侧电流互感器的变比 $K = X_1/5$，二次侧电流互感器的变比为 2000/5，在该变压器上装设差动保护，流入差动继电器的不平衡

电流 $Y_1 = \underline{\quad}$ A。（结果保留两位小数）

X_1 取值范围：200，300，400，600

计算公式：

此题采用差动继电器接线，高压侧电流互感器普遍采用角性接线来进行相位补偿，其典型接线如下：

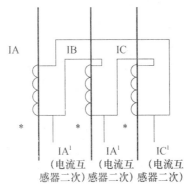

所以，高压侧电流互感器反映出的电流等效于一次电流乘以 $\sqrt{3}$，为此，要在差动继电器中除以 $\sqrt{3}$。

$$Y_1 = \frac{158}{\dfrac{X_1}{5}} \div \sqrt{3} - \frac{1730}{400}$$

Je2D3024 系统 1、系统 2、系统 3 通过 L_{12}、L_{23} 两条线路联网。事故前潮流情况：系统 1 出力最大 3000MW，负荷 X_1MW；系统 2 总出力 700MW，负荷 1050MW；系统 3 总出力 3300MW，负荷 3000MW；联络线潮流情况如图所示。系统额定频率为 50Hz，各系统负荷频率调节系数 K_{pf} 均为 2。L_{23} 线路三相故障跳闸后，系统 1 和系统 2 的频率 $f = \underline{\quad}$。（结果取两位小数）

系统1 $\quad L_{12} \quad$ 系统2 $\quad L_{23} \quad$ 系统3

$\sim$ ——→—— $\sim$ ——←—— $\sim$

50MW $\qquad$ 300MW

X_1 取值范围：2950，2850，2750，2650

计算公式：

联络系统的系统功率功率调节系数相等。

因此，L_{23} 跳闸后，缺失的功率将由系统 1 和系统 2 共同分担：

$$KF = \frac{\dfrac{\Delta P}{P_N}}{\dfrac{\Delta f}{f_N}} \Rightarrow \Delta f = \frac{\Delta P}{P_1 + P_2} \times f_N \div KF = \frac{300}{X_1 + 1050} \times 50 \div 2$$

$$f = 50 - \Delta f$$

Je2D3025 某厂用供电如图所示，变压器 T_1、T_2 的容量分别为 $S_{t_1} = X_1 \mathrm{MV \cdot A}$ 和 $S_{t_2} = 1200 \mathrm{kV \cdot A}$，低厂变低压侧出口单相短路时故障点零序电流 $I_{k_0} = \underline{\quad} \mathrm{kA}$（计算时不计元件电阻，不计 kV 系统阻抗，且各元件正、负、零序阻抗相同。假设基准功率 $S_B = 1000\mathrm{MW}$）。（结果取三位小数）

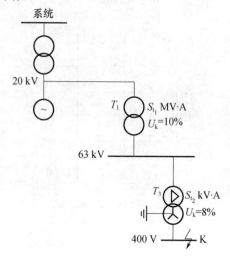

X_1 取值范围：20，25，40，50

计算公式： $I_{k_0} = \dfrac{1}{\dfrac{10}{100} \times \dfrac{1000}{X_1} \times 2 + \dfrac{8}{100} \times \dfrac{1000}{1.2} \times 3} \times \dfrac{1000000}{\sqrt{3} \times 0.4}$

Je2D3026 某厂用供电如图所示，变压器 T_1、T_2 的容量分别为 $S_{t_1} = X_1 \mathrm{MV \cdot A}$ 和 $S_{t_2} = 1200 \mathrm{kV \cdot A}$，低厂变低压侧出口单相短路时故障点负序电流 $I_{k_2} = \underline{\quad} \mathrm{kA}$（计算时不计元件电阻，不计 kV 系统阻抗，且各元件正、负、零序阻抗相同。假设基准功率 $S_B = 1000\mathrm{MW}$）。（结果取三位小数）

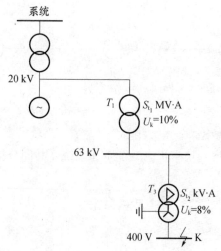

X_1 取值范围：20，25，40，50

计算公式：$I_{k2} = \dfrac{1}{\dfrac{10}{100} \times \dfrac{1000}{X_1} \times 2 + \dfrac{8}{100} \times \dfrac{1000}{1.2} \times 3} \times \dfrac{1000000}{\sqrt{3} \times 0.4}$

Je2D4027 系统 1、系统 2、系统 3 通过 L_{12}、L_{23} 两条线路联网。事故前潮流情况：系统 1 总出力 3000MW，负荷 2950MW；系统 2 总出力 700MW，负荷 1050MW；系统 3 出力最大 3300MW，负荷 X_1MW；联络线潮流情况如图所示。系统额定频率为 50Hz，各系统负荷频率调节系数 K_{pf} 均为 2。L_{12} 线路三相故障跳闸后，线路 L_{23} 的潮流 $P_{23} =$ ＿＿＿ MW。（结果取两位小数）

X_1 取值范围：3000，2900，2800，2700

计算公式：

联络系统的系统功率功率调节系数相等。

因此，L_{12} 跳闸后，缺失的功率将由系统 2 和系统 3 共同分担：

$$\dfrac{\dfrac{\Delta P}{P_3}}{\dfrac{\Delta f}{f_N}} = \dfrac{\dfrac{P_{12}}{P_2 + P_3}}{\dfrac{\Delta f}{f_N}} \Rightarrow \Delta P = \dfrac{P_{12}}{P_2 + P_3} \times P_3 = \dfrac{50}{1050 + X_I} \times X_1$$

$$P_{23} = 300 + \Delta P$$

Je2D4028 系统 1、系统 2、系统 3 通过 L_{12}、L_{23} 两条线路联网。事故前潮流情况：系统 1 出力最大 3000MW，负荷 X_1MW；系统 2 总出力 700MW，负荷 1050MW；系统 3 总出力 3300MW，负荷 3000MW；联络线潮流情况如图所示。系统额定频率为 50Hz，各系统负荷频率调节系数 K_{pf} 均为 2。L_{23} 线路三相故障跳闸后，线路 L_{12} 的潮流 $P_{12} =$ ＿＿＿ MW。（结果取两位小数）

X_1 取值范围：2950，2850，2750，2650

计算公式：

联络系统的系统功率功率调节系数相等。

因此，L_{23} 跳闸后，缺失的功率将由系统 1 和系统 2 共同分担：

$$\dfrac{\dfrac{\Delta P}{P_1}}{\dfrac{\Delta f}{f_N}} = \dfrac{\dfrac{P_{23}}{P_2 + P_1}}{\dfrac{\Delta f}{f_N}} \Rightarrow \Delta P = \dfrac{P_{23}}{P_2 + P_1} \times P_1 = \dfrac{300}{1050 + X_1} \times X_1$$

$$P_{12} = 50 + \Delta P$$

Je2D4029 系统 1、系统 2、系统 3 通过 L_{12}、L_{23} 两条线路联网。事故前潮流情况：系统 1 总出力 3000MW，负荷 2950MW；系统 2 总出力 700MW，负荷 1050MW；系统 3 出力最大 3300MW，负荷 X_1MW；联络线潮流情况如图所示。系统额定频率为 50Hz，各系统负荷频率调节系数 K_{pf} 均为 2。L_{12} 线路三相故障跳闸后，系统 2 和系统 3 的频率 $f=$ _____。（结果取两位小数）

X_1 取值范围：3000，2900，2800，2700

计算公式：

联络系统的系统功率功率调节系数相等。

因此，L_{12} 跳闸后，缺失的功率将由系统 2 和系统 3 共同分担：

$$KF = \frac{\dfrac{\Delta P}{P_N}}{\dfrac{\Delta f}{f_N}} \Rightarrow \Delta f = \frac{\Delta P}{P_2 + P_3} \times f_N \div KF = \frac{50}{X_1 + 1050} \times 50 \div 2$$

$$f = 50 - \Delta f$$

Je2D4030 一条 $4 \times$ LGJQ-400 的 500kV 四分裂输电线路，每根导线正常允许温升为 70℃，相应允许载流量为 920A，试求该线路正常时的极限输送功率 $I=$ _____ kW，设功率因数为 X_1。（结果保留两位小数）

X_1 取值范围：0.96~1 的两位小数

计算公式： $I = \sqrt{3} \times 500 \times 920 \times X_1 \times 4$

1.5 识图题

La2E1001 下图所示为不对称短路故障等值序网图，请问电网发生单相接地时，等值序网图为（　　）。

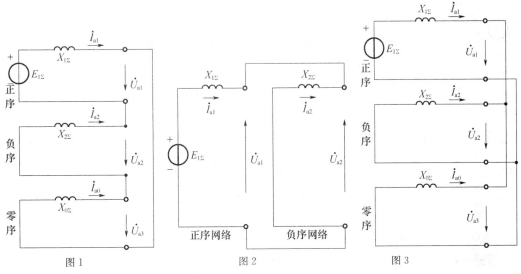

（A）图 1；（B）图 2；（C）图 3。

答案：**A**

La2E2002 下图所示为不对称短路故障等值序网图，请问电网发生两相接地短路时，等值序网图为（　　）。

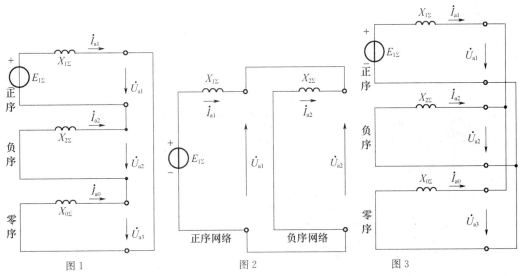

（A）图 1；（B）图 2；（C）图 3。

答案：**C**

La2E2003 下图所示为不对称短路故障等值序网图，请问电网发生两相短路时，等值序网图为（　　）。

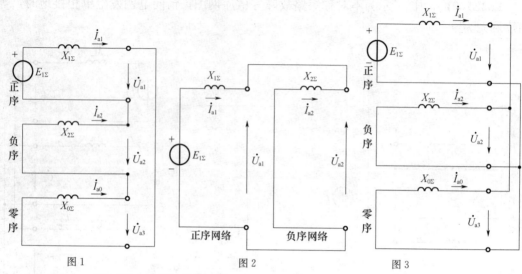

图1　　　　　　　　图2　　　　　　　　图3

（A）图1；（B）图2；（C）图3。

答案：B

Lc2E3004 下图所示为 220kV 智能变电站 220kV 出线间隔整个信息流关系图（220kV 双母接线）：

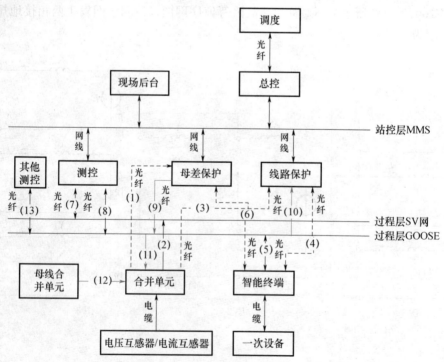

数字标注（11）的信息流具体传输内容为（　　）。

（A）出线间隔母线隔离开关位置；（B）出线间隔断路器位置；（C）母联间隔隔离开关位置；（D）线路保护出口。

答案：A

Lc2E3005　下图所示为 220kV 智能变电站 220kV 出线间隔整个信息流关系图（220kV 双母接线）：

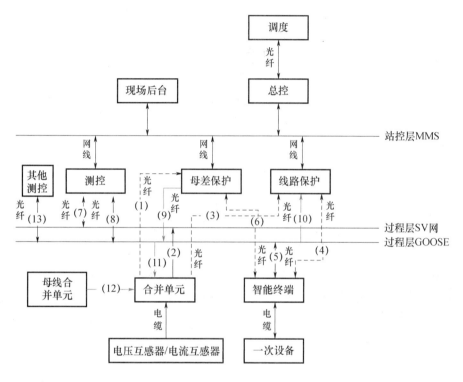

数字标注（6）的信息流具体传输内容为（　　）。

（A）线路保护动作信息；（B）母线隔离开关位置及跳闸信息；（C）间隔断路器机构信息；（D）母线电压。

答案：B

Lc2E3006　下图所示为负荷批量控制功能架构图，请问 A 处标红框的二次防护设备为（　　）。

（A）防火墙；（B）纵向加密认证装置；（C）横向隔离装置。

答案：C

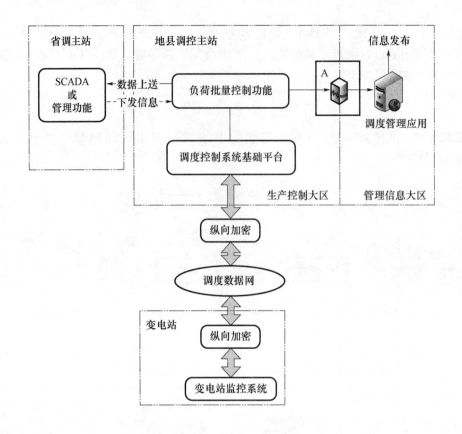

Je2E4007 下图所示为某 110kV 内桥接线变电站的高压侧接线图（主变低压侧省略）当 1DL 停用进行开关检修工作，2DL 带 1 号主变和 2 号主变时，是否应将 1DL 智能单元检修压板置于检修？

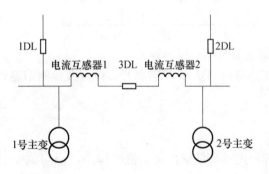

（A）应该；（B）不应该。

答案：B

Je2E5008 下图所示为某 220kV 变电站的 220kV 侧某出线串接线图（其他间隔省略），所有开关和刀闸均在合位，K_1 点（兆常 2 线线路保护）发生 C 相单线瞬时接地故障（故障消除时间为 0.2s），试按照顺序描述该站保护动作行为（　　　）。

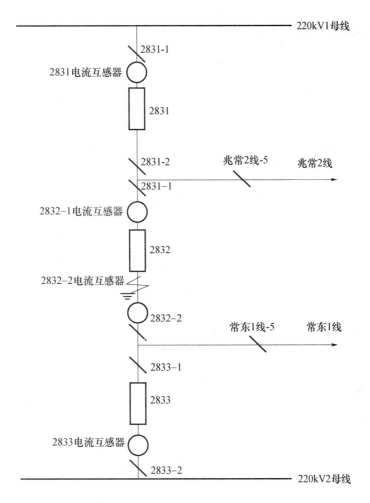

（A）2831、2832 断路器同时 C 相跳闸，并同时重合；（B）仅 2831 断路器 C 相跳闸并重合；（C）仅 2832 断路器 C 相跳闸并重合；（D）2831、2832 断路器同时 C 相跳闸，2831 先重合，2832 再重合。

答案：D

2 技能操作

2.1 技能操作大纲

电力调度员技能操作（技师）考核大纲

等级	考核方式	能力种类	能力项	考核项目	考核主要内容
技师	技能操作	基本技能	01. 倒闸操作	01.110kV 双电源线路倒闸操作	(1) 线路停电运行方式安排。 (2) 线路保护调整。 (3) 调度指令票填写与执行。 (4) 遥控操作票填写与执行
				02.35kV 线路倒闸操作	(1) 线路停电方式安排。 (2) 调度指令票填写与执行
				03.220kV 变压器倒闸操作	(1) 中低压侧电压及负荷调整。 (2) 主变中性点运行方式安排。 (3) 继电保护及自动装置调整。 (4) 调度指令票填写与执行
				04.35kV 变压器倒闸操作	(1) 低压侧电压及负荷调整。 (2) 继电保护及自动装置调整。 (3) 调度指令票填写与执行
				05.110kV 双母线倒闸操作	(1) 双母线运行方式安排。 (2) 双母线倒母线操作。 (3) 调度指令票填写与执行
				06.10kV 单母线分段倒闸操作	(1) 单母线停电运行方式安排。 (2) 单母线停电操作。 (3) 调度指令票填写与执行
		专业技能	01. 异常处理	01.220kV 变压器异常处理	(1) 变压器异常类型及原因分析。 (2) 变压器不同类型异常处理。 (3) 变压器紧急停运后的方式安排（负荷、中性点、继电保护运行方式）。 (4) 设备检修安排
				02.35kV 变压器异常处理	(1) 变压器异常类型及原因分析。 (2) 变压器不同类型异常处理。 (3) 变压器紧急停运后的方式安排（负荷、继电保护运行方式）。 (4) 设备检修安排
				03. 小电流接地系统线路接地处理	(1) 小电流接地系统单相接地研判。 (2) 小电流接地系统单相接地处理

等级	考核方式	能力种类	能力项	考核项目	考核主要内容
技师	技能操作	专业技能	01. 异常处理	04. 小电流接地系统变电站设备接地处理	(1) 小电流接地系统单相接地研判。 (2) 小电流接地系统单相接地处理
			02. 事故处理	01. 线路事故处理	(1) 110kV 线路相间故障保护动作分析。 (2) 线路事故处理。 (3) 线路事故后方式安排
				02. 220kV 变压器事故处理	(1) 变压器差动保护动作分析。 (2) 变压器差动保护动作处理。 (3) 变压器故障后方式安排
				03. 35kV 母线事故处理	(1) 单母线运行方式安排。 (2) 单母线事故研判。 (3) 单母线事故处理
		相关技能	01. 检修管理	01. 新设备投运	(1) 投运前准备。 (2) 投运前运行方式安排。 (3) 投运措施执行

等级	考核方式	能力种类	能力项	考核项目	考核主要内容
技师	技能操作	基本技能	01. 倒闸操作	01.110kV 兆华线由运行转检修	(1) 线路停电运行方式安排。 (2) 线路保护调整。 (3) 调度指令票填写与执行。 (4) 遥控操作票填写与执行
				02.35kV 田长线由运行转检修	(1) 线路停电方式安排。 (2) 调度指令票填写与执行
				03.220kV 周营站 1 号主变由运行转检修	(1) 中低压侧电压及负荷调整。 (2) 主变中性点运行方式安排。 (3) 继电保护及自动装置调整。 (4) 调度指令票填写与执行
				04.35kV 长里站 1 号主变由运行转检修	(1) 低压侧电压及负荷调整。 (2) 继电保护及自动装置调整。 (3) 调度指令票填写与执行
				05.220kV 万花站 178 开关由 110kV2 号母线倒至 110kV1 号母线运行	(1) 双母线运行方式安排。 (2) 双母线倒母线操作。 (3) 调度指令票填写与执行
				06.35kV 小越站 10kV2 号母线由运行转检修	(1) 单母线停电运行方式安排。 (2) 单母线停电操作。 (3) 调度指令票填写与执行
		专业技能	01. 异常处理	01.220kV 东寺站 2 号主变声音异常	(1) 变压器异常类型及原因分析。 (2) 变压器不同类型异常处理。 (3) 变压器紧急停运后的方式安排（负荷、中性点、继电保护运行方式）。 (4) 设备检修安排
				02.35kV 小越站 1 号主变低压侧套管异常	(1) 变压器异常类型及原因分析。 (2) 变压器不同类型异常处理。 (3) 变压器紧急停运后的方式安排（负荷、继电保护运行方式）。 (4) 设备检修安排
				01.220kV 苍北站 35kV 系统单相接地	(1) 小电流接地系统单相接地研判。 (2) 小电流接地系统单相接地处理
				02.110kV 杨家窑站 593 开关电流互感器（CT）内部单相接地	(1) 小电流接地系统单相接地研判。 (2) 小电流接地系统单相接地处理

等级	考核方式	能力种类	能力项	考核项目	考核主要内容
技师	技能操作	专业技能	02. 事故处理	01. 110kV 万佐线三相永久性故障	（1）110kV 线路相间故障保护动作分析。 （2）线路事故处理。 （3）线路事故后方式安排
				01. 220kV 万花站1 号主变高压侧套管引线接地	（1）变压器差动保护动作分析。 （2）变压器差动保护动作处理。 （3）变压器故障后方式安排
				35kV 长里站35kV1 号母线 AB 相间永久性故障	（1）单母线运行方式安排。 （2）单母线事故研判。 （3）单母线事故处理
		相关技能	01. 检修管理	01. 110kV 深泽站新装 2 号主变投运	（1）投运前准备。 （2）投运前运行方式安排。 （3）投运措施执行

2.2 技能操作项目

2.2.1 DD2JB0101 110kV 兆华线由运行转检修

一、作业

（一）工器具、材料、设备

（1）工器具：碳素笔。

（2）材料：参考图 1-23、图 1-56、图 1-60、A4 纸、空白调度指令票。

（3）设备：调度仿真系统。

（二）安全要求

（1）线路停电按照开关、线路侧刀闸、母线侧刀闸的顺序操作。

（2）挂接地线标示牌时，注意带电设备，防止带电挂地线。

（3）防止运行设备过负荷，不超过设备过载能力。

（4）合环操作要满足合环条件，非同期合环。

（三）操作步骤及工艺要求（含注意事项）

1. 操作前的安全校核

1）核对当前运行方式及检修方式安排

（1）系统正常运行方式，220kV 万花站见图 1-23、220kV 兆通站见图 1-56、110kV 华曙站见图 1-60。

（2）检修方式安排：

① 合环将 110kV 华曙站倒 110kV 柳华线供电，备用电源自投装置停运。

② 调整 110kV 华曙站站用电源方式，保证事故情况下的站用电源。

2）制订电网安全措施和事故处理预案并督促落实

（1）电网薄弱环节：110kV 华曙站单电源供电，可靠性降低。

（2）事故影响：110kV 柳华线跳闸，造成 110kV 华曙站全站停电。

（3）对相关单位要求。

① 要求 220kV 柳林站、110kV 华曙站运维人员对运行设备加强巡视检查，同时做好设备停电后的事故预想。

② 要求输电运检工区加强对 110kV 柳华线线路的巡视检查，提前消缺。

③ 要求有关县调、客服中心负责通知 110kV 华曙站所带重要用户做好事故预案。

④ 提前下达操作预令，要求相关变电站运维人员做好操作准备。

（4）事故处理预案。

① 110kV 柳华线路事故跳闸，地调值班监控员立即通知运维班人员检查设备，同时汇报有关领导，地调值班调度员通知输电运检工区对 110kV 柳华线路带电查线。

② 110kV 华曙站值守人员立即启用备用站变电源。

③ 220kV 柳林站值班员汇报保护动作情况及故障测距，地调值班调度员将其通知输电运检工区。

④ 220kV 柳林站、110kV 华曙站运维人员汇报检查设备情况，输电运检工区汇报查

线结果，如果故障点可以隔离或线路临时故障不影响运行（或可以允许线路短时运行），立即恢复 110kV 柳华线路送电。

⑤ 如果 110kV 柳华线路不能恢复送电，需立即处理，则做好线路检修的安全措施后，下达开工令，抢修处理；通知输电运检工区做好恢复 110kV 兆华线的准备。

⑥ 通知有关县调和客服中心做好停电用户的解释工作。

⑦ 抢修工作完毕或 110kV 兆华线检修工作完毕，及时恢复 110kV 华曙站的供电。

3）倒闸操作前模拟和危险点分析与预控措施

（1）审核倒闸操作步骤的正确性、合理性，履行操作管理制度，值班调度员依次审核签字。

（2）在 EMS 上进行模拟操作，校核合环操作过程中潮流、电压的变化是否有超设备稳定极限情况。

（3）询问操作现场天气条件是否合适。

（4）检查、督促电网安全措施和事故预案的制订和落实情况。

4）系统调整

（1）调整合、解环操作两端变电站的电压。

（2）调整系统潮流不超过继电保护、电网稳定和设备容量等方面的限额。

2. 典型指令票（见下表）

表　110kV 兆华线由运行转检修典型指令票

操作项目及内容			110kV 兆华线转检修
序号	操作单位	令号	指令内容
一	华曙站	1	令：将 110kV 备用电源自投装置停运
		2	令：合上柳华线 179 开关（合环）
		3	令：拉开兆华线 178 开关（解环）
二	柳林站	1	令：投入柳华线 154 开关的重合闸
二	兆通站	1	令：拉开兆华线 168 开关
三	华曙站	1	令：将兆华线 178 开关由热备用转冷备用
三	兆通站	1	令：将兆华线 168 开关由热备用转冷备用
四	兆通站	1	令：在 110kV 兆华线 168-5 刀闸线路侧挂地线一组
		2	令：在 110kV 兆华线 168-5 刀闸操作把手上悬挂工作牌
四	华曙站	1	令：在 110kV 兆华线 178-5 刀闸线路侧挂地线一组
		2	令：在 110kV 兆华线 178-5 刀闸操作把手上悬挂工作牌
五	输电运检工区		令：在 110kV 兆华线路上挂地线开工
备　注			

3. 注意事项

（1）下令合解环操作后，要密切监视合环过程中潮流的转移和电压的变化等，要做好记录。解环后要立即检查潮流转移后对系统的影响，调整电压在合格范围内。

（2）合环操作前要投入环内所有开关的保护，退出备用电源自投装置；解环后要按照单电源供电线路的要求调整各开关的保护、重合闸状态。

二、考核

（一）考核要求

（1）要求填票操作。

（2）按调度倒闸操作流程进行。

（3）单人完成全部操作任务。

（二）考核场地

调度仿真系统 1 套。

（三）考核时间

考核时间为 30min。

（四）考核要点

（1）线路停电操作规范、流程。

（2）合环、解环操作规范、流程。

三、评分标准

行业：电力工程		工种：电力调度员			等级：二	
编号	DD2JB0101	行为领域	d	鉴定范围		地调调度员
考核时限	30min	题型	A	满分	100 分	得分
试题名称	110kV 兆华线由运行转检修					
考核要点及其要求	（1）严格遵守《安规》《调规》等规章制度。 （2）在规定时间内未操作完的扣 5～100 分。 （3）出现误操作且造成后果的扣 100 分。 （4）出现误操作但未造成后果的扣 50 分					
现场设备、工器具、材料	（1）仿真系统 1 套。 （2）碳素笔 1 支。 （3）A4 纸 1 张					
备注	参考图 1-23、图 1-56、图 1-60					

评分标准

序号	考核项目名称	质量要求	分值	扣分标准	扣分原因	得分
1	安全校核	（1）核对运行方式和现场操作设备状态。 （2）核对检修方式安排。 （3）核对电网安全措施和事故预案的制订	30	（1）未核对运行方式和现场操作设备状态扣 5 分。 （2）未核对检修方式安排扣 5 分。 （3）未核对电网安全措施和事故预案的制订扣 5 分		

序号	考核项目名称	质量要求	分值	扣分标准	扣分原因	得分
1	安全校核	（4）督促电网安全措施和事故预案的落实。 （5）在 EMS 上模拟操作安全校核。 （6）调整系统运行参数	30	（4）未督促电网安全措施和事故预案的落实扣 5 分。 （5）未在 EMS 上模拟操作安全校核扣 5 分。 （6）未调整系统运行参数扣 5 分		
2	操作步骤	（1）操作前征得省调同意。 （2）合环倒供负荷。 （3）调整保护、自动装置。 （4）110kV 兆华线转检修。 （5）许可输电运检工区开工	40	（1）操作前未征得省调同意扣 8 分。 （2）未合环倒供负荷扣 8 分。 （3）未调整保护、自动装置扣 8 分。 （4）未正确将 110kV 兆华线转检修扣 8 分。 （5）未许可输电运检工区开工扣 8 分		
3	规范化	（1）互报单位、姓名。 （2）使用统一的调度术语、操作术语。 （3）遵守复诵、录音、记录、汇报制度	30	（1）未互报单位、姓名扣 10 分。 （2）未使用统一的调度术语、操作术语扣 10 分。 （3）未遵守复诵、录音、记录、汇报制度扣 10 分		
4	否决项	（1）在规定时间内未操作完的扣 50 分。 （2）出现误操作且造成后果的扣 100 分				

2.2.2 DD2JB0102 35kV 田长线由运行转检修

一、作业

（一）工器具、材料、设备

（1）工器具：碳素笔。

（2）材料：参考图 1-26、图 1-52、图 1-55、A4 纸、空白调度指令票。

（3）设备：调度仿真系统。

（二）安全要求

（1）线路停电按照开关、线路侧刀闸、母线侧刀闸的顺序操作。

（2）挂接地线标示牌时，注意带电设备，防止带电挂地线。

（3）防止运行设备过负荷，不超过设备过载能力。

（4）合环操作要满足合环条件，防止过负荷和非同期合环。

（三）操作步骤及工艺要求（含注意事项）

1. 操作前的安全校核

1）核对当前运行方式及检修方式安排

（1）当前运行方式：系统为正常运行方式，220kV 侯坊站见图 1-26、220kV 东田站见图 1-52、35kV 长里站见图 1-55。

（2）检修方式安排。

将长里站 35kV 备用电源自投装置停运，35kV1 号母线及 1 号主变倒至侯里线供电，合环操作前征得地调许可，解环后汇报地调。

2）制订电网安全措施和事故处理预案并督促落实

（1）电网薄弱环节：35kV 长里站单电源供电，可靠性降低。

（2）事故影响：35kV 侯里线线路跳闸，造成 35kV 长里站全站停电。

（3）对相关单位要求。

① 要求 35kV 长里站对运行设备加强巡视检查，同时做好设备停电后的事故预想。

② 要求输电运检工区加强对 35kV 侯里线路的巡视检查，提前消缺。

③ 要求客服中心负责通知重要用户做好事故预案。

④ 提前下达操作预令，要求相关运维值班员做好操作准备。

（4）事故处理预案。

① 35kV 侯里线线路事故跳闸，值班监控员应首先将事故情况汇报县调值班调度员，县调值班调度员应汇报地调和有关领导，并通知输电运检工区带电查线。

② 值班调度员令 35kV 长里站将所有进出线和主变开关转热备用，等待送电；通知客服中心做好停电用户的解释工作。

③ 输电运检工区汇查查线结果，如果故障点可以隔离或线路故障不影响运行，县调值班调度员应立即汇报地调并恢复送电。

④ 如果线路不能恢复送电，需立即处理，则应将 35kV 侯里线 352 开关转冷备用后，向地调申请将 35kV 侯里线线路转检修；同时应考虑停止 35kV 田长线检修工作，恢复送电。

⑤ 县调令 220kV 侯坊站和 35kV 长里站做好安全措施后，对输电运检工区下达检修

开工令。

⑥ 抢修工作完毕或 35kV 田长线检修工作完毕，及时恢复 35kV 长里站的供电。

3）倒闸操作前模拟和危险点分析与预控措施

（1）审核倒闸操作步骤的正确性、合理性；履行操作管理制度，依次审核签字。

（2）在 EMS 上进行模拟操作，校核合环操作过程中潮流、电压的变化是否有超设备稳定极限情况。

（3）询问操作现场天气条件是否合适。

（4）检查、督促电网安全措施和事故预案的制订和落实情况。

2. 典型指令票（见下表）

表 35kV 田长线由运行转检修典型指令票

操作项目及内容		35kV 田长线线路转检修	
序号	操作单位	令号	指令内容
一	长里站	1	令：将 35kV 备用电源自投装置停运
		2	令：合上 35kV 分段 301 开关（合环）
		3	令：拉开田长线 351 开关（解环）
二	东田站	1	令：拉开田长线 375 开关
三	东田站	1	令：将田长线 375 开关由热备用转冷备用
三	长里站	1	令：将田长线 351 开关由热备用转冷备用
四	东田站	1	令：在田长线 375 开关线路侧挂地线一组
		2	令：在田长线 375 开关操作把手上悬挂工作牌
四	长里站	1	令：在田长线 3515 刀闸线路侧挂地线一组
		2	令：在田长线 3515 刀闸操作把手上悬挂工作牌
五	输电运检工区	1	令：在 35kV 田长线线路上挂地线开工
备　注			

3. 注意事项

（1）在 35kV 长里站合环操作前，应得到地调的许可，解环后汇报地调，待线路各侧开关转为冷备用后，线路各端才能做安全措施。

（2）注意东田站 375 开关为小车开关，无线路刀闸，应在开关线路侧挂地线。

（3）线路检修工作的危险点是带电挂地线或带地线送电，调度员在下令前，一定要认真核对线路两端设备的状态。

二、考核

（一）考核要求

（1）要求填票操作。

（2）按调度倒闸操作流程进行。

（3）单人完成全部操作任务。

（二）考核场地

调度仿真系统1套。

（三）考核时间

考核时间为30min。

（四）考核要点

（1）线路停电操作规范、流程。

（2）合环、解环操作规范、流程。

三、评分标准

行业：电力工程			工种：电力调度员			等级：二	
编号	DD2JB0102	行为领域	d	鉴定范围		县调调度员	
考核时限	30min	题型	A	满分	100 分	得分	
试题名称	35kV 田长线由运行转检修						
考核要点及其要求	（1）严格遵守《安规》《调规》等规章制度。 （2）在规定时间内未操作完的扣 5～50 分。 （3）出现误操作且造成后果的扣 100 分。 （4）出现误操作但未造成后果的扣 50 分。 （5）未与地调联系，擅自操作视为误操作						
现场设备、工器具、材料	（1）仿真系统1套。 （2）碳素笔1支。 （3）A4纸1张						
备注	参考图 1-26、图 1-52、图 1-55						

评分标准

序号	考核项目名称	质量要求	分值	扣分标准	扣分原因	得分
1	安全校核	（1）核对运行方式和现场操作设备状态。 （2）核对检修方式安排。 （3）核对电网安全措施和事故预案的制订。 （4）督促电网安全措施和事故预案的落实。 （5）在 EMS 上模拟操作安全校核	30	（1）未核对运行方式和现场操作设备状态扣 6 分。 （2）未核对检修方式安排扣 6 分。 （3）未核对电网安全措施和事故预案的制订扣 6 分。 （4）未督促电网安全措施和事故预案的落实扣 6 分。 （5）未在 EMS 上模拟操作安全校核扣 6 分		

序号	考核项目名称	质量要求	分值	扣分标准	扣分原因	得分
2	操作步骤	（1）合环倒供负荷。 （2）将35kV备用电源自投装置停运。 （3）35kV田长线停电转检修。 （4）合环前与解环后与地调联系	40	（1）未合环倒供负荷扣10分。 （2）未将35kV备用电源自投装置停运扣10分。 （3）未正确将35kV田长线停电转检修扣10分。 （4）合环前与解环后未与地调联系扣10分		
3	规范化	（1）互报单位、姓名。 （2）使用统一的调度术语、操作术语。 （3）遵守复诵、录音、记录、汇报制度	30	（1）未互报单位、姓名扣10分。 （2）未使用统一的调度术语、操作术语扣10分。 （3）未遵守复诵、录音、记录、汇报制度扣10分		
4	否决项	（1）在规定时间内未操作完的扣50分。 （2）出现误操作且造成后果的扣100分				

2.2.3 DD2JB0103 220kV 周营子站 1 号主变由运行转检修

一、作业

（一）工器具、材料、设备

（1）工器具：碳素笔。

（2）材料：参考图 1-1、图 1-3、图 1-4、图 1-6、图 1-7、A4 纸、空白调度指令票。

（3）设备：调度仿真系统。

（二）安全要求

（1）线路停电按照开关、线路侧刀闸、母线侧刀闸的顺序操作。

（2）挂接地线标示牌时，注意带电设备，防止带电挂地线。

（3）变压器停电时应先停负荷侧、再停电源侧的顺序操作，送电时顺序相反。

（4）系统中性点数量应符合系统要求，保持系统零序网络稳定。

（5）防止运行设备过负荷，不超过设备过载能力。

（6）合环操作要满足合环条件，防止过负荷和非同期合环。

（三）操作步骤及工艺要求（含注意事项）

1. 操作前的安全校核

1）核对当前运行方式及检修方式安排

（1）系统正常运行方式，220kV 苍北站见图 1-1、110kV 杨家窑站见图 1-3、220kV 周营子站见图 1-4、110kV 马集站见图 1-6、110kV 曲寨铝厂见图 1-7；220kV 周营子站 1 号主变的 111 开关带负荷 74MW，2 号主变的 112 开关带负荷 74MW。其中 110kV 周马线带负荷 32MW，110kV 周杨线带负荷 34MW。

（2）检修方式安排。

① 合环将 110kV 马集站 1 号主变倒 110kV 铜马线供电，相关保护、自动装置调整按有关规定执行。

② 合环将 110kV 杨家窑站 2 号主变倒苍杨线供电，相关保护、自动装置调整按有关规定执行。

③ 110kV 周苍线改变充电方式，由苍北站向周营子站充电。

④ 220kV 周营子站 10kV1 号母线停电。

⑤ 要求部分站负荷出线配合检修，能够倒出的负荷尽量倒出。

⑥ 调整 220kV 周营子站站用电源方式，保证事故情况下的备用站变电源。

⑦ 注意倒换主变的中性点接地方式。

2）制订电网安全措施和事故处理预案并督促落实

（1）电网薄弱环节：220kV 周营子站单主变运行，供电可靠性降低。

（2）事故影响。

① 220kV 周营子站 2 号主变事故跳闸，110kV 母线失压，曲寨 2 号主变自投至苍曲线，曲寨铝厂自投至苍曲 T 接线，获鹿站 301、501 自投动作 2 号主变负荷倒 1 号主变供电造成 1 号主变过负荷。

② 周营子站站用电源失去。

（3）对相关单位要求。

① 要求 220kV 周营子站运维人员对运行设备加强巡视检查，同时做好设备停电后的事故预想。

② 要求有关县调、客服中心负责通知重要用户做好全停事故预案，同时做好事故限电的准备。

③ 提前下达操作预令，要求相关变电站运维人员做好操作准备。

④ 地调做好 220kV 周营子站供电小区的负荷倒供的准备。

（4）事故处理预案。

① 220kV 周营子站 2 号主变事故跳闸，地调值班监控员通知周营子站值班员检查设备，监控员根据曲寨、曲寨铝厂、获鹿站自投动作情况汇报运维班人员现场检查设备，将各站运行情况汇报调度员；及时消除获鹿站 1 号主变过负荷。

② 220kV 周营子站汇报保护动作情况和设备检查情况，如果故障点能够隔离，地调调度员立即下令隔离故障点，恢复 2 号主变送电。

③ 如果 220kV 周营子站 2 号主变故障，不能及时恢复送电，则下令将 2 号主变转检修，立即开展抢修处理；同时考虑停止 1 号主变工作，并尽可能及时恢复送电或考虑用外部电源转供停电负荷，可通过 110kV 周苍线供 110kV 母线。

④ 110kV 周营子站运维人员立即启用备用站变电源。

⑤ 加强系统的运行监视并及时调整。

⑥ 通知有关县调和客服中心做好停电用户的解释工作。

⑦ 抢修工作完毕或 1 号主变检修工作完毕，及时恢复 220kV 周营子站的供电。

⑧ 220kV 周营子站主变送电正常后，优先恢复系统方式。

3）倒闸操作前模拟和危险点分析与预控措施

（1）审核倒闸操作步骤的正确性、合理性，履行操作管理制度，依次审核签字。

（2）在 EMS 上进行模拟操作，校核倒闸操作过程中潮流、电压的变化是否有超设备稳定极限情况。

（3）在 EMS 上模拟校核 1 号主变检修过程中，2 号主变事故跳闸后系统的运行和调整。

（4）询问操作现场天气条件是否合适。

（5）检查、督促电网安全措施和事故预案的制订和落实情况。

4）系统调整

（1）调整合、解环操作对应变电站的电压。

（2）调整系统潮流不超过继电保护、电网稳定和设备容量等方面的限额。

（3）调整降低相关变电站负荷。

2. 典型指令票和遥控操作票（表 DD2JB0103-1～表 DD2JB0103-8）

表 DD2JB0103-1 110kV 马集站倒方式典型指令票

操作项目及内容			110kV 马集站倒方式
序号	操作单位	令号	指令内容
一	监控员	1	令：合上马集站 110kV 分段 101 开关（并列）
		2	令：拉开马集站周马线 145 开关（解列）
二	周营子站	1	令：停用周马线 186 开关的重合闸
备　注			

表 DD2JB0103-2 110kV 马集站倒方式典型遥控操作票

变电站：110kV 马集站　　　　　　　　　　　　　　　　　　　　　**编号** 000000××

发令人		受令人		发令时间		年　　月　　日 时　　分
操作结束时间：　年　月　日 时　分				操作结束时间：　年　月　日 时　分		

（√）调度下令操作（　）监控员自行操作

操作任务：马集站 110kV 分段 101 开关由热备用转运行，周马线 145 开关由运行转热备用

执行 （√）	顺序	操作项目	模拟 （√）
	1	核对调度指令，确认与操作任务相符	
	2	合上马集站 110kV 分段 101 开关	
	3	检查马集站 110kV 分段 101 开关监控指示在合位	
	4	检查马集站 110kV 分段 101 开关电流指示正常	
	5	拉开马集站周马线 145 开关	
	6	检查马集站周马线 145 开关监控指示在分位	
	7	检查马集站周马线 145 开关电流指示为零	
备注：			

操作人：　　　　　　　　　　监护人：　　　　　　　　　　值班负责人（值长）：

表 DD2JB0103-3 110kV 杨家窑站倒方式典型指令票

操作项目及内容			110kV 杨家窑站倒方式
序号	操作单位	令号	指令内容
一	监控员	1	令：合上杨家窑站 110kV 分段 101 开关（并列）
		2	令：拉开杨家窑站周杨线 194 开关（解列）
二	周营子站	1	令：停用周杨线 188 开关的重合闸
备　注			

表 DD2JB0103-4　110kV 杨家窑站倒方式典型遥控操作票

变电站：110kV 杨家窑站　　　　　　　　　　　　　　　　　　编号 000000××

发令人		受令人		发令时间	年　　月　　日
					时　　分

操作结束时间：　年　　月　　日	操作结束时间：　年　　月　　日
时　　分	时　　分

（√）调度下令操作（　）监控员自行操作

操作任务：杨家窑站 110kV 分段 101 开关由热备用转运行，周杨线 194 开关由运行转热备用

执行（√）	顺序	操作项目	模拟（√）
	1	核对调度指令，确认与操作任务相符	
	2	合上杨家窑站 110kV 分段 101 开关	
	3	检查杨家窑站 110kV 分段 101 开关监控指示在合位	
	4	检查杨家窑站 110kV 分段 101 开关电流指示正常	
	5	拉开杨家窑站周杨线 194 开关	
	6	检查杨家窑站周杨线 194 开关监控指示在分位	
	7	检查杨家窑站周杨线 194 开关电流指示为零	

备注：

操作人：　　　　　　　　　　监护人：　　　　　　　　　　值班负责人（值长）：

表 DD2JB0103-5　110kV 周苍线倒方式典型指令票

操作项目及内容			110kV 周苍线倒方式
序号	操作单位	令号	指令内容
一	监控员	1	令：拉开周营子站周苍线 183 开关
		2	令：合上苍北站周苍线 143 开关
备　注			

表 DD2JB0103-6　220kV 周营子站周苍线 183 开关由运行转热备用典型遥控操作票

变电站：220kV 周营子站　　　　　　　　　　　　　　　　　　编号 000000××

发令人		受令人		发令时间	年　　月　　日
					时　　分

操作结束时间：　年　　月　　日	操作结束时间：　年　　月　　日
时　　分	时　　分

（√）调度下令操作（　）监控员自行操作

操作任务：周营子站周苍线 183 开关由运行转热备用

执行（√）	顺序	操作项目	模拟（√）
	1	核对调度指令，确认与操作任务相符	
	2	拉开周营子站周苍线 183 开关	
	3	检查周营子站周苍线 183 开关监控指示在分位	
	4	检查周营子站周苍线 183 开关电流指示为零	

备注：

操作人：　　　　　　　　　　监护人：　　　　　　　　　　值班负责人（值长）：

表 DD2JB0103-7　220kV 苍北站周苍线 143 开关由热备用转运行典型遥控操作票

变电站：220kV 苍北站　　　　　　　　　　　　　　　　　　　　　　编号 000000××

发令人		受令人		发令时间		年　　月　　日 时　　分

操作结束时间：　年　　月　　日 时　　分				操作结束时间：　年　　月　　日 时　　分

（√）调度下令操作　（　）监控员自行操作

操作任务：苍北站周苍线 143 开关由热备用转运行

执行 （√）	顺序	操作项目	模拟 （√）
	1	核对调度指令，确认与操作任务相符	
	2	合上苍北站周苍线 143 开关	
	3	检查苍北站周苍线 143 开关监控指示在合位	
	4	检查苍北站周苍线 143 开关电流指示正常	

备注：

操作人：　　　　　　　　　　监护人：　　　　　　　　值班负责人（值长）：

表 DD2JB0103-8　周营子站 1 号主变转检修

操作项目及内容			周营子站 1 号主变由运行转检修
序号	操作单位	令号	指令内容
一	周营子站	1	令：将 1 号主变由运行转检修
备　注			

3. 注意事项

（1）1 号主变停电要注意倒换主变的中性点接地方式。

（2）注意 220kV 周营子站低压母线无分段开关，10kV1 号母线上电容器和所变停运。

（3）1 号主变停电前要合理的调整系统运行方式和供电负荷。

（4）检修主变停电后，要注意退出后备保护跳中压侧母联的压板。

（5）合理安排倒供负荷，合解环操作前征得省调许可。

二、考核

（一）考核要求

（1）要求填票操作。

（2）按调度倒闸操作流程进行。

（3）单人完成全部操作任务。

（二）考核场地

调度仿真系统 1 套。

（三）考核时间

考核时间为 30min。

（四）考核要点

（1）主变停电操作规范、流程。

（2）遥控操作规范、流程。

三、评分标准

行业：电力工程　　　　　　工种：电力调度员　　　　　　等级：二

编号	DD2JB0103	行为领域	d	鉴定范围		地调调度员
考核时限	30min	题型	A	满分	100分	得分	
试题名称	220kV周营子站1号主变由运行转检修						
考核要点及其要求	（1）严格遵守《安规》《调规》等规章制度。 （2）在规定时间内未操作完的扣5～100分。 （3）出现误操作且造成后果的扣100分。 （4）出现误操作但未造成后果的扣50分。 （5）没有考虑220kV周营子站负荷倒供视为误操作						
现场设备、工器具、材料	（1）仿真系统1套。 （2）碳素笔1支。 （3）A4纸1张						
备注	参考图1-1、图1-3、图1-4、图1-6、图1-7						

评分标准

序号	考核项目名称	质量要求	分值	扣分标准	扣分原因	得分
1	安全校核	（1）核对运行方式和现场操作设备状态。 （2）核对检修方式安排。 （3）核对电网安全措施和事故预案的制订。 （4）督促电网安全措施和事故预案的落实。 （5）在EMS上模拟操作安全校核。 （6）调整系统运行参数	30	（1）未核对运行方式和现场操作设备状态扣5分。 （2）未核对检修方式安排扣5分。 （3）未核对电网安全措施和事故预案的制订扣5分。 （4）未督促电网安全措施和事故预案的落实扣5分。 （5）未在EMS上模拟操作安全校核扣5分。 （6）未调整系统运行参数扣5分		
2	操作步骤	（1）征得省调同意，合环倒供负荷。 （2）合解环保护和自动装置的调整。 （3）调整主变中性点接地方式。 （4）低压侧停电。 （5）1号主变转检修。 （6）主变停电操作保护和自动装置的调整	40	（1）未征得省调同意，合环倒供负荷扣7分。 （2）未正确进行合解环保护和自动装置的调整扣7分。 （3）未调整主变中性点接地方式扣7分。 （4）未正确将低压侧停电扣7分。 （5）未正确将1号主变转检修扣6分。 （6）未正确进行主变停电操作保护和自动装置的调整扣6分		

序号	考核项目名称	质量要求	分值	扣分标准	扣分原因	得分
3	规范化	（1）互报单位、姓名。 （2）使用统一的调度术语、操作术语。 （3）遵守复诵、录音、记录、汇报制度	30	（1）未互报单位、姓名扣10分。 （2）未使用统一的调度术语、操作术语扣10分。 （3）未遵守复诵、录音、记录、汇报制度扣10分		
4	否决项	（1）在规定时间内未操作完的扣50分。 （2）造成负荷损失的扣50分。 （3）出现误操作且造成后果的扣100分				

2.2.4　DD2JB0104　35kV 长里站 1 号主变由运行转检修

一、作业

（一）工器具、材料、设备

（1）工器具：碳素笔。

（2）材料：参考图 1-55、A4 纸、空白调度指令票。

（3）设备：调度仿真系统。

（二）安全要求

（1）线路停电按照开关、线路侧刀闸、母线侧刀闸的顺序操作。

（2）挂接地线标示牌时，注意带电设备，防止带电挂地线。

（3）变压器停电时，应先停负荷侧，再停电源侧的顺序操作，送电时顺序相反。

（4）系统中性点数量应符合系统要求，保持系统零序网络稳定。

（5）防止运行设备过负荷，不超过设备过载能力。

（6）合环操作要满足合环条件，防止过负荷和非同期合环。

（三）操作步骤及工艺要求（含注意事项）

1. 操作前的安全校核

1）核对当前运行方式及检修方式安排

（1）当前运行方式：系统正常运行方式，长里站 1 号主变带负荷 2.4MW，2 号主变带负荷 4.7MW；35kV 长里站见图 1-55。

（2）检修方式安排：

① 1 号主变停电前，应退出 10kV 备用电源自投装置。

② 1 号主变转热备用。注意操作步骤：合上 301 开关，拉开 351 开关，合上 501 开关，1 号主变转热备用。

③ 1 号主变停电后，35kV 母线恢复原方式。

④ 220kV 东田站田长线 375 开关重合闸停运。

2）制订电网安全措施和事故处理预案并督促落实

（1）电网薄弱环节：35kV 长里站单主变运行供电可靠性降低。

（2）事故影响：35kV 长里站 2 号主变事故跳闸，将造成长里站全站停电。

（3）对相关单位要求。

① 要求 35kV 长里站对运行设备加强巡视检查，同时做好设备停电后的事故预想。

② 要求客服中心负责通知 35kV 长里站重要用户做好事故预案和事故限电的准备。

③ 提前下达操作预令，要求相关运维值班员和值班监控员做好操作准备。

（4）事故处理预案。

① 35kV 长里站 2 号主变事故跳闸，值班监控员应首先将事故情况汇报县调值班调度员，县调值班调度员应立即汇报领导。

② 长里站汇报保护动作情况和设备检查情况，如果故障点能隔离，县调值班调度员应立即下令隔离故障点，恢复 2 号主变送电。

③ 如果确系 2 号主变故障，且不能恢复送电，则应下令将 2 号主变转检修，立即开展抢修处理；同时考虑停止 1 号主变检修工作，恢复送电。

④ 通知客服中心做好停电用户的解释工作。

⑤ 抢修工作完毕或 1 号主变检修工作完毕，及时恢复 35kV 长里站的供电。

3）倒闸操作前模拟和危险点分析与预控措施

（1）审核倒闸操作步骤的正确性、合理性；履行操作管理制度，依次审核签字。

（2）在 EMS 上进行模拟操作。

（3）询问操作现场天气条件是否合适。

（4）检查、督促电网安全措施和事故预案的制订和落实情况。

2. 典型指令票和遥控操作票（表 DD2JB0104-1 和表 DD2JB0104-2）

表 DD2JB0104-1 35kV 长里站 1 号主变由运行转检修典型指令票

操作项目及内容			35kV 长里站 1 号主变由运行转检修
序号	操作单位	令号	指令内容
一	长里站	1	令：将 35kV 备用电源自投装置停运
		2	令：将 10kV 备用电源自投装置停运
二	监控员	1	令：合上长里站 35kV 分段 301 开关
		2	令：拉开长里站田长线 351 开关
		3	令：合上长里站 10kV 分段 501 开关
		4	令：将长里站 1 号主变由运行转热备用
三	东田站	1	停用田长线 375 开关的重合闸
三	长里站	1	将 35kV 备用电源自投装置投运
		2	将 1 号主变由热备用转检修

备注：应退出 1 号主变联跳运行设备的保护

表 DD2JB0104-2 35kV 长里站 1 号主变由运行转热备用典型遥控操作票

变电站：35kV 长里站　　　　　　　　　　　　　　　　　　　　　　　**编号** 000000××

发令人		受令人		发令时间		年　　月　　日 时　　分
操作结束时间：	年　　月　　日 时　　分			操作结束时间：	年　　月　　日 时　　分	

（√）调度下令操作（　）监控员自行操作

操作任务：35kV 长里站 1 号主变由运行转热备用

执行 （√）	顺序	操作项目	模拟 （√）
	1	核对调度指令，确认与操作任务相符	

执行 (√)	顺序	操作项目	模拟 (√)
	2	合上长里站 35kV 分段 301 开关	
	3	检查长里站 35kV 分段 301 开关监控指示在合位	
	4	检查长里站 35kV 分段 301 开关电流指示正常	
	5	拉开长里站田长线 351 开关	
	6	检查长里站田长线 351 开关监控指示在分位	
	7	检查长里站田长线 351 开关电流指示为零	
	8	合上长里站 10kV 分段 501 开关	
	9	检查长里站 10kV 分段 501 开关监控指示在合位	
	10	检查长里站 10kV 分段 501 开关电流指示正常	
	11	拉开长里站 1 号主变 511 开关	
	12	检查长里站 1 号主变 511 开关监控指示在分位	
	13	检查长里站 1 号主变 511 开关电流指示为零	
	14	拉开长里站 1 号主变 311 开关	
	15	检查长里站 1 号主变 311 开关监控指示在分位	
	16	检查长里站 1 号主变 311 开关电流指示为零	

备注：

操作人：　　　　　　　　　　监护人：　　　　　　　　　　值班负责人（值长）：

3. 注意事项

（1）1 号主变停运前，应考虑 2 号主变能否带全站负荷。

（2）注意 35kV 长里站高低压侧母线分列运行，1 号主变停电前要合上各侧分段开关。

（3）在进行合环操作前，应得到地调许可。

（4）由于采用集中遥控操作，因此操作过程中，值班监控员与现场值班员的配合至关重要。在遥控操作前后，值班监控员应与现场值班员联系，并认真核对设备状态。

（5）要退出检修主变保护跳运行设备的保护出口压板。

二、考核

（一）考核要求

（1）要求填票操作。

（2）按调度倒闸操作流程进行。

（3）单人完成全部操作任务。

（二）考核场地

调度仿真系统 1 套。

（三）考核时间

考核时间为 30min。

（四）考核要点

（1）主变停电操作规范、流程。

（2）集中遥控操作规范、流程。

三、评分标准

行业：电力工程		工种：电力调度员			等级：二		

编号	DD2JB0104	行为领域	d	鉴定范围		县调调度员	
考核时限	30min	题型	A	满分	100分	得分	
试题名称	35kV长里站1号主变由运行转检修						
考核要点及其要求	（1）严格遵守《安规》《调规》等规章制度。 （2）在规定时间内未操作完的扣5～100分。 （3）出现误操作且造成后果的扣100分。 （4）出现误操作但未造成后果的扣50分。 （5）没有通知10kV575用户停电视为误操作						
现场设备、工器具、材料	（1）仿真系统1套。 （2）碳素笔1支。 （3）A4纸1张						
备注	参考图1-55						

评分标准

序号	考核项目名称	质量要求	分值	扣分标准	扣分原因	得分
1	安全校核	（1）核对运行方式和现场操作设备状态。 （2）核对检修方式安排。 （3）核对电网安全措施和事故预案的制订。 （4）督促电网安全措施和事故预案的落实。 （5）在EMS上模拟操作安全校核	30	（1）未核对运行方式和现场操作设备状态扣6分。 （2）未核对检修方式安排扣6分。 （3）未核对电网安全措施和事故预案的制订扣6分。 （4）未督促电网安全措施和事故预案的落实扣6分。 （5）未在EMS上模拟操作安全校核扣6分		
2	操作步骤	（1）检查全站负荷情况。 （2）得到地调许可后再进行合环操作。 （3）1号主变转热备用（集中遥控操作）。 （4）恢复长里站35kV母线正常运行方式。 （5）1号主变转检修。 （6）保护和自动装置调整	40	（1）未检查全站负荷情况扣7分。 （2）未得到地调许可后再进行合环操作扣7分。 （3）未正确将1号主变转热备用（集中遥控操作）扣7分。 （4）未恢复长里站35kV母线正常运行方式扣7分。 （5）未正确将1号主变转检修扣6分。 （6）未进行保护和自动装置调整扣6分		

序号	考核项目名称	质量要求	分值	扣分标准	扣分原因	得分
3	规范化	（1）互报单位、姓名 （2）使用统一的调度术语、操作术语 （3）遵守复诵、录音、记录、汇报制度	30	（1）未互报单位、姓名扣10分 （2）未使用统一的调度术语、操作术语扣10分 （3）未遵守复诵、录音、记录、汇报制度扣10分		
4	否决项	（1）在规定时间内未操作完的扣50分。 （2）造成负荷损失的扣50分。 （3）出现误操作且造成后果的扣100分				

311

2.2.5 DD2JB0105 220kV 万花站 178 开关由 110kV2 号母线倒至 110kV1 号母线运行

一、作业

（一）工器具、材料、设备

（1）工器具：碳素笔。

（2）材料：参考图 1-23、图 1-24、A4 纸、空白调度指令票。

（3）设备：调度仿真系统。

（二）安全要求

（1）倒母线操作期间，母差保护应投"非选择"方式。

（2）倒母线的操作应先将母联开关的直流控制电源断开，操作完毕投入直流控制电源。

（三）操作步骤及工艺要求（含注意事项）

1. 操作前的安全校核

1）核对当前运行方式及检修方式安排

（1）系统正常运行方式，220kV 万花站见图 1-23、110kV 南佐站见图 1-24。

（2）检修方式安排为：将万佐线 178 开关由 110kV2 号母线倒至 110kV1 号母线运行。

2）制订电网安全措施和事故处理预案并督促落实

（1）电网薄弱环节：倒母线操作期间发生故障，有可能造成万花站 110kV 母线全停。

（2）事故影响：220kV 万花站 110kV 母线事故跳闸造成赞皇站、南佐站、里万线 174 负荷停电。

（3）对相关单位要求。

① 要求 220kV 万花站对运行设备加强巡视检查，220kV 万花站、赞皇站、南佐站做好设备停电后的事故预想。

② 提前下达操作预令，要求 220kV 万花站值班人员做好操作准备。

（4）事故处理预案。

① 万花站 110kV 母线事故跳闸，地调监控员首先将事故情况汇报地调值班调度员，并通知万花站检查设备，地调值班调度员汇报有关省调和领导。

② 值班调度员通知有关县调和客服中心做好停电用户的解释工作。

③ 通知停电变电站将进线开关及以下设备转热备用，等待送电。

④ 220kV 万花站汇报保护动作情况和设备检查情况，地调调度员立即下令隔离故障点，恢复完好 110kV 母线送电，送出停电变电站的负荷。

⑤ 对事故母线转检修处理。

⑥ 抢修工作完毕及时恢复母线正常运行方式。

3）倒闸操作前模拟和危险点分析与预控措施

（1）审核倒闸操作步骤的正确性、合理性，履行操作管理制度，依次审核签字。

（2）在 EMS 上进行模拟操作和安全校核。

（3）询问操作现场天气条件是否合适。

（4）检查、督促电网安全措施和事故预案的制订和落实情况。

2. 典型指令票（见下表）

表　倒母线操作典型指令票

操作项目及内容			万花站万佐线 178 开关倒至 110kV1 号母线运行
序号	操作单位	令号	指令内容
一	万花站	1	令：将万佐线 178 开关由 110kV2 号母线倒至 110kV1 号母线
备　注			

3. 注意事项

（1）倒母线操作期间，母差保护应投"非选择"方式。

（2）倒母线的操作应先将母联开关的直流控制电源断开，操作完毕投入直流控制电源，以确保操作过程中不会造成带负荷拉合刀闸。

（3）倒母线操作时接线方式等同于单母线，系统安全稳定性下降，事先要落实好安措。

二、考核

（一）考核要求

（1）要求填票操作。

（2）按调度倒闸操作流程进行。

（3）单人完成全部操作任务。

（二）考核场地

调度仿真系统 1 套。

（三）考核时间

考核时间为 30min。

（四）考核要点

倒母线操作规范、流程。

三、评分标准

行业：电力工程　　　　　　工种：电力调度员　　　　　　等级：二

编号	DD2JB0105	行为领域	d	鉴定范围		地调调度员
考核时限	30min	题型	A	满分	100 分	得分
试题名称	220kV 万花站 178 开关进行由 110kV2 号母线倒到 110kV1 号母线运行					
考核要点 及其要求	（1）严格遵守《安规》《调规》等规章制度。 （2）在规定时间内未操作完的扣 5～100 分。 （3）出现误操作且造成后果的扣 100 分。 （4）出现误操作但未造成后果的扣 50 分					
现场设备、 工器具、材料	（1）仿真系统 1 套。 （2）碳素笔 1 支。 （3）A4 纸 1 张					
备注	参考图 1-23、图 1-24					

评分标准

序号	考核项目名称	质量要求	分值	扣分标准	扣分原因	得分
1	安全校核	(1) 核对运行方式和现场操作设备状态。 (2) 核对检修方式安排。 (3) 核对电网安全措施和事故预案的制订。 (4) 督促电网安全措施和事故预案的落实。 (5) 在 EMS 上模拟操作安全校核	30	(1) 未核对运行方式和现场操作设备状态扣 6 分。 (2) 未核对检修方式安排扣 6 分。 (3) 未核对电网安全措施和事故预案的制订扣 6 分。 (4) 未督促电网安全措施和事故预案的落实扣 6 分。 (5) 未在 EMS 上模拟操作安全校核扣 6 分		
2	操作步骤	(1) 采取措施将双母线可靠连接。 (2) 保护等二次回路调整。 (3) 倒母线操作	40	(1) 未采取措施将双母线可靠连接扣 13 分。 (2) 保护等二次回路未调整扣 13 分。 (3) 未进行倒母线操作扣 14 分		
3	规范化	(1) 互报单位、姓名。 (2) 使用统一的调度术语、操作术语。 (3) 遵守复诵、录音、记录、汇报制度	30	(1) 未互报单位、姓名扣 10 分。 (2) 未使用统一的调度术语、操作术语扣 10 分。 (3) 未遵守复诵、录音、记录、汇报制度扣 10 分		
4	否决项	(1) 在规定时间内未操作完的扣 50 分。 (2) 出现误操作且造成后果的扣 100 分				

2.2.6 DD2JB0106 35kV 小越站 10kV2 号母线由运行转检修

一、作业

（一）工器具、材料、设备

（1）工器具：碳素笔。

（2）材料：参考图 1-14、A4 纸、空白调度指令票。

（3）设备：调度仿真系统。

（二）安全要求

（1）线路停电按照开关、线路侧刀闸、母线侧刀闸的顺序操作。

（2）挂接地线标示牌时，注意带电设备，防止带电挂地线。

（3）转代时旁路开关保护、线路保护正确停投。

（4）PT 停电时，防止二次侧反送电。

（5）防止运行设备过负荷，不超过设备过载能力。

（三）操作步骤及工艺要求（含注意事项）

1. 操作前的安全校核

1）核对当前运行方式及检修方式安排

（1）当前运行方式：系统为正常运行方式，35kV 小越站见图 1-14。

（2）检修方式安排。

① 35kV 小越站 10kV2 号母线上所有出线停电。

② 35kV 小越站 10kV 备用电源自投装置停运，10kV2 号母线转检修。

2）制订电网安全措施和事故处理预案并督促落实

（1）电网薄弱环节：35kV 小越站的 10kV1 号母线运行可靠性降低。

（2）事故影响：1 号主变事故跳闸，将会造成 10kV1 号母线停电。

（3）对相关单位要求。

① 要求 35kV 小越站对运行设备加强巡视检查，同时做好设备停电后的事故预想。

② 要求客服中心负责通知 10kV2 号母线用户停电，10kV1 号母线用户做好事故预案。

③ 提前下达操作预令，要求相关运维值班人员做好操作准备。

（4）事故处理预案。

① 35kV 小越站 1 号主变事故跳闸，值班监控员应首先将事故情况汇报县调值班调度员，县调值班调度员应汇报有关领导。

② 通知客服中心做好停电用户的解释工作。

③ 35kV 小越站汇报保护动作情况和设备检查情况，如果故障点能隔离，县调调度员应立即下令隔离故障点，恢复 110kV1 号母线送电。

④ 如果 1 号主变不能恢复送电，则应下令将 1 号主变转检修，立即开展抢修处理，同时考虑恢复 10kV2 号母线送电。

⑤ 1 号主变抢修工作完毕或 10kV2 号母线检修工作完毕，及时恢复送电。

3）倒闸操作前模拟和危险点分析与预控措施

（1）审核倒闸操作步骤的正确性、合理性；履行操作管理制度，依次审核签字。

（2）在 EMS 上进行模拟操作。

（3）询问操作现场天气条件是否合适。

（4）检查、督促电网安全措施和事故预案的制订和落实情况。

2. 典型指令票（见下表）

表　35kV 小越站 10kV2 号母线由运行转检修典型指令票

操作项目及内容			35kV 小越站 10kV2 号母线由运行转检修
序号	操作单位	令号	指令内容
一	小越站	1	令：将 10kV 备用电源自投装置停运
		2	令：将 10kV2 号母线、1 号主变由运行转热备用
		3	令：将 10kV2 号母线由热备用转检修
	备注		小越站 10kV2 号母线操作前，先将母线上所有出线停运

3. 注意事项

（1）小越站 10kV2 号母线操作前，必须先将母线上所有出线停运。

（2）注意要退出 10kV 备用电源自投装置。

二、考核

（一）考核要求

（1）要求填票操作。

（2）按调度倒闸操作流程进行。

（3）单人完成全部操作任务。

（二）考核场地

调度仿真系统 1 套。

（三）考核时间

考核时间为 30min。

（四）考核要点

母线停电操作规范、流程。

三、评分标准

行业：电力工程　　　　　　　工种：电力调度员　　　　　　　等级：二

编号	DD2JB0106	行为领域	d	鉴定范围		县调调度员
考核时限	30min	题型	A	满分	100 分	得分
试题名称	35kV 小越站 10kV2 号母线由运行转检修					
考核要点及其要求	（1）严格遵守《安规》《调规》等规章制度。 （2）在规定时间内未操作完的扣 5～100 分。 （3）出现误操作且造成后果的扣 100 分。 （4）出现误操作但未造成后果的扣 50 分					
现场设备、工器具、材料	（1）仿真系统 1 套。 （2）碳素笔 1 支。 （3）A4 纸 1 张					
备注	参考图 1-14					

评分标准

序号	考核项目名称	质量要求	分值	扣分标准	扣分原因	得分
1	安全校核	（1）核对运行方式和现场操作设备状态。 （2）核对检修方式安排。 （3）核对电网安全措施和事故预案的制订。 （4）督促电网安全措施和事故预案的落实。 （5）在 EMS 上模拟操作安全校核	30	（1）未核对运行方式和现场操作设备状态扣 6 分。 （2）未核对检修方式安排扣 6 分。 （3）未核对电网安全措施和事故预案的制订扣 6 分。 （4）未督促电网安全措施和事故预案的落实扣 6 分。 （5）未在 EMS 上模拟操作安全校核扣 6 分		
2	操作步骤	（1）停 10kV2 号母线上所有出线。 （2）退 10kV 备用电源自投装置。 （3）10kV2 号母线、2 号主变转热备用。 （4）10kV2 号母线转检修	40	（1）未停 10kV2 号母线上所有出线扣 10 分。 （2）未退 10kV 备用电源自投装置扣 10 分。 （3）未将 10kV2 号母线、2 号主变转热备用扣 10 分。 （4）未将 10kV2 号母线转检修扣 10 分		
3	规范化	（1）互报单位、姓名。 （2）使用统一的调度术语、操作术语。 （3）遵守复诵、录音、记录、汇报制度	30	（1）未互报单位、姓名扣 10 分。 （2）未使用统一的调度术语、操作术语扣 10 分。 （3）未遵守复诵、录音、记录、汇报制度扣 10 分		
4	否决项	（1）在规定时间内未操作完的扣 50 分。 （2）出现误操作且造成后果的扣 100 分				

2.2.7 DD2ZY0101 220kV东寺站2号主变声音异常

一、作业

（一）工器具、材料、设备

（1）工器具：碳素笔。

（2）材料：参考图1-47、图1-50、图1-48、图1-43、图1-49、图1-26、图1-29、图1-51、A4纸、空白调度指令票、空白检修申请票。

（3）设备：调度仿真系统。

（二）安全要求

（1）变压器停电时，应先停负荷侧、再停电源侧的顺序操作，送电时顺序相反。

（2）防止运行设备过负荷，不超过设备过载能力。

（3）用开关进行解合环操作。

（三）操作步骤及工艺要求（含注意事项）

1. 运行方式

（1）220kV东寺站1号主变检修，2号、3号主变运行带全部负荷，220MW。其他为正常方式。

（2）220kV东寺站见图1-47、110kV晋县站见图1-50、110kV藁城站见图1-48、220kV束鹿站见图1-43、110kV槐树站见图1-49、220kV侯坊站见图1-26、110kV无极站见图1-29、110kV深泽站见图1-51。

2. 天气情况

晴；气温20℃。

3. 异常现象

220kV东寺站2号主变声音异常，内部爆裂声。

4. 异常现象分析和处理思路

（1）异常现象分析：220kV东寺站2号变内部有爆裂声需紧急停运，全站负荷220MW而主变容量180MV·A，过负荷36%（功率因数按0.9）需采取紧急限电措施，控制负荷不少于58MW。

（2）处理思路：立即令220kV东寺站将2号变停运，同时按事故拉路序位优先将带有备用电源自投装置的变电站拉路转供；如过负荷仍未消除，再按事故拉路序位拉路限电；220kV东寺站2号主变内部故障，短时不能恢复，必须落实220kV东寺站单主变措施，并为110kV母线提供备用电源。

5. 异常处理

（1）220kV东寺站值班员汇报：2号主变内部有爆裂声，需紧急停运。

（2）汇报省调，请求许可东寺站2号主变紧急停运，征得省调同意。

令东寺站：

① 拉开110kV东无线120开关（倒供负荷35MW）。

② 拉开110kV东深线126开关（倒供负荷30MW）。

③ 停用10kV备自投装置。

④ 合上10kV分段502开关。

⑤ 将 2 号主变由运行转热备用（注意中性点倒换）。

（3）通知监控员查看 110kV 无极站、深泽站备自投装置动作信号，确认自投成功。

（4）调整系统运行方式。

令 220kV 东寺站：

① 停用 110kV 东无线 120 开关的重合闸。

② 合上 110kV 东无线 120 开关。

③ 停用 110kV 东深线 126 开关的重合闸。

④ 合上 110kV 东深线 126 开关。

（5）落实 220kV 东寺站单变措施。

① 将上述情况汇报省调和公司领导。

② 通知 220kV 东寺站小区各站、用户、县调做好事故预案。

③ 令监控员：遥合 110kV 晋县站 110kV 分段 101 开关，遥分东晋Ⅱ线 162 开关。

④ 令束鹿站：合上束东线 195 开关。

⑤ 令东寺站：拉开束东线 125 开关，将 125 开关由 110kVⅠ母热倒至 110kVⅡ母，将东里线 124 开关由 110kVⅡ母倒至 110kVⅠ母运行。

⑥ 令东寺站：合上束东线 125 开关（合环），拉开 110kV 母联 101 开关（解环）。

⑦ 停用束东线 125 开关、东无线 120 开关、东深线 126 开关、东晋Ⅱ线 122 开关的重合闸；退出束东线 125 开关的保护。

（6）设备检修。

① 220kV 东寺站向地调申请：××日××：××—××日××：××，2 号主变转检修，高压试验。

② 地调审核东寺站申请票无误后向省调办理申请手续。

③ 令 220kV 东寺站：将 2 号主变由热备用转检修。

④ 许可检修单位开工。

6. 注意事项

（1）应按事故拉路序位优先将带有备用电源自投装置的变电站拉路转供；拉路后应尽快了解相关站设备情况。

（2）应将 220kV 东寺站 2 号变尽快停运，允许分段 502 开关备用电源自动装置短时不配，但应注意主变中性点倒换。

（3）注意落实 220kV 东寺站单主变措施，为 110kV 母线提供备用电源。

二、考核

（一）考核要求

（1）主变停电按调度倒闸操作流程进行。

（2）防止运行设备过负荷。

（3）单人完成全部操作任务。

（二）考核场地

调度仿真系统 1 套。

（三）考核时间

考核时间为 100min。

（四）考核要点

（1）主变停送电的规范、流程。

（2）主变声音异常的应急处置。

三、评分标准

行业：电力工程   **工种：电力调度员**   **等级：二**

编号	DD2ZY0101	行为领域	e	鉴定范围		地调调度员	
考核时限	100min	题型	C	满分	100分	得分	
试题名称	220kV 东寺站 2 号主变声音异常						
考核要点及其要求	（1）严格遵守《安规》《调规》等规章制度。 （2）在规定时间内未操作完的扣 5～100 分。 （3）出现误操作且造成后果的扣 100 分。 （4）出现误操作但未造成后果的扣 50 分						
现场设备、工器具、材料	（1）仿真系统 1 套。 （2）碳素笔 1 支。 （3）A4 纸 1 张						
备注	参考图 1-47、图 1-50、图 1-48、图 1-43、图 1-49、图 1-26、图 1-29、图 1-51						

评分标准

序号	考核项目名称	质量要求	分值	扣分标准	扣分原因	得分
1	汇报通知	（1）了解东寺站 2 号主变异常情况。 （2）确认无极站、深泽站备用电源自投装置动作成功。 （3）落实 220kV 东寺站单主变措施。 （4）汇报省调和领导。 （5）通知 220kV 东寺站小区各站、用户、县调做好事故预案	20	（1）未了解东寺站 2 号主变异常情况扣 4 分。 （2）未确认无极站、深泽站备用电源自投装置动作成功扣 4 分。 （3）未落实 220kV 东寺站单主变措施扣 4 分。 （4）未汇报省调和领导扣 4 分。 （5）未通知 220kV 东寺站小区各站、用户、县调做好事故预案扣 4 分		
2	处理过程	（1）无极站、深泽站直接拉路倒供负荷。 （2）合 10kV 分段 502 开关。 （3）2 号主变转热备用。 （4）恢复无极站、深泽站备用电源。 （5）为 220kV 东寺站 110kV 母线提供备用电源（方式调整）。 （6）通知检修单位进行处理	50	（1）未进行无极站、深泽站直接拉路倒供负荷扣 8 分。 （2）未合 10kV 分段 502 开关扣 8 分。 （3）未将 2 号主变转热备用扣 9 分。 （4）未恢复无极站、深泽站备用电源扣 9 分。 （5）未为 220kV 东寺站 110kV 母线提供备用电源（方式调整）扣 8 分。 （6）未通知检修单位进行处理扣 8 分		

序号	考核项目名称	质量要求	分值	扣分标准	扣分原因	得分
3	规范化	（1）调度术语应用规范。 （2）遵守调度工作制度。 （3）处理信息记录齐全	30	（1）未互报单位、姓名扣10分。 （2）未使用统一的调度术语、操作术语扣10分。 （3）未遵守复诵、录音、记录、汇报制度扣10分		
4	否决项	（1）在规定时间内未处理完的扣50分。 （2）未将2号主变停运的扣100分。 （3）出现误操作且造成后果的扣100分				

2.2.8　DD2ZY0102　35kV 小越站 1 号主变低压侧套管异常

一、作业

（一）工器具、材料、设备

（1）工器具：碳素笔。

（2）材料：参考图 1-10、图 1-6、图 1-14、A4 纸、空白调度指令票、空白检修申请票。

（3）设备：调度仿真系统。

（二）安全要求

（1）变压器停电时，应先停负荷侧，再停电源侧的顺序操作，送电时顺序相反。

（2）防止运行设备过负荷，不超过设备过载能力。

（3）用开关进行解合环操作。

（三）操作步骤及工艺要求（含注意事项）

1. 运行方式

（1）系统为正常运行方式。

（2）110kV 马集站负荷 65MW，其中 1 号主变负荷 35MW、2 号主变负荷 30MW；35kV 小越站负荷 6MW。

（3）110kV 栾北站见图 1-10、110kV 马集站见图 1-6、35kV 小越站见图 1-14。

2. 天气情况

晴；气温 20℃。

3. 异常现象

35kV 小越站 1 号主变本体 10kV 侧 A 相轻微裂纹

4. 异常现象分析和处理思路

1）异常现象分析

（1）35kV 小越站 1 号主变本体 10kV 侧 A 相轻微裂纹，必须马上将 1 号主变停运，否则有可能发展成主变跳闸事故。

（2）35kV 小越站 1 号、2 号主变分列运行共有负荷 6MW，单台主变容量 6.3MV·A，过负荷 6%（功率因数按 0.9），电容器全部投入运行后，基本处于满载运行，可以考虑实行有序用电方案，客服中心做好准备。

2）处理思路

首先将电容器全部投入运行，1 号、2 号主变调压分头调至高档位，电压保持高限运行，然后将 1 号主变停运检修。

5. 异常处理

（1）35kV 小越站值班员汇报：现场巡视发现 35kV 小越站 1 号主变本体 10kV 侧 A 相套管有轻微裂纹，不能坚持运行，令其加强现场监视，做好 1 号主变故障跳闸的事故预想。

（2）令监控员：闭锁小越站 AVC 系统。

（3）令小越站：检查电容器运行情况，将电容器全部投入运行，调整 1 号、2 号主变调压分头至高限运行。

（4）将异常情况汇报县调及公司领导，要求客服中心做好有序用电准备。

（5）令小越站。

① 退出 10kV 备自投装置。

② 合上 10kV 分段 501 开关。

③ 将 1 号主变由运行转热备用。

（6）通知小越站做好全站停电事故预想。

（7）通知检修单位对 35kV 小越站 1 号主变低压套管缺陷进行处理。

（8）设备检修。

① 35kV 小越站向县调申请：××日××：××—××日××：××，1 号主变转检修，处理缺陷。

② 令 35kV 小越站：将 1 号主变由热备用转检修。

③ 许可开工。

6. 注意事项

（1）监控闭锁小越站 AVC 系统。

（2）调整小越站无功、电压。

（3）认真做好事故预想。

（4）明确调度管辖设备的调度权。

二、考核

（一）考核要求

（1）主变停电按调度倒闸操作流程进行。

（2）防止运行设备过负荷。

（3）单人完成全部操作任务。

（二）考核场地

调度仿真系统 1 套。

（三）考核时间

考核时间为 100min。

（四）考核要点

（1）主变停送电的规范、流程。

（2）主变套管裂纹的应急处置。

三、评分标准

行业：电力工程　　　　　　　　工种：电力调度员　　　　　　　　等级：二

编号	DD2ZY0102	行为领域	e	鉴定范围		县调调度员
考核时限	100min	题型	C	满分	100 分	得分
试题名称	35kV 小越站 1 号主变低压侧套管异常					
考核要点及其要求	（1）严格遵守《安规》《调规》等规章制度。 （2）在规定时间内未操作完的扣 5～100 分。 （3）出现误操作且造成后果的扣 100 分。 （4）出现误操作但未造成后果的扣 50 分					
现场设备、工器具、材料	（1）仿真系统 1 套。 （2）碳素笔 1 支。 （3）A4 纸 1 张					
备注	参考图 1-10、图 1-6、图 1-14					

评分标准

序号	考核项目名称	质量要求	分值	扣分标准	扣分原因	得分
1	汇报通知	（1）了解小越站1号主变异常情况。 （2）通知小越站做好1号主变故障跳闸的事故预案。 （3）将异常情况汇报县调及领导，通知客服中心做好有序用电准备	20	（1）未了解小越站1号主变异常情况扣7分。 （2）未通知小越站做好1号主变故障跳闸的事故预案扣7分。 （3）未将异常情况汇报县调及领导，通知客服中心做好有序用电准备扣6分		
2	处理过程	（1）通知监控闭锁小越站AVC系统。 （2）检查电容器运行情况，投入全部电容器。 （3）调整变压器分头至电压高限。 （4）1号主变停运操作。 （5）通知小越站做好全停事故预想。 （6）通知相关用户做好小越站全停保厂用电的安全措施。 （7）办理检修申请。 （8）通知检修单位处理故障	50	（1）未通知监控闭锁小越站AVC系统扣6分。 （2）未检查电容器运行情况，投入全部电容器扣6分。 （3）未调整变压器分头至电压高限扣6分。 （4）未正确进行1号主变停运操作扣7分。 （5）未通知小越站做好全停事故预想扣6分。 （6）未通知相关用户做好小越站全停保厂用电的安全措施扣7分。 （7）未办理检修申请扣6分。 （8）未通知检修单位处理故障扣6分		
3	规范化	（1）调度术语应用规范。 （2）遵守调度工作制度。 （3）处理信息记录齐全	30	（1）未互报单位、姓名扣10分。 （2）未使用统一的调度术语、操作术语扣10分。 （3）未遵守复诵、录音、记录、汇报制度扣10分		
4	否决项	（1）在规定时间内未处理完的扣50分。 （2）未将2号主变停运的扣100分。 （3）出现误操作且造成后果的扣100分				

2.2.9 DD2ZY0103 220kV苍北站35kV系统单相接地

一、作业

（一）工器具、材料、设备

（1）工器具：碳素笔。

（2）材料：参考图1-1、A4纸、空白调度指令票、空白检修申请票。

（3）设备：调度仿真系统。

（二）安全要求

（1）系统接地时，运行时间原则上不超过1小时。

（2）线路停电按照开关、线路侧刀闸、母线侧刀闸的顺序操作。

（3）防止运行设备过负荷，不超过设备过载能力。

（4）防止带接地故障拉合刀闸。

（三）操作步骤及工艺要求（含注意事项）

1. 运行方式

（1）系统为正常运行方式。

（2）220kV苍北站见图1-1，35kV出线负荷见下表。

表　220kV苍北站35kV出线负荷

开关编号	苍厂Ⅰ线341	苍合线342	苍庄线343	苍药Ⅰ线344	苍厂Ⅱ线345	苍车线346	苍向线347	苍药Ⅱ线348
负荷数值	2MW	0MW	3MW	8MW	6MW	4MW	1.5MW	3MW
负荷性质	工业	农业	农业	工业	工业	农业	农业	工业
备注	35kV母线分段运行，343线路分支多，经常发生接地故障							

2. 天气情况

雷雨；气温25℃。

3. 异常现象

220kV苍北站35kV1号母线A相电压指示接近为零，B相电压指示为35.8kV，C相电压指示为36.1kV，线电压均为36kV，35kV2号母线三相电压正常。

4. 异常现象分析和处理思路

（1）异常现象分析：根据故障现象可判定为220kV苍北站35kV1号母线A相实接地。

（2）处理思路：按照负荷重要程度和大小，进行拉路查找。

5. 异常处理

（1）监控员汇报：监控信号报苍北站35kV1号母线A相电压指示接近为零，B相电压指示为35.8kV，C相电压指示为36.1kV，线电压均为36kV，通知运维班到苍北站现场检查。

（2）通知有关县调、直供用户、客服中心，监控员做好拉路准备。

（3）令监控员。

① 拉开苍合线 342 开关，接地不消失，合上苍合线 342 开关。

② 拉开苍庄线 343 开关，接地消失。

③ 通知县调调度员：带电查苍庄线 343 线路。

④ 汇报领导。

⑤ 220kV 苍北站值班员汇报：检查站内 35kV1 号母线设备无明显异常。

⑥ 县调调度员汇报：查线发现 35kV 苍庄线 343 线路 5 号杆 A 相绝缘子击穿，要求将苍庄线 343 线路转检修处理。

⑦ 将 35kV 苍庄线 343 线路转检修（申请受理和开工手续略）。

6. 注意事项

（1）通过遥控手段进行拉路查找。

（2）人员到站后再检查站内设备。

（3）优先考虑易发生接地概率高的线路。

（4）按照负荷明细表所列负荷性质和大小拉路查找。

二、考核

（一）考核要求

（1）按调度倒闸操作流程进行。

（2）单人完成全部操作任务。

（二）考核场地

调度仿真系统 1 套。

（三）考核时间

考核时间为 100min。

（四）考核要点

（1）小电流接地系统单相接地处理。

（2）遥控试拉路操作。

三、评分标准

行业：电力工程　　　　工种：电力调度员　　　　等级：二

编号	DD2ZY0103	行为领域	e	鉴定范围		地调调度员
考核时限	100min	题型	C	满分	100 分	得分
试题名称	220kV 苍北站 35kV 系统单相接地					
考核要点及其要求	（1）严格遵守《安规》《调规》等规章制度。 （2）在规定时间内未操作完的扣 5～100 分。 （3）出现误操作且造成后果的扣 100 分。 （4）出现误操作但未造成后果的扣 50 分					
现场设备、工器具、材料	（1）仿真系统 1 套。 （2）碳素笔 1 支。 （3）A4 纸 1 张					
备注	参考图 1-1					

评分标准

序号	考核项目名称	质量要求	分值	扣分标准	扣分原因	得分
1	汇报通知	（1）了解苍北站 35kV1 号母线接地异常情况。 （2）通知检查苍北站 35kV1 号母线设备。 （3）通知县调检查相关站内设备情况。 （4）通知县调准备拉路查找。 （5）汇报领导	30	（1）未了解苍北站 35kV1 号母线接地异常情况扣6分。 （2）未通知检查苍北站 35kV1 号母线设备扣6分。 （3）未通知县调检查相关站内设备情况扣6分。 （4）未通知县调准备拉路查找扣6分。 （5）未汇报领导扣6分		
2	处理过程	（1）试拉苍合线 342 开关。 （2）试拉苍庄线 343 开关。 （3）通知县调：带电查线。 （4）县调调度员汇报查线结果。 （5）县调处理故障	40	（1）未试拉苍合线 342 开关扣8分。 （2）未试拉苍庄线 343 开关扣8分。 （3）未通知县调带电查线扣8分。 （4）县调调度员未汇报查线结果扣8分。 （5）县调未处理故障扣8分		
3	规范化	（1）调度术语应用规范。 （2）遵守调度工作制度。 （3）处理信息记录齐全	30	（1）调度术语应用不规范扣10分。 （2）未遵守调度工作制度扣10分。 （3）处理信息记录不齐全扣10分		
4	否决项	（1）在规定时间内未处理完的扣50分。 （2）出现误操作且造成后果的扣100分				

2.2.10 DD2ZY0104 110kV 杨家窑站 593 开关电流互感器（CT）内部单相接地

一、作业

（一）工器具、材料、设备

（1）工器具：碳素笔。

（2）材料：参考图 1-3、A4 纸、空白调度指令票、空白检修申请票。

（3）设备：调度仿真系统。

（二）安全要求

（1）系统接地时，运行时间原则上不超过 1h。

（2）线路停电按照开关、线路侧刀闸、母线侧刀闸的顺序操作。

（3）防止运行设备过负荷，不超过设备过载能力。

（4）防止带接地故障拉合刀闸。

（三）操作步骤及工艺要求（含注意事项）

1. 运行方式：

（1）系统为正常运行方式。

（2）110kV 杨家窑站见图 1-3，10kV1 号母线出线负荷见下表。

表 110kV 杨家窑站 10kV1 号母线出线负荷

开关编号	钢材厂线 585	杏花线 587	杨施线 589	东王线 591	南王线 593	槐底线 595
负荷数值	1.2MW	1.5MW	0.8MW	1.2MW	2.9MW	1.9MW
负荷性质	工业	农业	工业	农业	农业	工业
备 注	3 条农业线路均多次发生单线接地及事故跳闸					

2. 天气情况

小雨；气温 15℃。

3. 异常现象

110kV 杨家窑站"10kV1 号母线接地"光字牌亮，10kV1 号母线 C 相电压指示接近为零，A 相电压为 10.2kV、B 相电压为 10.5kV。

4. 异常现象分析及处理思路

（1）异常现象分析：根据现象判断为 10kV1 号母线 C 相实接地。

（2）处理思路：首先利用遥控操作进行试拉路，无法查找接地点后，再现场检查设备无异常后，接地点不消失，再利用逐路拉开上母线刀闸送电进行判断，查找接地点立即进行处理。

5. 处理过程

（1）监控员报：110kV 杨家窑站"10kV1 号母线接地"光字牌亮，10kV1 号母线 C 相电压指示接近为零，A 相电压为 10.2kV、B 相电压为 10.5kV，通知运维班到站检查。

（2）通知客服中心，杨家窑站 10kV1 号母线接地，进行拉路试验。

（3）通知用户检查厂内设备，做好短时停电准备。

（4）令监控员：遥分杨家窑站 10kV 杏花线 587 开关、东王线 591 开关、南王线 593 开关，接地信号未消除。

（5）令监控员：遥分杨家窑站 10kV 电容器 521、523 开关，接地信号未消除。

（6）令监控员：遥分杨家窑站 10kV 钢材厂线 585 开关、杨施线 589 开关、槐底线 595 开关，接地信号未消除。

（7）110kV 杨家窑站值班员汇报：××：××，"10kV1 号母线接地"光字牌亮，10kV1 号母线 C 相电压指示接近为零，A 相电压为 10.2kV、B 相电压为 10.5kV，现场检查站内设备无明显接地点。

（8）根据以上拉路查找，说明接地点未在线路上，应该在站内设备内部，通过断开 10kV 出线开关母线侧刀闸，用 511 开关试送的方式依次查找。

（9）请示地调，要求用杨家窑 1 号主变的 511 开关对 10kV1 号母线接地进行拉路甄别。

（10）令 110kV 杨家窑站：拉开 511 开关，拉开 551-1 刀闸，合上 511 开关，接地信号未消除；依次拉开 521-1、523-1、585-1、589-1、591-1 刀闸，直至拉开 593-1 刀闸，合上 511 开关，接地信号消除。

（11）令 110kV 杨家窑站：拉开 593-5 刀闸，将其他出线开关恢复送电。

（12）汇报地调及领导。

（13）通知检修单位处理杨家窑站 10kV 南王线 593 开关内部缺陷（受理申请和开工手续略）。

6. 注意事项

（1）首先通过遥控手段进行试拉路查找，每拉开一路应检查接地信号是否消失，接地电压数值有无变化，接地不消失一般暂不恢复送电，防止出现不同线路同名相接地时误判断，接地信号终未复归，检查站内设备。

（2）县调与用户联系，判断接地信号现象。

（3）防止带接地故障拉合刀闸。

二、考核

（一）考核要求

（1）按调度倒闸操作流程进行。

（2）单人完成全部操作任务。

（二）考核场地

调度仿真系统 1 套。

（三）考核时间

考核时间为 100min。

（四）考核要点

（1）小电流接地系统单相接地处理。

（2）遥控试拉路操作。

三、评分标准

行业：电力工程　　　　　　　　工种：电力调度员　　　　　　　　等级：二

编号	DD2ZY0104	行为领域	e	鉴定范围		县调调度员
考核时限	100min	题型	C	满分	100分	得分
试题名称	110kV 杨家窑站 593 开关电流互感器（CT）内部单相接地					

考核要点及其要求	(1) 严格遵守《安规》《调规》等规章制度。 (2) 在规定时间内未操作完的扣 5～100 分。 (3) 出现误操作且造成后果的扣 100 分。 (4) 出现误操作但未造成后果的扣 50 分
现场设备、工器具、材料	(1) 仿真系统 1 套。 (2) 碳素笔 1 支。 (3) A4 纸 1 张
备注	参考图 1-3

评分标准

序号	考核项目名称	质量要求	分值	扣分标准	扣分原因	得分
1	汇报通知	(1) 了解杨家窑站 10kV1 号母线接地现象。 (2) 检查杨家窑站站内设备。 (3) 通知用户检查厂内设备，通知营销部，做好短时停电准备	20	(1) 未了解杨家窑站 10kV1 号母线接地现象扣 7 分。 (2) 未检查杨家窑站站内设备扣 7 分。 (3) 未通知用户检查厂内设备，通知营销部，做好短时停电准备扣 6 分		
2	处理过程	(1) 按照负荷性质依次拉路停电，查找接地点。 (2) 判断接地点在站内设备内部。 (3) 请示地调。 (4) 防止带接地点拉合刀闸。 (5) 汇报领导。 (6) 通知检修单位处理故障办理检修申请	50	(1) 未按照负荷性质依次拉路停电，查找接地点扣 9 分。 (2) 未判断接地点在站内设备内部扣 9 分。 (3) 未请示地调扣 8 分。 (4) 发生带接地点拉合刀闸扣 8 分。 (5) 未汇报领导扣 8 分。 (6) 未通知检修单位处理故障办理检修申请扣 8 分		
3	规范化	(1) 调度术语应用规范。 (2) 遵守调度工作制度。 (3) 处理信息记录齐全	30	(1) 调度术语应用不规范扣 10 分。 (2) 未遵守调度工作制度扣 10 分。 (3) 处理信息记录不齐全扣 10 分		
4	否决项	(1) 在规定时间内未处理完的扣 50 分。 (2) 出现误操作且造成后果的扣 100 分				

2.2.11 DD2ZY0201 110kV万佐线三相永久性故障

一、作业

（一）工器具、材料、设备

（1）工器具：碳素笔。

（2）材料：参考图1-23、图1-24、图1-46、A4纸、空白调度指令票。

（3）设备：调度仿真系统。

（二）安全要求

（1）线路停电按照开关、线路侧刀闸、母线侧刀闸的顺序操作，送电时顺序相反。

（2）挂接地线标示牌时，注意带电设备，防止带电挂地线。

（3）防止运行设备过负荷，不超过设备过载能力。

（4）隔离故障点后再合闸送电，防止带故障点合闸。

（三）操作步骤及工艺要求（含注意事项）

1. 系统运行方式

（1）系统为正常运行方式。

（2）110kV南佐站负荷52MW；110kV张吉庄站负荷40MW。

（3）220kV万花站见图1-23、110kV南佐站见图1-24、110kV张吉庄站见图1-46。

2. 天气情况

晴；环境温度25℃。

3. 事故现象

（1）万花站：万佐线相间距离一段保护动作，万佐线178开关分闸，重合不成功，178开关距离后加速跳闸。

（2）南佐站：1号电容器低电压动作，1号电容器522开关分闸；3号电容器低电压动作，3号电容器523开关分闸；全站失电。

4. 故障分析及事故处理思路

（1）万花站：110kV万佐线178开关相间距离一段保护动作跳闸，重合不成功，可判断线路存在永久性相间短路故障。

（2）南佐站：正常方式110kV张佐线由南佐站向张吉庄站充电，南佐站110kV单电源运行；110kV万佐线线路失压，造成南佐站全站失电，引起1号电容器522开关、3号电容器523开关低电压保护动作跳闸。

（3）事故处理思路：拉开南佐站失压开关，隔离故障点，按照逐级送电的原则恢复南佐站送电，调整各站运行方式，优化系统，调整保护及自动装置与一次系统相适应；最后将线路转检修，处理跳闸线路。

5. 事故处理

1）了解汇报

（1）值班监控员向值班调度员汇报。

××：××，万花站：110kV万佐线178开关相间距离一段保护动作跳闸，重合不成功。

××：××，南佐站：110kV万佐线线路失压，造成南佐站全站停电，1号电容器

522 开关、3 号电容器 523 低电压保护动作跳闸。

（2）值班监控员将上述情况，通知相关运维班，要求其检查变电站设备并及时汇报。

（3）220kV 万花站运维人员汇报：现场检查设备发现，110kV 万佐线 178 开关相间距离一段动作跳闸，重合不成功，开关在热备用状态，其他设备无异常。

（4）110kV 南佐站运维人员汇报：现场检查设备发现，全站停电，1 号电容器 522 开关、3 号电容器 523 低电压保护动作跳闸；其他设备无异常。

（5）值班调度员通知线路运检单位对 110kV 万佐线带电查线；同时对 110kV 束张线线路进行特巡。

（6）值班调度员通知南佐站用户落实全停事故预案；通知张吉庄站用户做好单电源事故预案。

（7）值班调度员将上述情况简要汇报相关领导。

2）应急处置

值班监控员拉开南佐站全站失压开关，保留张佐线 134 开关在合位。

3）查找、隔离故障点

（1）令万花站运维人员，拉开万佐线 178-5-2 刀闸，隔离故障点。

（2）令南佐站运维人员，拉开万佐线 1355、1352 刀闸，隔离故障点。

4）调整系统的运行方式

（1）令值班监控员，检查 220kV 束鹿站主变、110kV 束张线线路负荷情况，确认允许恢复南佐站运行。

（2）令值班监控员，合上张吉庄站张佐线 171 开关，检查南佐站 110kV1 号母线电压正常。

（3）令值班监控员，合上南佐站 1 号主变 111-9 刀闸，合上 111 开关，检查 1 号主变运行正常，拉开 111-9 刀闸；合上 1 号主变 311 开关，检查 35kV1 号母线电流正常；合上 1 号主变 511 开关，检查 10kV1 号母线电压正常；合上 1 号所用变 521 开关，恢复南佐站站用电。

（4）令值班监控员，合上南佐站 35kV 母联 301 开关，检查 35kV2 号母线电压正常；合上 10kV 母联 501 开关，检查 10kV2 号母线电压正常。

（5）值班调度员通知南佐站用户恢复保安负荷。

（6）令值班监控员，合上 101 开关，检查 110kV2 号母线电压正常，合上 112-9 刀闸，合上 112 开关，检查 2 号主变电压正常，拉开 112-9 刀闸，合上 312 开关，拉开 301 开关；合上 512 开关，拉开 501 开关。

（7）令值班监控员，根据南佐站母线电压情况，投入电容器。

（8）值班监控员加强监视 220kV 束鹿站主变及 110kV 束张线线路负荷。

（9）令相关运维班，现场调整南佐站、张吉庄站调整保护及自动装置与一次系统相适应。

5）设备抢修

（1）线路运检人员汇报：带电查 110kV 万佐线发现 5 号杆倒杆，不能运行，向地调提申请："××日××：××—××日××：××，110kV 万佐线转检修，5 号杆检修，工作负责人××"。

（2）将110kV万佐线转检修。

令南佐站运维人员：在110kV万佐线1355刀闸线路侧挂地线一组。

在110kV万佐线1355刀闸操作把手上悬挂工作牌。

令万花站运维人员：在110kV万佐线178-5刀闸线路侧挂地线一组。

在110kV万佐线178-5刀闸操作把手上悬挂工作牌。

令线路工作负责人：在110kV万佐线线路上挂地线开工。

6. 注意事项

（1）线路故障跳闸，应优先通知两侧变电站值班员检查本站内设备有无明显故障点，对于双电源线路故障且重合不成功，一般不再进行强送电。

（2）对停电用户应该首先恢复保安负荷，然后根据设备的负载能力逐步恢复负荷。

（3）线路故障应及时通知输电运检工区带电查线，并对特殊方式下比较重要的线路进行特巡。

（4）在事故处理期间，应优先恢复变电站供电，允许保护与运行方式不配合，但时间应尽量缩短；在事故处理告一段落，应及时调整保护及自动装置与当前运行方式相适应。

（5）注意充分利用系统的有效资源，优化事故后系统方式，同时注意各站电压的调整。

二、考核

（一）考核要求

（1）分析线路故障造成的保护动作情况。

（2）按照事故处理流程处理事故。

（3）单人完成全部操作任务。

（二）考核场地

调度仿真系统1套。

（三）考核时间

考核时间为100min。

（四）考核要点

（1）根据保护动作行为、开关动作行为分析、判断故障发生位置和性质。

（2）确认故障性质和影响范围。

（3）故障点隔离后，尽快恢复非故障设备运行方式。

三、评分标准

行业：电力工程　　　　　　　　工种：电力调度员　　　　　　　　等级：二

编号	DD2ZY0201	行为领域	E	鉴定范围		地调调度员	
考核时限	100min	题型		满分	100分	得分	
试题名称	110kV万佐线三相永久性故障						
考核要点 及其要求	（1）严格遵守《安规》《调规》等规章制度。 （2）在规定时间内未操作完的扣5～100分。 （3）出现误操作且造成后果的扣100分。 （4）出现误操作但未造成后果的扣50分						

现场设备、工器具、材料	(1) 仿真系统1套。 (2) 碳素笔1支。 (3) A4纸1张
备注	参考图1-23、图1-24、图1-46

评分标准

序号	考核项目名称	质量要求	分值	扣分标准	扣分原因	得分
1	汇报通知	(1) 监控员汇报各站事故报文。 (2) 将故障情况简要汇报领导和省调。 (3) 通知运维人员检查各站设备。 (4) 通知线路运检单位带电查线。 (5) 通知线路运检单位线路特巡。 (6) 通知相关厂站做好事故预案	30	(1) 未收集各站事故报文扣5分。 (2) 未将故障情况简要汇报领导和省调扣5分。 (3) 未通知运维人员检查各站设备扣5分。 (4) 未通知线路运检单位带电查线扣5分。 (5) 未通知线路运检单位线路特巡扣5分。 (6) 未通知相关厂站做好事故预案扣5分		
2	应急处理、隔离故障	(1) 拉开失压开关。 (2) 隔离故障	20	(1) 未拉开失压开关扣10分。 (2) 未隔离故障扣10分		
3	调整系统方式	(1) 检查束鹿站、束张线负荷情况。 (2) 南佐站恢复送电。 (3) 调整系统潮流、电压。 (4) 通知调整保护及自动装置	30	(1) 未检查束鹿站、束张线负荷情况扣8分。 (2) 南佐站未恢复送电扣8分。 (3) 未调整系统潮流、电压扣7分。 (4) 未通知调整保护及自动装置扣7分		
4	设备检修	(1) 申请受理。 (2) 将110kV万佐线转检修操作	10	(1) 未进行申请受理扣5分。 (2) 未将110kV万佐线转检修操作扣5分		
5	规范化	(1) 调度术语应用规范。 (2) 遵守调度工作制度。 (3) 处理信息记录齐全	10	(1) 调度术语应用不规范扣4分。 (2) 不遵守调度工作制度扣4分。 (3) 处理信息记录不齐全扣2分		
6	否决项	(1) 在规定时间内未处理完的扣50分。 (2) 未逐级送电的扣50分。 (3) 出现误操作且造成后果的扣100分				

2.2.12 DD2ZY0202 220kV 万花站 1 号主变高压侧套管引线接地

一、作业

（一）工器具、材料、设备

（1）工器具：碳素笔。

（2）材料：参考图 1-23、图 1-25、图 1-24、图 1-46、图 1-43、A4 纸、空白调度指令票。

（3）设备：调度仿真系统。

（二）安全要求

（1）隔离故障点后再合闸送电，防止带故障点合闸。

（2）变压器停电时，应先停负荷侧，再停电源侧的顺序操作，送电时顺序相反。

（3）系统中性点数量应符合系统要求，保持系统零序网络稳定。

（4）防止运行设备过负荷，不超过设备过载能力。

（5）挂接地线标示牌时注意带电设备，防止带电挂地线。

（三）操作步骤及工艺要求（含注意事项）

1. 系统运行方式

（1）系统为正常运行方式。

（2）万花站 1 号主变、2 号主变负荷均为 62MW。

（3）220kV 万花站见图 1-23、110kV 赞皇站见图 1-25、110kV 南佐站见图 1-24、110kV 张吉庄站见图 1-46、220kV 束鹿站见图 1-43。

2. 天气情况

晴；环境温度 25℃。

3. 事故现象

万花站：1 号主变差动速断保护、比率差动保护动作，211、111、311 开关分闸；35kV 备自投装置动作，301 开关合闸；2 号主变过负荷；1 号电容器低电压保护动作，310 开关分闸；站用电 I 段失电、备自投动作。

4. 故障分析及事故处理思路

（1）万花站：1 号主变差动保护动作，主变三侧开关跳闸，可判断为主变差动保护用 CT 范围内设备故障；35kV 备自投动作，301 开关合闸；2 号主变供全站负荷，出现过负荷，过负荷率 3.3％；由于 35kV1 号母线瞬时失压，造成 1 号电容器低电压保护动作，310 开关分闸；站用电 I 段失电、备自投动作。

（2）事故处理思路：首先检查万花站过负荷情况并及时采取措施控制负荷、调整主变中性点运行方式；通知现场查找故障点并隔离，调整、优化运行方式，注意保护及自动装置配合操作；最后将故障设备转检修。

5. 事故处理

1）检查、汇报、通知

（1）值班监控员向值班调度员汇报。

××：××，万花站：1 号主变差动速断保护、比率差动保护动作，211、111、311 开关分闸；35kV 备自投装置动作，301 开关合闸；2 号主变过负荷，负荷 124MW，过负荷率 3.3％；1 号电容器低电压保护动作，310 开关分闸。

（2）值班监控员将上述事故现象（含万花站站用电Ⅰ段失电、备自投动作情况），通知万花运维班值班员，要求其检查万花站设备并及时汇报。

（3）值班调度员将上述情况简要汇报相关领导。

（4）值班调度员通知万花站运维班值班员到张吉庄站、南佐站准备操作，做好万花站单主变事故预想；通知万花站相关县调，做好万花站单主变事故预想。

2）应急处置

（1）值班监控员合上万花站2号主变中性点212-9、112-9刀闸。

（2）值班监控员对万花站2号主变负荷加强监视。

（3）值班调度员令万花站运维班值班员将南佐站倒110kV张佐线、束张线由束鹿站2号主变供电。

进行张吉庄站操作：合上张吉庄站张佐线171开关。

进行南佐站操作：将张佐线134开关的保护退出跳闸（纵差功能仍投），拉开万佐线135开关。

进行万花站操作：停用万佐线178开关的重合闸。

（4）值班监控员加强110kV束张线及束鹿站2号主变的负荷监视。

（5）值班调度员通知输电运检工区对110kV束张线进行特巡。

3）查找、隔离故障点

（1）万花站运维班值班员汇报：经现场检查发现万花站1号主变高压侧套管外侧引线接地，其他设备未见异常。

（2）万花站运维班值班员隔离故障点：将万花站1号主变由热备用转冷备用。

4）调整系统运行方式

（1）停用万花站35kV备用自投装置。

（2）投入南佐站110kV备用自投装置。

（3）值班监控员监视万花站35kV1号母线电压情况，视情况合上1号电容器310开关，并加强监视束鹿站、张吉庄站、南佐站运行情况。

5）故障设备转检修

（1）万花站运维人员向地调提申请："××日××：××—××日××：××，万花站1号主变转检修；1号主变的211开关转冷备用，1号主变的111开关转冷备用，1号主变的311开关转冷备用。1号主变高压侧套管外侧引线接地检查、处理"。

（2）值班调度员令万花站操作：将1号主变由冷备用转检修。

（3）值班调度员将事故处理情况简要汇报相关领导。

6. 注意事项

（1）当并列运行中的一台变压器跳闸时，首先应监视运行变压器过载情况，并及时调整。

（2）正常两台主变并列运行且一台主变中性点接地的变电站，当保护动作跳开中性点接地的主变时，将不接地主变中性点接地。

（3）当变压器差动保护动作跳闸后，如不是保护误动，在检查外部无明显故障，需经瓦斯气体检查（必要时要进行色谱分析和测直流电阻）证明变压器内部无明显故障后，经设备主管单位总工程师同意，方可试送一次。

（4）在事故处理期间，应优先恢复变电站供电，允许保护与运行方式不配合，但时间应尽量缩短；在事故处理告一段落，应及时调整保护及自动装置与当前运行方式相适应。

（5）注意充分利用系统的有效资源，优化事故后系统方式，同时注意各站电压的调整。

（6）主变转检修，注意将其联跳运行设备的保护退出跳闸。

二、考核

（一）考核要求

（1）分析主变故障造成的保护动作情况。

（2）按照事故处理流程处理事故。

（3）单人完成全部操作任务。

（二）考核场地

调度仿真系统1套。

（三）考核时间

考核时间为100min。

（四）考核要点

（1）根据保护动作行为、开关动作行为分析、判断故障发生位置和性质。

（2）确认故障性质和影响范围。

（3）故障点隔离后，尽快恢复非故障设备运行方式

三、评分标准

行业：电力工程		工种：电力调度员				等级：二	
编号	DD2ZY0202	行为领域	e	鉴定范围		地调调度员	
考核时限	100min	题型	C	满分	100分	得分	
试题名称	220kV万花站1号主变高压侧套管引线接地						
考核要点及其要求	（1）严格遵守《安规》《调规》等规章制度。 （2）在规定时间内未操作完的扣5～100分。 （3）出现误操作且造成后果的扣100分。 （4）出现误操作但未造成后果的扣50分						
现场设备、工器具、材料	（1）仿真系统1套。 （2）碳素笔1支。 （3）A4纸1张						
备注	参考图1-23、图1-25、图1-24、图1-46、图1-43						

评分标准

序号	考核项目名称	质量要求	分值	扣分标准	扣分原因	得分
1	汇报通知	（1）监控员汇报各站事故报文。 （2）将故障情况简要汇报领导。 （3）通知运维人员检查各站设备。 （4）通知相关单位做好事故预案	30	（1）监控员未汇报各站事故报文扣8分。 （2）未将故障情况简要汇报领导扣8分。 （3）未通知运维人员检查各站设备扣7分。 （4）未通知相关单位做好事故预案扣7分		

序号	考核项目名称	质量要求	分值	扣分标准	扣分原因	得分
2	应急处理、隔离故障	（1）万花站 2 号主变中性点切换。 （2）万花站 2 号主变过负荷应急处理。 （3）相关设备负荷监视。 （4）通知输电运检工区线路特巡。 （5）隔离故障	40	（1）未进行万花站 2 号主变中性点切换扣 8 分。 （2）未进行万花站 2 号主变过负荷应急处理扣 8 分。 （3）未进行相关设备负荷监视扣 8 分。 （4）未通知输电运检工区线路特巡扣 8 分。 （5）未隔离故障扣 8 分		
3	调整系统方式	（1）备用自投装置投退。 （2）相关站电压监视、调整	10	（1）未进行备用自投装置投退扣 5 分。 （2）未相关站电压监视、调整扣 5 分		
4	设备检修	（1）申请受理。 （2）万花站 1 号主变转检修	10	（1）未进行申请受理扣 5 分。 （2）未将万花站 1 号主变转检修扣 5 分		
5	规范化	（1）调度术语应用规范。 （2）遵守调度工作制度。 （3）处理信息记录齐全	10	（1）调度术语应用不规范扣 4 分。 （2）不遵守调度工作制度扣 4 分。 （3）处理信息记录不齐全扣 2 分		
6	否决项	（1）在规定时间内未处理完的扣 50 分。 （2）1 号主变未经检查试验直接送电的扣 100 分。 （3）出现误操作且造成后果的扣 100 分				

2.2.13 DD2ZY0203 35kV 长里站 35kV1 号母线 AB 相间永久性故障

一、作业

（一）工器具、材料、设备

（1）工器具：碳素笔。

（2）材料：参考图 1-55、图 1-52、图 1-26、A4 纸、空白调度指令票。

（3）设备：调度仿真系统。

（二）安全要求

（1）母线失压后，防止发生误判断。确认母线失压后，先拉开失压母线上开关。

（2）隔离故障点后再合闸送电，防止带故障点合闸。

（3）PT 停电时，防止二次侧反送电。

（4）防止运行设备过负荷，不超过设备过载能力。

（5）挂接地线标示牌时，注意带电设备，防止带电挂地线。

（三）操作步骤及工艺要求（含注意事项）

1. 系统运行方式

（1）系统为正常运行方式。

（2）35kV 长里站 1 号主变 2.5MW、2 号主变负荷 4.5MW。

（3）35kV 长里站见图 1-55、220kV 东田站见图 1-52、220kV 侯坊站见图 1-26。

2. 天气情况

晴；环境温度 25℃。

3. 事故现象

（1）东田站：375 开关过流二段保护动作，375 开关分闸，重合不成功，重合闸后加速动作，开关分闸。

（2）长里站：1 号电容器低电压保护动作，522 开关分闸；站用电Ⅰ段动作、备自投动作；35kV 备自投动作，351 开关分闸，301 开关合闸；2 号电容器低电压保护动作，533 开关分闸，全站母线失压。

（3）侯坊站：367 开关过流二段保护动作，367 开关分闸。

4. 故障分析及事故处理思路

（1）东田站：375 开关过流二段保护范围内（本线路全长、长里站 35kV1 号母线及连接设备）永久性故障，开关跳闸、重合不成功。

（2）长里站：35kV 备自投动作，351 开关分闸，301 开关合闸。

（3）侯坊站：由于故障点仍存在（且不在长里站 1 号主变主保护范围内），造成侯坊站侯里线 367 开关过流二段保护动作，开关跳闸（367 线路为空充线路，重合闸不投），造成长里站全停。

（4）事故处理思路：综合上述事故现象判断故障性质，可初步判断长里站 35kV1 号母线存在相间永久性故障；通知现场检查长里站 35kV1 号母线及相连设备，查找故障点并隔离；将无故障设备送电，恢复正常运行方式，并调整、优化运行方式，注意保护及自动装置配合操作、调整系统电压；最后将故障设备转检修。

5. 事故处理

1) 检查、汇报、通知

(1) 值班监控员向县调、地调值班调度员汇报。

××：××，东田站：375 开关过流二段保护动作，375 开关分闸，重合不成功，重合闸后加速动作，开关分闸。

长里站：1 号电容器低电压保护动作，522 开关分闸；站用电一段动作、备自投动作；35kV 备自投动作，351 开关分闸，301 开关合闸；2 号电容器低电压保护动作，533 开关分闸，全站母线失压。

侯坊站：367 开关过流二段保护，367 开关分闸。

(2) 值班监控员将上述情况简要汇报相关领导。

(3) 值班监控员将上述事故现象通知东田运维班值班员检查东田站、长里站设备；通知侯坊运维班值班员检查侯坊站设备。

(4) 值班监控员加强对侯坊站 367 开关及 3 号主变的负荷监视。

(5) 县调值班调度员通知东田运维班和长里站相关用户，做好长里站全停的事故预想。

(6) 县调值班调度员通知输电运检工区对 35kV 田长线、侯里线带电查线。

2) 应急处置

值班监控员拉开长里站失压母线上开关：拉开 1 号所用变 521 开关、523 线 523 开关、524 线 524 开关、3 号主变的 311 开关、531 线 531 开关、532 线 532 开关、2 号所用变 534 开关、2 号主变的 512 开关、2 号主变的 312 开关（保留侯里线 352 开关在合位），汇报县调值班调度员。

3) 查找、隔离故障点

(1) 东田站运维班值班员汇报：经现场检查发现长里站 35kV1 号母线 AB 相支持瓷瓶击穿，不能运行，其他设备未见异常；东田站 375 开关未见异常。

(2) 令长里站：拉开 35kV 分段 301 开关及 301-1-2 刀闸、田长线 351-5-1 刀闸、1 号主变的 311-4-1 刀闸。

(3) 输电运检工区报：35kV 田长线、侯里线带电查线无异常。

4) 将无故障设备送电

(1) 侯坊站汇报县调值班调度员：侯里线 367 开关检查未见异常。

(2) 县调值班调度员令侯坊站：合上侯里线 367 开关。监控员检查长里站 35kV2 号母线电压正常。

(3) 县调值班调度员令长里站：将 2 号主变由热备用转运行（检查 10kV2 号母线电压正常），将 10kV1 号母线由热备用转运行（注意充电保护投退）。

(4) 东田站运维班值班员恢复长里站站用电：合上 1 号所用变 521 开关、2 号所用变 534 开关。

(5) 县调值班调度员令长里站：将 10kV1 号、2 号母线分路送电操作（保安电源），并严密监视 2 号主变不过负荷：合上 523 线 523 开关、524 线 524 开关、531 线 531 开关、532 线 532 开关。

(6) 值班监控员监视长里站 10kV1 号、2 号母线电压情况，视情况合上 1 号电容器

522 开关、2 号电容器 533 开关。

5）调整系统运行方式

值班调度员令东田站：停用田长线 375 开关的重合闸，合上田长线 375 开关。

6）故障设备转检修

（1）长里站向县调提申请："××日××：××—××日××：××，长里站 35kV1 号母线转检修。35kV1 号母线 AB 相支持瓷瓶击穿后检查、处理"。

（2）值班调度员令长里站：将 35kV1 号母线由冷备用转检修。

（3）值班监控员将事故处理情况简要汇报相关领导。

6. 注意事项

（1）母线失压后，先拉开失压母线上开关。

（2）在事故处理期间，应优先恢复变电站供电，优先恢复站用电。试送失压母线时，必须注意充电保护投停；允许保护与运行方式不配合，但时间应尽量缩短；在事故处理告一段落，应及时调整保护及自动装置与当前运行方式相适应。

（3）注意充分利用系统的有效资源，优化事故后系统方式，同时注意各站电压的调整。

二、考核

（一）考核要求

（1）分析故障造成的保护动作情况。

（2）按照事故处理流程处理事故。

（3）单人完成全部操作任务。

（二）考核场地

调度仿真系统 1 套。

（三）考核时间

考核时间为 100min。

（四）考核要点

（1）根据保护动作行为、开关动作行为分析、判断故障发生位置和性质。

（2）确认故障性质和影响范围。

（3）故障点隔离后，尽快恢复非故障设备运行方式。

三、评分标准

行业：电力工程　　　　　　　　工种：电力调度员　　　　　　　　等级：二

编号	DD2ZY0203	行为领域	e	鉴定范围		县调调度员
考核时限	100min	题型	C	满分	100 分	得分
试题名称	35kV 长里站 35kV1 号母线 AB 相间永久性故障					
考核要点及其要求	（1）严格遵守《安规》《调规》等规章制度。 （2）在规定时间内未操作完的扣 5～100 分。 （3）出现误操作且造成后果的扣 100 分。 （4）出现误操作但未造成后果的扣 50 分					
现场设备、工器具、材料	（1）仿真系统 1 套。 （2）碳素笔 1 支。 （3）A4 纸 1 张					
备注	参考图 1-55、图 1-52、图 1-26					

		评分标准				
序号	考核项目名称	质量要求	分值	扣分标准	扣分原因	得分
1	汇报通知	（1）监控员汇报各站事故报文。 （2）将故障情况简要汇报领导。 （3）通知运维人员检查各站设备。 （4）通知相关单位做好事故预案。 （5）相关设备负荷监视。 （6）通知输电运检工区线路带电查线	30	（1）监控员未汇报各站事故报文扣5分。 （2）未将故障情况简要汇报领导扣5分。 （3）未通知运维人员检查各站设备扣5分。 （4）未通知相关单位做好事故预案扣5分。 （5）未进行相关设备负荷监视扣5分。 （6）未通知输电运检工区线路带电查线扣5分		
2	应急处理、隔离故障	（1）拉开长里站失压母线上开关。 （2）隔离故障	15	（1）未拉开长里站失压母线上开关扣7分。 （2）未隔离故障扣8分		
3	将无故障设备送电	（1）长里站35kV2号母线试送充电。 （2）长里站2号主变及10kV2号母线、1号母线送电。 （3）投入候坊站367开关的重合闸。 （4）恢复长里站站用电。 （5）恢复长里站10kV负荷。 （6）调整长里站10kV母线电压	30	（1）未进行长里站35kV2号母线试送充电扣5分。 （2）未进行长里站2号主变及10kV2号母线、1号母线送电扣5分。 （3）未投入候坊站367开关的重合闸扣5分。 （4）未恢复长里站站用电扣5分。 （5）未恢复长里站10kV负荷扣5分。 （6）未调整长里站10kV母线电压扣5分		
3	调整系统方式	恢复35kV田长线空充线路	5	未恢复35kV田长线空充线路扣5分		
4	设备检修	（1）申请受理。 （2）长里站35kV1号母线转检修	10	（1）未进行申请受理扣5分。 （2）未将长里站35kV1号母线转检修扣5分		
5	规范化	（1）调度术语应用规范。 （2）遵守调度工作制度。 （3）处理信息记录齐全	10	（1）调度术语应用不规范扣4分。 （2）不遵守调度工作制度扣4分。 （3）处理信息记录不齐全扣2分		
6	否决项	（1）在规定时间内未处理完的扣50分。 （2）出现误操作且造成后果的扣100分				

2.2.14　DD2XG0101　110kV 深泽站新装 2 号主变投运

一、作业

（一）工器具、材料、设备

（1）工器具：碳素笔。

（2）材料：参考图 1-51、图 1-26、图 1-47、A4 纸、空白调度指令票。

（3）设备：调度仿真系统。

（二）安全要求

（1）投运前准备工作全部完毕，验收合格，传动正确，定值核对正确。

（2）主变压器充电应将所有保护投入跳闸，但此时联跳母联（分段）的保护不能投运，待主变向量检查正确后即可投运；中性点由变电站值班员按照调度规程规定掌握。

（3）主变冲击合闸间隔时间按现场规程掌握。

（4）主变带负荷后要进行相应保护的相量检查，正确后方可试并。

（5）新投运变压器中低压侧母线要注意进行定相正确后再并列；同时应防止跨电压等级合环。

（三）操作步骤及工艺要求（含注意事项）

1. 工程说明

（1）投运日期：××××年××月××日。

（2）本期投运设备：110kV 深泽站 2 号主变、1122 刀闸、512 开关及其两侧刀闸、相应综自装置、二次回路、远动装置、10kV 备用电源自投装置。

（3）调度范围划分：本次投运设备属地调调度管辖。

2. 投运前的准备工作

（1）110kV 变电运维工区提前两个工作日向地调申请深泽 2 号主变投运。

（2）地调值班调度员与深泽站值班员核对调度范围、一次设备双重编号及设备保护定值正确。

（3）110kV 深泽站向地调报：2 号主变、1122 刀闸、512 开关及其两侧刀闸以及相应综自装置、二次回路安装、接引、调试传动工作完毕，遥控、遥调试验正常，验收合格，地线拆除，可以送电，所有待投运开关、刀闸均在断位；调整 2 号主变分接头，确保空载充电时母线电压在合格范围内；10kV 备用电源自投装置传动正确可以投运。

3. 送电前相关设备运行方式

110kV 深泽站 110kV2 号母线、142 开关、10kV2 号母线、2 号主变冷备用状态，110kV 深泽站见图 1-51、220kV 候坊站见图 1-26、220kV 东寺站见图 1-47。

4. 投运操作前的安全校核

（1）核对投运前深泽站运行方式。

（2）制订电网安全措施和事故处理预案并督促落实。

① 电网薄弱环节：主变投运期间 110kV 深泽站单电源供电，可靠性降低。

② 事故影响：110kV 东深线事故跳闸，造成深泽站供电负荷全停。

③ 对相关单位要求：

a. 要求有关县调通知 110kV 深泽站 10kV2 号母线用户，2 号主变投运期间短时停电。

b. 要求 110kV 深泽站运维人员对运行设备加强巡视检查，同时做好设备停电后的事故预想。

c. 要求线路运检工区对 110kV 东深线进行特巡。

d. 要求有关县调、客服中心负责通知深泽站重要用户做好事故预案。

e. 要求相关变电站运维人员按投运措施做好操作准备。

④ 事故处理预案：

a. 110kV 东深线事故跳闸，值班监控员首先将事故情况汇报地调值班调度员，同时通知运维班人员检查站内设备；地调值班调度员立即汇报有关省调和领导。

b. 暂时停止 2 号主变投运操作，及时启用备用站用电源。

c. 220kV 东寺站和 110kV 深泽站运维人员汇报保护动作情况和设备检查情况。

d. 地调值班员通知线路运检工区立即开展抢修处理。

e. 通知客服中心做好停电用户的解释工作。

f. 抢修工作完毕及时恢复 110kV 深泽站投运工作。

（3）倒闸操作前模拟和危险点分析与预控措施

① 110kV 深泽站报 2 号主变及相关设备安装竣工，验收合格，具备投运条件，双方核对现场设备运行状态。

② 审核投运措施中所列倒闸操作步骤的正确性、合理性，履行操作管理制度，依次审核签字。

③ 在 EMS 上进行模拟操作。

④ 询问操作现场天气条件是否合适。

⑤ 检查、督促电网安全措施和事故预案的制定和落实情况。

⑥ 深泽站 2 号主变投运前转冷备用，2 号主变分头调至与 1 号主变一致，投入 2 号主变全部保护。

（4）系统调整。

① 110kV 深泽站 110kV 分段 101 开关充电保护改临时定值并投入。

② 将 110kV 深泽站 110kV2 号、10kV2 号母线转冷备用。

5. 典型指令票（见下表）

表　110kV 深泽站新装 2 号主变投运典型指令票

操作项目及内容			110kV 深泽站新装 2 号主变投运
序号	操作单位	令号	指令内容
一	深泽站	1	令：将 2 号主变的保护投入跳闸
		2	令：合上 2 号主变的 112-2 刀闸
		3	令：将 110kV 分段 101 开关由冷备用转热备用
		4	令：用 110kV 分段 101 开关对 2 号主变冲击合闸 5 次，最后开关在合位

操作项目及内容			110kV 深泽站新装 2 号主变投运
序号	操作单位	令号	指令内容
二	深泽站	1	令：将 10kV2 号母线由运行转热备用
		2	令：拉开 10kV 分段 5012 刀闸
		3	令：将 2 号主变的 512 开关由冷备用转运行
		4	令：在 10kV1 号、2 号 PT 间进行二次核相
		5	令：合上 10kV 分段 5012 刀闸及开关试并
		6	令：将 10kV 分段 501 充电保护停运
三	深泽站	1	令：调节 1 号、2 号主变分头
		2	令：2 号主变一微机、二微机差动保护（101 对 512）分别做向量检查
四	深泽站	1	令：1 号、2 号主变分头恢复原位置
		2	令：拉开 10kV 分段 501 开关
			令：将 10kV 备用电源自投装置投运
			令：将候深 T 接线 142 开关由冷备用转热备用
			令：将 110kV 备用电源自投装置投运
备 注			

6. 注意事项

（1）新设备投运前必须核对现场设备状态和启动范围内设备验收合格，具备投运条件。

（2）有备用电源的变压器充电，应考虑用备用电源，防止造成运行主变停电。

（3）主变压器充电应将所有保护投入跳闸，但此时联跳母联（分段）的保护不能投运，待主变向量检查正确后即可投运；中性点由变电站值班员按照调度规程规定掌握。

（4）主变冲击次数要符合规程要求，并注意冲击间隔时间合理，每次冲击后要对变压器进行检查。

（5）主变对低压侧送电时应注意控制母线电压在规定范围内。

（6）新投运变压器中低压侧母线要注意进行定相正确后再并列；同时应防止跨电压等级合环。

（7）主变带负荷后要进行相应保护的相量检查，正确后方可试并。

（8）110kV 深泽站 2 号主变投运后正常运行方式安排：

深泽站由东深线 T141 开关供全站，侯深线 T142 开关热备用，110kV 备用电源自投装置投运，1 号、2 号主变低压侧分列运行，分段 501 开关热备用，备用电源自投装置投运。

二、考核

（一）考核要求

（1）要求填票操作。

（2）按调度倒闸操作流程进行。

（3）单人完成全部操作任务。

（二）考核场地

调度仿真系统 1 套。

（三）考核时间

考核时间为 100min。

（四）考核要点

（1）现场竣工办理规范、流程。

（2）新变压器投运规范、流程。

三、评分标准

行业：电力工程　　　　　**工种：电力调度员**　　　　　**等级：二**

编号	DD2XG0101	行为领域	f	鉴定范围		地调调度员
考核时限	100min	题型	C	满分	100 分	得分
试题名称	110kV 深泽站新装 2 号主变投运					
考核要点及其要求	（1）严格遵守《安规》《调规》等规章制度。 （2）在规定时间内未操作完的扣 5～100 分。 （3）出现误操作且造成后果的扣 100 分。 （4）出现误操作但未造成后果的扣 50 分					
现场设备、工器具、材料	（1）仿真系统 1 套。 （2）碳素笔 1 支。 （3）A4 纸 1 张					
备注	参考图 1-51、图 1-26、图 1-47					

评分标准

序号	考核项目名称	质量要求	分值	扣分标准	扣分原因	得分
1	安全校核	（1）核对现场报竣工，新设备具备投运条件。 （2）核对运行方式和现场操作设备状态。 （3）核对投运申请票批复和启动方案。 （4）核对并督促电网安全措施和事故预案的落实。 （5）在 EMS 上模拟操作。 （6）调整系统运行方式	30	（1）未核对现场报竣工，新设备具备投运条件扣 5 分。 （2）未核对运行方式和现场操作设备状态扣 5 分。 （3）未核对投运申请票批复和启动方案扣 5 分。 （4）未核对并督促电网安全措施和事故预案的落实扣 5 分。 （5）未在 EMS 上模拟操作扣 5 分。 （6）未调整系统运行方式扣 5 分		

序号	考核项目名称	质量要求	分值	扣分标准	扣分原因	得分
2	操作步骤	（1）主变充电时所有保护均投入跳闸。 （2）主变冲击次数符合规程规定。 （3）主变冲击时注意间隔时间合理。 （4）对 10kV1 号、2 号母 PT 进行二次定相，主变试并。 （5）主变带负荷后进行向量检查。 （6）投运后的运行方式符合要求	40	（1）主变充电时所有保护未投入跳闸扣 5 分。 （2）主变冲击次数不符合规程规定扣 10 分。 （3）主变冲击时，注意间隔时间不合理扣 5 分。 （4）未对 10kV1 号、2 号母 PT 进行二次定相，主变试并扣 5 分。 （5）主变带负荷后未进行向量检查扣 10 分。 （6）投运后的运行方式不符合要求扣 5 分		
3	规范化	（1）互报单位、姓名。 （2）使用统一的调度术语、操作术语。 （3）遵守复诵、录音、记录、汇报制度	30	（1）未互报单位、姓名扣 10 分。 （2）未使用统一的调度术语、操作术语扣 10 分。 （3）未遵守复诵、录音、记录、汇报制度扣 10 分		
4	否决项	（1）在规定时间内未完成操作的扣 50 分。 （2）出现误操作且造成后果的扣 100 分				

第三部分　高级技师

1 理论试题

1.1 单选题

La1A2001 变压器励磁涌流与变压器充电合闸电压初相角有关，当初相角为（ ）时励磁涌流最大。

(A) 0°；(B) 90°；(C) 45°；(D) 120°。

答案：A

La1A3002 某设备装有电流保护，电流互感器的变比是 200/5，二次整定值是 4A，如果原一次整定值不变，将电流互感器变比改为 300/5，二次整定值应为（ ）A。

(A) 4；(B) 3；(C) 2.67；(D) 2。

答案：C

La1A3003 两台额定容量均为 10MV·A 的变压器并联运行，其变比相同，联结组别也相同，阻抗电压标幺值之比为 4:5，则当带 15MV·A 的负荷时，两台变压器所分担的负荷比为（ ）。

(A) 4:5；(B) 5:4；(C) 1:1；(D) 2:3。

答案：B

La1A3004 电压互感器发生异常有可能发展成故障时，母差保护应（ ）。

(A) 停用；(B) 改接信号；(C) 改为单母线方式；(D) 仍启用。

答案：D

La1A4005 三台具有相同变比连接组别的三相变压器，其额定容量和短路电压分别为 $S_a = 1000$kV·A，U_{ka}（％）$=6.25$％，$S_b = 1800$kV·A，U_{kb}（％）$=6.6$％，$S_c = 3200$kV·A，U_{kc}（％）$=7$％，它们并联运行后带负荷 5500kV·A，则三台变压器在不允许任何一台过负荷的情况下，能担负最大负荷（ ）。

(A) 5640kV·A；(B) 5560kV·A；(C) 6000kV·A；(D) 5000kV·A。

答案：B

La1A5006 在同一小电流接地系统中，所有出线均装设两相不完全星形接线的电流保护，电流互感器装在同名相上，这样在发生不同线路两点接地短路时，切除两条线路的概率为（ ）。

(A) 0.33；(B) 0.5；(C) 0.67；(D) 0。

答案：**A**

Lb1A1007 在线路上装设的并联电容器不能（　　）。

(A) 供应有功功率；(B) 供应无功功率；(C) 调整电压；(D) 改变无功分布。

答案：**A**

Lb1A1008 断路器失灵保护在（　　）动作。

(A) 开关拒动时；(B) 保护拒动；(C) 开关失灵时；(D) 控制回路断线时。

答案：**A**

Lb1A1009 一空载运行电缆线路，首端电压和末端电压分别为 U_1 和 U_2，下面正确的是（　　）。

(A) $U_1 < U_2$；(B) $U_1 = U_2$；(C) $U_1 > U_2$；(D) 不确定。

答案：**A**

Lb1A2010 在电感元件组成的电力系统中发生短路时，短路的暂态过程中将出现随时间衰减的（　　）自由分量。

(A) 周期；(B) 非周期；(C) 1/2 工频；(D) 1/3 工频。

答案：**B**

Lb1A2011 220kV 电网正常合解环操作的电压差不得超过（　　）。

(A) 20％；(B) 5％；(C) 15％；(D) 10％。

答案：**D**

Lb1A2012 大电流接地系统中发生接地故障时，（　　）零序电压为零。

(A) 故障点；(B) 变压器中性点接地处；(C) 系统电源处；(D) 变压器中性点间隙接地处。

答案：**B**

Lb1A2013 变压器差动保护范围为（　　）。

(A) 变压器低压侧；(B) 变压器高压侧；(C) 变压器两侧电流互感器之间设备；(D) 变压器绕组。

答案：**C**

Lb1A2014 小电流接地系统单相接地时，非故障相电压之间的夹角为（　　）。

(A) 120°；(B) 180°；(C) 60°；(D) 0°。

答案：**C**

Lb1A2015 小电流接地系统单相接地时，故障线路的零序电流为（ ）。

（A）本线路的接地电容电流；（B）所有线路的接地电容电流之和；（C）所有非故障线路的接地电容电流之和；（D）以上都有可能。

答案：C

Lb1A3016 某变压器的连接组编号为 Ynd10，下面对其描述正确的是（ ）。

（A）变压器高压侧为角型接线，高压侧电压相位超前低压侧电压 30°；（B）变压器高压侧为星接线，高压侧电压相位落后低压侧电压 30°；（C）变压器高压侧为星接线，高压侧电压相位落后低压侧电压 60°；（D）变压器高压侧为角型接线，高压侧电压相位超前低压侧电压 60°。

答案：C

Lb1A3017 在大电流接地系统中，故障电流中含有零序分量的故障类型是（ ）。

（A）两相短路；（B）三相短路；（C）两相接地短路；（D）与故障类型无关。

答案：C

Lb1A3018 在大电流接地的电力系统中，故障线路的零序功率是（ ）。

（A）由线路流向母线；（B）由母线流向线路；（C）不流动；（D）不确定。

答案：A

Lb1A3019 在接地故障线路上，零序功率方向（ ）。

（A）与正序功率同方向；（B）与正序功率反向；（C）与负序功率同方向；（D）与负荷功率同相。

答案：B

Lb1A3020 小电流接地系统单相接地故障时，故障线路的零序电流与非故障线路的零序电流相位相差是（ ）。

（A）180°；（B）90°；（C）270°；（D）120°。

答案：A

Lb1A3021 变压器带（ ）负荷时电压最高。

（A）容性；（B）感性；（C）阻性；（D）纯感性。

答案：A

Lb1A4022 准同期并列条件规定的允许电压差不超过额定电压的（ ）。

（A）3％～5％；（B）5％～10％；（C）10％～15％；（D）15％～20％。

答案：B

Lb1A4023 母线、变压器的故障切除时间按同电压等级线路（　　）故障切除时间考虑。

（A）近端；（B）远端；（C）中间；（D）距首端 1/4 处。

答案：A

Lb1A4024 在长时间非全相运行时，网络中还可能同时发生短路，这时，很可能使系统的继电保护（　　）。

（A）误动；（B）拒动；（C）误动、拒动都有可能；（D）没有影响。

答案：A

Lb1A5025 在大电流接地系统中，如果当相邻平行线停运检修时，电网发生接地故障，则运行线路中的零序电流将与检修线路是否两侧接地（　　）。

（A）有关，若检修线路两侧接地，则运行线路的零序电流将增大；（B）有关，若检修线路两侧接地，则运行线路的零序电流将减小；（C）有关，但可能增大，也可能减小；（D）无关，无论检修线路是否两侧接地，运行线路的零序电流均相同。

答案：A

Lc1A2026 发生交流电压二次回路断线后不可能误动的保护为（　　）。

（A）距离保护；（B）差动保护；（C）零序电流方向保护；（D）电压保护。

答案：B

Lc1A3027 快速切除线路与母线的短路电流，可以提高电力系统的（　　）水平。

（A）稳定性；（B）静态稳定；（C）暂态稳定。

答案：C

Lc1A3028 失灵保护的动作时间应大于（　　）。

（A）故障元件断路器跳闸时间；（B）继电器保护返回时间；（C）故障元件断路器跳闸时间和继电器保护返回时间之和；（D）主保护动作时间。

答案：C

Lc1A4029 某 35kV 系统最大运行方式时的三相短路等效电抗是 40Ω，则此时三相短路电流为（　　）A。

（A）350；（B）500；（C）1000；（D）875。

答案：B

Lc1A4030 220～500kV 线路的零序电流保护最末一段的动作电流定值一般不大于（　　）。

（A）100A；（B）200A；（C）300A；（D）400A。

答案：C

Lc1A5031 断路器失灵保护与母差保护共用出口回路时，闭锁元件的灵敏度应按（　　）的要求整定。

（A）失灵保护；（B）母差保护；（C）母线上所有元件保护；（D）母联保护。

答案：**A**

Jd1A1032 下列（　　）操作必须填写操作票。

（A）合上全站仅有的一把接地隔离开关；（B）拉、合断路器的单一操作；（C）投、切电容器的单一操作；（D）拉、合电抗器的单一操作。

答案：**A**

Jd1A1033 （　　）是指电力系统重要的电压支撑点。

（A）电压中枢点；（B）电压考核点；（C）无功补偿点；（D）电压监测点。

答案：**A**

Jd1A1034 黑启动电源根据调控中心要求，确保机组黑启动能力，做好黑启动准备，并向（　　）汇报。

（A）火电厂；（B）调控中心；（C）水电厂；（D）风电场。

答案：**B**

Jd1A1035 省调负责制订省级电网年度运行方式，经省公司批准后执行，并报（　　）备案。

（A）国调；（B）分中心；（C）国调及分中心；（D）国家电网公司。

答案：**C**

Jd1A1036 遵循（　　）的原则，在突发事件的处置过程中，将保证电网主网架的安全放在首位，采取必要手段保证电网安全，防止事故范围进一步扩大，防止发生系统性崩溃和瓦解。

（A）"统一调度、分级管理"；（B）"统一调度、保电网、保安全"；（C）"统一调度、保主网、保重点"；（D）"统一调度、综合治理、安全第一"。

答案：**C**

Jd1A1037 "限电序位表"应当（　　）年修订一次。

（A）半；（B）1；（C）2；（D）3

答案：**B**

Jd1A1038 在我国中性点直接接地方式一般用在（　　）及以上的系统。

（A）35kV；（B）60kV；（C）110kV；（D）220kV。

答案：**C**

Jd1A2039 部分 GIS 设备利用开关母线侧接地隔离开关代替线路接地隔离开关作线路操作接地者，施工时控制开关手柄应悬挂（　　）的标示牌。

（A）禁止合闸，线路有人工作；（B）禁止分闸，线路有人工作；（C）禁止合闸，有人工作；（D）禁止分闸，有人工作。

答案：D

Jd1A2040 线路检修需要线路隔离开关及线路高抗高压侧隔离开关拉开，线路电压互感器低压侧（　　），并在线路出线端合上接地隔离开关（或挂好接地线）。

（A）断开；（B）合入；（C）短路；（D）无要求。

答案：A

Jd1A2041 重大事故由（　　）组织事故调查组进行调查。

（A）国务院；（B）国务院电力监管机构；（C）所在地电力监管机构。

答案：B

Jd1A2042 对可能构成（　　）的停电项目，须提出安全措施，并按规定向相应监管机构备案。

（A）较大及以上事故；（B）一般及以上事故；（C）五级及以上事故（件）；（D）八级及以上事故（件）。

答案：B

Jd1A2043 在线安全稳定分析应涵盖调控机构调管范围内所有（　　）kV 及以上输变电设备。

（A）500；（B）330；（C）220；（D）110。

答案：C

Jd1A2044 直辖市造成（　　）供电用户停电的构成重大事故。

（A）25%～50%；（B）20%～60%；（C）30%～60%。

答案：C

Jd1A2045 政府有关部门确定的重要电力用户，应当按照（　　）的规定配置自备应急电源，并加强安全使用管理。

（A）国家电网调度机构；（B）国务院电力监管机构；（C）供电企业并网。

答案：B

Je1A2046 新装、大修、事故检修或换油后的 500kV 变压器在施加电压前静止时间（　　）h。

（A）24；（B）36；（C）48；（D）72。

答案：D

Je1A2047 大修后的变压器在投运时一般需冲击（　　）。

（A）1次；（B）2次；（C）3次；（D）4次。

答案：C

Je1A2048 某变电站某一断路器事故跳闸后，主站收到保护事故信号，而未收到断路器变位信号，其原因可能是（　　）。

（A）通道设备故障；（B）保护装置故障；（C）断路器辅助接点故障；（D）测控装置故障。

答案：C

Je1A2049 变压器的接线组别表示的是变压器的高、低压侧（　　）间的相位关系。

（A）线电压；（B）线电流；（C）相电压；（D）相电流。

答案：A

Je1A2050 线路故障时，线路断路器未断开，此时（　　）。

（A）应将该断路器隔离；（B）可对该断路器试送一次；（C）检查两次设备无问题后可以试送；（D）用母联断路器串带方式对断路器试送。

答案：A

Je1A2051 对线路强送电时可暂不考虑的问题是（　　）。

（A）线路运行年限；（B）可能有永久性故障存在而影响稳定；（C）强送时对邻近线路暂态稳定的影响；（D）线路跳闸前是否有带电工作。

答案：A

Je1A2052 在线监测装置试运行时间不小于（　　）。

（A）1个月；（B）3个月；（C）6个月；（D）1年。

答案：B

Je1A2053 反映智能变电站全站配置的文件是（　　）。

（A）SCD；（B）ICD；（C）CID；（D）SSD。

答案：A

Je1A3054 断路器保护回路有工作时，应断开该断路器（　　）保护启动回路的压板。

（A）失灵；（B）零序；（C）距离；（D）高频。

答案：A

Je1A3055 变电站全停后，应全面了解变电站信息，下列说法正确的是（　　）。

（A）继电保护动作情况；（B）断路器位置；（C）有无明显故障现象；（D）以上都是。

答案：D

Je1A3056　变电站全停对电网的影响（　　）。

（A）导致大量发电机组跳闸；（B）导致机组产生次同步谐振；（C）枢纽变电站全停，通常会导致以它为上级电源的多个低电压等级变电站全停；（D）导致调度电话系统中断。

答案：C

Je1A3057　220kV电压互感器隔离开关作业时，应拉开二次熔断器是因为（　　）。

（A）防止反充电；（B）防止熔断器熔断；（C）防止二次接地；（D）防止短路。

答案：A

Je1A3058　断路器的跳闸辅助触点应在（　　）接通。

（A）合闸过程中，合闸辅助触点断开后；　（B）合闸过程中，动静触头接触前；（C）合闸过程中；（D）合闸终结后。

答案：B

Je1A3059　电流互感器极性对（　　）没有影响。

（A）差动保护；（B）方向保护；（C）电流速断保护；（D）距离保护。

答案：C

Je1A3060　用隔离开关进行经试验许可的拉开母线环流或T接短线操作时，（　　）远方操作。

（A）必须；（B）不必；（C）尽可能不选择；（D）无要求。

答案：A

Je1A3061　下面（　　）不是电力系统产生工频过电压的原因。

（A）空载长线路的电容效应；（B）不对称短路引起的非故障相电压升高；（C）切除空载线路引起的过电压；（D）甩负荷引起的工频电压升高。

答案：C

Je1A3062　电压互感器二次负载变大时，二次电压（　　）。

（A）变大；（B）变小；（C）基本不变；（D）不一定。

答案：C

Je1A3063　电网解环操作前的注意事项不包括（　　）。

（A）潮流的重新分布能满足继电保护要求；（B）确保解环后系统有关部分电压应在规定范围之内；（C）潮流的重新分布能满足系统设备容量的限额；（D）调整系统频率。

答案：D

Je1A3064 通过变压器的空载特性试验，不能发现（　　）缺陷。

（A）油箱盖的涡流损耗过大；（B）硅钢片间绝缘不良；（C）铁芯多点接地；（D）某一部分硅钢片短路。

答案：A

Je1A3065 220kV 双母线接线方式，应优先启用（　　）对空母线充电。

（A）母联开关的短充电保护；（B）母联开关的长充电保护；（C）母联开关电流保护；（D）母联非全相运行保护。

答案：A

Je1A3066 断路器与（　　）之间发生故障，不能由该回路主保护切除，而由其他线路和变压器后备保护切除又将扩大停电范围，并引起严重后果时，应装设失灵保护。

（A）电流互感器；（B）出线侧隔离开关；（C）母线侧隔离开关；（D）线路压变。

答案：A

Je1A3067 双回线中任一回线停送电操作，通常是先将受端电压调整至（　　）再拉开受端开关，调整至（　　）再合上受端开关。

（A）上限值，上限值；（B）上限值，下限值；（C）下限值，上限值；（D）下限值，下限值。

答案：B

Je1A3068 当遇到（　　）时，不允许对线路进行远方试送。

（A）电缆线路故障或者故障可能发生在电缆段范围内；（B）开关远方操作到位判断条件满足两个非同样原理或非同源指示"双确认"；（C）线路主保护正确动作、信息清晰完整，且无母线差动、开关失灵等保护动作；（D）通过工业视频未发现故障线路间隔设备有明显漏油、冒烟、放电等现象。

答案：A

Je1A3069 "预置成功"，也下发了"执行"命令，但被控设备没有反应，以下原因错误的是（　　）。

（A）远动退出；（B）控制回路断线；（C）分合闸闭锁；（D）测控装置异常。

答案：A

Je1A3070 如果站端遥控校验失败，则在站端的遥控返校命令中会出现失败原因，这些原因不包括（　　）。

（A）遥控点号和遥控对象编码不一致；（B）间隔装置超时未返校；（C）间隔装置返校出错；（D）通道异常。

答案：D

Je2A3071 对采用综合重合闸的线路，当发生永久性单相接地故障时，保护及重合闸的动作顺序为（　　）。

（A）三相跳闸不重合；（B）选跳故障相，瞬时重合单相，后加速跳三相；（C）三相跳闸重合；（D）选跳故障相，延时重合单相，后加速跳三相。

答案：**D**

Je1A3072 停用备自投装置时应（　　）。

（A）先停交流电源回路，后停直流控制回路；（B）先停直流控制回路，后停交流电源回路；（C）交直流同时停；（D）与停用顺序无关。

答案：**B**

Je1A4073 以下对于备自投运行的说法中正确的是（　　）。

（A）备自投动作后又跳闸，可以再试送一次；（B）交流电压回路断线不影响装置运行；（C）直流电源消失对装置运行无影响；（D）备自投应动作而未动作，可模拟备自投动作过程操作一次。

答案：**D**

Je1A4074 变压器的非电量保护，应该（　　）。

（A）设置独立的电源回路，出口回路可与电量保护合用；（B）设置独立的电源回路与出口回路，可与电量保护合用同一机箱；（C）设置独立的电源回路与出口回路，且在保护屏安装位置也应与电量保护相对独立；（D）不必设置独立的电源回路与出口回路，且可与电量保护合用同一机箱。

答案：**C**

Je1A4075 母线电压互感器有异常情况，即将发展成故障时，应（　　）。

（A）拉开电压互感器隔离开关；（B）与正常运行中的电压互感器并列；（C）断开所在母线的电源；（D）断开变电站的主电源。

答案：**C**

Je1A4076 断路器"控制回路断线"信号是利用（　　）实现的。

（A）合闸位置和分闸位置继电器同时得电；（B）断路器常开、常闭辅助触点同时闭合；（C）合闸位置和分闸位置继电器同时失电；（D）断路器常开、常闭辅助触点同时打合。

答案：**C**

Je1A4077 如本侧高频闭锁保护位置停信未接入，当线路发生故障时，会使（　　）。

（A）本侧保护拒动；（B）本侧保护误动；（C）对侧保护拒动；（D）对侧保护误动。

答案：**C**

Je1A4078 二次装置失电告警信息应通过（　　）方式发送测控装置。

（A）硬接点；（B）GOOSE；（C）SV；（D）MMS

答案：A

Je1A4079 当母线由于差动保护动作而停电时，应（　　）处理。

（A）立即组织对失压母线进行强送；（B）双母线运行而又因母差保护动作同时停电时，现场值班人员应不待调度指令，立即拉开未跳闸的开关；（C）双母线之一停电时（母差保护选择性切除），现场值班人员应不待调度指令，立即将跳闸线路切换至运行母线。

答案：B

Je1A4080 双母线运行倒闸过程中会出现两个隔离开关同时闭合的情况，如果此时Ⅰ母发生故障，母线保护应（　　）。

（A）先切除Ⅰ母，紧接着切除Ⅱ母；（B）先切除Ⅱ母，紧接着切除Ⅰ母；（C）同时切除两条母线；（D）只切除Ⅰ母。

答案：C

Je1A4081 装有比率制动式母差保护的双母线，当母联断路器和母联断路器的电流互感器之间发生故障时，（　　）。

（A）相继切除两条母线；（B）只切除故障母线；（C）将会切除非故障母线；（D）同时切除两条母线。

答案：A

Je1A4082 当双侧电源线路两侧重合闸均投入检查同期方式时，将造成（　　）。

（A）两侧重合闸均动作；（B）非同期合闸；（C）两侧重合闸均不动作；（D）一侧重合闸动作，另一侧不动作。

答案：C

Je1A4083 断路器液压操作机构油压逐渐下降时发出的信号依次为（　　）。

（A）闭锁合闸信号→闭锁重合闸信号→闭锁分闸信号；（B）闭锁重合闸信号→闭锁合闸信号→闭锁分闸信号；（C）闭锁分闸信号→闭锁合闸信号→闭锁重合闸信号；（D）闭锁分闸信号→闭锁重合闸信号→闭锁合闸信号。

答案：B

Je1A5084 断路器出现闭锁分合闸时，不宜按如下（　　）方式处理。

（A）将对侧负荷转移后，用本侧隔离开关拉开；（B）本侧有旁路开关时，旁代后拉开故障断路器两侧刀闸；（C）本侧有母联开关时，用其串代故障开关后，在对侧负荷转移后断开母联开关，再断开故障断路器两侧隔离刀闸；（D）对于母联断路器可将某一元件两条母线隔离开关同时合上，再断开母联断路器两侧隔离开关。

答案：A

Je1A5085 变压器断路器由旁路断路器代路，在用旁路断路器合环前应退出（　　）。

（A）瓦斯保护；（B）差动保护；（C）过负荷保护；（D）复压过电流保护。

答案：B

Je1A5086 对并列运行的容量不同的两台降压变压器利用有载调压装置升档调节，当负荷电流不等时，应先调节（　　）。

（A）负荷电流小的变压器；（B）负荷电流与额定电流比值小的变压器；（C）负荷电流与额定电流比值大的变压器；（D）负荷电流大的变压器。

答案：B

Je1A5087 线路断相运行时，高频零序、负序方向保护的动作行为与电压互感器的所接位置有关，在（　　）时且接在线路电压互感器的不会动作。

（A）本侧一相断路器在断开位置；（B）对侧一相断路器在断开位置；（C）两侧同名相断路器均在断开位置；（D）以上都不对。

答案：A

Je1A5088 故障线路间隔一、二次设备存在下列（　　）告警信息时，不允许对线路进行远方试送。

（A）××保护 TV 断线；（B）××保护收发信机动作；（C）××保护启动；（D）××线路电压消失告警。

答案：A

Jf1A2089 站间通信异常时如需操作启动，应将有功功率运行方式设为独立控制，两站通过电话联系，（　　）设置潮流方向，逆变站先进行解锁操作，整流站后进行解锁操作。

（A）主控站；（B）逆变站；（C）整流站；（D）两站分别。

答案：D

Jf1A2090 断路器防跳继电器的作用是（　　）。

（A）防止断路器跳闸；（B）防止断路器合闸；（C）防止断路器在合闸时发生"跳跃"现象；（D）防止断路器偷跳。

答案：C

Jf1A2091 在新设备启动过程中，调试系统保护允许失去（　　），但严禁无保护运行。

（A）可靠性；（B）灵敏性；（C）选择性；（D）速动性。

答案：C

Jf1A3092 某 500kV 变压器的 35kV 侧母线没有配置差动保护，则该母线上配置的保护是（　　）。

（A）变压器差动保护；（B）变压器重瓦斯保护；（C）变压器低压侧复合电压过流保护；（D）变压器过负荷保护。

答案：**C**

Jf1A3093 快速切除线路与母线的短路故障是提高电力系统（　　）的重要手段。

（A）暂态稳定；（B）静态稳定；（C）动态稳定；（D）热稳定。

答案：**A**

Jf1A3094 雷电行波传到变电站母线上时，如母线上的配出线多，则母线上的过电压（　　）。

（A）保持不变；（B）倍数高；（C）倍数低；（D）可能越高也可能越低。

答案：**C**

Jf1A3095 母差保护动作，对线路开关的重合闸（　　）。

（A）闭锁；（B）不闭锁；（C）仅闭锁单相重合闸；（D）不一定。

答案：**A**

Jf1A3096 母线单相故障，母差保护动作后，断路器（　　）。

（A）单跳；（B）三跳；（C）单跳或三跳；（D）三跳后重合。

答案：**B**

Jf1A3097 配有重合闸后加速的线路，当重合到永久性故障时（　　）。

（A）保护将有选择性瞬时跳开断路器切除故障；（B）具体情况具体分析，故障点在Ⅰ段保护范围内时，可以瞬时切除，故障故障点在Ⅱ段保护范围内时，则需带延时切除；（C）不能瞬时切除故障；（D）能瞬时切除故障。

答案：**D**

Jf1A4098 母线差动保护电流互感器断线后（　　）。

（A）延时闭锁母差保护；（B）只发告警信号；（C）瞬时闭锁母差保护。

答案：**A**

Jf1A4099 220kV 主变断路器的失灵保护，其启动条件是（　　）。

（A）主变保护动作，相电流元件不返回，开关位置不对应；（B）主变电气量保护动作，相电流元件动作，开关位置不对应；（C）主变瓦斯保护动作，相电流元件动作，开关位置不对应；（D）以上都不对。

答案：**B**

Jf1A4100 目前对氧化锌避雷器在线监测项目中无法进行（　　）的监测。

（A）泄漏全电流，泄漏阻性电流分量，直流泄漏电流，泄漏容性电流分量；（B）泄漏阻性电流分量；（C）直流泄漏电流；（D）泄漏容性电流分量。

答案：C

Jf1A5101 双母线的电流差动保护，当故障发生在母联断路器与母联电流互感器之间时出现动作死区，此时应该（　　）。

（A）启动远方跳闸；（B）启动母联失灵（或死区）保护；（C）启动失灵保护及远方跳闸；（D）以上说法都不对。

答案：B

Jf1A5102 微机母差保护中，使用的母联断路器电流取自Ⅱ母侧电流互感器，如母联断路器与电流互感器之间发生故障，将造成（　　）。

（A）Ⅰ母差动保护动作，切除故障，Ⅰ母失压；Ⅱ母差动保护不动作，Ⅱ母不失压；（B）Ⅱ母差动保护动作，切除故障，Ⅱ母失压；Ⅰ母差动保护不动作，Ⅰ母不失压；（C）Ⅱ母差动保护动作，Ⅱ母失压，但故障没有切除，随后随后母联死区保护动作，切除故障，Ⅰ母失压；（D）Ⅰ母差动保护动作，Ⅰ母失压，但故障没有切除，随后母联死区保护动作，切除故障，Ⅱ母失压。

答案：D

1.2　判断题

La1B1001　线路停送电操作应考虑潮流转移和系统电压，特别注意使运行线路不过负荷、断面输送功率不超过稳定限额，应防止发电机自励磁及线路末端电压超过允许值。（√）

La1B1002　当线路出现不对称断相时，因为没有发生接地故障，所以线路没零序电流。（×）

La1B1003　发生三相短路，各相短路电流、压降及相互之间的相位差都将失去对称。（×）

La1B2004　线路上发生单相接地故障时，短路电流中存在着正、负、零序分量，其中只有正序分量才受线路两端电动势角差的影响。（√）

La1B3005　智能变电站的线路保护应直接采样，直接跳断路器；经 GOOSE 网络启动断路器失灵、重合闸。（√）

La1B4006　电力系统三相阻抗对称性的破坏，将导致电流和电压对称性的破坏，因而会出现负序电流，当变压器的中性点接地时，还会出现零序电流。（√）

La1B4007　在大电流接地系统，线路发生接地故障时，故障点的零序电压最高，而变压器中性点的零序电压最低。（√）

Lb1B1008　纵联距离（方向）保护装置的零序功率方向元件应采用自产零序电压。（√）

Lb1B2009　交流电流回路不正常或断线时，母线差动保护能够正确动作。（×）

Lb1B2010　断路器失灵保护动作必须闭锁重合闸。（√）

Lb1B2011　当变压器发生少数绕组匝间短路时，匝间短路电流很大，因而变压器瓦斯保护和纵差保护均动作跳闸。（×）

Lb1B2012　双星形接线的电容器组应采用零序平衡保护。（√）

Lb1B2013　重合闸前加速保护方式一般用于具有几段串联的辐射形线路中，重合闸装置仅装在靠近电源的一段线路上。（√）

Lb1B2014　断路器三相不一致保护，应使用保护装置内的三相不一致保护。（×）

Lb1B2015　双母线接线的母线保护中，母联与分段断路器的跳闸出口时间不应小于线路及变压器断路器的跳闸出口时间。（×）

Lb1B2016　一个半断路器接线的失灵保护不装设闭锁元件。（√）

Lb1B3017　线路保护和远方跳闸保护共屏的，远方跳闸保护应与线路保护共用跳闸回路。（×）

Lb1B3018　母线保护应能在母线并列、分列运行和单母线运行各种方式运行时，有选择性地切除故障母线。（√）

Lb1B3019　一次接线为一个半断路器接线时，每组母线宜装设 2 套母线保护，且该母线保护不应装设电压闭锁元件。（√）

Lb1B3020　母线差动保护为保证选择性，其启动电流必须大于最大不平衡电流。（√）

Lb1B3021 自动低频减负荷装置动作，应确保全网及解列后的局部网频率恢复到 49.50Hz 以上，并不得高于 51Hz。（√）

Lb1B3022 高压并联电抗器的电流差动保护可以保护匝间故障。（×）

Lb1B4023 变压器的复合电压方向过流保护中，三侧的复合电压接点并联是为了提高该保护的灵敏度。（√）

Lb1B4024 单端电源供电线路中，在负荷端的变压器中性点接地，线路发生单相接地时，电源端的零序电流就是短路点的零序电流。（×）

Lb1B4025 电力设备由一种运行方式转为另一种运行方式的操作过程中，被操作的有关设备应在保护范围内，且所有保护装置不允许失去选择性。（×）

Lb1B4026 在大电流接地系统中，线路的零序功率方向继电器接于母线电压互感器的开口三角电压，当线路非全相运行时，该继电器可能会动作。（√）

Lb1B5027 保护装置在电流互感器二次回路不正常或断线时，应发告警信号，并且闭锁相关保护，不允许跳闸。（×）

Lb1B5028 双母线接线的母差保护，应能自动适应双母线连接元件运行位置的切换，在切换过程中，若区外发生故障，保护应无选择性地立即动作，以切除故障、保护设备。（×）

Lb1B5029 一个半断路器接线的失灵保护应经短延时再次动作于本断路器的两组跳闸线圈跳闸，再经一较长时限动作于断开其他相邻断路器。（×）

Lc1B3030 消弧线圈的作用通常是采取欠补偿方式。（×）

Lc1B3031 变压器的最高运行温度受绝缘材料耐热能力限制。（√）

Lc1B3032 不允许使用隔离开关拉、合空载线路、并联电抗器和空载变压器。（√）

Lc1B3033 变压器全电压充电时，在其绕组中产生的暂态电流称为变压器励磁涌流。（√）

Lc1B3034 对于装有重合闸的线路，当线路故障时，若重合闸动作成功，则实际的线路断电时间为重合闸整定时间。（×）

Lc1B3035 合环操作必须经同期装置检测。（√）

Lc1B4036 电流互感器的二次绕组串联后变比不变，容量增加一倍。（√）

Jd1B1037 运维单位在接到通知后应及时组织现场检查，并向调度员汇报现场检查结果及异常处理措施。（×）

Jd1B1038 遇到重点时期及有重要保电任务时，监控员应对变电站相关区域或设备开展特殊监视。（√）

Jd1B2039 变电站内主变、断路器等重要设备发生严重故障，危及电网安全稳定运行时，调控中心应将相应的监控职责临时移交运维单位。（√）

Jd1B2040 根据《无人值守变电站及监控中心技术导则》，蓄电池容量应至少满足事故照明 45min 以上的用电要求。（×）

Jd1B2041 发电厂和 220kV 变电站的 110～35kV 母线正常运行方式时，电压允许偏差为系统额定电压的 −3%～+7%；事故运行方式时为系统额定电压的 −10%～+10%。（√）

Jd1B2042 一般情况下，监视控制点电压低于规定电压 95％的持续时间不应超过 60min，低于规定电压的 90％的持续时间不应超过 30min。（√）

Jd1B2043 监视点及控制点的电压偏离省调下达的电压曲线±5％的延续时间不得超过 90min；偏离±10％的延续时间不得超过 60min。（×）

Jd1B2044 在下达即时指令时，发令人与受令人可不填写操作指令票，也不需做书面记录，但必须使用录音。（×）

Jd1B3045 停电拉闸操作必须按照开关—负荷侧刀闸—电源侧刀闸的顺序依次操作，送电合闸操作应与上述相同。（×）

Jd1B3046 有调压手段的电压控制点和监视点的值班人员，应经常监视其母线电压，并按网、省调下达的电压运行曲线及时进行调整，当其母线电压超过允许偏差范围而又无能力调整时，应立即汇报省调值班调度员。（√）

Jd1B3047 当电网频率恢复至 49.0Hz，电压恢复至额定电压的 90％以上时，值班调度员可允许解列运行的发电机并入电网。（√）

Jd1B3048 双母线运行的变电站有两台变压器时，应将两台变压器的中性点直接接地，并把它们分别接于不同的母线上。（×）

Jd1B3049 "两票三制"中两票是：工作票、操作票；三制是：交接班制、监护制度、设备定期试验与轮换制。（×）

Jd1B3050 地调值班员已发布调度指令，受令者未重复指令或已重复指令，但未经地调值班员同意执行操作前中断了通信联系，该指令可执行。（×）

Jd1B5051 运维单位在接到通知后应及时组织现场检查，并向监控员汇报现场检查结果及异常处理措施。如异常处理涉及电网运行方式改变，运维单位应直接向相关调度汇报，可告知监控员。（×）

Jd1B5052 值班负责人是指变电站（发电厂）当值运行的指挥者，掌握变电站（发电厂）电气设备运行状态，负责受理工作票，对工作范围内现场安全措施是否满足安全要求负责的人员。（√）

Jd1B5053 任何情况下，监视控制点电压低于规定电压 95％的持续时间不得超过 120min，低于规定电压的 90％的持续时间不得超过 60min。（√）

Je1B1054 监控信息处置以"分类处置、闭环管理"为原则，分为信息收集、实时处置、分析处理三个阶段。（√）

Je1B1055 调度要求中性点不接地运行的变压器，在投入系统前应拉开中性点接地隔离开关。（×）

Je1B2056 监控远方操作前，值班监控员应考虑设备是否满足远方操作条件以及操作过程中的危险点及预控措施，并拟写监控远方操作票。（√）

Je1B2057 联合演练一般由参加演练的最高一级调控机构组织，下级调控机构配合上级完成演练；各级调控机构负责其直接调管范围内的演练。（√）

Je1B2058 接班时，交班人员对变电站运行方式、系统通道工况、未复归告警信息、检修置牌、信息封锁等进行核对。（×）

Je1B2059 实时监视时，监控员应实时监视事故、异常、越限、告知四类告警信息和

设备状态在线监测告警信息，确保不漏监信息，对各类告警信息及时确认。（×）

Je1B2060 系统并列频率无法调整时，频率偏差不得大于 0.3Hz；并列时，两系统频率必须在（50±0.2）Hz 范围内。（√）

Je1B2061 对于事故及异常处理时采用口令操作，调控人员必须按照口令操作的流程完成，可不填写操作票，但必须做好记录。（√）

Je1B2062 在交接班过程中发生事故，应立即迅速交接班，并由接班人员负责处理，交班人员应根据接班人员的要求协助处理。（×）

Je1B2063 有带电作业的线路故障跳闸后，若对系统无要求，值班调度员在未了解现场具体情况前，可以对线路强送电。（×）

Je1B2064 单电源线路故障跳闸后若重合闸拒动或无自动重合闸，下级值班人员应立即自行强送一次。（√）

Je1B2065 根据《调度集中监控告警信息相关缺陷分类标准》，500kV 变压器油位异常应列危急缺陷。（×）

Je1B2066 调控机构设备监控信息表是指满足调控机构变电站集中监控需要的接入调控机构的变电站信息表，包括遥测、遥信、遥控信息。（×）

Je1B2067 待遥控操作间隔有"测控装置就地控制"信号常亮（非误发信），遥控预置时可能成功，也可能失败。（√）

Je1B2068 监控远方操作流程中，断路器遥控操作完成后，监控员通过监控系统遥信的变化远程确认操作开关状态，并汇报调度操作指令执行完毕。（×）

Je1B2069 省、自治区、直辖市调控机构负责确定电压考核点、电压监视点，并按要求报上级调控机构备案。（×）

Je1B2070 调控机构负责按照调管范围编制季度或月度电压曲线，并制订节假日及特殊方式下的调压方案。（√）

Je1B3071 检修母线时，应根据母线的长度和有无感应电压等实际情况确定接地线数量。检修 10m 以下的母线，可只装设一组接地线。（√）

Je1B3072 若缺陷可能会导致电网设备退出运行或电网运行方式改变时，值班监控员应立即汇报设备运维管理单位。（×）

Je1B3073 下列事件属于紧急报告类事件：装机容量 3000MW 以上电网，频率偏差超出（50±0.2）Hz；装机容量 3000MW 以下电网，频率偏差超出（50±0.5）Hz。（×）

Je1B3074 单回线发生单相永久接地故障重合不成功或无故障断开不重合时，若继电保护、重合闸和断路器均能正确动作，则必须保持电力系统稳定运行和电网的正常供电。（×）

Je1B3075 母联断路器向空母线充电后，发生了谐振，应立即拉开母联断路器使母线停电，以消除谐振。（√）

Je1B3076 变压器过负荷时应采取以下方法：①投入备用变压器；②指令有关调度转移负荷；③改变电网的接线方式；④按有关规定进行拉闸限电。（√）

Je1B3077 母联断路器非全相运行，应立即调整降低母联断路器电流，然后进行处理，必要时将一条母线停电。（√）

Je1B3078 监控系统发 2 号主变差动保护高压侧电流互感器断线报警，应立即通知相应运维班及 2 号主变所属调度，并列严重缺陷。（×）

Je1B3079 监控系统发"2212 纵联电流差动保护电压互感器断线报警""2212 保护装置异常报警"，检查本站其他间隔均未发此信号，检查 2212 开关所在 220kV 4 号母线电压正常，则可说明此信号为误发。（×）

Je1B3080 隔离开关、接地刀闸位置信息、主变运行档位，以及设备正常操作时的伴生信息属于告知类信息。（√）

Je1B3081 变电设备检修，涉及信号、测量或控制回路的，当监控信息表未发生变化时，运维单位可不在工作前向值班监控员汇报。（×）

Je1B3082 电网频率的标准是 50Hz，频率偏差不得超过±0.1Hz，在 AGC（自动发电量控制）投运情况下，电网频率按（50±0.2）Hz 控制。（×）

Je1B3083 异常信息是反映设备运行异常情况的报警信息和影响设备遥控操作的信息，直接威胁电网安全与设备运行，是需要实时监控、立即处理的重要信息。（×）

Je1B3084 当在远动主机或其他远动终端工作，引起远动数据库变动，调控中心应组织开展监控信息验收。（√）

Je1B3085 调控中心实施远方操作必须采取防误措施，严格执行模拟预演、唱票、复诵、监护、录音等要求，确保操作正确。（√）

Je1B4086 监控远方操作和现场操作应在调控中心统一调度指挥下开展，当监控远方操作无法执行时，调控中心应立即转由现场操作。（×）

Je1B4087 设备监控管理专业人员对于监控员无法完成闭环处置的监控信息，应及时协调调度部门或上级单位进行处理，并跟踪处理情况。（×）

Je1B4088 地区电网解列时，各孤立小电网的频率调整由所在地区的地调值班调度员和主力发电厂值长负责。（√）

Je1B4089 断路器在运行中出现"闭锁合闸"尚未出现"闭锁分闸"时，值班调度员可根据情况下令拉开此断路器。（√）

Je1B4090 当电网发生异常或事故时，在确保不拉合故障电流的情况下，值班调度员可下令值班监控员对无人值班变电站的断路器进行遥控分合。（√）

Je1B4091 省（自治区、直辖市）级电力调度控制中心值班监控人员应按照该规定开展设备监控远方操作工作，地、县级调控中心设备监控远方操作可暂不执行。（×）

Je1B4092 监控职责临时移交时，监控员应与运维单位明确移交范围、时间、移交前运行方式等内容，并做好相关记录。（×）

Je1B4093 监控员确认监控功能恢复正常后，应及时通过录音电话与运维单位重新核对变电站运行方式、监控信息和监控职责移交期间故障处理等情况，收回监控职责，并做好相关记录。（√）

Je1B4094 重点监视是指在某些特殊情况下，监控员对变电站设备采取的加强监视措施，如增加监视频度、定期查阅相关数据、对相关设备或变电站进行固定画面监视等，并做好事故预想及各项应急准备工作。（×）

Je1B4095 在电网振荡时，除厂站事故处理规程规定者以外，厂站运行值班员不得解

列发电机组。在频率或电压下降到威胁到厂用电的安全时可按照发电厂规程将机组（部分或全部）解列。（√）

Je1B4096 正常情况下，除背靠背外的直流系统采用双极平衡方式运行或单极金属回线方式运行。当确有需要进行单极大地回线或双极不平衡运行时，接地极电流不应超过安全限值，且运行时间按接地极设计总安时数控制。（√）

Je1B4097 正常运行时，直流输电系统一般不安排孤岛方式。特殊情况下，对于送端可能存在孤岛运行方式的直流输电系统，应安排孤岛试验，验证该方式下系统运行的稳定性，明确控制要求，并制订相应的运行规定。对于故障后直流输电系统出现的孤岛运行方式，调控机构应按运行规定进行相关调整，或停运直流。（√）

Je1B5098 根据国调中心关于印发《调度集中监控告警信息相关缺陷分类标准（试行）》的通知（调监〔2013〕300号）规定，AVC控制策略不正确，造成电压越限属于危急类缺陷。（√）

Je1B5099 《国家电网公司十八项电网重大反事故措施》规定：对检修或事故跳闸停电的母线进行试送电时，应首先考虑用外来电源送电。（√）

Je1B5100 电压互感器发生异常情况（如严重漏油，并且油位看不见），随时可能发展成故障时，必须用断路器切断电压互感器所在母线的电源。（√）

Je1B5101 具有两个及以上电源的变电站母线电压消失时，现场值班人员在每条母线上保留一个电源线路断路器，断开其他断路器（如双母线均分布有电源时，应先断开母联断路器），一面检查母线，一面报告值班调度员。（√）

Je1B5102 家族性缺陷认定后，保护装置厂家应于3个工作日内提出有效的反措，反措应经过厂内严格测试验证和质保体系保证，相关调控中心应组织有关人员和专家见证试验验证过程。（×）

Je1B5103 电网调控运行业务通道故障时，通信调度应立即汇报相关调控机构，通信机构要按照"先抢通、先修复"的原则，尽快恢复业务通道，并将通道恢复情况及时汇报相关调控机构。（×）

Jf1B1104 110kV两条母线经母联断路器并列运行，当只有一条母线有独立电源时，相位比较式母差保护就投"有选择"方式运行。（×）

Jf1B1105 SF_6 密度继电器与断路器设备本体之间的连接方式应满足不拆卸校验密度继电器的要求。（√）

Jf1B1106 变压器现场温度计指示的温度与控制室温度显示装置或监控系统的温度应基本保持一致，误差不超过10℃。（×）

Jf1B1107 当出现继电保护装置误动作或拒动作时，运行人员应汇报调度，按调度命令停用保护装置跳闸出口连接片。（√）

Jf1B3108 在调控中心进行远方投退重合闸、备自投软压板和切换保护装置定值区的操作，需在满足"双确认"要求的原则下进行。（√）

Jf1B3109 继电保护远方操作应严格按照《电力监控系统安全防护规定》（国家发展和改革委员会第14号令）要求，通过自动化系统在安全Ⅰ区实现。（√）

Jf1B3110 继电保护和安全自动装置远方操作各环节都应遵循《电力二次系统安全防

护总体方案》的要求，应具备控制命令传输的全过程安全认证机制。（√）

Jf1B3111 在重大节日、重要保电等时段内，正常运行方式应确保电力系统连续可靠运行，采用全接线全保护运行。（√）

Jf1B3112 继电保护和安全自动装置远方操作采用调度数据网作为调控主站和变电站之间的数据传输通道。（√）

Jf1B3113 中性点不接地或中性点经消弧线圈接地变压器的操作过电压幅值一般比中性点直接接地变压器的操作过电压幅值要高。（√）

Jf1B3114 当大电源切除后发供电功率不平衡时，将造成频率或电压降低，通过解列的方式保证局部电网安全稳定运行的装置为低频减负荷装置。（×）

Jf1B3115 合并单元应能保证在电源中断、电压异常、采集单元异常、通信中断、通信异常、装置内部异常等情况下不误输出；合并单元应能够输出上述各种异常信号和自检信息。（√）

Jf1B4116 装有备自投装置的系统变电站，负荷侧接有分布式电源，则变压器低压侧母联断路器的备自投装置应检同期动作。（×）

Jf1B4117 保护装置面板信号灯不影响保护动作和信号上送，不进行远方复归，作为运维人员在故障后巡查时的依据，由运维人员在巡查时记录后进行复归。（√）

Jf1B4118 由旁路断路器转带出线断路器或旁路断路器恢复备用，在断路器并列前，应解除该侧零序电流保护最末两段的出口压板，若该段无独立压板，可一起解除经同一压板出口跳闸的保护，操作结束后立即投入。（√）

Jf1B4119 变电站直流系统处于正常工作状态，一次设备全接线运行，某750kV线路中一套保护退出改定值，工作完毕后，运行人员按照调度命令投入保护装置，为了减少保护退出时间，并保证保护一经投入即可遇故障跳闸，因此先要投入保护出口跳闸连接片，后投入保护功能连接片。（×）

Jf1B4120 在自耦变压器高压侧接地短路时，中性点零序电流的大小和相位，将随着中压侧系统零序阻抗的变化而改变。因此，自耦变压器的零序电流保护不能装于中性点，而应分别装在高、中压侧。（√）

1.3 多选题

La1C1001 常用的潮流计算方法有（　　）。
（A）牛顿—拉夫逊法；（B）隐式积分法；（C）快速分解法；（D）最优因子法。
答案：AC

La1C2002 潮流计算中的节点类型有（　　）。
（A）PQ节点；（B）PV节点；（C）电压节点；（D）平衡节点。
答案：ABD

Lb1C1003 电力系统的暂态过程包含（　　）过程。
（A）波过程；（B）电磁暂态过程；（C）机电暂态过程；（D）热稳定过程。
答案：ABC

Lb1C1004 大型单元机组的功率调节方式有（　　）。
（A）以锅炉为基础的运行方式；（B）AGC；（C）以汽机为基础的运行方式；（D）功率控制方式。
答案：ACD

Lb1C1005 锅炉按水循环方式可以分为（　　）。
（A）自然循环；（B）强制循环；（C）风冷循环；（D）直流循环。
答案：ABD

Lb1C2006 电力系统的稳定运行分为（　　）。
（A）静态稳定；（B）暂态稳定；（C）动态稳定；（D）系统稳定。
答案：ABC

Lb1C2007 汽轮机汽水系统包括（　　）和给水系统。
（A）凝结水系统；（B）高低压抽汽系统；（C）真空系统；（D）主蒸汽系统。
答案：ABCD

Lb1C3008 静态负荷模型中的多项式模型可看作（　　）的线性组合。
（A）恒电流；（B）恒电压；（C）恒功率；（D）恒阻抗。
答案：ACD

Lb1C3009 保证电力系统安全稳定运行的基本条件有（　　）。
（A）在事故发生后，电力系统仍然能够安全稳定的运行；（B）对所设计和所运行的电力系统进行全面的研究分析；（C）有一个合理的电网结构；（D）万一系统失去稳定，能有预定措施防止出现恶性连锁反应，尽可能缩小事故损失，尽快使系统恢复正常运行。

    答案：ABCD

    Lb1C3010　保证和提高电力系统静态稳定的措施有（　　　）。

（A）减小发电机和变压器及线路的电抗；（B）提高系统电压水平；（C）降低系统电压水平；（D）改善电力系统的结构。

    答案：ABD

    Lb1C3011　提高电力系统暂态稳定的措施有（　　　）。

（A）增加电气距离；（B）采用自动重合闸；（C）采用快速励磁；（D）采用静止无功补偿装置。

    答案：BCD

    Lb1C3012　当主接线为一个半断路器接线时，每回线路宜装设（　　　）；变压器回路和母线宜装设（　　　），若不能满足继电保护要求时，也可装设一组三相电压互感器。

（A）一组三相电压互感器；（B）一相电压互感器；（C）不装设电压互感器；（D）二相电压互感器。

    答案：AB

    Lb1C3013　火力发电厂中锅炉燃烧方式有（　　　）。

（A）沸腾燃烧；（B）固定燃烧；（C）悬浮燃烧；（D）粉末燃烧。

    答案：ABC

    Lb1C4014　发生以下（　　　）情况，当保护重合闸和断路器正确动作时，必须保持电力系统稳定运行和电网的正常供电。

（A）母线单相接地故障（不重合）；（B）任何线路发生单相瞬时接地故障重合成功；（C）同杆并架双回线的异名两相同时发生单相接地故障不重合，双回线同时跳开；（D）任一发电机组跳闸或失磁。

    答案：BD

    Lb1C4015　3/2接线方式下，启动远方跳闸的保护包括（　　　）。

（A）断路器失灵保护动作；（B）线路过电压保护动作；（C）高压线路串联补偿电容器的保护动作；（D）线路变压器组的变压器保护动作。

    答案：ABCD

    Lb1C4016　电网或发电机的准同期并列操作必须满足的条件是（　　　）。

（A）相序、相位一致；（B）电压相等（电压差不大于额定电压20%）；（C）频率相等（允许频率差不大于0.5Hz）；（D）以上均不满足。

    答案：ABC

Lb1C4017 汽轮发电机正常停机按其停机过程不同可分为（　　　）。

（A）常参数停机；（B）变参数停机；（C）定参数停机；（D）滑参数停机。

答案：CD

Lb1C4018 汽轮机可通过快关汽门实现下列（　　　）减功率方式。

（A）短暂减功率；（B）瞬时减功率；（C）持续减功率；（D）连续减功率。

答案：AC

Lb1C5019 电压中枢点的选择原则（　　　）。

（A）母线短路容量较大的 220kV 变电所母线；（B）发电厂母线；（C）区域性水厂、火厂的高压母线（高压母线有多回出线时）；（D）有大量地方负荷的发电厂母线。

答案：ACD

Lb1C5020 发电机发生异步振荡，下列说法正确的是（　　　）。

（A）因为受到较大扰动；（B）发电机有时工作在电动机状态；（C）发电机有时工作在发电机状态；（D）功角在 0～180°之间周期性地变化。

答案：ABC

Lb1C5021 电力系统容易发生低频振荡的情况是（　　　）。

（A）弱联系、远距离、重负荷的输电线路上；（B）在采用慢速、低放大倍数的励磁系统上；（C）在采用快速、高放大倍数的励磁系统上；（D）强联系、近距离的输电线路上。

答案：AC

Lc1C2022 《国家电网公司安全事故调查规程》安全事故体系由（　　　）事故组成。

（A）信息系统；（B）人身；（C）设备；（D）电网。

答案：ABCD

Lc1C3023 公司各级单位应实施隐患"发现、（　　　）、报告、（　　　）、验收、（　　　）"的闭环管理。

（A）评估；（B）治理；（C）总结；（D）销号。

答案：ABD

Lc1C3024 参与事故调查的人员在事故调查中有下列行为之一的，依法给予处分；构成犯罪的，依法追究刑事责任：（　　　）。

（A）对事故调查工作不负责任，致使事故调查工作有重大疏漏的；（B）迟报、漏报或者瞒报、谎报事故情况；（C）因自身工作原因，造成事故资料丢失、损毁；（D）包庇、袒护负有事故责任的人员或者借机打击报复的。

答案：AD

Lc1C3025 发生事故的电力企业主要负责人有下列行为之一的，由电力监管机构处其上一年年收入 40%～80%的罚款（　　　）。

（A）不立即组织事故抢救的；（B）迟报或者漏报事故的；（C）在事故调查处理期间擅离职守的；（D）未及时上报事故调查报告的。

答案：ABC

Lc1C3026 以下属于重大事故的是（　　　）。

（A）区域性电网减供负荷 30%以上；（B）电网负荷 20000MW 以上的省、自治区电网，减供负荷为 13%～30%；（C）电网负荷 5000MW 以上 20000MW 以下的省、自治区电网，减供负荷为 16%～40%；（D）直辖市为 30%～60%供电用户停电。

答案：BCD

Jd1C3027 根据电网结构和故障性质的不同，电力系统发生大扰动时的安全稳定标准是（　　　）。

（A）保持电网的稳定运行和向用户的正常供电；（B）当系统不能保持稳定运行时，必须防止系统崩溃，并尽量减少负荷损失；（C）保持稳定运行，但允许损失部分负荷；（D）在满足规定的条件下，允许局部系统作短时间的非同步运行。

答案：ABCD

Jd1C3028 调控中心应组织开展监控信息验收的工作包括（　　　）。

（A）新建、改建、扩建工程投产；（B）调度监控系统更换；（C）变电站综自系统改造；（D）在远动主机或其他远动终端工作，引起远动数据库变动。

答案：ABCD

Jd1C3029 变电站纳入集中监控需提交的技术资料主要包括（　　　）。

（A）设备运行限额；（B）现场运行规程；（C）保护配置表；（D）设备台账。

答案：ABCD

Jd1C4030 发生以下（　　　）情况，当保护重合闸和断路器正确动作时，必须保持电力系统稳定，但允许损失部分负荷。

（A）任何线路发生单相瞬时接地故障重合成功；（B）母线单相接地故障（不重合）；（C）同杆并架双回线的异名两相同时发生单相接地故障不重合，双回线同时跳开；（D）任一发电机组（除占系统容量比重过大者外）跳闸或失磁。

答案：BC

Jd1C4031 发生以下（　　　）情况，当系统不能保持稳定运行时，必须防止系统崩溃并尽量减少负荷损失。

（A）故障时断路器拒动；（B）故障时，继电保护、自动装置误动或拒动；（C）多重故障；（D）失去大容量发电厂。

答案：ABCD

Jd1C5032 变电站监控信息联调验收应具备以下条件（　　）。

（A）变电站监控系统已完成验收工作，监控数据完整、正确；（B）相关调度技术支持系统已完成数据维护工作；（C）相关远动设备、通信通道应正常、可靠；（D）在影响监控系统对电网设备正常监视的缺陷处理完成后。

答案：ABC

Jd1C5033 监控运行评价以提高（　　）为导向，反映监控信息的规范性和正确性、设备缺陷情况和监控运行工作量。

（A）设备监控运行水平；（B）设备运维管理水平；（C）集中监控效率；（D）集中监控规模。

答案：AB

Je1C1034 220kV 及以上系统主保护装置投运率仅指线路和电力主设备（　　）保护装置投运率。

（A）纵联；（B）差动；（C）距离。

答案：AB

Je1C2035 （　　）情况下机组可以与系统解列。

（A）发电机、励磁机内冒烟、着火或氢气爆炸；（B）发电机或励磁机发生严重振荡；（C）发生威胁人员生命安全时；（D）电力系统发生振荡时。

答案：ABC

Je1C2036 关于电磁环网，说法正确的是（　　）。

（A）易造成系统热稳定破坏；（B）易造成系统动稳定破坏；（C）有利于经济运行；（D）不同电压等级运行的线路，通过变压器电磁回路的联接而构成的环路。

答案：ABD

Je1C2037 用旁路断路器转代的操作规定（　　）。

（A）旁路断路器与拟转代断路器上同一母线；（B）用母联断路器向旁路母线充电；（C）调整旁路断路器的定值与拟转代断路器定值一致；（D）用旁路断路器向旁路母线充电。

答案：ACD

Je1C2038 高压线路自动重合闸装置的动作时限应考虑（　　）。

（A）故障点灭弧时间；（B）开关操作机构的性能；（C）电力系统稳定的要求；

（D）保护整组复归时间。

答案：**ABC**

Je1C2039 消除电力系统振荡的主要措施有（   ）。

（A）不论频率升高或降低的电厂都要按发电机事故过负荷的规定，最大限度地提高励磁电流；（B）送端高频率的电厂，迅速降低发电出力，直到振荡消除或恢复到正常频率为止；（C）受端低频率的电厂，应充分利用备用容量和事故过载能力提高频率，直至消除振荡或恢复到正常频率为止；（D）争取在 10min 内消除振荡，否则应在适当地点将部分系统解列。

答案：**ABC**

Je1C2040 电网反事故措施的主要内容有（   ）。

（A）防止电网稳定破坏的措施；（B）防止设备和线路过负荷的措施；（C）防止误下令、误操作的措施；（D）防止继电保护装置误动、拒动的措施。

答案：**ABCD**

Je1C2041 电网事故处置系列预案中内容包括（   ）。

（A）重要变电站-重要发电厂事故，包括全停的紧急处置；（B）黑启动预案；（C）重要厂站、线路遭受自然灾害、外力破坏、毁灭性破坏或打击等的紧急处置；（D）互联电网系统解列的紧急处置。

答案：**ABCD**

Je1C3042 电网合环运行应具备的条件是（   ）。

（A）相位一致；（B）各母线电压不应超过规定值；（C）合环后，环网内各元件不致过载；（D）环网内的变压器接线组别之差为零。

答案：**ABCD**

Je1C3043 正常情况下旁路断路器转代操作应（   ）。

（A）两台断路器的合环、解环不得用隔离开关进行；（B）避免带负荷拉、合刀闸事故；（C）旁路断路器拉开后，推上旁路隔离开关，然后合上旁路断路器，使两断路器并联；（D）推上旁路隔离开关，使两断路器并联。

答案：**ABC**

Je1C3044 母差保护采用电压闭锁元件主要是为了防止（   ）。

（A）区外故障时，母差保护误动；（B）误碰出口中间继电器造成母差保护误动；（C）系统振荡时，母差保护误动；（D）差动继电器误动造成母差保护误动。

答案：**BD**

Je1C3045 母线差动保护的复合电压闭锁是利用接在每组母线电压互感器二次侧上的（　　）来实现的。

（A）低电压继电器；（B）高电压继电器；（C）零序电压继电器；（D）负序电压继电器。

答案：AC

Je1C3046 并网运行的发电厂，其涉及电网安全、稳定的（　　）应满足所在电网的要求。

（A）励磁系统；（B）调度通信和自动化设备；（C）继电保护系统和安全自动装置；（D）调速系统。

答案：ABCD

Je1C3047 对线路零起升压，以下（　　）装置应退出。

（A）线路继电保护装置；（B）发电机自动励磁调节装置；（C）发电机强行励磁装置；（D）线路重合闸。

答案：BCD

Je1C3048 电网频率对距离保护的影响有（　　）。

（A）影响振荡闭锁元件的正常动作；（B）影响方向阻抗继电器的动作特性；（C）影响保护开入量的精度；（D）影响故障测距。

答案：AB

Je1C3049 防止电压崩溃的有效措施（　　）。

（A）在正常运行中要备有一定的可以瞬时自动调出的无功功率备用容量，如新型无功发生器 ASVG；（B）高电压、远距离、大容量输电系统，在中途短路容量较小的受电端，设置静止补偿器、调相机等作为电压支撑；（C）电网正常运行时，尽量多的投入无功补偿装置；（D）各个发电厂尽量多发无功。

答案：AB

Je1C3050 系统振荡事故与短路事故的区别有（　　）。

（A）振荡时，系统各点电压和电流值均作往复性摆动；而短路时电流、电压值是突变的；（B）振荡时，电流、电压值的变化速度较慢；而短路时，电流、电压值突然变化量很大；（C）短路时，系统任何一点电流与电压之间的相位角都随功角的变化而改变；而振荡时，电流与电压之间的角度是基本不变的；（D）振荡时，系统三相是对称的；而短路时系统可能出现三相不对称。

答案：ABD

Je1C3051 （　　）是电网黑启动过程中应注意的问题。

（A）无功功率平衡问题；（B）有功功率平衡问题；（C）保护配置问题；（D）频率和

电压控制问题。

答案：ABCD

Je1C3052 多电源的变电站全停电时，变电站应采取（　　）方法，以便尽快恢复送电。

（A）立即将多电源间可能联系的断路器拉开；（B）若双母线母联断路器没有断开应首先拉开母联断路器，防止突然来电造成非同期合闸；（C）检查有电压测量装置的电源线路，以便及早判明来电时间；（D）每条母线上应保留一个主要电源线路断路器在投运状态。

答案：ABCD

Je1C3053 发电厂、变电站运行人员在系统发生故障又与各级调度通信中断时，应按下列原则处理（　　）。

（A）允许发电厂按调度曲线自行调整出力；（B）不允许发电厂按调度曲线自行调整出力；（C）一切已批准但未执行的检修计划继续执行；（D）一切已批准但未执行的检修计划及临时操作应暂停执行。

答案：AD

Je1C4054 在 500kV 与 220kV 系统构成复合电磁环网运行，220kV 系统形成多重复合环网的情况下，解环点的设置原则为（　　）。

（A）应尽可能减少负荷损失或变电所失电；（B）根据已确定的主力电厂线路保护后备段时间相继配合选定；（C）应设置在出线多的变电所；（D）根据已确定的主力电厂线路的全线速动保护时间相继配合选定。

答案：AB

Je1C4055 关于母差保护跳闸停信，下列说法正确的是（　　）。

（A）母差保护动作后，本侧线路停信；　（B）母差保护动作后，对侧线路停信；（C）保护流变与断路器之间故障；（D）保护流变与出线隔离开关之间故障。

答案：AC

Je1C4056 在发电机、变压器差动保护中，下列正确的说法是（　　）。

（A）发电机过励磁时，差动电流增大；　（B）变压器过励磁时，差动电流增大；（C）发电机过励磁时差动电流基本不变化，变压器过励磁时差动电流增大；（D）发电机和变压器过励磁时，差动电流均增大。

答案：BC

Je1C4057 防止频率崩溃有（　　）措施。

（A）电力系统运行应保证有足够的、合理分布的旋转备用容量和事故备用容量；

（B）采用重要电源事故联切负荷装置；（C）制订系统事故拉电序位表，在需要时紧急手动切除负荷；（D）系统装设足够的电容器。

答案：**ABC**

Je1C4058 下列关于黑启动方案论述正确的是（　　）。

（A）系统故障全部停电后的恢复方案即黑启动方案；（B）黑启动方案包括启动电源、启动步骤、负荷恢复及快速启动组织和技术措施等；（C）黑启动方案关键环节应通过试验进行验证，并根据系统情况每年进行一次修编；（D）黑启动方案一般2年进行一次修订。

答案：**ABC**

Je1C4059 环网运行的220kV变电站失压，本站所有断路器未跳闸，而所有出线的对侧断路器保护跳闸，故障原因可能是（　　）。

（A）本站220kV母线故障，母差保护未动作；（B）220kV线路故障，保护拒动，越级跳闸；（C）主变压器低压侧故障，主变压器主保护未动作；（D）220kV线路故障，本开关拒动。

答案：**AB**

Je1C5060 在系统中的（　　）地点，可考虑设置低频、低压解列装置。

（A）地区电厂的高压侧母线联络断路器；（B）地区系统中从主系统受电的终端变电所母线联络断路器；（C）系统间连络线；（D）专门划作系统事故紧急启动电源专带厂用电的发电机组母线联络断路器。

答案：**ABCD**

Je1C5061 配置双母线完全电流差动保护的母线配出元件倒闸操作，下列说法正确的是（　　）。

（A）倒闸过程中不退出母线差动保护；（B）倒闸过程中若出现故障，两条母线将都不跳闸；（C）倒闸过程中若出现故障，两条母线将同时跳闸；（D）倒闸过程要将母联开关的跳闸回路断开。

答案：**ACD**

Jf1C1062 智能电网调度技术支持系统基础平台包含（　　）。

（A）硬件、操作系统；（B）数据管理、信息传输与交换；（C）公共服务、功能；（D）软件、数据库、公共平台。

答案：**ABC**

Jf1C1063 智能电网调度在（　　）方面较传统电网有较大提升。

（A）电网可控性；（B）安全性、灵活性；（C）电网稳定性；（D）能源资源配置。

答案：**ABD**

Jf1C2064 当前，能源面临的挑战有（   ）。

（A）资源开发利用率低，能源转化效率低；（B）能源利用效率低；（C）电能占终端能源消费比重高；（D）化石能源配置环节多，配置效率不高。

答案：ABD

Jf1C2065 "一极一道"能源开发，"一极一道"指的是（   ）。

（A）北极；（B）南极；（C）赤道；（D）北海道。

答案：AC

Jf1C2066 全球能源互联网技术创新的方向是（   ）。

（A）降低清洁能源发电成本，实现能源可持续发展；（B）提高可再生能源的可控性，保障能源安全稳定供应；（C）提高特高压输电技术水平，加快开发"一极一道"和各洲大型清洁能源基地；（D）研制适应极端气候条件的电力装备，保证关键设备和电网建设运行安全。

答案：ABCD

Jf1C3067 "两个替代"是能源发展方式的重大转变，在（   ）方面，都将带来巨大变革，成为推动世界能源可持续发展的重要驱动力。

（A）能源供给；（B）能源消费；（C）能源技术；（D）能源体制。

答案：ABCD

Jf1C3068 以下关于智能电网中调度管理说法，正确的是（   ）。

（A）调度管理类应用主要包括生产运行、专业管理、综合分析与评估、信息展示与发布、内部综合管理五个应用；（B）调度管理类应用是实现电网调度规范化、流程化和一体化管理的技术保障；（C）调度管理主要功能包括数据存储与管理、消息总线和服务总线、公共服务、平台一体化功能、安全防护等基本功能；（D）调度管理能够实现与SG－ERP信息系统的信息交换和共享。

答案：ABD

Jf1C5069 智能电网的先进性主要体现在以下（   ）方面。

（A）信息技术、传感器技术、自动控制技术与电网基础设施有机融合，可获取电网的全景信息，及时发现、预见可能发生的故障；（B）通信、信息和现代管理技术的综合运用，将大大提高电力设备使用效率，降低电能耗损，使电网运行更加经济和高效；（C）实现实时和非实时信息的高度集成、共享与利用，为运行管理展示全面、完整和精细的电网运营状态图，同时能够提供相应的辅助决策支持、控制实施方案和应对预案。

答案：ABC

1.4 计算题

La1D5001 运行着的电力系统中一条输电线路。如图所示，其始端及末端电压分别为 231kV 及 220kV。末端负荷的有功功率为 X_1MW。线路参数为已知值在图中标出，则末端功率因数 $\cos\theta=$＿＿。（结果保留四位小数）

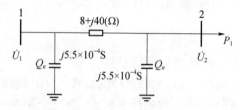

X_1 取值范围：200，210，220，230

计算公式：

设末端无功功率为 Q_2

$$S_{y2}=-j\frac{1}{2}BU^2=-j\times5.5\times10^{-4}\times220^2=-j26.62\text{MV}\cdot\text{A}$$

$$\Delta U=\frac{220\times8+(Q_2-26.62)\times40}{220}$$

$$\delta U=\frac{220\times40-(Q_2-26.62)\times8}{220}$$

将上两式带入 $(220+\Delta U)^2+\delta U^2=231^2$

可以解出 $Q_2=30.71\text{MV}\cdot\text{A}$

所以功率因数 $\cos\theta=\dfrac{P_2}{\sqrt{P_2^2+Q_2^2}}=\dfrac{X_1}{\sqrt{X_1{}^2+30.71^2}}$

Lb1D1002 某单位用电的年持续负荷曲线如图所示，一年按照 X_1 天计算，求工厂全年平均负荷 $Y_1=$＿＿ MW，最大负荷利用小时数 $Y_3=$＿＿ h。（结果保留整数）

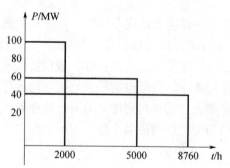

X_1 取值范围：350，360，365，366

计算公式：

$$Y_1 = \frac{100 \times 2000 + 60 \times 3000 + 40 \times 3760}{24 \times X_1}$$

$$Y_3 = \frac{100 \times 2000 + 60 \times 3000 + 40 \times 3760}{100}$$

Lb1D5003 如图所示，系统中的 k 点发生三相金属性短路，取基准容量为 $S_B = 100\text{MV} \cdot \text{A}$，发电机额定功率和变压器额定容量分别为 $P_g = X_1\text{MW}$ 和 $S_t = 25\text{MV} \cdot \text{A}$，则此暂态电流的标幺值 $I =$ ____。（结要保留两位小数）

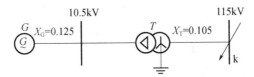

X_1 取值范围：10，15，20，25

计算公式： $I = \dfrac{1}{0.125 \times \dfrac{100}{\left(\dfrac{X_1}{0.8}\right)} + 0.105 \times \dfrac{100}{25}}$

Lc1D2004 已知某电力系统如图所示，取基准功率 S_B 为 $X_1\text{MV} \cdot \text{A}$，各元件参数标幺值如下：发电机 G_1：$x_1 = x_2 = x_0 = 0.1$；变压器 T_1：$x_1 = x_2 = x_0 = 0.1$；线路 L：$x_1 = x_2 = 0.1$，$x_0 = 0.3$。变压器 T_2：$x_1 = x_2 = x_0 = 0.1$；发电机 G_2：$x_1 = x_2 = 0.2$；当 f 点发生不对称故障（a 相短路）时，求短路点故障短路电流 $Y_1 =$ ____ A。（结果保留三位小数）

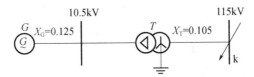

X_1 取值范围：100，120，150，180

计算公式： $Y_1 = \dfrac{3}{0.15 \times 2 + 0.08} \times \dfrac{X_1 \times 1000}{\sqrt{3} \times 121}$

Lc1D2005 已知某电力系统如图所示，取基准功率 S_B 为 $X_1\text{MV} \cdot \text{A}$，各元件参数标幺值如下：发电机 G_1：$x_1 = x_2 = x_0 = 0.1$；变压器 T_1：$x_1 = x_2 = x_0 = 0.1$；线路 L：$x_1 = x_2 = 0.1$，$x_0 = 0.3$。变压器 T_2：$x_1 = x_2 = x_0 = 0.1$；发电机 G_2：$x_1 = x_2 = 0.2$；当 f 点发生不对称故障（ab 相短路）时，求短路点故障短路电流 $Y_1 =$ ____ A。（结果保留三位小数）

X_1 取值范围：100，120，150，180

计算公式：$Y_1 = \dfrac{\sqrt{3}}{0.15 \times 2} \times \dfrac{X_1 \times 1000}{\sqrt{3} \times 121}$

Lc1D2006 已知某电力系统如图所示，取基准功率 S_B 为 $X_1 \text{MV} \cdot \text{A}$，各元件参数标幺值如下：发电机 G_1：$x_1 = x_2 = x_0 = 0.1$；变压器 T_1：$x_1 = x_2 = x_0 = 0.1$；线路 L：$x_1 = x_2 = 0.1$，$x_0 = 0.3$。变压器 T_2：$x_1 = x_2 = x_0 = 0.1$；发电机 G_2：$x_1 = x_2 = 0.2$；当 f 点发生不对称故障（ab 相接地短路）时，求短路点故障相短路电流 $Y_1 = $ ＿＿＿ A。（结果保留三位小数）

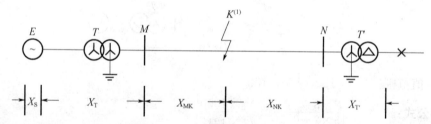

X_1 取值范围：100，120，150，180
计算公式：

$$Y_1 = \dfrac{1}{0.15 + \dfrac{0.15 \times 0.08}{0.15 + 0.08}} \times \dfrac{X_1 \times 1000}{\sqrt{3} \times 121} \times \sqrt{3} \times \sqrt{1 - \dfrac{0.15 \times 0.08}{(0.15 + 0.08)^2}}$$

Lc1D2007 已知某电力系统如图所示，在单侧电源线路上发生 A 相接地短路，假设系统图如下：T 变压器 Yn，y12 接线，Yn 侧中性点接地，零序励磁阻抗认为无限大。T' 变压器 Yn，d11 接线，Yn 侧中性点接地。T' 变压器空载。设电源电势标幺值 $E = X_1$，各元件电抗标幺值为 $X_{S1} = j10$，$X_{T1} = j10$，$X_{MK1} = j20$，$X_{NK1} = j10$，$X_{T'1} = X_{T'0} = j10$，输电线路 $X_0 = 3X_1$，求短路点零序电流标幺值 $Y_1 = $ ＿＿＿。（结果保留五位小数）

X_1 取值范围：1，1.05，1.1，1.2
计算公式：
T 变压器零序励磁阻抗认为无限大，因此零序电流只通过 T' 变压器。

$$Y_1 = \dfrac{X_1}{40 + 40 + 40}$$

Lc1D2008 已知某电力系统如图所示，在单侧电源线路上发生 A 相接地短路，假设系统图如下：T 变压器 Yn，y12 接线，Yn 侧中性点接地，零序励磁阻抗认为无限大。T' 变压器 Yn，d11 接线，Yn 侧中性点接地。T' 变压器空载。设电源电势标幺值 $E = X_1$，各元件电抗标幺值为 $XS_1 = j10$，$X_{T1} = j10$，$X_{MK1} = j20$，$X_{NK1} = j10$，$X_{T'1} = X_{T'0} = j10$，输电

线路 $X_0 = 3X_1$，求 M 母线处零序电压标幺值 $Y_1 =$ ____。（结果保留五位小数）

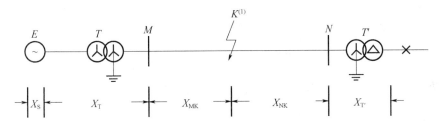

X_1 取值范围：1，1.05，1.1，1.2

计算公式：

T 变压器零序励磁阻抗认为无限大，因此零序电流只通过 T' 变压器，M 侧母线零序电压等于 N 侧母线零序电压。

$$Y_1 = \frac{X_1}{40 + 40 + 40} \times 40$$

Lc1D4009　如图所示，系统中一条两侧均有电源的 220kV 线路 k 点 A 相单相接地短路。两侧电源、线路阻抗的标幺值均已注明在图。设正、负序电抗相等，基准电压为 230kV，基准容量为 X_1MV·A。流经 M 侧零序电流 $I_{m0} =$ ____ kA。$X_{1M} = 0.30$；$X_{1N} = 0.20$；$X_{0M} = 0.40$；$X_{0N} = 0.30$。（X_{1M}，X_{1N-M}、N 侧正序电抗标幺值；X_{0M}，X_{0N-M}、N 侧零序电抗标幺值；X_{1MK}、X_{0MK}；X_{1NK}、X_{0NK-M}，N 侧母线至故障点 k 线路正、零序电抗标幺值）（结果保留两位小数）

X_1 取值范围：100，500，800，1000

计算公式： $Y_1 = \dfrac{1}{\dfrac{0.8 \times 0.6}{0.8 + 0.6} \times 2 + \dfrac{1.75 \times 1.38}{1.75 + 1.38}} \times \dfrac{X_1}{\sqrt{3} \times 230} \times \dfrac{1.38}{1.75 + 1.38}$

Je1D3010　某系统中有容量为 100MW 的四台发电机并联运行，每台发电机调差系数为 4%，系统频率为 50Hz，系统总负荷为 320MW，在机组平均分配负荷情况下，当负荷增加 X_1MW 时频率 $f =$ ____ Hz。（负荷的频率调节效应系数为 1.5，结果保留三位小数）

X_1 取值范围：50，55，60，65

计算公式：

发电机单位调节功率按下式计算：

$$K_G = \frac{1}{\delta} = \frac{-\Delta P_G}{\Delta f} \Rightarrow K_G^* = \frac{1}{\delta^*} = K_G \times \frac{f_N}{P_{GN}} \Rightarrow K_G = \frac{P_{GN}}{f_N \times \delta^*}$$

负荷单位调节功率按下式计算：

$$K_{\mathrm{S}}=\frac{\Delta P_{\mathrm{G}}}{\Delta f}=\frac{\dfrac{\Delta P_{\mathrm{G}}}{P_{\mathrm{GN}}}}{\dfrac{\Delta f}{f_{\mathrm{N}}}}\times\frac{P_{\mathrm{GN}}}{f_{\mathrm{N}}}\Rightarrow K_{\mathrm{S}}=K_{\mathrm{S}}^{*}\times\frac{P_{\mathrm{GN}}}{f_{\mathrm{N}}}$$

平均分配负荷后，系统单位调节功率按下式计算：

$$K=K_{\mathrm{G}}+K_{\mathrm{S}}=\frac{P_{\mathrm{GN}}}{f_{\mathrm{N}}\times\delta^{*}}+K_{\mathrm{S}^{*}}\times\frac{P_{\mathrm{GN}}}{f_{\mathrm{N}}}=\frac{4\times100}{50\times0.04}+1.5\times\frac{320}{50}$$

负荷增加后频率按下式计算：

$$f=f_{\mathrm{N}}-\frac{\Delta P_{\mathrm{GN}}}{K}=50-\frac{X_{1}}{\dfrac{4\times100}{50\times0.04}+1.5\times\dfrac{320}{50}}$$

Je1D3011　某系统中有容量为 100MW 的四台发电机并联运行，每台发电机调差系数为 X_{1}％，系统频率为 50Hz，系统总负荷为 320MW，在机组平均分配负荷情况下，当负荷增加 50MW 时频率 $f=$____ Hz。（负荷的频率调节效应系数为 1.5）。（结果保留三位小数）

X_{1} 取值范围：4～8 的整数

计算公式：

发电机单位调节功率按下式计算：

$$K_{\mathrm{G}}=\frac{1}{\delta}=\frac{-\Delta P_{\mathrm{G}}}{\Delta f}\Rightarrow K_{\mathrm{G}}^{*}=\frac{1}{\delta^{*}}=K_{\mathrm{G}}\times\frac{f_{\mathrm{N}}}{P_{\mathrm{GN}}}\Rightarrow K_{\mathrm{G}}=\frac{P_{\mathrm{GN}}}{f_{\mathrm{N}}\times\delta^{*}}$$

负荷单位调节功率按下式计算

$$K_{\mathrm{S}}=\frac{\Delta P_{\mathrm{G}}}{\Delta f}=\frac{\dfrac{\Delta P_{\mathrm{G}}}{P_{\mathrm{GN}}}}{\dfrac{\Delta f}{f_{\mathrm{N}}}}\times\frac{P_{\mathrm{GN}}}{f_{\mathrm{N}}}\Rightarrow K_{\mathrm{S}}=K_{\mathrm{S}}^{*}\times\frac{P_{\mathrm{GN}}}{f_{\mathrm{N}}}$$

平均分配负荷后，系统单位调节功率按下式计算：

$$K=K_{\mathrm{G}}+K_{\mathrm{S}}=\frac{P_{\mathrm{GN}}}{f_{\mathrm{N}}\times\delta^{*}}+K_{\mathrm{S}}^{*}\times\frac{P_{\mathrm{GN}}}{f_{\mathrm{N}}}=\frac{4\times100}{50\times X_{1}\div100}+1.5\times\frac{320}{50}$$

负荷增加后频率按下式计算：

$$f=f_{\mathrm{N}}-\frac{\Delta P_{\mathrm{GN}}}{K}=50-\frac{50}{\dfrac{4\times100}{50\times X_{1}\div100}+1.5\times\dfrac{320}{50}}$$

Je1D3012　某系统中有容量为 100MW 的四台发电机并联运行，每台发电机调差系数为 4％，系统频率为 50Hz，系统总负荷为 320MW，在机组平均分配负荷情况下，当负荷增加 50MW 时，频率 $f=$____ Hz。（负荷的频率调节效应系数为 X_{1}）。（结果保留三位小数）

X_{1} 取值范围：1.4，1.5，1.6，1.8

计算公式：

发电机单位调节功率按下式计算：

$$K_G=\frac{1}{\delta}=\frac{-\Delta P_G}{\Delta f}\Rightarrow K_G^*=\frac{1}{\delta^*}=K_G\times\frac{f_N}{P_{GN}}\Rightarrow K_G=\frac{P_{GN}}{f_N\times\delta^*}$$

负荷单位调节功率按下式计算：

$$K_S=\frac{\Delta P_G}{\Delta f}=\frac{\dfrac{\Delta P_G}{P_{GN}}}{\dfrac{\Delta f}{f_N}}\times\frac{P_{GN}}{f_N}\Rightarrow K_S=K_S^*\times\frac{P_{GN}}{f_N}$$

平均分配负荷后，系统单位调节功率按下式计算

$$K=K_G+K_S=\frac{P_{GN}}{f_N\times\delta^*}+K_S^*\times\frac{P_{GN}}{f_N}=\frac{4\times100}{50\times4\div100}+X_1\times\frac{320}{50}$$

负荷增加后频率按下式计算：

$$f=f_N-\frac{\Delta P_{GN}}{K}=50-\frac{50}{\dfrac{4\times100}{50\times4\div100}+X_1\times\dfrac{320}{50}}$$

Je1D3013 某系统中有容量为100MW的四台发电机并联运行，每台发电机调差系数为4%，系统频率为50Hz，系统总负荷为320MW，在机组平均分配负荷情况下，当负荷增加50MW时，二次调频增发 X_1MW的功率，频率为 $f=$____ Hz。（负荷的频率调节效应系数为1.5）。（结果保留三位小数）

X_1 取值范围：1.4，1.5，1.6，1.8

计算公式：

发电机单位调节功率按下式计算：

$$K_G=\frac{1}{\delta}=\frac{-\Delta P_G}{\Delta f}\Rightarrow K_G^*=\frac{1}{\delta^*}=K_G\times\frac{f_N}{P_{GN}}\Rightarrow K_G=\frac{P_{GN}}{f_N\times\delta^*}$$

负荷单位调节功率按下式计算：

$$K_S=\frac{\Delta P_G}{\Delta f}=\frac{\dfrac{\Delta P_G}{P_{GN}}}{\dfrac{\Delta f}{f_N}}\times\frac{P_{GN}}{f_N}\Rightarrow K_S=K_S^*\times\frac{P_{GN}}{f_N}$$

平均分配负荷后，系统单位调节功率按下式计算：

$$K=K_G+K_S=\frac{P_{GN}}{f_N\times\delta^*}+K_S^*\times\frac{P_{GN}}{f_N}=\frac{4\times100}{50\times4\div100}+1.5\times\frac{320}{50}$$

负荷增加后频率按下式计算，二次调频相当于增发功率抵消频率调节所减少的频率损耗。

$$f=f_N-\frac{\Delta P_{GN}-P_{增发}}{K}=50-\frac{50-X_1}{\dfrac{4\times100}{50\times4\div100}+1.5\times\dfrac{320}{50}}$$

Je1D3014 某系统中有容量为100MW的四台发电机并联运行，每台发电机调差系数为4%，系统频率为50Hz，系统总负荷为320MW，在机组平均分配负荷情况下，当负荷增加 X_1MW时，二次调频增发 $Y_1=$____ MW的功率，频率可实现无差调节（负荷的频率

调节效应系数为 1.5）。（结果保留三位小数）

X_1 取值范围：1.4，1.5，1.6，1.8

计算公式：

负荷增加后频率按下式计算，二次调频相当于增发功率抵消频率调节所减少的频率损耗。实现无差调节，等效于

$$\Delta P_{GN} = P_{增发} = X_1$$

Je1D3015 电力系统 A 和 B。孤立运行时，系统 A 的频率 X_1 Hz，系统 A 的单位调节功率为 2000MW/Hz，系统 B 的频率 50Hz，系统 B 的单位调节功率为 3200MW/Hz，现用联络线将两系统连接，若不计联络线的功率损耗，试计算系统互联后的频率 $f_1 =$____ Hz。（结果保留两位小数）

X_1 取值范围：49.86，49.56，49，50，49.80

计算公式： $f = \dfrac{K_A \times f_A + K_B \times f_B}{K_A + K_B} = \dfrac{2000 \times X_1 + 3200 \times 50}{2000 + 3200}$

Je1D3016 电力系统 A 和 B。孤立运行时，系统 A 的频率 X_1 Hz，系统 A 的单位调节功率为 2000MW/Hz，系统 B 的频率 50Hz，系统 B 的单位调节功率为 3200MW/Hz，现用联络线将两系统连接，若不计联络线的功率损耗，试计算系统互联后的联络线功率 Y_1 =____ MW。（结果保留两位小数）

X_1 取值范围：49.86，49.56，49.80，49.9

计算公式：

$$Y_1 = K_B \times \left(f_N - \frac{K_A \times f_A + K_B \times f_B}{K_A + K_B} \right) = 3200 \times \left(50 - \frac{2000 \times X_1 + 3200 \times 50}{2000 + 3200} \right)$$

Je1D4017 某系统中有容量为 100MW 的四台发电机并联运行，每台发电机调差系数为 4%，系统频率为 50Hz，系统总负荷为 320MW，在两台机组满载，余下负荷由另两台机组承担情况下，当负荷增加 X_1 MW 时，频率 $f =$____ Hz（负荷的频率调节效应系数为 1.5）。（结果保留三位小数）

X_1 取值范围：50，55，60，65

计算公式：

发电机单位调节功率按下式计算：

$$K_G = \frac{1}{\delta} = \frac{-\Delta P_G}{\Delta f} \Rightarrow K_G^* = \frac{1}{\delta^*} = K_G \times \frac{f_N}{P_{GN}} \Rightarrow K_G = \frac{P_{GN}}{f_N \times \delta^*}$$

负荷单位调节功率按下式计算：

$$K_S = \frac{\Delta P_G}{\Delta f} = \frac{\dfrac{\Delta P_G}{P_{GN}}}{\dfrac{\Delta f}{f_N}} \times \frac{P_{GN}}{f_N} \Rightarrow K_S = K_S^* \times \frac{P_{GN}}{f_N}$$

在两台机组满载，余下负荷由另两台机组承担情况下，系统单位调节功率按下式

计算：

$$K=K_{\mathrm{G}}+K_{\mathrm{S}}=\frac{P_{\mathrm{GN}}}{f_{\mathrm{N}}\times\delta^{*}}+K_{\mathrm{S}}^{*}\times\frac{P_{\mathrm{GN}}}{f_{\mathrm{N}}}=\frac{2\times100}{50\times4\div100}+1.5\times\frac{320}{50}$$

负荷增加后频率按下式计算：

$$f=f_{\mathrm{N}}-\frac{\Delta P_{\mathrm{GN}}}{K}=50-\cfrac{X_{1}}{\cfrac{2\times100}{50\times4\div100}+1.5\times\cfrac{320}{50}}$$

Je1D4018　某系统中有容量为 100MW 的四台发电机并联运行，每台发电机调差系数为 X_{1}%，系统频率为 50Hz，系统总负荷为 320MW，在两台机组满载，余下负荷由另两台机组承担情况下，当负荷增加 50MW 时频率 $f=$＿＿Hz。（负荷的频率调节效应系数为 1.5）。（结果保留三位小数）

X_{1} 取值范围：4～8 的整数

计算公式：

发电机单位调节功率按下式计算：

$$K_{\mathrm{G}}=\frac{1}{\delta}=\frac{-\Delta P_{\mathrm{G}}}{\Delta f}\Rightarrow K_{\mathrm{G}}^{*}=\frac{1}{\delta^{*}}=K_{\mathrm{G}}\times\frac{f_{\mathrm{N}}}{P_{\mathrm{GN}}}\Rightarrow K_{\mathrm{G}}=\frac{P_{\mathrm{GN}}}{f_{\mathrm{N}}\times\delta^{*}}$$

负荷单位调节功率按下式计算：

$$K_{\mathrm{S}}=\frac{\Delta P_{\mathrm{G}}}{\Delta f}=\cfrac{\cfrac{\Delta P_{\mathrm{G}}}{P_{\mathrm{GN}}}}{\cfrac{\Delta f}{f_{\mathrm{N}}}}\times\frac{P_{\mathrm{GN}}}{f_{\mathrm{N}}}\Rightarrow K_{\mathrm{S}}=K_{\mathrm{S}}^{*}\times\frac{P_{\mathrm{GN}}}{f_{\mathrm{N}}}$$

在两台机组满载，余下负荷由另两台机组承担情况下，系统单位调节功率按下式计算：

$$K=K_{\mathrm{G}}+K_{\mathrm{S}}=\frac{P_{\mathrm{GN}}}{f_{\mathrm{N}}\times\delta^{*}}+K_{\mathrm{S}}^{*}\times\frac{P_{\mathrm{GN}}}{f_{\mathrm{N}}}=\frac{2\times100}{50\times X_{1}\div100}+1.5\times\frac{320}{50}$$

负荷增加后频率按下式计算：

$$f=f_{\mathrm{N}}-\frac{\Delta P_{\mathrm{GN}}}{K}=50-\cfrac{50}{\cfrac{2\times100}{50\times X_{1}\div100}+1.5\times\cfrac{320}{50}}$$

Je1D4019　某系统中有容量为 100MW 的四台发电机并联运行，每台发电机调差系数为 4%，系统频率为 50Hz，系统总负荷为 320MW，在两台机组满载，余下负荷由另两台机组承担情况下，当负荷增加 50MW 时频率 $f=$＿＿。（负荷的频率调节效应系数为 X_{1}）。（结果保留三位小数）

X_{1} 取值范围：1.4，1.5，1.6，1.7

计算公式：

发电机单位调节功率按下式计算

$$K_{\mathrm{G}}=\frac{1}{\delta}=\frac{-\Delta P_{\mathrm{G}}}{\Delta f}\Rightarrow K_{\mathrm{G}}^{*}=\frac{1}{\delta^{*}}=K_{\mathrm{G}}\times\frac{f_{\mathrm{N}}}{P_{\mathrm{GN}}}\Rightarrow K_{\mathrm{G}}=\frac{P_{\mathrm{GN}}}{f_{\mathrm{N}}\times\delta^{*}}$$

负荷单位调节功率按下式计算：

$$K_S = \frac{\Delta P_G}{\Delta f} = \frac{\dfrac{\Delta P_G}{P_{GN}}}{\dfrac{\Delta f}{f_N}} \times \frac{P_{GN}}{f_N} \Rightarrow K_S = K_S^* \times \frac{P_{GN}}{f_N}$$

在两台机组满载，余下负荷由另两台机组承担情况下，系统单位调节功率按下式计算：

$$K = K_G + K_S = \frac{P_{GN}}{f_N \times \delta^*} + K_{S_*} \times \frac{P_{GN}}{f_N} = \frac{2 \times 100}{50 \times 4 \div 100} + X_1 \times \frac{320}{50}$$

负荷增加后频率按下式计算：

$$f = f_N - \frac{\Delta P_{GN}}{K} = 50 - \frac{50}{\dfrac{2 \times 100}{50 \times 4 \div 100} + X_1 \times \dfrac{320}{50}}$$

Jf1D2020　如图所示，断路器 A、断路器 B 均配置时限速断，定时限过流保护，已知断路器 B 的定值（二次值），断路器 A 的电流互感器变比为 X_1，断路器 A 时限速断与断路器 B 时限速断的配合系数取 1.15，请计算断路器 A 时限速断的电流定值 $Y_1 = $＿＿＿ A。（要求提供二次值）（结果保留两位小数）

X_1 取值范围：4～8 的整数

计算公式：

发电机单位调节功率按下式计算：

$$Y_1 = \frac{12 \times 60 \times 1.15}{X_1}$$

1.5 识图题

La1E1001 下图为主变的两种接线形式，其具体接线形式为（　　）。

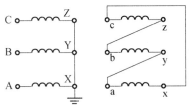

（A）Ynd1；（B）Ynd10；（C）Ynd11；（D）Ynd12。

答案：C

La1E2002 下图所示为电流互感器的几种接线形式，（　　）为不完全星形接线，如此种接线方式应用于同一小电流接地系统，发生不同线路两点接地短路，切除两条线路的概率为（　　）。

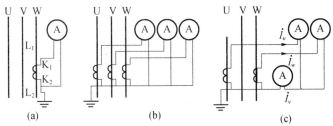

（A）a，1/2；（B）c，1/3；（C）a，2/3；（D）c，1/2。

答案：B

Lb1E3003 下图所示为电压无功九区域控制图，当电压和无功参数落于区域3时，调节方式应选择（　　）。

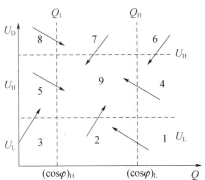

（A）先切电容器，再调分头升压；（B）先调分头升压，再切除电容器；（C）先调分

头升压，再投入电容器；（D）先投入电容器，再调节分头升压。

答案：B

Lb1E3004 下图所示为电压无功九区域控制图，当电压和无功参数落于区域6时，调节方式应选择（　　）。

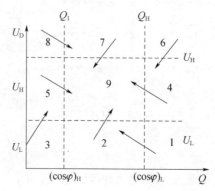

（A）先切电容器，再调分头降压；（B）先调分头降压，再切除电容器；（C）先调分头降压，再投入电容器；（D）先投入电容器，再调节分头降压。

答案：C

Lc1E2005 下图所示为 220kV 智能变电站 220kV 出线间隔整个信息流关系图（220kV 双母接线）：

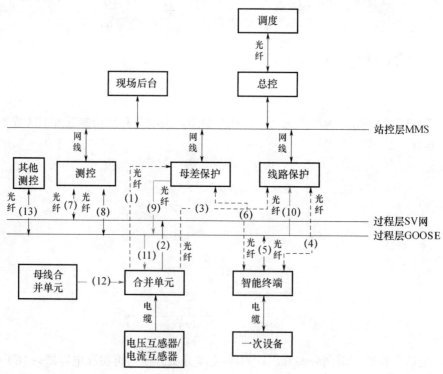

数字标注（9）的信息流具体传输内容为（　　　）。

（A）母差跳出线开关；（B）母差跳母联；（C）母差启动启动录波；（D）母差起远跳。

答案：D

Lc1E5006　Y，d11 变压器，设变比 $n=1$，此变压器 Y 侧 BC 相短路，短路电流为 17.32kA，下图为低压侧电流正负零序相量图，低压侧 B 相电流为（　　　）kA。

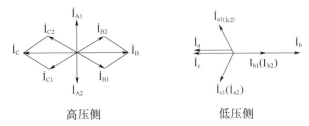

高压侧　　　　　　　　低压侧

（A）10；（B）17.32；（C）1.732；（D）20。

答案：D

Je1E3007　下图所示为某 220kV 变电站的接线方式，单数断路器运行于Ⅰ母，双数断路器运行于Ⅱ母，220kV 母联断路器处于分位，请简述 262 断路器需从Ⅱ母倒闸至Ⅰ母操作的操作顺序，设步骤 a 为将母联断路器合上。步骤 b 为依次将 262 间隔隔离开关"先合上 262-1、再拉开 262-2"。步骤 c 为将母差保护投入无选择方式。步骤 d 为将母联控制电源断开。步骤 e 为恢复母联控制电源，步骤 f 为母差保护退出无选择方式。则正确的操作顺序为（　　　）。

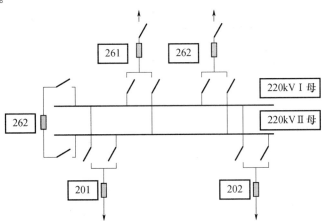

（A）afdbec；（B）acdbef；（C）afdebc；（D）afdcbe。

答案：B

Je1E4008　下图所示为某 220kV 变电站的 220kV 侧某出线串接线图（其他间隔省略），所有断路器和隔离开关均在合位，K2 点（2832 开关和 2832-2 电流互感器之间）发生三相永久性短路故障，试按照顺序描述保护动作行为，试按照顺序描述该站保护动作为（　　　）。

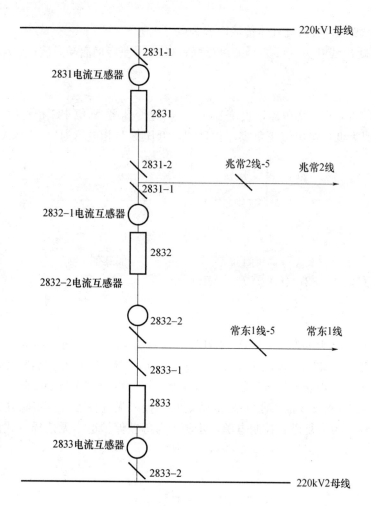

（A）仅 2832、2833 断路器同时跳闸；（B）仅 2832、2833 断路器同时跳闸、同时重合并加速跳开；（C）2831、2832、2833 断路器同时跳闸且不重合，但不远跳兆常 2 线和常东 1 线对侧断路器；（D）2831、2832、2833 断路器同时跳闸且不重合，同时远跳兆常 2 线和常东 1 线对侧断路器。

答案：**C**

1.6 论述题

La1F3001 无功电压调度管理主要内容包括哪些?

答: 1. 确定电压考核点、电压监视点。

2. 编制季度（月度）、节假日特殊方式电压曲线。

3. 指挥直调系统无功补偿装置运行。

4. 确定和调整变压器分接头位置。

5. 审查变电站无功补偿容量符合要求。

6. AVC 系统运行维护和策略调整。

7. 统计考核电压合格率。

La1F3002 事故信息概念及包括哪些内容?

答: 事故信息是由于电网故障、设备故障等,引起开关跳闸（包含非人工操作的跳闸）;保护及安控装置动作出口跳合闸的信息以及影响全站安全运行的其他信息。事故信息是需实时监控、立即处理的重要信息。主要包括:

1. 全站事故总信息。

2. 单元事故总信息。

3. 各类保护、安全自动装置动作出口信息。

4. 断路器异常变位信息。

La1F3003 什么是电磁环网?

答: 电磁环网是指不同电压等级运行的线路,通过变压器电磁回路的连接而构成的环路。一般情况下,往往在高一级电压线路投入运行初期,由于高一级电压网络尚未形成或网络不坚强,需要保证输电能力或为保重要负荷而运行电磁环网。

Lb1F3004 《调控机构设备监控安全风险辨识防范手册》中对检修开工管理有什么要求?

答: 1. 建立检修挂牌工作的执行和复核制度。

2. 挂牌工作开始前及时对挂牌设备做好相应记录。

3. 挂牌时,执行人与复核人相互复诵,确保挂牌设备内容与检修工作内容一致。

4. 加强与现场运维人员的沟通。

Lb1F3005 新设备投运前必须具备哪些条件?

答: 1. 设备验收工作已结束,质量符合安全运行要求,有关运行单位已向调控机构提出新设备投运申请。

2. 所需资料已齐全,参数测量工作已结束,并以书面形式提供给有关单位（如需要在启动过程中测量参数者,应在投运申请书中说明）。

3. 生产准备工作已就绪（包括运行人员的培训、调管范围的划分、设备命名、现场规程和制度等均已完备）。

4. 监控（监测）信息已按规定接入。

5. 调度通信、自动化系统、继电保护、安全自动装置等二次系统已准备就绪。计量点明确，计量系统准备就绪。

6. 启动试验方案和相应调度方案已批准。

7. 有关人员已取得上级调控机构颁发的上岗资格证书。

Lb1F3006 调度业务交接内容应包括哪些？

答： 1. 电网频率、电压、联络线潮流运行情况。

2. 调管电厂出力计划及联络线计划调整情况。

3. 调管电厂的机、炉等设备运行情况。

4. 当值适用的启动调试方案、设备检修单、运行方式通知单，电网设备异动情况，操作票执行情况。

5. 当值适用的稳定措施通知单及重要潮流断面控制要求、稳定措施投退情况。

6. 当值适用的继电保护通知单、继电保护及安全自动装置的变更情况。

7. 调管范围内线路带电作业情况。

8. 通信、自动化系统运行情况，调度技术支持系统异常和缺陷情况。

9. 其他重要事项。

Lb1F3007 缺陷分类原则是什么？

答： 1. 危急缺陷是指监控信息反映出会威胁安全运行并需立即处理的缺陷，否则，随时可能造成设备损坏、人身伤亡、大面积停电、火灾等事故。

2. 严重缺陷是指监控信息反映出对人身或设备有重要威胁，暂时尚能坚持运行但需尽快处理的缺陷。

3. 一般缺陷是指危急、严重缺陷以外的缺陷，指性质一般，程度较轻，对安全运行影响不大的缺陷。

Lb1F3008 调度倒闸操作前应考虑哪些问题？

答： 1. 接线方式改变后电网的稳定性和合理性，有功、无功功率平衡及备用容量，水库综合运用及新能源消纳。

2. 电网安全措施和事故预案的落实情况。

3. 操作引起的输送功率、电压、频率的变化，潮流超过稳定限额、设备过负荷、电压超过正常范围等情况。

4. 继电保护及安全自动装置运行方式是否合理，变压器中性点接地方式、无功补偿装置投入情况。

5. 操作后对设备监控、通信、远动等设备的影响。

6. 倒闸操作步骤的正确性、合理性及对相关单位的影响。

Lb1F3009 根据《调控机构设备监控安全风险辨识防范手册》，针对远方遥控操作要求有哪些典型控制措施？

答：1. 倒闸操作应根据值班调度员的指令，受令人复诵无误后执行。

2. 发布指令应准确、清晰，使用规范的调度术语和设备双重名称，即设备名称和编号。发令人和受令人应先互报单位和姓名，发布指令的全过程（包括对方复诵指令）和听取指令的报告时应录音并做好记录。

3. 操作人员（包括监护人）应了解操作目的和操作顺序。对指令有疑问时，应向发令人询问清楚无误后执行。发令人、受令人、操作人员（包括监护人）均应具备相应资质。

4. 操作时，若发生电网或现场设备发生事故或异常，应立即停止操作，并报告调度员，必要时通知运维单位。

5. 操作时若发生监控系统异常或遥控失灵，立即停止操作，并报告调度员，通知相关人员处理。

Lb1F4010 电力系统电压调整的常用方法有几种？

答：系统电压的调整应根据系统的具体要求，在不同的厂站，采用不同的方法，常用电压调整方法有以下几种：

1. 增减无功功率进行调压，如发电机、调相机、并联电容器、并联电抗器调压。

2. 改变有功功率和无功功率的分布进行调压，如调压变压器、改变变压器分接头调压。

3. 改变网络参数进行调压，如串联电容器、投停并列运行变压器、投停空载或轻载高压线路调压。

4. 通过静止无功补偿器可控高抗调整。

5. 特殊情况下，有时采用调整用电负荷或限电的方法调整电压。

Lb1F4011 线路故障停运后监控员需进行远方试送时，站内设备需满足哪些远方试送操作条件？

答：1. 线路主保护正确动作、信息清晰完整，且无母线差动、开关失灵等保护动作。

2. 对于带高抗、串补运行的线路，未出现反映高抗、串补故障的告警信息。

3. 通过工业视频未发现故障线路间隔设备有明显漏油、冒烟、放电等现象。

4. 故障线路间隔一、二次设备不存在影响正常运行的异常告警信息。

5. 开关远方操作到位判断条件满足两个非同样原理或非同源指示"双确认"。

6. 集中监控功能（系统）不存在影响远方操作的缺陷或异常信息。

Lb1F4012 变压器若不满足条件而并列运行会出现什么后果？

答：1. 联接组标号不同，则二次电压间相位差会很大，在变压器间二次回路中产生环流，相位差越大，环流越大，容易烧毁变压器。

2. 变比不同，在变压器间二次回路中也会产生环流，占据变压器容量，增加损耗。

3. 短路电压（或短路阻抗标幺值百分数）不相等，会使负荷分配不合理，可能出现一台满负荷，一台欠负荷。

Lc1F3013 重大事件汇报的时间要求？

答： 1. 发生特急报告类事件，相应国调电力调度控制分中心（以下简称分中心）或省级电力调度控制中心（以下简称省调）调度员须在15min内向国家电力调度控制中心（以下简称国调中心）调度员进行特急报告。

2. 发生紧急报告类事件，相应分中心或省调调度员须在30min内向国调中心调度员进行紧急报告。

3. 发生一般报告类事件，相应分中心或省调调度员须在2h内向国调中心调度员报告。

4. 分中心或省调发生电力调度通信全部中断事件应立即报告国调中心调度员。

5. 特急报告类、紧急报告类、一般报告类事件应按调管范围由发生重大事件的分中心或省调尽快将详细情况以书面形式报送至国调中心，省调应同时抄报分中心。

Lc1F3014 根据国家电网公司《地县级备用调度运行管理工作规定》，备调工作模式分哪几种？

答： 1. 正常工作模式是指主调和备调正常履行各自的调控职能，主调掌握电网调控指挥权，备调值班设施正常运行，备调通信自动化等技术支持系统处于实时运行状态，为主调提供数据容灾备份。

2. 应急工作模式是指因突发事件，主调无法正常履行调控职能，按照备调启用条件、程序和指令，主调人员在备调场所行使电网调控指挥权。

Lc1F3015 哪些行为视为违反调度纪律？

答： 1. 拖延或无故拒绝执行调度指令。

2. 擅自越权改变调控机构调度管辖设备的技术参数或设备状态。

3. 不执行上级调控机构下达的调度计划。

4. 不如实反映本单位实际运行情况。

5. 影响电网调控运行秩序的其他行为。

Jd1F3016 对于主保护配置的线路，什么保护是线路的主保护？请简述线路主保护和后备保护的功能及作用。

答： 1. 能够快速有选择性地切除线路故障的全线速动保护以及不带时限的线路Ⅰ段保护都是线路的主保护。

2. 每一套全线速动保护对全线路内发生的各种类型故障均有完整的保护功能，两套全线速动保护可以互为近后备保护。

3. 线路Ⅱ段保护是全线速动保护的近后备保护。

4. 通常情况下，在线路Ⅰ段保护范围外发生故障时，如其中一套全线速动保护拒动，应由另一套全线速动保护切除故障。

5. 特殊情况下，当两套全线速动保护均拒动时，如果可能，则由线路Ⅱ段保护切除故障，此时，允许相邻线路保护Ⅱ段失去选择性。线路Ⅲ段保护是本线路的延时近后备保护，同时尽可能作为相邻线路的远后备保护。

Jd1F4017 大电流接地系统为什么不利用三相相间电流保护兼作零序电流保护，而要单独采用零序电流保护？

答： 三相式星形接线的相间电流保护，虽然也能反映接地短路，但用来保护接地短路时，在定值上要躲过最大负荷电流，在动作时间上要由用户到电源方向按阶梯原则逐级递增一个时间级差来配合。而专门反应接地短路的零序电流保护，则不需要按此原则来整定，故其灵敏度高，动作时限短，且因线路的零序阻抗比正序阻抗大得多，零序电流保护的保护范围长，上下级保护之间容易配合。故一般不用相间电流保护兼作零序电流保护。

Jd1F4018 电力系统振荡和短路的区别是什么？电力系统振荡时，对哪些继电保护装置有影响？哪些保护装置不受影响？

答： 1. 发生振荡与发生短路时电气量的变化速率不同。短路时电流突增，电压突降，而振荡时电气量的变化是缓慢的。振荡时电网任何一点电流与电压之间的相位角都随功角的变化而变化，短路时电流与电压之间的相位角基本不变。振荡时三相完全对称，短路时可能出线三相不对称。

2. 电力系统振荡时对电流继电器，阻抗继电器有影响，所以会影响含有这些元件的保护装置。

Jd1F4019 主变低压侧过流保护为什么要联跳本侧分段断路器？

答： 两台主变并列运行时，当低压侧一段母线有故障或线路有故障且本身断路器拒动时，两台主变低压侧过电流保护同时动作，如分段断路器不首先跳开，将使两台主变断路器同时跳闸，引起低压侧母线全停。如果当主变过电流保护动作后，首先断开本侧分段断路器，保证非故障段母线的正常运行，缩小了停电范围。

Jd1F5020 220kV 及以上线路接地保护Ⅱ段动作时间为什么要考虑与失灵保护的配合？

答： 220kV 及以上的系统大多配有失灵保护，其作用在于当系统故障且发生单相断路器失灵时，以较短的时限断开与失灵断路器直接关联的断路器，隔离故障并将事故影响降至最低。因此，如果接地保护二段动作时间不与失灵保护相配合，在系统发生故障且断路器出现失灵时，上一级线路保护将可能先于失灵保护动作，影响的范围的扩大。

Jd1F5021 为什么两台变压器并列运行时，其过流保护要加装低电压闭锁装置？

答： 1. 在装有过流保护的两台变压器并列运行时，会出现因其中一台变压器停电，由另一台变压器带全部负荷而引起过负荷，使过流保护动作跳闸。

2. 为了防止保护误动作，采用提高过流保护定值的方法又会使保护动作的灵敏度降低，而在过流保护中加装低电压闭锁就可解决这个矛盾，既使保护不误动，又能提高保护的灵敏度。

Jd1F5022 变压器有载调压有哪些作用？

答：1. 提高电压合格率。电压合格率是供电质量重要指标之一，及时进行有载调压，可确保电压合格率，从而满足人民的生活及工农业生产的需要。

2. 提高无功补偿能力，提高电容器投入率。电力电容器作为无功补偿装置，其无功出力与运行电压平方成正比。当电网运行电压降低时，补偿效果降低；而运行电压升高时，对用电设备过补偿，使其端电压升高，甚至超出标准规定，容易损坏设备绝缘，造成设备事故。为防止向电网倒送无功，而停用无功补偿设备，造成无功装置的浪费和损耗的增加，这时应能及时调整主变压器分接开关，将母线电压调至合格范围，就无需停用电容器的补偿。

3. 降低电能损耗。电网配电网络中的电能传输产生的损耗，只有在额定电压附近其损耗值为最小。进行有载调压，经常保持变电站母线电压的合格，使电气设备运行在额定电压状态，将降低损耗，是最为经济合理的。

Je1F3023 简述用隔离开关可以进行哪些操作？

答：1. 拉、合系统无接地故障的消弧线圈。

2. 拉、合无故障的电压互感器、避雷器或空载母线。

3. 拉、合系统无接地故障的变压器中性点的接地刀闸。

4. 拉、合与运行断路器并联的旁路电流。

5. 拉、合空载站用变压器。

6. 拉、合110kV及以下且电流不超过2A的空载变压器和充电电流不超过5A的空载线路。

7. 拉、合电压在10kV及以下时，电流小于70A的环路均衡电流。

Je1F3024 具备监控远方操作条件的前提下，原则上哪些断路器操作应由调控机构远方执行？

答：1. 一次设备计划停送电操作。

2. 故障停运线路远方试送操作。

3. 无功设备投切及变压器有载调压开关操作。

4. 负荷倒供、解环、合环等方式调整操作。

5. 小电流接地系统查找接地时的线路试停操作。

6. 其他按调度紧急处置措施要求的断路器操作。

Je1F3025 遥控操作预置超时及预置成功但执行不成功时，可能的原因是什么？

答：1. 遥控预置超时的原因：（1）监控机到该变电所相应的测控单元的通道故障；（2）远动前置机（此设备）可能有故障；（3）该间隔的测控装置可能有问题；（4）现场远动管理机（总控装置）可能有问题。

2. 预置成功但执行失败的原因：（1）遥控方式不正确；（2）同期条件不满足；（3）SF_6压力低、弹簧未储能等导致控制回路的断线的缺陷；（4）断路器的现场"远方/就地"选择开关在就地位置。

Je1F3026 运行中的线路，在什么情况下应停用线路重合闸装置？

答：1. 装置不能正常工作时。

2. 不能满足重合闸要求的检查测量条件时。

3. 可能造成非同期合闸时。

4. 长期对线路充电时。

5. 断路器遮断容量不允许重合时。

6. 线路上有带电作业要求时。

7. 系统有稳定要求时。

8. 超过断路器跳、合次数时。

Je1F3027 非有效接地系统谐振时的处理方法有哪些？

答：1. 变压器带空载母线时，可给配电线路送电。

2. 拉、合电容器组断路器。

3. 拉、合母联断路器。

4. 停运充电线路。

Je1F3028 什么情况下不允许调整运行中有载变压器的分接头？

答：1. 变压器过负荷时（特殊情况下除外）。

2. 有载调压装置的瓦斯保护频繁发出信号时。

3. 有载调压装置的油标中无油位时。

4. 有载调压装置的油箱温度低于－40℃时。

5. 有载调压装置发生异常时。

Je1F3029 线路跳闸，哪些情况不宜强送？

答：1. 空充电线路。

2. 试运行线路。

3. 线路跳闸后，经备用电源自动投入已将负荷转移到其他线路上，不影响供电。

4. 电缆线路。

5. 有带电作业工作并申请不能强送电的线路。

6. 线路变压器组开关跳闸，重合不成功。

7. 运行人员已发现明显故障现象。

8. 线路开关有缺陷或遮断容量不足的线路。

9. 已掌握有严重缺陷的线路。

Je1F4030 调度员应根据监控员、运维单位人员情况汇报及综合智能告警等信息进行综合分析判断，并确定是否对线路进行远方试送。当遇到哪些情况时，不允许对线路进行远方试送？

答：1. 监控员汇报站内设备不具备远方试送操作条件。

2. 运维单位人员汇报由于严重自然灾害、山火等导致线路不具备恢复送电的情况。

3. 电缆线路故障或者故障可能发生在电缆段范围内。

4. 判断故障可能发生在站内。

5. 线路有带电作业，且明确故障后不得试送。

6. 相关规程规定或明确要求不得试送的情况。

Je1F4031 变压器在正常运行时为什么要调压？

答： 变压器正常运行时，由于负载变动或一次侧电源电压的变化，二次侧电压也是经常在变动的；电网各点的实际电压一般不能恰好与额定电压相等；这种实际电压与额定电压之差称为电压偏移；电压偏移的存在是不可避免的，但要求这种偏移不能太大，否则就不能保证供电质量；就会对用户带来不利影响。因此，对变压器进行调压是变压器正常运行中的一项必要工作。

Je1F4032 在什么情况下闭锁重合闸？

答：1. 停用重合闸方式时，直接闭锁重合闸。

2. 手动跳闸时，直接闭锁重合闸。

3. 不经重合闸的保护跳闸时，闭锁重合闸。

4. 在使用单相重合闸方式时，断路器三跳，用位置继电器触点闭锁重合闸；保护经综合重合闸三跳时，闭锁重合闸。

5. 断路器气压或液压降低到不允许重合闸时，闭锁重合闸。

Je1F4033 事故处理中，在什么情况下可以强送电？

答：1. 备用电源自投装置投入的设备，跳闸后备用电源未投入者。

2. 误碰、误拉及无任何故障象征而跳闸的断路器，并确知对人身设备无安全威胁者。

3. 投入自动重合闸装置的线路跳闸后而未重合者（但联络线或因母线保护动作跳闸除外），指区外故障。

Je1F4034 变压器过负荷时如何处理？

答：1. 在变压器过负荷时应投入全部冷却器包括所有备用风扇等。

2. 在过负荷时，值班人员应立即报告当值调度员设法转移负荷。

3. 变压器在过负荷期间，应加强对变压器的监视。

4. 具体过负荷时间、过负荷倍数参照部颁规程处理。

Je1F4035 三绕组变压器一侧停运时，其他侧能否继续运行？应注意什么？

答：1. 三绕组变压器任何一侧停止运行，其他两侧均可继续运行。

2. 但此时应注意：（1）若低压侧为三角形接线，停止运行后应投入避雷器；（2）高压侧停止运行，中性点接地刀闸必须投入；（3）应根据运行方式考虑继电保护的运行方式和整定值；（4）应注意容量比，并在运行中监视负荷情况。

Je1F4036 倒闸操作中应重点防止哪些误操作事故？

答：1. 误拉、误合断路器或隔离开关。

2. 带负荷拉合隔离开关。

3. 带电挂地线（或带电合接地刀闸）。

4. 带地线合闸。

5. 非同期并列。

6. 误投退继电保护和电网自动装置。

7. 除以上6点外，防止操作人员误入带电间隔、误登带电架构，避免人身触电，也是倒闸操作中必须注意的重点。

Je1F4037 在什么情况下需将运行中的变压器差动保护停用？

答：1. 差动保护二次回路及电流互感器回路有变动或进行校验时。

2. 继电保护人员测定差动回路电流相量及差压。

3. 差动保护互感器一相断线或回路开路。

4. 差动回路出现明显的异常现象。

5. 误动跳闸。

Je1F4038 变压器跳闸为什么不启动自动重合闸？

答：变压器具有金属外壳，不容易受到外界因素的侵扰，它发生的故障绝大多数是永久性故障。如果采用自动重合闸装置，就会将变压器重合到永久性故障上，使得系统又受到一次冲击，且电气设备内部会再一次受到电弧灼伤和电动力损伤，对变压器的运行很不利，所以变压器不装自动重合闸装置。

Je1F4039 在什么情况下，应启动远跳保护使相关线路对侧断路器跳闸切除故障？

答：1. 一个半开关接线的断路器失灵保护动作。

2. 高压侧无断路器的线路并联电抗器保护动作。

3. 线路过电压保护动作。

4. 线路变压器组的变压器保护动作。

5. 线路串联补偿电容器的保护动作且电容器旁路断路器拒动或电容器平台故障。

Je1F4040 为防止故障范围扩大，厂（站）运行值班人员及输变电设备运维人员可不待调度指令自行进行哪些紧急操作，但事后应立即向相关调控机构值班调度员汇报？

答： 1. 将对人身和设备安全有威胁的设备停电。

2. 将故障点及故障停运已损坏的设备隔离。

3. 厂（站）用电部分或全部停电时，恢复其电源。

4. 低频低压减负荷、低频低压解列、自动切机等装置应动作未动时手动代替。

5. 厂（站）规程中规定可以不待调度指令自行处置者。

Je1F4041 变压器故障处置原则？

答： 1. 当并列运行中的一台变压器跳闸时，首先应监视运行变压器过载情况，并及时调整。如有备用变压器，应迅速将其投入运行。

2. 变压器故障跳闸造成电网解列时，在试送变压器或投入备用变压器时，要防止非同期并列。

3. 变压器故障跳闸后，应根据保护动作情况进行处理：

（1）变压器的重瓦斯保护和差动保护同时动作跳闸，未查明原因和消除故障之前不得试送。

（2）重瓦斯或差动保护之一动作跳闸，在检查外部无明显故障，经瓦斯气体检查、色谱分析、测直流电阻等试验证明该设备内部无明显故障后，经设备运维单位总工或主管生产领导同意，可以试送一次，有条件者应先进行零起升压。

（3）后备保护动作跳闸，确定本体及引线无故障后，可试送一次。

Je1F4042 母线故障停电后，调度员处置原则是什么？

答： 母线故障停电后，厂（站）运行值班人员及输变电设备运维人员应立即对停电母线进行外部检查，并将检查情况汇报值班调度员，调度员应按下述原则进行处置：

1. 若确认系保护误动，应尽快恢复母线运行。

2. 找到故障点并能迅速隔离的，在隔离故障后对停电母线恢复送电。

3. 找到故障点但不能隔离的，将该母线转为检修。

4. 经检查不能找到故障点，一般不得对停电母线试送；经试验证明母线绝缘合格后可以试送一次。

5. 双母线中的一条母线故障，且短时不能恢复，在确认故障母线上的元件无故障后，将其冷倒至运行母线并恢复送电。

6. 对停电母线进行试送时，应优先采用外来电源，试送开关必须完好，并有完备的继电保护。有条件者可对故障母线进行零起升压。

7. 对端有电源的线路送电时要防止非同期合闸。

Je1F4043 有带电作业的线路故障跳闸后，试送电有何规定？

答： 1. 值班调度员应与相关单位确认线路具备试送条件，方可按上述有关规定进行试送。

2. 带电作业的线路跳闸后，现场人员应视设备仍然带电并尽快联系值班调度员，值班调度员未了解现场具体情况前不得试送线路。

3. 线路故障跳闸后，值班调度员应通知有关单位进行巡线，并明确是否为带电巡线；巡线结果应及时汇报值班调度员。

Jf1F3044　故障处置原则是如何规定的？

答：1. 迅速限制故障发展，消除故障根源，解除对人身、电网和设备安全的威胁。

2. 调整并恢复正常电网运行方式，电网解列后要尽快恢复并列运行。

3. 尽可能保持正常设备的运行和对重要用户及厂用电、站用电的正常供电。

4. 尽快恢复对已停电的用户和设备供电。

Jf1F3045　设备发生哪些故障时，应及时开展专项分析？

答：设备发生以下故障时应及时开展专项分析：

1. 220kV 及以上主变故障跳闸。

2. 110kV 及以上母线故障跳闸。

3. 发生越级故障跳闸。

4. 发生保护误动、拒动。

5. 其他需开展专项分析的情况。

Jf1F4046　高频闭锁式纵联保护的收发信机为什么要采用远方启动发信？

答：1. 采用远方启动发信，可使值班运行人员检查高频通道时单独进行，而不必与对侧保护的运行人员同时联合检查通道。

2. 为了保证在区外故障时，近故障侧（反方向侧）能确保启动发信，从而使两侧保护均收到高频闭锁信号而将保护闭锁起来，防止了高频闭锁式纵联保护在区外近故障侧因某种原因拒绝启动发信，远故障侧在测量到正方向故障停信后，因收不到闭锁信号而误动。

Jf1F4047　变电站断路器的控制操作一般有哪几种方式？并请分别写出各种控制方式下，断路器控制信号的传递过程。

答：1. 主控室远方操作：监控后台将命令传递到测控屏，由测控屏将操作命令传递到保护屏操作插件，或直接通过测控屏操作把手将操作命令传递到保护屏操作插件，再由保护屏操作插件传递到断路器机构箱，驱动跳、合闸线圈。

2. 就地操作：通过机构箱上的操作按钮进行就地操作。

3. 遥控操作：调度端发遥控命令，通过通信设备、远动设备将操作信号传递至变电站远动屏，远动屏将空触点信号传递到操作箱，实现断路器的操作。

4. 断路器本身保护设备、重合闸设备动作：发跳、合闸命令至操作插件，引起断路器进行跳、合闸操作。

5. 母差、低频减载等其他保护设备及自动装置动作，引起断路器跳闸。

Jf1F5048 事故及异常信息处置有哪些风险，怎样控制这些风险？

答：1. 风险内容：（1）未及时全面掌握异常或事故信息，导致事故处理时误判断、误下令；（2）异常或事故处理时，未及时全面掌握当地天气和相关负荷性质等情况，导致事故处理不准确；（3）在处理电网发生事故或异常时，不清楚现场运行方式，盲目处理，导致误操作或事故扩大；（4）事故情况下处置事故信息、汇报相应调度或通知运维人员不及时、不准确，导致事故影响扩大。

2. 风险控制措施：（1）仔细核对监控系统中告警时间、设备状态、运行方式、保护及自动装置动作情况等，并与现场确认；（2）在未能及时全面了解情况前，应先简要了解事故或异常发生的情况，及时做好应对措施和对系统影响的初步分析；（3）事故处理时应进一步全面了解事故或异常情况，核对相关信息；（4）应及时了解事故地点的天气情况、相关损失或拉路负荷的性质；（5）根据已掌握的信息和分析，按事故处理原则进行事故处理，随时掌握事故处理进程及电网运行方式变化；（6）监控员收到事故信息后，按照有关规定及时向相关调度汇报，并通知运维单位检查。事故信息处置过程中，监控员应按照规定进行事故处理，并监视相关变电站工况信息，跟踪了解事故处理情况。事故处理结束后，监控员应与现场运维人员核对现场设备运行状态与监控系统是否一致。

Jf1F5049 电网中限制操作过电压的措施有哪些？

答：1. 选用灭弧能力强的高压断路器。

2. 提高断路器动作的同期性。

3. 断路器断口加装并联电阻。

4. 采用性能良好的避雷器，如氧化锌避雷器。

5. 使电网的中性点直接接地运行。

Jf1F5050 高压开关分合闸不同期对电力系统运行有何影响？

答：1. 中性点电压位移，产生零序电流，为此必须加大零序保护的整定值，使保护灵敏度降低，对电力系统设备的动、热稳定提出更高要求。

2. 引起过电压，尤其在先合一相情况下比先合两相更为严重，对双侧电源供电的变压器在一侧出现非全相合闸时，会严重威胁中性点不接地系统的分级绝缘变压器中性点绝缘，可能引起中性点避雷器爆炸。

3. 非同期合闸将加长重合闸时间，对系统稳定不利。

4. 开关合闸于三相短路时，如果两相先合，则使未合闸相的电压升高，增大予击穿长度，加重了对合闸能量的要求，同时对灭弧室机械强度也提出更高要求。

5. 分闸不同期，将延长开关的燃弧时间，使燃弧室的压力增高，加重开关负担。

6. 分合闸不同期所产生的负序电流对发电机的安全运行构成危害，负序分量及零序分量可能会造成有关保护误动作。

2 ▽ 技能操作

2.1 技能操作大纲

电力调度员技能操作（高级技师）考核大纲

等级	考核方式	能力种类	能力项	考核项目	考核主要内容
高级技师	技能操作	基本技能	01. 倒闸操作	01.110kV 系统合解环操作	(1) 合环条件校核分析。 (2) 合环注意事项及操作。 (3) 调度指令票填写与执行
				02.35kV 系统合解环操作	(1) 合环条件校核分析。 (2) 合环注意事项及操作。 (3) 调度指令票填写与执行
		专业技能	01. 异常处理	01. 继电保护装置异常处理	(1) 继电保护装置本体异常原因分析及初判。 (2) 继电保护装置本体异常处理。
				02. 直流回路异常处理	(1) 直流回路异常原因分析及初判。 (2) 直流回路异常处理
				03. 电流回路异常处理	(1) 电流回路异常原因分析及初判。 (2) 电流回路异常处理
				04. 电压回路异常处理	(1) 电压回路异常原因分析及初判。 (2) 电压回路异常处理
			02. 事故处理	01. 母线事故处理	(1) 双母线运行方式安排。 (2) 双母线事故现象及研判。 (3) 双母线事故处理
				02. 一、二次设备同时故障事故处理	(1) 复合故障现象及原因分析。 (2) 复合故障处理。 (3) 事故后特殊运行方式安排
				03. 母线故障，同时电源线路对端开关闭锁越级跳闸事故处理	(1) 复合故障现象及原因分析。 (2) 复合故障处理。 (3) 事故后特殊运行方式安排
				04. 设备故障，开关拒动事故处理	(1) 复合故障现象及原因分析。 (2) 复合故障处理。 (3) 事故后特殊运行方式安排
		相关技能	01. 检修管理	01. 带电作业	(1) 带电作业准备。 (2) 带电作业执行

电力调度员工技能鉴定技能操作考核大纲

等级	考核方式	能力种类	能力项	考核项目	考核主要内容
高级技师	技能操作	基本技能	01. 倒闸操作	01. 合环将 110kV 深泽站倒 220kV 侯坊站供电	(1) 合环条件校核分析。 (2) 合环注意事项及操作。 (3) 调度指令票填写与执行
				02. 合环将 35kV 小越站倒 110kV 马集站供电	(1) 合环条件校核分析。 (2) 合环注意事项及操作。 (3) 调度指令票填写与执行
		专业技能	01. 异常处理	01. 220kV 铜冶站 160 开关保护装置故障	(1) 继电保护装置本体异常原因分析及初判。 (2) 继电保护装置本体异常处理。
				02. 220kV 万花站 174 开关"控制回路断线"故障	(1) 直流回路异常原因分析及初判。 (2) 直流回路异常处理
				03. 110kV 正定站 525 开关保护异常	(1) 电流回路异常原因分析及初判。 (2) 电流回路异常处理
				04. 35kV 小越站 10kV1 号母线 517PT A 相高压保险熔断	(1) 电压回路异常原因分析及初判。 (2) 电压回路异常处理
			02. 事故处理	01. 220kV 万花站 110kV1 号母线永久性故障	(1) 双母线运行方式安排。 (2) 双母线事故现象及研判。 (3) 双母线事故处理
				02. 110kV 兆坡线 A 相永久单相接地故障，同时西柏坡站 110kV 备自投装置拒动	(1) 复合故障现象及原因分析。 (2) 复合故障处理。 (3) 事故后特殊运行方式安排
				03. 110kV 正定站 110kV1 号母线 AB 相间短路接地，常山站 187 开关 SF$_6$ 低气体闭锁	(1) 复合故障现象及原因分析。 (2) 复合故障处理。 (3) 事故后特殊运行方式安排
				04. 35kV 侯里线相间故障，侯坊站 367 开关拒动	(1) 复合故障现象及原因分析。 (2) 复合故障处理。 (3) 事故后特殊运行方式安排
		相关技能	01. 检修管理	01. 220kV 侯东线线路带电更换叉梁	(1) 带电作业准备。 (2) 带电作业执行

2.2 技能操作项目

2.2.1 DD1JB0101 合环将 110kV 深泽站倒 220kV 侯坊站供电

一、作业

（一）工器具、材料、设备

（1）工器具：碳素笔。

（2）材料：参考图 1-47、图 1-51、图 1-26、A4 纸、空白调度指令票、空白遥控操作票。

（3）设备：调度仿真系统。

（二）安全要求

（1）防止运行设备过负荷，不超过设备过载能力。

（2）倒方式操作后，重合闸及自投装置方式要进行相应改变。

（三）操作步骤及工艺要求（含注意事项）

1. 操作前的安全校核

1）核对当前运行方式及操作方式安排

（1）系统正常运行方式，220kV 东寺站见图 1-47、110kV 深泽站见图 1-51 和 220kV 侯坊站见图 1-26。

（2）操作方式安排：

① 110kV 深泽站用 110kV 侯深线 T142 开关合环，110kV 东深线 T141 开关解环。

② 倒完方式后停用东寺站东深线 126 开关的重合闸。

2）制订电网安全措施和事故处理预案并督促落实

（1）电网薄弱环节。

① 合解环操作过程中有可能造成 110kV 深泽站全站停电。

② 合解环操作过程中，如果 220kV 侯东线事故跳闸，有可能造成跨电压等级合环，合环潮流越设备极限，造成设备损坏。

（2）事故影响：深泽站全站停电；环网上设备损坏。

（3）对相关单位要求。

① 合环前征得省调的许可，同时做好设备停电后的事故预想。

② 提前下达操作预令，要求相关变电站值班人员做好操作准备，变电站值班员尽量缩短合环时间。

（4）事故处理预案。

① 发生事故地调监控员将事故情况汇报地调值班调度员，地调值班调度员汇报有关省调和领导。

② 根据保护动作情况和变电站汇报，尽快判明事故类型和发生地点，隔离故障设备，恢复停电设备的运行。

③ 如果造成用户停电，通知县调和客服中心做好停电用户的解释工作。

④ 通知检修单位对故障设备进行抢修。

3）倒闸操作前模拟和危险点分析与预控措施

（1）审核倒闸操作步骤的正确性、合理性，履行操作管理制度，依次审核签字。

（2）在 EMS 上进行模拟操作，校核合解环操作过程中潮流、电压的变化是否有超设备稳定极限情况。

（3）询问操作现场天气条件是否合适。

（4）检查、督促电网安全措施和事故预案的制订和落实情况。

4）系统调整

（1）调整合、解环操作两端变电站的电压。

（2）调整系统潮流不超过继电保护、电网稳定和设备容量等方面的限额。

2. 典型指令票和遥控操作票（表 DD1JB0101-1 和表 DD1JB0101-2）

表 DD1JB0101-1　110kV 深泽站倒方式典型指令票

操作项目及内容			110kV 深泽站倒方式
序号	操作单位	令号	指令内容
一	监控员	1	合上深泽站侯深线 T142 开关
		2	拉开深泽站东深线 T141 开关
二	东寺站		停用东深线 126 开关的重合闸
	备　注		

表 DD1JB0101-2　110kV 深泽站倒方式典型遥控操作票

变电站：110kV 深泽站　　　　　　　　　　　　　　　　　　　　　　**编号 000000××**

发令人		受令人		发令时间		年　　月　　日 时　　分
操作结束时间：　　年　　月　　日 时　　分				操作结束时间：　　年　　月　　日 时　　分		

（√）调度下令操作　（　）监控员自行操作

操作任务：深泽站侯深线 T142 开关由热备用转运行，东深线 T141 开关由运行转热备用

执行 （√）	顺序	操作项目	模拟 （√）
	1	核对调度指令，确认与操作任务相符	
	2	合上深泽站侯深线 T142 开关	
	3	检查深泽站侯深线 T142 开关监控指示在合位	
	4	检查深泽站侯深线 T142 开关电流指示正常	
	5	拉开深泽站东深线 T141 开关	
	6	检查深泽站东深线 T141 开关监控指示在分位	
	7	检查深泽站东深线 T141 开关电流指示为零	

备注：

操作人：　　　　　　　　　　　　监护人：　　　　　　　　　　　　值班负责人（值长）：

3. 注意事项

（1）下令合解环操作后，要密切监视合环过程中的潮流的转移和电压的变化等，要做好记录。解环后要立即检查潮流转移后对系统的影响，调整电压在合格范围内。

（2）合环操作前要投入环网中所有开关的保护；解环后要按照单电源供电线路的要求调整各开关的保护、重合闸状态。

（3）合环操作前应征得省调同意，防止跨电压等级合环。

（4）倒负荷前，应充分考虑220kV侯坊站主变负载率和110kV侯深线的允许载流量。

二、考核

（一）考核要求

（1）要求填票操作。

（2）按调度倒闸操作流程进行。

（3）单人完成全部操作任务。

（二）考核场地

调度仿真系统1套。

（三）考核时间

考核时间为30min。

（四）考核要点

（1）合环操作的规范、流程。

（2）遥控倒闸操作的正确性。

三、评分标准

行业：电力工程　　　　　　　　工种：电力调度员　　　　　　　等级：一

编号	DD1JB0101	行为领域	d	鉴定范围		地调调度员	
考核时限	30min	题型	A	满分	100分	得分	
试题名称	合环将110kV深泽站倒220kV侯坊站供电						
考核要点及其要求	（1）严格遵守《安规》《调规》等规章制度。 （2）在规定时间内未操作完的扣5～100分。 （3）出现误操作且造成后果的扣100分。 （4）出现误操作但未造成后果的扣50分						
现场设备、工器具、材料	（1）仿真系统1套。 （2）碳素笔1支。 （3）A4纸1张						
备注	参考图1-47、图1-51、图1-26						

评分标准

序号	考核项目名称	质量要求	分值	扣分标准	扣分原因	得分
1	安全校核	(1) 核对运行方式和现场操作设备状态。 (2) 核对检修方式安排。 (3) 核对电网安全措施和事故预案的制订。 (4) 督促电网安全措施和事故预案的落实。 (5) 在 EMS 上模拟操作安全校核。 (6) 调整系统运行参数	30	(1) 未核对运行方式和现场操作设备状态扣5分。 (2) 未核对检修方式安排扣5分。 (3) 未核对电网安全措施和事故预案的制订扣5分。 (4) 未督促落实电网安全措施和事故预案扣5分。 (5) 未在 EMS 上模拟操作安全校核扣5分。 (6) 未正确调整系统运行参数扣5分		
2	操作步骤	(1) 合环前征得省调许可。 (2) 合环倒供负荷。 (3) 调整保护、自动装置投入方式	40	(1) 合环前未征得省调许可扣10分。 (2) 合环倒供负荷操作不正确扣20分。 (3) 调整保护、自动装置投入方式不正确扣10分		
3	规范化	(1) 互报单位、姓名。 (2) 使用统一的调度术语、操作术语。 (3) 遵守复诵、录音、记录、汇报制度	30	(1) 未互报单位、姓名扣10分。 (2) 未使用统一的调度术语、操作术语扣10分。 (3) 未遵守复诵、录音、记录、汇报制度扣10分		
4	否决项	(1) 在规定时间内未操作完的扣50分。 (2) 出现误操作且造成后果的扣100分				

2.2.2 DD1JB0102 合环将 35kV 小越站倒 110kV 马集站供电

一、作业

（一）工器具、材料、设备

（1）工器具：碳素笔。

（2）材料：参考图 1-6、图 1-10、图 1-14、A4 纸、空白调度指令票、空白遥控操作票。

（3）设备：调度仿真系统。

（二）安全要求

（1）防止运行设备过负荷，不超过设备过载能力。

（2）倒方式操作后，重合闸及自投装置方式要进行相应改变。

（三）操作步骤及工艺要求（含注意事项）

1. 操作前的安全校核

1）核对当前运行方式及安排

（1）当前运行方式：系统为正常运行方式，35kV 小越站负荷 8.4MW，110kV 马集站 1 号负荷 31.8MW；110kV 马集站见图 1-6、110kV 栾北站图 1-10、35kV 小越站图 1-14。

（2）检修方式安排如下：

① 合环前征得地调同意，解环后汇报地调。

② 小越站 35kV 备用电源自投装置为自适应式，因此在合环前后不需做相应改变。

③ 解环后投入马集站 35kV 马越线 345 开关的重合闸，停用栾北站 35kV 北越线 332 开关的重合闸。

2）制订电网安全措施和事故处理预案并督促落实

（1）电网薄弱环节：35kV 小越站由马越线供电，为非正常方式。

（2）事故影响：有可能造成 110kV 马集站主变过负荷。

（3）对相关单位要求：

① 要求 110kV 马集站、35kV 小越站对运行设备加强巡视检查，同时做好设备停电后的事故预想。

② 提前下达操作预令，要求相关运维值班员做好操作准备。

（4）事故处理预案。

① 110kV 马集站 1 号主变过负荷，值班监控员应汇报地调值班调度员，地调值班调度员通知县调值班调度员控制负荷，县调值班调度员应立即采取措施控制负荷并汇报有关领导。

② 通知客服中心做好停电用户的解释工作。

3）倒闸操作前模拟和危险点分析与预控措施

（1）审核倒闸操作步骤的正确性、合理性；履行操作管理制度，依次审核签字。

（2）在 EMS 上进行模拟操作，校核合环操作过程中潮流、电压的变化是否有超设备稳定极限情况。

（3）询问操作现场天气条件是否合适。

（4）检查、督促电网安全措施和事故预案的制订和落实情况。

2. 典型指令票和遥控操作票（表 DD1JB0102-1 和表 DD1JB0102-2）

表 DD1JB0102-1　合环将小越站倒马越线 345 开关供电典型指令票

操作项目及内容			合环将小越站倒马越线 345 开关供电
序号	操作单位	令号	指令内容
一	监控员	1	令：合上小越站马越线 345 开关（合环）
		2	令：拉开小越站北越线 346 开关（解环）
二	马集站	1	令：投入马越线 344 开关的重合闸
三	栾北站	1	令：停用北越线 332 开关的重合闸
	备注		

表 DD1JB0102-2　并列将小越站倒马越线 345 开关供电典型遥控操作票

变电站：35kV 小越站　　　　　　　　　　　　　　　　　编号 000000××

发令人		受令人		发令时间		年　　月　　日 时　　　分
操作结束时间：　年　　月　　日 时　　分				操作结束时间：　年　　月　　日 时　　分		

（√）调度下令操作　（　）监控员自行操作

操作任务：小越站马越线 345 开关由热备用转运行，北越线 346 开关由运行转热备用

执行 （√）	顺序	操作项目	模拟 （√）
	1	核对调度指令，确认与操作任务相符	
	2	合上小越站马越线 345 开关	
	3	检查小越站马越线 345 开关监控指示在合位	
	4	检查小越站马越线 345 开关电流指示正常	
	5	拉开小越站北越线 346 开关	
	6	检查小越站北越线 346 开关监控指示在分位	
	7	检查小越站北越线 346 开关电流指示为零	

备注：

操作人：　　　　　　　　　　　监护人：　　　　　　　　　　值班负责人（值长）：

3. 注意事项

（1）在下令 35kV 小越站合环操作前，应征得地调的许可。

（2）注意将小越站负荷倒 35kV 马越线供电后，应相应改变 110kV 马集站 345 开关和 110kV 栾北站 332 开关的重合闸方式。

（3）倒方式前应了解 110kV 马集站主变负荷，避免造成马集站主变过负荷。

414

二、考核

（一）要求

（1）要求填票操作。

（2）按调度倒闸操作流程进行。

（3）单人完成全部操作任务。

（二）考核场地

调度仿真系统 1 套。

（三）考核时间

考核时间为 30min。

（四）考核要点

（1）合环操作的规范、流程。

（2）遥控倒闸操作的正确性。

三、评分标准

行业：电力工程　　　　　　　**工种：电力调度员**　　　　　　　**等级：一**

编号	DD1JB0102	行为领域	d	鉴定范围		县调调度员
考核时限	30min	题型	A	满分	100 分	得分
试题名称	合环将 35kV 小越站倒 110kV 马集站供电					
考核要点及其要求	（1）严格遵守《安规》《调规》等规章制度。 （2）在规定时间内未操作完的扣 5～100 分。 （3）出现误操作且造成后果的扣 100 分。 （4）出现误操作但未造成后果的扣 50 分。 （5）没有与地调联系，造成跨电压等级合环视为误操作					
现场设备、工器具、材料	（1）仿真系统 1 套。 （2）碳素笔 1 支。 （3）A4 纸 1 张					
备注	参考图 1-6、图 1-10、图 1-14					

评分标准

序号	考核项目名称	质量要求	分值	扣分标准	扣分原因	得分
1	安全校核	（1）核对运行方式和现场操作设备状态。 （2）核对检修方式安排。 （3）核对电网安全措施和事故预案的制订。 （4）督促电网安全措施和事故预案的落实。 （5）在 EMS 上模拟操作安全校核	30	（1）未核对运行方式和现场操作设备状态扣 5 分。 （2）未核对检修方式安排扣 5 分。 （3）未核对电网安全措施和事故预案的制订扣 10 分。 （4）未督促电网安全措施和事故预案的落实扣 5 分。 （5）未在 EMS 上模拟操作安全校核扣 5 分		

序号	考核项目名称	质量要求	分值	扣分标准	扣分原因	得分
2	操作步骤	(1) 了解马集站主变负荷。 (2) 合环前与地调联系。 (3) 合环倒供负荷。 (4) 调整自动装置	40	(1) 未了解马集站主变负荷扣10分。 (2) 合环前未与地调联系扣5分。 (3) 合环倒供负荷操作不正确扣15分。 (4) 调整自动装置不正确扣10分		
3	规范化	(1) 互报单位、姓名。 (2) 使用统一的调度术语、操作术语。 (3) 遵守复诵、录音、记录、汇报制度	30	(1) 未互报单位、姓名扣10分。 (2) 未使用统一的调度术语、操作术语扣10分。 (3) 未遵守复诵、录音、记录、汇报制度扣10分		
4	否决项	(1) 在规定时间内未操作完的扣50分。 (2) 出现误操作且造成后果的扣100分				

2.2.3 DD1ZY0101 220kV 铜冶站 160 开关保护装置故障

一、作业

（一）工器具、材料、设备

（1）工器具：碳素笔。

（2）材料：参考图 1-15、图 1-8、图 1-16、A4 纸。

（3）设备：调度仿真系统。

（二）安全要求

（1）线路停电按照开关、线路侧刀闸、母线侧刀闸的顺序操作，送电时顺序相反。

（2）隔离故障点后再合闸送电，防止带故障点合闸。

（3）转代时，旁路开关保护、线路保护正确停投。

（4）挂接地线标示牌时，注意带电设备，防止带电挂地线。

（5）防止运行设备过负荷，不超过设备过载能力。

（三）处理过程及工艺要求（含注意事项）

1. 运行方式

（1）系统为正常运行方式。

（2）220kV 铜冶站见图 1-15、220kV 许营站见图 1-8、110kV 玉村站见图 1-16。

2. 天气情况

雷雨；气温 25℃。

3. 异常现象

220kV 铜冶站 110kV 铜玉线 160 开关"距离保护装置故障"光字牌亮，不能复归。

4. 异常现象分析和处理思路

（1）异常现象分析：220kV 铜冶站 110kV 铜玉线 160 开关"距离保护装置故障"光字牌亮，不能复归。110kV 铜玉线 160 开关的距离保护不能正确动作，有可能拒动或误动。

（2）处理思路：首先将 110kV 铜玉线负荷合环倒至 110kV 许玉线供电，断开 110kV 铜玉线 160 开关，使 110kV 铜玉线 160 开关与系统脱离，然后用 110kV 旁路 102 开关转代 160 线路，恢复 110kV 玉村站正常运行方式。

5. 异常处理

（1）监控员报：220kV 铜冶站 110kV 铜玉线 160 开关"距离保护装置故障"光字牌亮，通知运维班到站检查。

（2）220kV 铜冶站值班员汇报：110kV 铜玉线 160 开关"距离保护装置故障"光字牌亮，不能复归，要求做好 110kV2 号母线停电的事故预案，做好转代准备。

（3）将上述情况汇报领导和省调，跨区合环征得省调同意。

（4）合环将 110kV 玉村站倒 220kV 许营站供电，令监控员。

① 合上玉村站 110kV 分段 101 开关（合环）。

② 拉开玉村站 110kV 铜玉线 162 开关（解环）。

（5）令 220kV 铜冶站：拉开 110kV 铜玉线 160 开关。

（6）令 220kV 铜冶站：

① 用 110kV 旁路 102 开关转代 110kV 铜玉线 160 开关送电。

② 将 110kV 铜玉线 160 开关由热备用转冷备用。

（7）令监控员：

① 合上玉村站 110kV 铜玉线 162 开关（合环）。

② 拉开玉村站 110kV 分段 101 开关（解环）。

（8）通知检修单位处理 220kV 铜冶站 110kV 铜玉线 160 开关保护缺陷（申请受理和开工手续略）。

（9）将异常处理情况汇报领导及通知相关人员。

6. 注意事项

（1）发"距离保护装置故障"信号后，监控员应及时汇报并通知运维人员。

（2）运维现场值班员应按现场规程处理。

（3）通过倒供电方式将保护不健全开关退出系统运行。

（4）跨区合环需得到省调许可。

（5）用 110kV 旁路 102 开关转代 110kV 铜玉线，将 110kV 玉村站恢复正常方式运行。

二、考核

（一）考核要求

（1）采取措施防止 160 保护误动拒动，防止事故扩大。

（2）尽快将 160 开关从系统中隔离。

（3）按调度倒闸操作流程进行。

（4）单人完成全部操作任务。

（二）考核场地

调度仿真系统 1 套。

（三）考核时间

考核时间为 100min。

（四）考核要点

（1）旁路开关转代操作的规范、流程。

（2）线路开关保护故障应急处置。

（3）解合环操作。

三、评分标准

行业：电力工程　　　　　　　工种：电力调度员　　　　　　　等级：一

编号	DD1ZY0101	行为领域	e	鉴定范围		地调调度员
考核时限	100min	题型	C	满分	100 分	得分
试题名称	220kV 铜冶站 160 开关保护装置故障					
考核要点 及其要求	（1）严格遵守《安规》《调规》等规章制度。 （2）在规定时间内未操作完的扣 5～100 分。 （3）出现误操作且造成后果的扣 100 分。 （4）出现误操作但未造成后果的扣 50 分					
现场设备、 工器具、材料	（1）仿真系统 1 套。 （2）碳素笔 1 支。 （3）A4 纸 1 张					
备注	参考图 1-15、图 1-8、图 1-16					

评分标准

序号	考核项目名称	质量要求	分值	扣分标准	扣分原因	得分
1	异常现象分析及处理思路	（1）了解铜冶站 110kV 铜玉线 160 开关保护装置故障情况。 （2）分析判断为 160 保护异常，并做好事故预想	10	（1）未了解铜冶站 110kV 铜玉线 160 开关保护装置故障情况扣 5 分。 （2）判断错误、未做好事故预想扣 5 分		
2	汇报通知	（1）通知铜冶站做好操作准备。 （2）汇报省调和领导。 （3）合环前征得省调同意	15	（1）未通知铜冶站做好操作准备扣 5 分。 （2）未汇报省调和领导扣 5 分。 （3）合环前未征得省调同意扣 5 分		
3	处理过程	（1）110kV 玉村合环倒供到许营站。 （2）110kV 铜玉线停运。 （3）铜冶站 110kV 旁路 102 开关转代 10kV 铜玉线线路运行。 （4）110kV 玉村站倒正常方式。 （5）通知检修单位对 110kV 铜玉线 160 开关保护装置故障情况进行处理	40	（1）未将 110kV 玉村合环倒供到许营站扣 5 分。 （2）未将 110kV 铜玉线停运扣 10 分。 （3）未正确将铜冶站 110kV 旁路 102 开关转代 10kV 铜玉线线路运行扣 10 分。 （4）未将 110kV 玉村站倒正常方式扣 10 分。 （5）未通知检修单位对 110kV 铜玉线 160 开关保护装置故障情况进行处理扣 5 分		
4	通知汇报	将异常处理情况通知汇报相关人员	5	未将异常处理情况通知汇报相关人员扣 5 分		
5	规范化	（1）调度术语应用规范。 （2）遵守调度工作制度。 （3）处理信息记录齐全	30	（1）未规范应用调度术语扣 10 分。 （2）未遵守调度工作制度扣 10 分。 （3）处理信息记录不齐全扣 10 分		
6	否决项	（1）在规定时间内未处理完的扣 50 分。 （2）未采取转代方式的扣 50 分。 （3）出现误操作且造成后果的扣 100 分				

2.2.4　DD1ZY0102　220kV 万花站 174 开关"控制回路断线"故障

一、作业

（一）工器具、材料、设备

（1）工器具：碳素笔。

（2）材料：参考图 1-23、A4 纸。

（3）设备：调度仿真系统。

（二）安全要求

（1）线路停电按照开关、线路侧刀闸、母线侧刀闸的顺序操作，送电时顺序相反。

（2）串代时，母联开关保护、线路保护正确停投。

（3）防止运行设备过负荷，不超过设备过载能力。

（三）处理过程及工艺要求（含注意事项）

1. 运行方式

（1）系统正常运行方式。

（2）220kV 万花站见图 1-23。

2. 天气情况

小雨；气温 15℃。

3. 异常现象

220kV 万花站 110kV 里万线 174 开关"控制回路断线"光字牌亮，运行指示灯灭。

4. 异常现象分析和处理思路

（1）异常现象分析：根据现象初步判断为 110kV 里万线 174 开关不能跳闸，线路故障将造成 220kV 万花站 110kV1 号母线越级跳闸，需要立即处理。

（2）处理思路：现场值班员应先进行检查处理，当值班员不能消除故障，用 220kV 万花站 110kV 母联 101 开关串代 174 开关运行，处理 174 开关"控制回路断线"故障。

5. 异常处理

（1）监控员汇报：220kV 万花站 110kV 里万线 174 开关"控制回路断线"光字牌亮。通知运维人员到站检查。

（2）万花站报：检查发现 110kV 万里线 174 开关"控制回路断线"光字牌亮，运行指示灯灭，令值班员按现场规程处理，做好用 110kV 母联 101 开关串代 174 开关的操作准备，做好 110kV1 号母线故障跳闸的事故预案。

（3）通知 220kV 万花站所供小区各厂、站做好单母线事故预想。

（4）令 220kV 万花站：将 110kV2 号母线设备倒至 1 号母线运行（174 开关除外）后，投入 110kV 母联 101 开关的线路保护（用 110kV 母联 101 开关串代 110kV 里万线 174 开关），将里万线 174 开关的保护退出跳闸。

（5）通知检修单位处理 220kV 万花站 110kV 里万线 174 开关缺陷（申请受理和开工手续略）。

（6）将异常处理情况汇报领导及通知相关人员。

6. 注意事项

（1）及时安排串代，注意串代前投入 101 线路保护。

(2) 供电可靠性降低，做好 220kV 万花站及所供厂站停电事故预案。

(3) 缺陷处理应迅速。

二、考核

（一）考核要求

(1) 采取措施防止 174 开关拒动，防止越级跳闸。

(2) 按调度倒闸操作流程进行。

(3) 单人完成全部操作任务。

（二）考核场地

调度仿真系统 1 套。

（三）考核时间

考核时间为 100min。

（四）考核要点

(1) 母联开关串代操作的规范、流程。

(2) 线路开关拒动故障应急处置。

三、评分标准

行业：电力工程		工种：电力调度员			等级：一		
编号	DD1ZY0102	行为领域	e	鉴定范围		地调调度员	
考核时限	100min	题型	C	满分	100 分	得分	
试题名称	220kV 万花站 174 开关"控制回路断线"故障						
考核要点及其要求	(1) 严格遵守《安规》《调规》等规章制度。 (2) 在规定时间内未操作完的扣 5～100 分。 (3) 出现误操作且造成后果的扣 100 分。 (4) 出现误操作但未造成后果的扣 50 分						
现场设备、工器具、材料	(1) 仿真系统 1 套。 (2) 碳素笔 1 支。 (3) A4 纸 1 张						
备注	参考图 1-23						

评分标准

序号	考核项目名称	质量要求	分值	扣分标准	扣分原因	得分
1	异常现象分析及处理思路	(1) 了解万花站 110kV 里万线 174 开关保护装置故障情况。 (2) 分析判断为 110kV 里万线 174 开关不能跳闸	10	(1) 未了解万花站 110kV 里万线 174 开关保护装置故障情况扣 5 分。 (2) 分析判断错误扣 5 分		
2	汇报通知	(1) 通知万花站做好 110kV 单母线停电的事故预案。 (2) 通知赞皇站、南佐站做好全站停电事故预想。 (3) 通知相关县调做好赞皇站停电事故预想。 (4) 汇报领导	20	(1) 未通知万花站做好 110kV 单母线停电的事故预案扣 5 分。 (2) 未通知赞皇站、南佐站做好全站停电事故预想扣 5 分。 (3) 未通知相关县调做好赞皇站停电事故预想扣 5 分。 (4) 未汇报领导扣 5 分		

序号	考核项目名称	质量要求	分值	扣分标准	扣分原因	得分
3	处理过程	（1）退出里万线 174 开关的线路保护。 （2）用母联 101 开关串代 174 开关。 （3）通知检修单位对 110kV 里万线 174 开关保护装置故障情况进行处理	35	（1）未退出里万线 174 开关的线路保护扣 10 分。 （2）未用母联 101 开关串代 174 开关扣 20 分。 （3）未通知检修单位对 110kV 里万线 174 开关保护装置故障情况进行处理扣 5 分		
4	通知汇报	将异常处理情况通知汇报相关人员	5	未将异常处理情况通知汇报相关人员扣 5 分		
5	规范化	（1）调度术语应用规范。 （2）遵守调度工作制度。 （3）处理信息记录齐全	30	（1）未规范应用调度术语扣 10 分。 （2）未遵守调度工作制度扣 10 分。 （3）处理信息记录不齐全扣 10 分		
6	否决项	（1）在规定时间内未处理完的扣 50 分。 （2）未采取串代方式的扣 50 分。 （3）出现误操作且造成后果的扣 100 分				

2.2.5 DD1ZY0103 110kV 正定站 525 开关保护异常

一、作业

（一）工器具、材料、设备

（1）工器具：碳素笔。

（2）材料：参考图 1-42、A4 纸。

（3）设备：调度仿真系统。

（二）安全要求

（1）线路停电按照开关、线路侧刀闸、母线侧刀闸的顺序操作，送电时顺序相反。

（2）挂接地线标示牌时，注意带电设备，防止带电挂地线。

（3）防止运行设备过负荷，不超过设备过载能力。

（三）处理过程及工艺要求（含注意事项）

1. 运行方式

（1）系统为正常运行方式。

（2）110kV 正定站见图 1-42。

2. 天气情况

阴；气温 15℃。

3. 异常设置

10kV525 线 525 开关保护"电流回路断线""装置异常"光字牌亮。

4. 异常现象分析及处理思路

（1）异常现象分析：根据保护装置异常现象可判断电流互感器二次回路有开路现象，必须马上停运，否则有可能造成电流互感器设备烧损，也易导致保护误动和拒动。

（2）处理思路：通知 10kV525 线所带用户，将 10kV525 线 525 开关转检修进行处理。

5. 异常处理

（1）监控员报：110kV 正定站 10kV525 线 525 开关保护发"电流回路断线""装置异常"告警信息，要求运维班到站检查。

（2）110kV 正定站值班员汇报：10kV525 线 525 开关保护"电流回路断线""装置异常"光字牌亮，现场不能处理，要求将 351 开关停运。要求正定站值班员做好 10kV525 线线路短路故障造成 1 号主变后备保护动作跳闸的事故预想。

（3）通知正定站值班员做好 10kV525 线 525 开关停电操作准备。

（4）通知 525 线所带用户，做好停电准备。

（5）令 110kV 正定站：将 10kV525 线 525 开关由运行转检修。

（6）通知检修单位处理正定站 10kV525 线 525 开关电流互感器缺陷（受理申请和开工手续略）。

（7）将异常处理情况汇报领导及通知相关人员。

6. 注意事项

出现"电流回路断线"信号，应作出准确判断，及时采取措施，将有关设备停运。

二、考核

（一）考核要求

（1）根据异常现象，准确判断故障原因。

（2）尽快将 525 开关从系统中隔离。

（2）按调度倒闸操作流程进行。

（3）单人完成全部操作任务。

（二）考核场地

调度仿真系统 1 套。

（三）考核时间

考核时间为 100min。

（四）考核要点

（1）开关保护异常应急处置。

（2）现象分析及故障研判的正确性。

三、评分标准

行业：电力工程　　　　　工种：电力调度员　　　　　等级：一

编号	DD1ZY0103	行为领域	e	鉴定范围		地调调度员
考核时限	100min	题型	C	满分	100 分	得分	
试题名称	110kV 正定站 525 开关保护异常					
考核要点及其要求	（1）严格遵守《安规》《调规》等规章制度。 （2）在规定时间内未操作完的扣 5～100 分。 （3）出现误操作且造成后果的扣 100 分。 （4）出现误操作但未造成后果的扣 50 分					
现场设备、工器具、材料	（1）仿真系统 1 套。 （2）碳素笔 1 支。 （3）A4 纸 1 张					
备注	参考图 1-42					

评分标准

序号	考核项目名称	质量要求	分值	扣分标准	扣分原因	得分
1	异常现象分析及处理思路	（1）了解异常现象及情况。 （2）分析判断为 525 保护异常，并做好事故预想	15	（1）未了解异常现象及情况扣 5 分。 （2）判断错误及未做好事故预想扣 10 分		
2	汇报通知	（1）通知正定站做好 525 开关停电操作准备。 （2）通知用户做好停电准备	10	（1）未通知正定站做好 525 开关停电操作准备扣 5 分。 （2）未通知用户做好停电准备扣 5 分		
3	处理过程	（1）将 525 开关转检修。 （2）办理检修申请	35	（1）未正确将 525 开关转检修扣 25 分。 （2）办理检修申请扣 10 分		
4	通知汇报	将异常处理情况通知汇报相关人员	10	未将异常处理情况通知汇报相关人员扣 10 分		

序号	考核项目名称	质量要求	分值	扣分标准	扣分原因	得分
5	规范化	（1）调度术语应用规范。 （2）遵守调度工作制度。 （3）处理信息记录齐全	30	（1）未规范应用调度术语扣10分。 （2）未遵守调度工作制度扣10分。 （3）处理信息记录不齐全扣10分		
6	否决项	（1）在规定时间内未处理完的扣50分。 （2）出现误操作且造成后果的扣100分				

2.2.6 DD1ZY0104 35kV 小越站 10kV1 号母线 51-7PT A 相高压保险熔断

一、作业

（一）工器具、材料、设备

（1）工器具：碳素笔。

（2）材料：参考图 1-14、A4 纸。

（3）设备：调度仿真系统。

（二）安全要求

（1）PT 保险熔断时，防止相关保护自动装置误动。

（2）PT 二次并列前，需先将 PT 一次并列。

（3）PT 停电时，防止二次侧反送电。

（三）处理过程及工艺要求（含注意事项）

1. 运行方式：

（1）系统为正常运行方式。

（2）35kV 小越站见图 1-14。

2. 天气情况

阴；气温 15℃。

3. 异常设置

35kV 小越站 10kV·A 相 2.6kV，B 相 20.1kV，C 相 19.8kV，同时出现"电压回路断线""10kV1 号母线接地"光字牌亮。

4. 异常现象分析及处理思路

（1）异常现象分析：10kV1 号母线接地，A 相电压降低，而 B、C 相电压并不升高，同时伴随有电压回路断线信号，可判断为 51-7PTA 相高压保险熔断，必须马上更换，否则有可能造成保护误动。

（2）处理思路：退出 10kV 备用电源自投装置，取下 517PT 高、低压保险，合上 501 开关，10kV1 号、2 号母线 PT 二次并列后，更换 51-7PT 高压保险。

5. 异常处理

（1）监控员报：35kV 小越站 10kV·A 相 2.6kV，B 相 20.1kV，C 相 19.8kV，发"电压回路断线""10kV1 号母线接地"信号，通知运维班到小越站检查设备。

（2）35kV 小越站值班员汇报：10kV1 号母线 A 相 2.6kV，B 相 20.1kV，C 相 19.8kV，同时出现"电压回路断线""10kV1 号母线接地"光字牌亮，检查发现站内 10kV1 号母线 51-7PTA 相高压保险熔断，要求带电更换。

（3）令 35kV 小越站：

① 退出 10kV 备自投装置。

② 合上 10kV 分段 501 开关。

③ 将 10kV1 号、2 号母线 PT 二次并列后，更换 51-7PTA 相高压保险。

④ 恢复原方式（步骤略）。

（4）将异常处理情况汇报领导及通知相关人员。

6. 注意事项

（1）通过信号和电压指示，正确判断 PT 保险熔断。

（2）PT 保险熔断，应首先将有可能误动的装置停运，再进行处理。

（3）10kV 母线并列后，在 PT 二次并列前，应取下故障 PT 的低压保险，防止向高压侧反充电。

（4）PT 保险更换完毕，无异常再恢复原方式。

二、考核

（一）考核要求

（1）根据异常现象，正确判断为 PT 保险熔断。

（2）按调度倒闸操作流程进行。

（3）单人完成全部操作任务。

（二）考核场地

调度仿真系统 1 套。

（三）考核时间

考核时间为 100min。

（四）考核要点

（1）现象分析及故障研判的正确性。

（2）更换 PT 保险倒闸操作的规范、流程。

三、评分标准

行业：电力工程		工种：电力调度员				等级：一	
编号	DD1ZY0104	行为领域	e	鉴定范围		县调调度员	
考核时限	100min	题型	C	满分	100 分	得分	
试题名称	35kV 小越站 10kV1 号母线 51-7PT A 相高压保险熔断						
考核要点及其要求	（1）严格遵守《安规》《调规》等规章制度。 （2）在规定时间内未操作完的扣 5～100 分。 （3）出现误操作且造成后果的扣 100 分。 （4）出现误操作但未造成后果的扣 50 分						
现场设备、工器具、材料	（1）仿真系统 1 套。 （2）碳素笔 1 支。 （3）A4 纸 1 张						
备注	参考图 1-14						

评分标准

序号	考核项目名称	质量要求	分值	扣分标准	扣分原因	得分
1	异常现象分析及处理思路	（1）了解小越站 10kV1 号母线电压异常情况。 （2）判断为 PT 保险熔断	20	（1）未了解小越站 10kV1 号母线电压异常情况扣 10 分。 （2）异常情况判断错误扣 10 分		
2	通知汇报	（1）监控员汇报各站事故报文。 （2）通知运维人员检查各站设备	10	（1）未全面汇报各站事故报文扣 5 分。 （2）未通知运维人员检查各站设备扣 5 分		

序号	考核项目名称	质量要求	分值	扣分标准	扣分原因	得分
3	处理过程	(1) 退出小越站 10kV 备自投装置。 (2) 合上 10kV 分段 501 开关。 (3) PT 二次回路切换。 (4) 恢复原方式	35	(1) 未退出小越站 10kV 备自投装置扣 10 分。 (2) 未合上 10kV 分段 501 开关扣 10 分。 (3) 未切换 PT 二次回路扣 10 分。 (4) 未恢复原方式扣 5 分		
4	通知汇报	将异常处理情况通知汇报相关人员	5	未将异常处理情况通知汇报相关人员扣 5 分		
5	规范化	(1) 调度术语应用规范。 (2) 遵守调度工作制度。 (3) 处理信息记录齐全	30	(1) 未规范应用调度术语扣 10 分。 (2) 未遵守调度工作制度扣 10 分。 (3) 处理信息记录不齐全扣 10 分		
6	否决项	(1) 在规定时间内未处理完的扣 50 分。 (2) 出现误操作且造成后果的扣 100 分				

2.2.7 DD1ZY0201 220kV万花站110kV1号母线永久性故障

一、作业

（一）工器具、材料、设备

（1）工器具：碳素笔。

（2）材料：参考图1-23、图1-25、A4纸。

（3）设备：调度仿真系统。

（二）安全要求

（1）隔离故障点后再合闸送电，防止带故障点合闸。

（2）变压器停电时，应先停负荷侧，再停电源侧的顺序操作，送电时顺序相反。

（3）系统中性点数量应符合系统要求，保持系统零序网络稳定。

（4）防止运行设备过负荷，不超过设备过载能力。

（三）处理过程及工艺要求（含注意事项）

1. 系统运行方式

（1）系统为正常运行方式。

（2）220kV万花站1号主变负荷62MW，2号主变负荷62MW；110kV赞皇站负荷50MW。

（3）220kV万花站见图1-23，110kV赞皇站见图1-25。

2. 天气情况

晴；环境温度25℃。

3. 事故现象

（1）万花站：110kV1号母线母差保护跳Ⅰ母动作，110kV母联101开关跳闸，1号主变111开关跳闸，万赞一线171开关跳闸。

（2）赞皇站：110kV备自投动作，万赞一线151开关跳闸，110kV分段101开关合闸；1号电容器低电压动作，1号电容器522开关分闸；2号电容器低电压动作，2号电容器523开关分闸。

4. 故障分析及事故处理思路

（1）万花站：110kV1号母线母差保护跳Ⅰ母动作，可判断110kV1号母线存在故障。

（2）赞皇站：110kV万赞一线线路失压，造成110kV备自投动作，151开关跳闸，101开关合闸，引起1号电容器522开关、2号电容器523开关低电压保护动作跳闸。

（3）事故处理思路：首先检查万花站2号主变、110kV万赞二线有无过负荷情况，及时处理过负荷情况；隔离故障点，恢复万花站、赞皇站可运行设备送电，调整各站运行方式，优化系统，调整保护及自动装置与一次系统相适应，最后将故障母线转检修，处理母线故障。

5. 事故处理

1）了解汇报

（1）值班监控员向值班调度员汇报：

××：××，万花站：110kV1号母线母差保护跳Ⅰ母动作，110kV母联101开关跳闸，1号主变111开关跳闸，万赞一线171开关跳闸。

××：××，赞皇站：110kV备自投动作，万赞一线151开关跳闸，110kV分段101开关合闸；1号电容器522开关、2号电容器523低电压保护动作跳闸。

（2）值班监控员将上述情况，通知相关运维班，要求其检查变电站设备并及时汇报。

（3）220kV万花站运维人员汇报：现场检查设备发现，110kV1号母线A相支持瓷瓶破裂，母差保护跳I母动作，101、111、171开关分闸，开关在热备用状态，其他设备无异常。

（4）110kV赞皇站运维人员汇报：现场检查设备发现，110kV备自投动作，万赞一线151开关跳闸，110kV分段101开关合闸，1号电容器522开关、2号电容器523低电压保护动作跳闸；其他设备无异常。

（5）值班调度员通知线路运检单位对110kV万赞一线带电查线，同时对110kV万赞二线线路进行特巡。

（6）值班调度员通知相关县调、用户，做好赞皇站单电源事故预案。

（7）值班调度员将上述情况简要汇报相关领导。

2）应急处置

（1）值班监控员合上万花站2号主变212-9、112-9刀闸，拉开211-9刀闸，切换中性点接地方式。

（2）值班监控员检查万花站2号主变满负荷运行；值班调控员通知相关用户控制负荷。

3）查找、隔离故障点

令万花站运维人员，拉开万赞一线171-1刀闸、拉开1号主变111-1刀闸，拉开110kV母联101-1-2刀闸，隔离故障点。

4）调整系统的运行方式

（1）令万花站运维人员，合上111-2刀闸及111开关，检查1号主变运行正常；通知相关用户恢复负荷；合上211-9刀闸，拉开212-9、112-9刀闸。

（2）令万花站运维人员，合上171-2刀闸及171开关，检查110kV万赞一线充电正常。

（3）令值班监控员，合上赞皇站万赞一线151开关，检查151开关电流、有功、无功遥测值正常，拉开110kV分段101开关。

（4）令值班监控员，根据赞皇站母线电压情况，投入电容器。

5）设备抢修

（1）万花站运维人员汇报：110kV1号母线A相支持瓷瓶破裂，造成母线单相短路故障，不能运行。向调度提申请："××日××：××—××日××：××，110kV1号母线转检修，更换母线支持瓷瓶"。

（2）令万花站运维人员将110kV1号母线转检修。

6. 注意事项

（1）110kV母差保护动作后，110kV系统失去一接地中性点，应该及时补偿，尽量将高、中压侧接地中性点在同一台主变。

（2）110kV母差保护动作后，造成主变中压侧N-1运行，注意及时检查运行主变负荷情况，避免主变过负荷运行。

（3）隔离故障点后再恢复赞皇站送电，防止向故障点反送电。

（4）注意充分利用系统的有效资源，优化事故后系统方式，同时注意各站电压的调整。

二、考核

（一）考核要求

（1）母线失电后应急措施。

（2）尽快将万花站 110kV1 号母线从系统中隔离。

（3）按调度倒闸操作流程进行。

（4）单人完成全部操作任务。

（二）考核场地

调度仿真系统 1 套。

（三）考核时间

考核时间为 100min。

（四）考核要点

（1）单主变运行负荷的控制。

（2）主变中性点及时切换。

（3）倒闸操作的正确性。

三、评分标准

行业：电力工程		工种：电力调度员				等级：一	
编号	DD1ZY0201	行为领域	e	鉴定范围		地调调度员	
考核时限	100min	题型	C	满分	100 分	得分	
试题名称	220kV 万花站 110kV1 号母线永久性故障						
考核要点及其要求	（1）严格遵守《安规》《调规》等规章制度。 （2）在规定时间内未操作完的扣 5～100 分。 （3）出现误操作且造成后果的扣 100 分。 （4）出现误操作但未造成后果的扣 50 分						
现场设备、工器具、材料	（1）仿真系统 1 套。 （2）碳素笔 1 支。 （3）A4 纸 1 张						
备注	参考图 1-23、图 1-25						

评分标准

序号	考核项目名称	质量要求	分值	扣分标准	扣分原因	得分
1	故障分析及事故处理思路	（1）全面了解事故现象。 （2）分析判断事故原因及范围	10	（1）未全面了解事故现象扣 5 分。 （2）错误判断事故原因及范围扣 5 分		

序号	考核项目名称	质量要求	分值	扣分标准	扣分原因	得分
2	汇报通知	（1）监控员汇报各站事故报文。 （2）将故障情况简要汇报领导和省调。 （3）通知运维人员检查各站设备。 （4）通知线路运检单位线路特巡。 （5）通知相关厂站做好事故预案	25	（1）监控员未汇报各站事故报文扣5分。 （2）未将故障情况简要汇报领导和省调扣5分。 （3）未通知运维人员检查各站设备扣5分。 （4）未通知线路运检单位线路特巡扣5分。 （5）未通知相关厂站做好事故预案扣5分		
3	应急处理、隔离故障	（1）切换主变中性点接地方式。 （2）检查万花站2号主变负荷情况、控制负荷。 （3）隔离故障	20	（1）未切换主变中性点接地方式扣5分。 （2）未检查万花站2号主变负荷情况、控制负荷扣5分。 （3）未隔离故障扣10分		
4	调整系统方式	（1）万花站1号变111开关恢复送电、通知用户恢复负荷。 （2）110kV万赞一线恢复送电。 （3）赞皇站恢复正常运行方式。 （4）调整系统潮流、电压	20	（1）未将万花站1号变111开关恢复送电、通知用户恢复负荷扣5分。 （2）未将110kV万赞一线恢复送电扣5分。 （3）未将赞皇站恢复正常运行方式扣5分。 （4）未调整系统潮流、电压扣5分		
5	设备检修	（1）申请受理。 （2）将万花站110kV1号母线转检修	10	（1）未受理申请扣5分。 （2）未将万花站110kV1号母线转检修扣5分		
6	通知汇报	将事故处理情况通知汇报相关人员	5	未将事故处理情况通知汇报相关人员扣5分		
7	规范化	（1）调度术语应用规范。 （2）遵守调度工作制度。 （3）处理信息记录齐全	10	（1）未规范应用调度术语扣5分。 （2）未遵守调度工作制度扣3分。 （3）处理信息记录不齐全扣2分		
8	否决项	（1）在规定时间内未处理完的扣50分。 （2）出现误操作且造成后果的扣100分				

2.2.8 DD1ZY0202 110kV 兆坡线 A 相永久单相接地故障，同时西柏坡站 110kV 备自投装置拒动

一、作业

（一）工器具、材料、设备

（1）工器具：碳素笔。

（2）材料：参考图 1-56、图 1-61、A4 纸。

（3）设备：调度仿真系统。

（二）安全要求

（1）线路停电按照开关、线路侧刀闸、母线侧刀闸的顺序操作，送电时顺序相反。

（2）挂接地线标示牌时，注意带电设备，防止带电挂地线。

（3）隔离故障点后再合闸送电，防止带故障点合闸。

（4）变压器停电时，应先停负荷侧，再停电源侧的顺序操作，送电时顺序相反。

（5）系统中性点数量应符合系统要求，保持系统零序网络稳定。

（6）防止运行设备过负荷，不超过设备过载能力。

（三）处理过程及工艺要求（含注意事项）

1. 系统运行方式

（1）系统为正常运行方式。

（2）110kV 西柏坡站负荷 50MW。

（3）220kV 兆通站见图 1-56、110kV 西柏坡站见图 1-61。

2. 天气情况

晴；环境温度 25℃。

3. 事故现象

（1）兆通站：兆坡线接地距离一段、零序过流一段保护动作，兆坡线 169 开关分闸，重合不成功，169 开关零序后加速跳闸。

（2）西柏坡站：10kV3 号、4 号电容器低电压动作，532、533 开关分闸，35kV、10kV 备自投动作，2 号主变 312、512 开关分闸；分段 301、501 开关合闸；110kV2 号母线失压；1 号主变过负荷：251.65A，48.86MW。

4. 故障分析及事故处理思路

（1）兆通站：110kV 兆坡线 169 开关接地距离一段、零序一段保护动作跳闸，重合不成功，初步判断线路存在永久性单相接地故障。

（2）西柏坡站：110kV 兆坡线线路失压，造成西柏坡站 110kV2 号母线失压，引起 3 号、4 号电容器 532、533 开关低电压保护动作跳闸；由于 110kV 备自投装置未动作，35kV、10kV 备自投动作，2 号主变 312、512 开关分闸；分段 301、501 开关合闸。1 号主变带全站负荷，造成 1 号主变过负荷。

（3）事故处理思路：首先检查西柏坡站设备过负荷情况并及时处理；隔离故障点，调整各站运行方式，优化系统，注意保护及自动装置配合操作；最后将线路转检修，处理跳闸线路；110kV 备自投退出运行，进行缺陷处理。

5. 事故处理

1）了解汇报

（1）值班监控员向值班调度员汇报：

××：××，兆通站：110kV 兆坡线 169 开关接地距离一段、零序一段保护动作跳闸，重合不成功。

××：××，西柏坡站：110kV 兆通线线路失压，造成西柏坡站 110kV2 号母线失压，引起 3 号、4 号电容器 532、533 开关低电压保护动作跳闸；由于 110kV 备自投装置未动作，35kV、10kV 备自投动作，2 号主变 312、512 开关分闸；分段 301、501 开关合闸。1 号主变发过负荷信号，负荷为：251.65A，48.86MW。

（2）值班监控员将上述情况，通知相关运维班，要求其检查变电站设备并及时汇报。

（3）220kV 兆通站运维人员汇报：现场检查设备发现，110kV 兆坡线 169 开关接地距离一段、零序一段保护动作跳闸，重合不成功，开关在热备用状态，其他设备无异常。

（4）110kV 西柏坡站运维人员汇报：现场检查设备发现，110kV2 号母线失压，3 号、4 号电容器 532、533 开关低电压保护动作跳闸；110kV 备自投装置发装置异常信号，未动作；35kV、10kV 备自投动作，2 号主变 312、512 开关分闸；分段 301、501 开关合闸；1 号主变发过负荷信号，负荷为：251.65A，48.86MW。其他设备无异常。

（5）值班调度员通知线路运检单位对 110kV 兆坡线带电查线，同时对平坡线特巡。

（6）值班调度员通知西柏坡站相关县调、用户做好单电源、单主变事故预想。

（7）值班调度员将上述情况简要汇报相关领导。

2）应急处置

（1）值班监控员检查西柏坡站 1 号主变负荷情况，并根据过负荷程度和事故应急拉路序位进行拉路，将主变负荷控制在允许范围内，加强监视。

（2）值班监控员合上西柏坡站 2 号主变中性点 112-9 刀闸，拉开失压开关 172 开关。

3）查找、隔离故障点

（1）令兆通站运维人员，拉开兆坡线 169-5-1 刀闸，隔离故障点。

（2）令西柏坡站运维人员，将 110kV 备自投停运，拉开兆坡线 1725、1722 刀闸，隔离故障点。

4）调整系统的运行方式

（1）令值班监控员，合上西柏坡站分段 101 开关，检查西柏坡站 110kV2 号母线电压正常。检查 2 号主变运行正常后，合上 312 开关，拉开 301 开关；合上 512 开关、拉开 501 开关。

（2）令值班监控员，检查 1 号、2 号主变负荷正常后，恢复所限负荷。

（3）令值班监控员，根据西柏坡站母线电压情况，投入电容器。

（4）通知相关县调、用户做好单电源供电事故预想。

5）设备抢修

（1）线路运检人员汇报：带电查 110kV 兆坡线发现 3 号杆 A 相瓷瓶闪络接地，不能运行，向地调提申请："××日××：××—××日××：××，110kV 兆坡线转检修，3 号杆 A 相瓷瓶更换，工作负责人××"。

（2）将 110kV 兆坡线转检修。

令西柏坡站运维人员：在 110kV 兆坡线 172-5 刀闸线路侧挂地线一组。

　　　　　　　　　　在 110kV 兆坡线 172-5 刀闸操作把手上悬挂工作牌。

令兆通站运维人员：在 110kV 兆坡线 169-5 刀闸线路侧挂地线一组。

　　　　　　　　　　在 110kV 兆坡线 169-5 刀闸操作把手上悬挂工作牌。

令线路工作负责人：在 110kV 兆坡线线路上挂地线开工。

（3）西柏坡站申请："××日××：××—××日××：××，退出 110kV 备自投装置，检查试验"。

（4）令西柏坡站：110kV 备自投装置检查试验开工。

6. 注意事项

（1）线路故障跳闸，应优先通知两侧变电站值班员检查本站内设备有无明显故障点，对于双电源线路故障且重合不成功，一般不再进行强送电。

（2）对停电用户应该首先恢复保安负荷，然后根据设备的负载能力逐步恢复负荷。

（3）线路故障应及时通知输电运检工区带电查线，并对特殊方式下比较重要的线路进行特巡。

（4）注意充分利用系统的有效资源，优化事故后系统方式，同时注意各站电压的调整。

二、考核

（一）考核要求

（1）母线失电后应急措施。

（2）尽快将 110kV 兆坡线从系统中隔离。

（3）按调度倒闸操作流程进行。

（4）单人完成全部操作任务。

（二）考核场地

调度仿真系统 1 套。

（三）考核时间

考核时间为 100min。

（四）考核要点

（1）单主变运行负荷的控制。

（2）主变中性点及时切换。

（3）倒闸操作的正确性。

三、评分标准

行业：电力工程　　　　　　　　工种：电力调度员　　　　　　　　等级：一

编号	DD1ZY0202	行为领域	e	鉴定范围		地调调度员	
考核时限	100min	题型	C	满分	100 分	得分	
试题名称	110kV 兆坡线 A 相永久性单相接地故障，同时西柏坡站 110kV 备自投装置拒动						
考核要点及其要求	（1）严格遵守《安规》《调规》等规章制度。 （2）在规定时间内未操作完的扣 5～100 分。 （3）出现误操作且造成后果的扣 100 分。 （4）出现误操作但未造成后果的扣 50 分						

现场设备、工器具、材料	（1）仿真系统1套。 （2）碳素笔1支。 （3）A4纸1张				
备注	参考图1-56、图1-61				

评分标准

序号	考核项目名称	质量要求	分值	扣分标准	扣分原因	得分
1	故障分析及事故处理思路	（1）全面了解事故现象。 （2）分析判断事故原因及范围	10	（1）未全面了解事故现象扣5分。 （2）错误判断事故原因及范围扣5分		
2	汇报通知	（1）监控员汇报各站事故报文。 （2）将故障情况简要汇报领导。 （3）通知运维人员检查各站设备。 （4）通知线路运检单位带电查线特巡。 （5）通知相关厂站做好事故预案	25	（1）监控员未汇报各站事故报文扣5分。 （2）未将故障情况简要汇报领导扣5分。 （3）未通知运维人员检查各站设备扣5分。 （4）未通知线路运检单位带电查线特巡扣5分。 （5）未通知相关厂站做好事故预案扣5分		
3	应急处理、隔离故障	（1）西柏坡站1号主变过负荷处理。 （2）西柏坡站2号主变中性点。 （3）拉开失压开关。 （4）隔离故障	20	（1）未将西柏坡站1号主变过负荷处理扣5分。 （2）未切换西柏坡站2号主变中性点扣5分。 （3）未拉开失压开关扣5分。 （4）未隔离故障扣5分		
4	调整系统方式	（1）西柏坡站110kV2号母线及2号主变送电。 （2）恢复受限负荷。 （3）调整系统潮流、电压	15	（1）未将西柏坡站110kV2号母线及2号主变送电扣5分。 （2）未恢复受限负荷扣5分。 （3）未调整系统潮流、电压扣5分		
5	设备检修	（1）申请受理（线路、备自投）。 （2）将110kV兆坡线转检修操作、站内备自投试验开工	10	（1）未受理申请扣5分。 （2）未将110kV兆坡线转检修操作、站内备自投试验开工扣5分		
6	通知汇报	将事故处理情况通知汇报相关人员	5	未将事故处理情况通知汇报相关人员扣5分		

序号	考核项目名称	质量要求	分值	扣分标准	扣分原因	得分
7	规范化	(1) 调度术语应用规范。 (2) 遵守调度工作制度。 (3) 处理信息记录齐全	15	(1) 未规范应用调度术语扣5分。 (2) 未遵守调度工作制度扣5分。 (3) 处理信息记录不齐全扣5分		
8	否决项	(1) 在规定时间内未处理完的扣50分。 (2) 出现误操作且造成后果的扣100分				

2.2.9 DD1ZY0203 110kV 正定站 110kV1 号母线 AB 相间短路接地，常山站 187 开关 SF₆ 低气体闭锁

一、作业

（一）工器具、材料、设备

（1）工器具：碳素笔。

（2）材料：参考图 1-37、图 1-39、图 1-40、图 1-41、图 1-42、A4 纸。

（3）设备：调度仿真系统。

（二）安全要求

（1）线路停电按照开关、线路侧刀闸、母线侧刀闸的顺序操作，送电时顺序相反。

（2）挂接地线标示牌时，注意带电设备，防止带电挂地线。

（3）隔离故障点后再合闸送电，防止带故障点合闸。

（4）系统中性点数量应符合系统要求，保持系统零序网络稳定。

（5）防止运行设备过负荷，不超过设备过载能力。

（三）处理过程及工艺要求（含注意事项）

1. 系统运行方式

（1）系统为正常运行方式。

（2）110kV 正定站负荷 47MW；110kV 张家庄站负荷 49MW；110kV 新乐站负荷 49MW；110kV 柳辛庄站负荷 37MW。

（3）220kV 常山站见图 1-37、110kV 柳辛庄站见图 1-39、110kV 新乐站见图 1-40、110kV 张家庄站见图 1-41、110kV 正定站见图 1-42。

2. 天气情况

晴；环境温度 25℃。

3. 事故现象

（1）常山站：常正Ⅱ线 187 开关发 SF₆ 低气压报警、闭锁信号，常正Ⅱ线零序过流一段、接地距离二段、相间距离二段、零序过流二段、接地距离三段、相间距离三段、零序过流三段保护动作，1 号主变中压零流一段保护动作，101、111 开关分闸，110kV1 号母线失压，常柳线 185、常张Ⅱ线 183、常新线 181 开关失压。

常正Ⅰ线相间距离二段保护动作，常正Ⅰ线 186 开关分闸，重合不成功，186 开关相间距离二段后加速跳闸。

（2）张家庄站：10kV1 号电容器低电压动作，522 开关分闸，110kV 备自投动作，常张Ⅱ线 171 开关分闸，110kV 分段 101 开关合闸。

（3）新乐站：10kV1 号电容器低电压动作，522 开关分闸，110kV 备自投动作，常新线 153 开关分闸，110kV 分段 101 开关合闸。

（4）柳辛庄站：10kV1 号、3 号电容器低电压动作，522、532 开关分闸，110kV 备自投动作，常柳线 161 开关分闸，柳正线 162 开关合闸；全站停电。

（5）正定站：10kV1 号、3 号电容器低电压动作，522、533 开关分闸，110kV 备自投动作，常正Ⅱ线 194 开关分闸，110kV 分段 101 开关合闸；全站停电。

4. 故障分析及事故处理思路

(1) 常山站：常正Ⅱ线 187 开关距离、零序保护动作，由于 187 开关 SF₆ 低气压闭锁，187 开关仍在合位，造成 1 号主变中后备保护动作，101、111 开关分闸，110kV1 号母线失压。

(2) 正定站：10kV1 号、3 号电容器低电压动作，522、533 开关分闸；110kV 备自投动作，跳开常正Ⅱ线 194 开关，合上分段 101 开关后，常山站常正Ⅰ线 186 开关相间距离二段保护动作跳闸，正定站全站停电；可初步判断正定站 110kV1 号母线设备相间故障或常正Ⅰ、Ⅱ线相继故障。

(3) 柳辛庄站：110kV 常柳线线路失压，造成 10kV1 号、3 号电容器低电压动作，522、532 开关分闸，110kV 备自投动作，常柳线 161 开关分闸，柳正线 162 开关合闸；正定站全站停电，110kV 柳正线线路失压，造成柳辛庄站全站停电。

(4) 张家庄站：110kV 常张Ⅱ线线路失压，造成 10kV1 号电容器低电压动作，522 开关分闸，110kV 备自投动作，常张Ⅱ线 171 开关分闸，110kV 分段 101 开关合闸。

(5) 新乐站：110kV 常新线线路失压，造成 10kV1 号电容器低电压动作，522 开关分闸，110kV 备自投动作，常新线 153 开关分闸，110kV 分段 101 开关合闸。

(6) 事故处理思路：正确判断故障点，完成应急处置和紧急恢复送电工作；进行故障点隔离；恢复调整各站运行方式，优化系统，注意保护及自动装置配合操作；最后将故障设备转检修。

5. 事故处理

1) 了解汇报

(1) 值班监控员向值班调度员汇报：

××：××，常山站：常正Ⅱ线 187 开关发 SF₆ 低气压报警、闭锁信号，常正Ⅱ线零序过流一段、接地距离二段、相间距离二段、零序过流二段、接地距离三段、相间距离三段、零序过流三段保护动作，1 号主变中压零流一段保护动作，101、111 开关分闸，110kV1 号母线失压，常柳线 185、常张Ⅱ线 183、常新线 181 开关失压。

常正Ⅰ线相间距离二段保护动作，常正Ⅰ线 186 开关分闸，重合不成功，186 开关相间距离二段后加速跳闸。

××：××，张家庄站：10kV1 号电容器低电压动作，522 开关分闸，110kV 备自投动作，常张Ⅱ线 171 开关分闸，110kV 分段 101 开关合闸。

××：××，新乐站：10kV1 号电容器低电压动作，522 开关分闸，110kV 备自投动作，常新线 153 开关分闸，110kV 分段 101 开关合闸。

××：××，柳辛庄站：10kV1 号、3 号电容器低电压动作，522、532 开关分闸，110kV 备自投动作，常柳线 161 开关分闸，柳正线 162 开关合闸；全站停电。

××：××，正定站：10kV1 号、3 号电容器低电压动作，522、533 开关分闸，110kV 备自投动作，常正Ⅱ线 194 开关分闸，110kV 分段 101 开关合闸；全站停电。

(2) 值班监控员将上述情况，通知相关运维班，要求其检查变电站设备并及时汇报。

(3) 220kV 常山站运维人员汇报：现场检查设备发现，常正Ⅱ线 187 开关 SF₆ 低气压报警、闭锁，常正Ⅱ线距离、零序过流保护动作，1 号主变中压零流保护动作，101、111 开关分闸，110kV1 号母线失压，常柳线 185、常张Ⅱ线 183、常新线 181 开关失压。

常正Ⅰ线相间距离二段保护动作，常正Ⅰ线186开关分闸，重合不成功，186开关距离后加速跳闸。其他设备无异常。

（4）110kV张家庄站运维人员汇报：现场检查设备发现，10kV1号电容器低电压动作，522开关分闸，110kV备自投动作，常张Ⅱ线171开关分闸，110kV分段101开关合闸。其他设备无异常。

（5）110kV新乐站运维人员汇报：现场检查设备发现，10kV1号电容器低电压动作，522开关分闸，110kV备自投动作，常新线153开关分闸，110kV分段101开关合闸。其他设备无异常。

（6）110kV柳辛庄站运维人员汇报：全站停电，现场检查设备发现，10kV1号、3号电容器低电压动作，522、532开关分闸，110kV备自投动作，常柳线161开关分闸，柳正线162开关合闸；站内未发现设备故障。

（7）110kV正定站运维人员汇报：现场检查设备发现，全站停电，110kV1号母线11-7刀闸AB相闪络放电，不能运行；10kV1号、3号电容器低电压动作，522、533开关分闸，110kV备自投动作，常正Ⅱ线194开关分闸，110kV分段101开关合闸；站内未发现其他异常。

（8）值班调度员通知线路运检单位对110kV常正Ⅰ线、常正Ⅱ线、柳正线、常张Ⅱ线、常新线、常柳线带电查线，同时对田新Ⅰ线、常张Ⅰ线特巡。

（9）值班调度员通知常山站相关县调、用户做好110kV单母线事故预想；做好新乐站、张家庄站110kV单电源事故预想，启动正定站、柳辛庄站全站停电事故应急工作。

（10）值班调度员将上述情况简要汇报省调和相关领导。

2）应急处置

（1）值班监控员检查各站设备及线路负荷情况，并根据过负荷程度和事故应急拉路序位进行拉路，将主变负荷控制在允许范围内，加强监视。

（2）值班监控员合上常山站2号主变中性点212-9、112-9刀闸，拉开1号主变中性点211-9刀闸；拉开失压的181、183、185开关。

（3）值班监控员合上柳辛庄站1号主变中性点111-9刀闸，合上柳辛庄站2号主变中性点112-9刀闸，拉开失压的162、101、511、512、521、523、524、531、533、534开关。

（4）值班监控员合上正定站1号主变中性点111-9刀闸，拉开失压的101、191、192、111、311、511、112、312、512、321、322、331、332、521、524、525、531、532、535开关。

3）查找、隔离故障点

（1）令常山站运维人员，拉开常正Ⅱ线187-5-1刀闸，隔离故障点。

（2）令值班监控员，将正定站110kV备自投停运，将110kV1号母线转冷备用，隔离故障点。

4）调整系统的运行方式

（1）令值班监控员：

合上常山站常正Ⅰ线186开关，检查正定站110kV2号母线电压正常。合上正定站112开关，检查正定站2号主变运行正常后，合上正定站312开关，检查正定站35kV2号母线电压正常，合上正定站301开关，检查正定站35kV1号母线电压正常；合上正定站

512 开关，检查正定站 10kV2 号母线电压正常，合上正定站 535 开关，恢复站用电；合上正定站 501 开关，检查正定站 10kV1 号母线电压正常；联系县调、用户，恢复正定站 35kV、10kV 出线运行，注意恢复过程中，监视正定站 2 号主变负荷情况，防止发生过负荷。

合上正定站柳正线 191 开关，合上柳辛庄站柳正线 162 开关，检查柳辛庄站 110kV2 号母线电压正常，检查柳辛庄站 2 号主变运行正常，拉开柳辛庄 112-9 刀闸，合上柳辛庄站 512 开关，检查柳辛庄站 10kV2 号母线电压正常，合上柳辛庄站 531 开关，恢复站用电；合上柳辛庄站 110kV 母联 101 开关，检查柳辛庄站 110kV1 号母线电压正常，检查柳辛庄站 1 号主变运行正常，拉开柳辛庄 111-9 刀闸，合上柳辛庄站 511 开关，检查柳辛庄站 10kV1 号母线电压正常，合上 521 开关；联系县调、用户，恢复柳辛庄站 10kV 出线运行。

（2）令常山站现场运维人员，投入常山站 101 充电保护，合上 101 开关，检查 110kV1 号母线电压正常后，退出 101 充电保护；合上常山站 111 开关，将主变中性点倒正常方式；合上常新线 181、常张Ⅱ线 183、常柳线 185 开关。

（3）令值班监控员，检查 110kV 常柳线线路电压正常，合上柳辛庄站常柳线 161 开关，拉开柳正线 162 开关，将柳辛庄站倒正常方式。

（4）令值班监控员，检查 110kV 常新线线路电压正常，合上新乐站常新线 153 开关，拉开分段 101 开关，将新乐站倒正常方式。

（5）令值班监控员，检查 110kV 常张Ⅱ线线路电压正常，合上张家庄站常新Ⅱ线 171 开关，拉开分段 101 开关，将张家庄站倒正常方式。

（6）根据各站母线电压情况，投入电容器。

5）设备抢修

（1）运检人员向地调提申请："××日××：××—××日××：××，常山站常正Ⅱ线 187 开关转检修，187 开关 SF$_6$ 低气压闭锁处理"。

（2）运检人员向地调提申请："××日××：××—××日××：××，正定站 110kV1 号母线转检修，11-7 刀闸 AB 相闪络放电处理"。

6）总结汇报

（1）将事故处理情况汇报领导及通知相关人员。

（2）通知相关县调、用户做好正定站单电源、单主变供电事故预想。

6. 注意事项

（1）根据事故现象和保护动作情况，能够准确判断故障点，线路故障跳闸，应优先通知两侧变电站值班员检查本站内设备有无明显故障点，对于双电源线路故障且重合不成功，一般不再进行强送电。

（2）对停电用户应该首先恢复保安负荷，然后根据设备的负载能力逐步恢复负荷。

（3）线路故障应及时通知输电运检工区带电查线，并对特殊方式下比较重要的线路进行特巡。

（4）在事故处理期间，应优先恢复变电站供电，允许保护与运行方式不配合，但时间应尽量缩短；在事故处理告一段落，应及时调整保护及自动装置与当前运行方式相适应。

（5）注意充分利用系统的有效资源，优化事故后系统方式，同时注意各站电压的调整。

二、考核

（一）考核要求

（1）各站全站失电后应急措施。

（2）尽快将常山站 187 开关、正定站 110kV1 号母线从系统中隔离。

（3）按调度倒闸操作流程进行。

（4）单人完成全部操作任务。

（二）考核场地

调度仿真系统 1 套。

（三）考核时间

考核时间为 100min。

（四）考核要点

（1）多站全站失电的应急处置。

（2）主变中性点及时切换。

（3）倒闸操作的正确性。

三、评分标准

行业：电力工程		工种：电力调度员			等级：一	
编号	DD1ZY0203	行为领域	e	鉴定范围		地调调度员
考核时限	100min	题型	C	满分	100 分	得分
试题名称	110kV 正定站 110kV1 号母线 AB 相间短路接地，常山站 187 开关 SF_6 低气体闭锁					
考核要点及其要求	（1）严格遵守《安规》《调规》等规章制度。 （2）在规定时间内未操作完的扣 5~100 分。 （3）出现误操作且造成后果的扣 100 分。 （4）出现误操作但未造成后果的扣 50 分					
现场设备、工器具、材料	（1）仿真系统 1 套。 （2）碳素笔 1 支。 （3）A4 纸 1 张					
备注	参考图 1-37、图 1-39、图 1-40、图 1-41、图 1-42					

评分标准

序号	考核项目名称	质量要求	分值	扣分标准	扣分原因	得分
1	故障分析及事故处理思路	（1）全面了解事故现象。 （2）分析判断事故原因及范围	10	（1）未全面了解事故现象扣 5 分。 （2）错误判断事故原因及范围扣 5 分		
2	汇报通知	（1）监控员汇报各站事故报文。 （2）将故障情况简要汇报省调和领导。 （3）通知运维人员检查各站设备。 （4）通知线路运检单位带电查线及特巡。 （5）通知相关厂站、用户做好事故预案	25	（1）监控员未汇报各站事故报文扣 5 分。 （2）未将故障情况简要汇报省调和领导扣 5 分。 （3）未通知运维人员检查各站设备扣 5 分。 （4）未通知线路运检单位带电查线及特巡扣 5 分。 （5）未通知相关厂站、用户做好事故预案扣 5 分		

序号	考核项目名称	质量要求	分值	扣分标准	扣分原因	得分
3	应急处理、隔离故障	（1）检查各站主变及线路负荷情况，如有过负荷，采取负荷控制措施。 （2）常山站应急处置，包括倒换主变中性点和拉开失压开关。 （3）柳辛庄站应急处置，包括倒换主变中性点和拉开失压开关。 （4）正定站应急处置，包括倒换主变中性点和拉开失压开关。 （5）隔离故障	25	（1）未检查各站主变及线路负荷情况，如有过负荷，采取负荷控制措施扣5分。 （2）未进行常山站应急处置扣5分。 （3）未进行柳辛庄站应急处置扣5分。 （4）未进行正定站应急处置扣5分。 （5）未隔离故障扣5分		
4	调整系统方式	（1）常山站110kV1号母线及110kV出线送电。 （2）正定站恢复送电。 （3）柳辛庄站恢复送电。 （4）新乐站、张家庄站倒正常方式。 （5）调整系统潮流、电压	22	（1）未将常山站110kV1号母线及110kV出线送电扣5分。 （2）未将正定站恢复送电扣5分。 （3）未将柳辛庄站恢复送电扣5分。 （4）未将新乐站、张家庄站倒正常方式扣5分。 （5）为调整系统潮流、电压扣2分		
5	设备检修	检修申请受理	5	未受理检修申请扣3分		
6	通知汇报	将事故处理情况通知汇报相关人员	3	未将事故处理情况通知汇报相关人员扣3分		
7	规范化	（1）调度术语应用规范。 （2）遵守调度工作制度。 （3）处理信息记录齐全	10	（1）未规范应用调度术语扣5分。 （2）未遵守调度工作制度扣3分。 （3）处理信息记录不齐全扣2分		
8	否决项	（1）在规定时间内未处理完的扣50分。 （2）未进行逐级送电的扣50分。 （3）出现误操作且造成后果的扣100分				

2.2.10 DD1ZY0204 35kV 侯里线相间故障，侯坊站 367 开关拒动

一、作业

（一）工器具、材料、设备

（1）工器具：碳素笔。

（2）材料：参考图 1-26、图 1-52、图 1-55、A4 纸。

（3）设备：调度仿真系统。

（二）安全要求

（1）线路停电按照开关、线路侧刀闸、母线侧刀闸的顺序操作，送电时顺序相反。

（2）挂接地线标示牌时，注意带电设备，防止带电挂地线。

（3）转代时旁路开关保护、线路保护正确停投。

（4）隔离故障点后再合闸送电，防止带故障点合闸。

（5）防止运行设备过负荷，不超过设备过载能力。

（三）处理过程及工艺要求（含注意事项）

1. 系统运行方式

（1）系统为正常运行方式。

（2）35kV 长里站 1 号主变负荷 2.4MW；2 号主变负荷 4.7MW。

（3）220kV 侯坊站见图 1-26、220kV 东田站图 1-52、35kV 长里站见图 1-55。

2. 天气情况

晴；环境温度 30℃。

3. 事故现象

（1）220kV 侯坊站：侯里线过流一段保护动作，重合闸动作，重合闸后加速动作，侯里线 367 开关在合位；3 号主变低压侧复合电压闭锁过流保护动作，313 开关分闸；3 号电容器低电压动作，3 号电容器 351 开关分闸。

（2）35kV 长里站：2 号电容器低电压动作，2 号电容器 533 开关分闸；35kV 备自投动作，侯里线 352 开关分闸；分段 301 开关合闸。

4. 故障分析及事故处理思路

（1）220kV 侯坊站：侯里线过流一段保护动作，重合闸动作，重合闸后加速动作，判断线路存在永久性相间短路故障，侯里线 367 开关在合位，断定侯里线 367 开关拒动，因此造成 3 号主变低压侧复合电压闭锁过流保护动作，313 开关分闸。

（2）35kV 长里站：35kV 侯里线线路失压，造成长里站 35kV2 号母线失压，引起 35kV 备自投动作，跳 352 开关，合 301 开关；2 号电容器 533 开关低电压保护动作跳闸，站用电备自投动作。

（3）事故处理思路：首先检查侯坊站、长里站设备；对于越级跳闸的及时隔离故障点，缩小事故范围；首先恢复侯坊站 35kV3 号母线运行，再处理开关拒动和线路故障。

5. 事故处理

1）了解汇报

（1）值班监控员向值班调度员汇报：

××：××，侯坊站：侯里线过流一段保护动作，重合闸动作，重合闸后加速动作，

侯里线 367 开关在合位；3 号主变低压侧复合电压闭锁过流保护动作，313 开关分闸。

××：××，长里站：2 号电容器低电压动作，2 号电容器 533 开关分闸；35kV 备自投动作，侯里线 352 开关分闸；分段 301 开关合闸。

（2）值班监控员将上述情况，通知相关运维班，要求其检查变电站设备并及时汇报。

（3）值班调度员将上述情况汇报地调值班调度员。

（4）220kV 侯坊站运维人员汇报：现场检查设备发现，35kV 侯里线 367 开关过流一段保护动作，重合不成功，开关在合位，3 号主变低压侧复合电压闭锁过流保护动作，313 开关分闸，35kV3 号母线其他设备无异常。

（5）35kV 长里站运维人员汇报：现场检查设备发现，35kV 备自投动作，352 开关分闸，301 开关合闸；2 号电容器 533 开关低电压动作跳闸，站用电备自投动作，其他设备无异常。

（6）值班调度员通知输电运检工区对 35kV 侯里线带电查线，同时对 35kV 田长线特巡。

（7）值班调度员通知长里站相关用户做好单电源事故预想。

（8）值班调度员将上述情况简要汇报相关领导。

2）应急处置

（1）值班监控员检查 35kV 田长线负荷，是否出现过负荷情况，加强监视。

（2）值班监控员立即拉开侯坊站 3 号站用电 317 开关。

3）查找、隔离故障点

（1）令侯坊站运维人员，拉开侯里线 367-5-3 刀闸，隔离故障点。

（2）令长里站运维人员，拉开侯里线 352-5-2 刀闸，隔离故障点。

4）调整系统的运行方式

（1）经地调值班员同意后，通过侯坊站 302 开关送 35kV3 号母线。

令侯坊站运维人员：将 35kV3 号母线由热备用转运行。

（2）令值班监控员合上侯坊站 3 号站用电 317 开关。

（3）联系地调值班员其将侯坊站 3 号主变的 313 开关转运行后拉开侯坊站 35kV 分段 302 开关。

（4）令长里站运维人员将 35kV 自投装置停运，站用电源倒正常。

（5）令值班监控员，根据侯坊、长里站、东田站母线电压情况，投入电容器。

5）设备抢修

（1）输电运检人员汇报：带电查 35kV 侯里线发现 3 号杆 AB 相瓷瓶闪络接地，不能运行，向地调提申请："×× 日 ××：××—×× 日 ××：××，35kV 侯里线转检修，3 号杆 AB 相瓷瓶更换，工作负责人 ××"。

（2）将 35kV 侯里线转检修。

令长里站运维人员：在 35kV 侯里线 352-5 刀闸线路侧挂地线一组。
　　　　　　　　　在 35kV 侯里线 352-5 刀闸操作把手上悬挂工作牌。

令侯坊站运维人员：在 35kV 侯里线 367-5 刀闸线路侧挂地线一组。
　　　　　　　　　在 35kV 侯里线 367-5 刀闸操作把手上悬挂工作牌。

令线路工作负责人：在 35kV 侯里线线路上挂地线开工。

（3）侯坊站向地调申请："××日××：××—××日××：××，侯坊站侯里线367开关转检修，检查开关拒动原因。"

（4）将侯里线367开关转检修。

令侯坊站：将侯里线367开关由冷备用转检修。

6）总结汇报

将事故处理情况汇报领导及通知相关人员。

6. 注意事项

（1）防止故障点判断不清，在未隔离故障点的情况下，盲目对220kV侯坊站35kV3号母线送电。

（2）应通知线路运检单位带电查35kV侯里线，同时对长里线特巡。

（3）侯坊站恢复35kV3号母线送电时应及时投、停充电保护。

（4）越级跳闸后应及时将故障情况汇报上级调度。

二、考核

（一）考核要求

（1）准确判断为越级跳闸，隔离故障及时恢复母线运行。

（2）尽快将367开关及线路从系统中隔离

（3）按调度倒闸操作流程进行。

（4）单人完成全部操作任务。

（二）考核场地

调度仿真系统1套。

（三）考核时间

考核时间为100min。

（四）考核要点

（1）母线恢复送电倒闸操作的规范、流程。

（2）隔离故障线路及开关操作的规范、流程。

（3）母线失电后应急处置。

三、评分标准

行业：电力工程　　　　　　工种：电力调度员　　　　　　等级：一

编号	DD1ZY0204	行为领域	e	鉴定范围		县调调度员	
考核时限	100min	题型	C	满分	100分	得分	
试题名称	35kV侯里线相间故障，侯坊站367开关拒动						
考核要点及其要求	（1）严格遵守《安规》《调规》等规章制度。 （2）在规定时间内未操作完的扣5~100分。 （3）出现误操作且造成后果的扣100分。 （4）出现误操作但未造成后果的扣50分						
现场设备、工器具、材料	（1）仿真系统1套。 （2）碳素笔1支。 （3）A4纸1张						
备注	参考图1-26、图1-52、图1-55						

		评分标准				
序号	考核项目名称	质量要求	分值	扣分标准	扣分原因	得分
1	故障分析及事故处理思路	（1）全面了解事故现象。 （2）分析判断事故原因及范围	10	（1）未全面了解事故现象扣5分。 （2）错误判断事故原因及范围扣5分		
2	汇报通知	（1）监控员汇报各站事故报文。 （2）将故障情况简要汇报领导和地调。 （3）通知运维人员检查各站设备。 （4）通知线路运检单位带电查线及特巡。 （5）通知相关厂站做好事故预案	25	（1）监控员未汇报各站事故报文扣5分。 （2）未将故障情况简要汇报领导和地调扣5分。 （3）未通知运维人员检查各站设备扣5分。 （4）未通知线路运检单位带电查线及特巡扣5分。 （5）未通知相关厂站做好事故预案扣5分		
3	应急处理、隔离故障	（1）检查长里线负荷。 （2）拉开侯坊站3号站用电317开关。 （3）隔离故障	15	（1）未检查长里线负荷扣5分。 （2）未拉开侯坊站3号站用电317开关扣5分。 （3）未隔离故障扣5分		
4	调整系统方式	（1）侯坊站35kV3号母线倒正常方式。 （2）长里站301自投停，站用电恢复。 （3）调整系统潮流、电压	15	（1）未将侯坊站35kV3号母线倒正常方式扣5分。 （2）未将长里站301自投停，站用电恢复扣5分。 （3）未调整系统潮流、电压扣5分		
5	设备检修	（1）检修申请受理。 （2）将35kV侯里线转检修操作。 （3）侯坊站367开关转检修	15	（1）未受理检修申请扣5分。 （2）未将35kV侯里线转检修操作扣5分。 （3）未侯坊站367开关转检修扣5分		
6	通知汇报	将事故处理情况通知汇报相关人员	5	未将事故处理情况通知汇报相关人员扣5分		
7	规范化	（1）调度术语应用规范。 （2）遵守调度工作制度。 （3）处理信息记录齐全	15	（1）未规范应用调度术语扣5分。 （2）未遵守调度工作制度扣5分。 （3）处理信息记录不齐扣5分		
8	否决项	（1）在规定时间内未处理完的扣50分。 （2）出现误操作且造成后果的扣100分				

2.2.11 DD1XG0101 220kV 侯东线线路带电更换叉梁

一、作业

（一）工器具、材料、设备

（1）工器具：碳素笔。

（2）材料：参考图 1-26、图 1-47、A4 纸。

（3）设备：调度仿真系统。

（二）安全要求

（1）挂标示牌时，注意带电设备，防止碰触带电部位。

（2）带电作业线路重合闸退出。

（3）核对设备及线路编号，防止误入带电间隔或线路。

（三）操作步骤及工艺要求（含注意事项）

1. 系统正常运行方式

220kV 侯坊站见图 1-26、220kV 东寺站见图 1-47。

2. 带电作业操作步骤

1）申请受理

（1）输电运检工区向地调值班调度员申请：××月××日××时——××时，要求：退出 220kV 侯东线线路重合闸，工作内容：220kV 侯东线线路带电更换叉梁，联系人：×××。

（2）地调值班调度员向省调值班调度员申请：××月××日××时——××时，要求：退出 220kV 侯东线线路重合闸，工作内容：220kV 侯东线线路带电更换叉梁。

（3）省调值班调度员答复申请。

（4）地调值班调度员向申请单位答复申请。

2）工作开竣工流程

（1）线路开工前，与申请单位联系工作现场是否具备作业条件（天气条件、人员、备件等）。

（2）地调值班调度员校核 220kV 侯东线事故跳闸情况下的电网运行方式，如果允许工作，则与省调值班调度员联系停用 220kV 侯东线重合闸，同时做好 220kV 侯东线停电的事故预想。

（3）省调值班调度员对 220kV 侯东线进行安全校核后，认为可以工作，则在下令东寺站、侯坊站退出 220kV 侯东线路重合闸后，许可地调值班调度员申请的带电作业。

（4）地调值班调度员将带电作业情况通知 220kV 东寺站、侯坊站，要求其做好事故预想。

（5）地调值班调度员将线路带电作业的工作班数目、工作负责人姓名及联系方式、工作地点、工作内容等记入调度日志后，许可 220kV 侯东线路带电作业开工。

（6）带电作业完毕，工作负责人向地调值班调度员报竣工：220kV 侯东线带电更换叉梁工作完毕，人员撤回，220kV 侯东线路重合闸可以恢复。

（7）地调值班调度员向省调值班调度员报竣工，同时通知 220kV 东寺站、侯坊站。

（8）省调值班调度员下令投入 220kV 侯东线路重合闸；带电作业工作完毕。

3. 注意事项

（1）在带电作业过程中如设备突然停电，作业人员应视设备仍然带电。带电作业工作负责人应尽快与地调值班调度员联系，调度值班员与带电作业工作负责人取得联系前不得强送电。

（2）线路带电作业要求必须将带电作业的工作班数目、工作负责人姓名及联系方式在调度备案。

二、考核

（一）考核要求

（1）要求填票操作。

（2）按调度倒闸操作流程进行。

（3）单人完成全部操作任务。

（二）考核场地

调度仿真系统 1 套。

（三）考核时间

考核时间为 100min。

（四）考核要点

（1）带电作业申请办理规范、流程。

（2）带电作业开竣工规范、流程。

三、评分标准

行业：电力工程				工种：电力调度员		等级：一	

编号	DD1XG0101	行为领域	f	鉴定范围		地调调度员	
考核时限	100min	题型	C	满分	100 分	得分	
试题名称	220kV 侯东线线路带电更换叉梁						
考核要点及其要求	（1）严格遵守《安规》《调规》等规章制度 （2）联系、通知事项做好记录						
现场设备、工器具、材料	（1）仿真系统 1 套。 （2）碳素笔 1 支。 （3）A4 纸 1 张						
备注	参考图 1-26、图 1-47						

评分标准

序号	考核项目名称	质量要求	分值	扣分标准	扣分原因	得分
1	受理申请	（1）接受工作负责人申请。 （2）明确工作时间、地点、内容和具体要求。 （3）向省调值班调度提带电作业申请。 （4）申请答复	20	（1）未接受工作负责人申请扣5分。 （2）未明确工作时间、地点、内容和具体要求扣5分。 （3）未向省调值班调度提带电作业申请扣5分。 （4）未申请答复扣5分		

序号	考核项目名称	质量要求	分值	扣分标准	扣分原因	得分
2	开竣工	(1) 开工前联系。 (2) 安全校核。 (3) 调度做好事故预想。 (4) 接受省调值班调度员许可。 (5) 通知有关变电站。 (6) 许可现场带电作业开工。 (7) 负责人报竣工。 (8) 向省调报竣工并通知有关厂站	50	(1) 开工前未联系扣5分。 (2) 未进行安全校核扣5分。 (3) 未做好事故预想扣5分。 (4) 未接受省调值班调度员许可扣5分。 (5) 未通知有关变电站扣5分。 (6) 未许可现场带电作业开工扣10分。 (7) 负责人未报竣工扣10分。 (8) 未向省调报竣工并通知有关厂站扣5分		
3	规范化	(1) 互报单位、姓名。 (2) 使用统一的调度术语、操作术语。 (3) 遵守复诵、录音、记录、汇报制度	30	(1) 未互报单位、姓名扣10分。 (2) 未使用统一的调度术语、操作术语扣10分。 (3) 未遵守复诵、录音、记录、汇报制度扣10分		
4	否决项	(1) 在规定时间内未完成的扣50分。 (2) 出现误操作且造成后果的扣100分				

附录 　技能考评参考接线图及其运行方式

附录 1　本网各厂站电气主接线形式

本节对仿真系统调控管辖范围和运行方式编制原则进行了简要规定。

一、调控管辖范围划分

调控仿真系统中设备调控管辖范围划分原则如下：

1. 变电站。

（1）500kV 变电站：属省调管辖。

（2）220kV 变电站：220kV 母线及出线开关属省调管辖；主变、110kV 母线及出线开关属地调管辖，其中主变属省调许可；35kV、10kV 母线及出线开关属县调管辖。

（3）110kV 变电站：110kV 母线及出线开关、主变属地调管辖；35kV、10kV、6kV 母线及出线开关属县调管辖。

（4）35kV 变电站：属县调管辖。

（5）电容器组：属县调管辖。

（6）站用变：属运维单位管辖。

2. 线路：220kV 线路属省调管辖，110kV 线路属地调管辖，35kV 及以下电压等级线路属县调管辖。

3. 发电机组：并于 220kV 系统的机组属省调管辖，并于 110kV 系统的机组属地调管辖。

二、监控管辖范围划分

按照与调度管辖范围一致的原则进行划分。

三、运维范围划分

1. 除 500kV 廉州站外的其他变电站均为无人值班模式，500kV 廉州站和电厂为有人值班模式。

2. 运维班管辖范围原则上按照供电小区进行划分，共分为 16 个运维班，分别为：苍北运维班、周营子运维班、许营运维班、铜冶运维班、韩通运维班、万花运维班、侯坊运维班、平山运维班、柳林运维班、常山运维班、束鹿运维班、东寺运维班、东田运维班、兆通运维班、罗庄运维班、王里运维班。

四、调控仿真系统正常运行方式及系统一次主接线图

（一）苍北供电小区

1. 220kV 苍北站（图 1-1）

220kV 母线为双母线接线方式，单号开关上单号母线，双号开关上双号母线，母联201 开关运行。

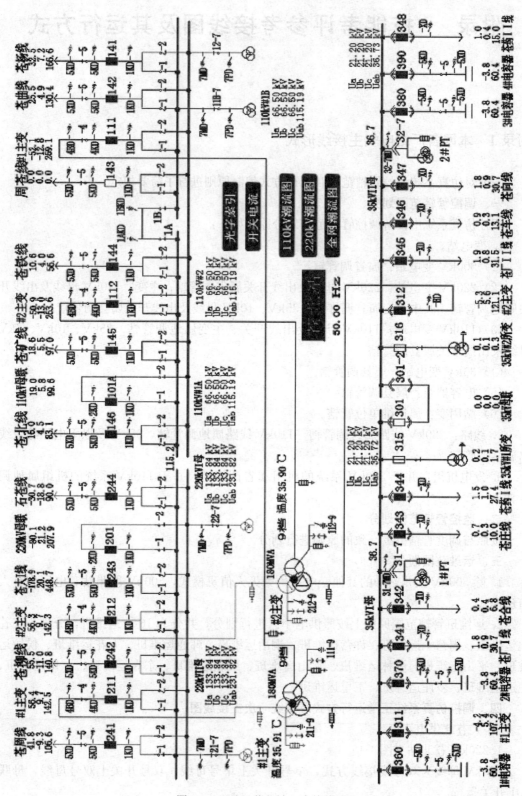

图 1-1 220kV苍北站一次接线图

1号、2号主变容量均为180MV·A，正常1号主变高中压侧中性点接地。

110kV母线为双母线单分段接线方式，单号开关上单号母线，双号开关上双号母线，母联101A开关运行，周苍线143开关上110kV1号B母线热备用。

35kV母线为单母线分段接线方式，分段301开关热备用，未配置备用电源自投装置。

2.110kV曲寨站（图1-2）

110kV母线为内桥接线方式，苍曲线T147开关供110kV1号母线带1号主变运行，周曲线148开关供110kV2号母线带2号主变运行，分段101开关热备用，备用电源自投装置投运。

1号、2号主变容量均为50MV·A。

35kV母线为单母线分段接线方式，分段301开关热备用，备用电源自投装置投运。

10kV母线为单母线分段接线方式，分段501开关热备用，备用电源自投装置投运。

3.110kV杨家窑站（图1-3）

110kV母线为单母线分段接线方式，苍杨线193开关供110kV1号母线带万杨1号线、1号主变运行，周杨线194开关供110kV2号母线带万杨2号线、2号主变运行，分段101开关热备用，未配置备用电源自投装置；110kV母差保护投运。

1号、2号主变容量均为40MV·A。

35kV母线为单母线分段接线方式，分段301开关热备用，备用电源自投装置投运。

10kV母线为单母线分段接线方式，分段501开关热备用，备用电源自投装置投运。

（二）周营子供电小区

1.220kV周营子站（图1-4）

220kV母线为双母线接线方式，单号开关上单号母线，双号开关上双号母线，母联201开关运行。

1号、2号主变容量均为120MV·A，正常1号主变高中压侧中性点接地。

110kV母线为双母线接线方式，单号开关上单号母线，双号开关上双号母线，母联101开关运行。

10kV母线为单母线接线方式。

2.110kV获鹿站（图1-5）

110kV母线为单母线分段带旁路接线方式，微水电厂通过微获线T131开关在110kV1号母线并网带1号主变运行，铜获线132开关上110kV1号母线热备用，周获线135开关供110kV2号母线带2号主变运行，分段101开关热备用，旁路102开关冷备用，未配置备用电源自投装置。

1号、2号主变容量均为50MV·A。

35kV母线为单母线分段接线方式，分段301开关热备用，备用电源自投装置投运。

10kV母线为单母线分段接线方式，分段501开关热备用，备用电源自投装置投运。

3.110kV马集站（图1-6）

110kV母线为内桥接线方式，周马线145开关供110kV1号母线带1号主变运行，铜马线146开关供110kV2号母线带2号主变运行，分段101开关热备用，110kV备用电源自投装置投运。

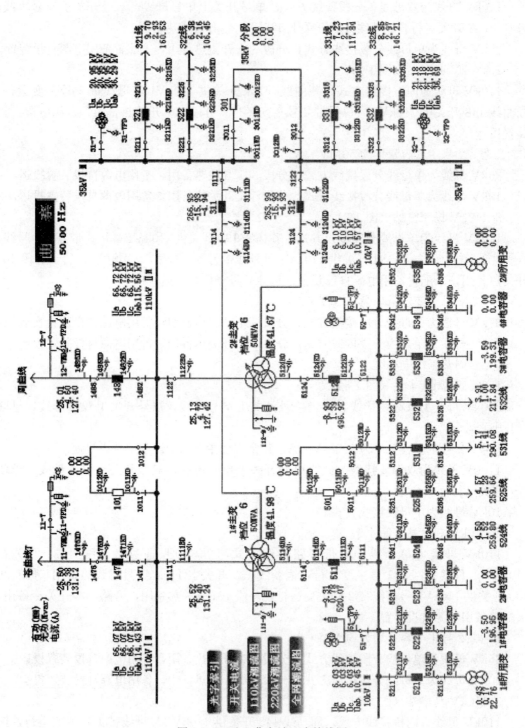

图 1-2　110kV 曲寨站一次接线图

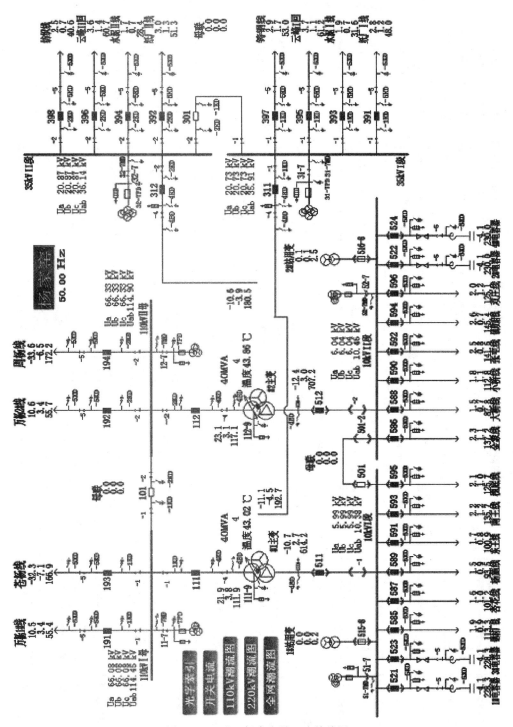

图 1-3　110kV 杨家窑站一次接线图

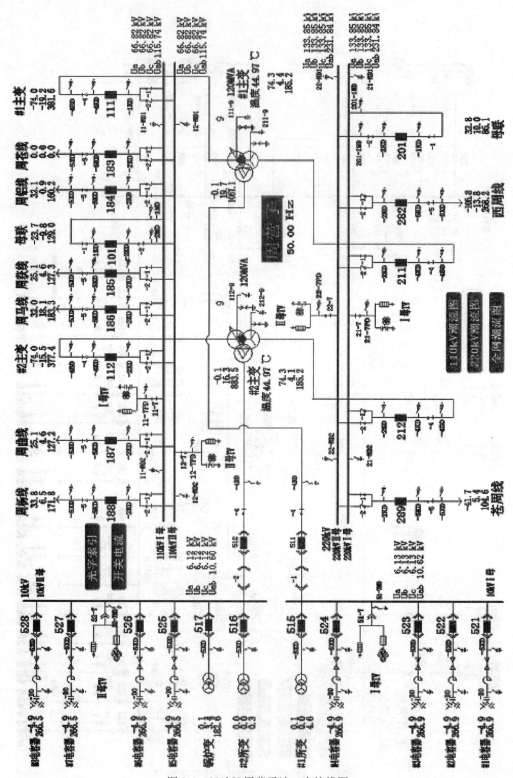

图 1-4　220kV周营子站一次接线图

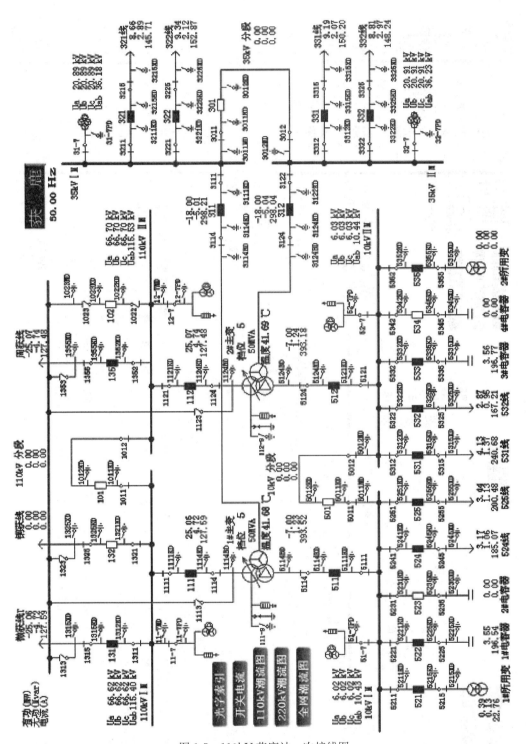

图 1-5　110kV 获鹿站一次接线图

457

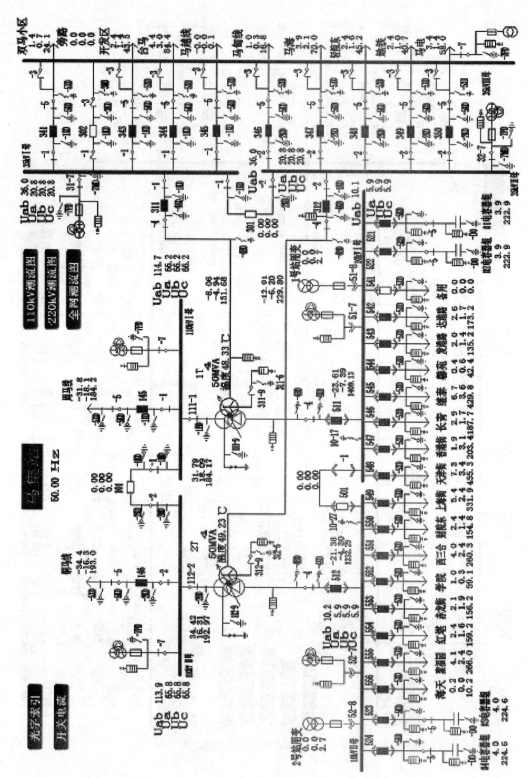

图 1-6　110kV 马集站一次接线图

1号、2号主变容量均为50MV·A。

35kV母线为单母线分段带旁路接线方式，配置简易母线差动保护（母差保护动作跳311、312、301）；分段301开关热备用，备用电源自投装置投运；旁路302开关冷备用。马越线345开关向35kV小越站充电备用。

10kV母线为单母线分段接线方式，分段501开关热备用，备用电源自投装置投运。

4. 110kV曲寨铝厂（图1-7）

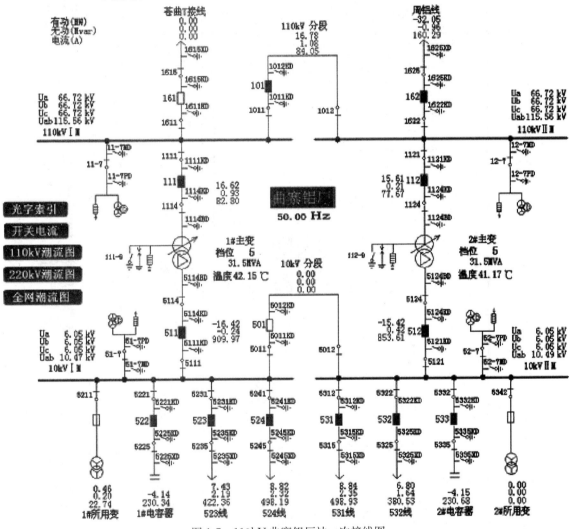

图1-7　110kV曲寨铝厂站一次接线图

110kV母线为单母线分段接线方式，周铝线162开关供110kV1号、2号母线带全站负荷运行，苍曲T接线161开关热备用，分段101开关运行，备用电源自投装置投运。

1号、2号主变容量均为31.5MV·A。

10kV母线为单母线分段接线方式，分段501开关热备用，备用电源自投装置投运。

（三）许营供电小区

1. 220kV许营站（图1-8）

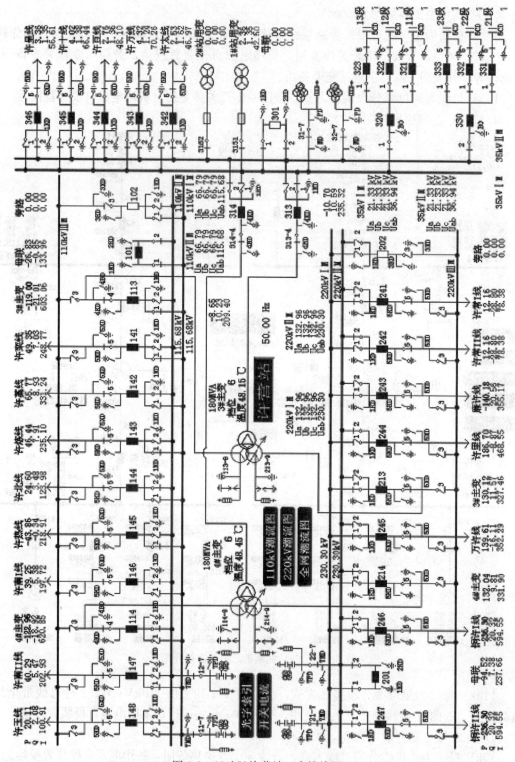

图 1-8　220kV许营站一次接线图

220kV 母线为双母线带旁路接线方式，单号开关上单号母线，双号开关上双号母线，母联 201 开关运行，旁路 202 开关冷备用。

3 号、4 号主变容量均为 180MV·A，正常 3 号主变高中压侧中性点接地。

110kV 母线为双母线带旁路接线方式，单号开关上单号母线，双号开关上双号母线，母联 101 开关运行，旁路 102 开关冷备用。

35kV 母线为双母线接线方式，母联 301 开关热备用，备用电源自投装置投运。

2. 110kV 炼油厂（图 1-9）

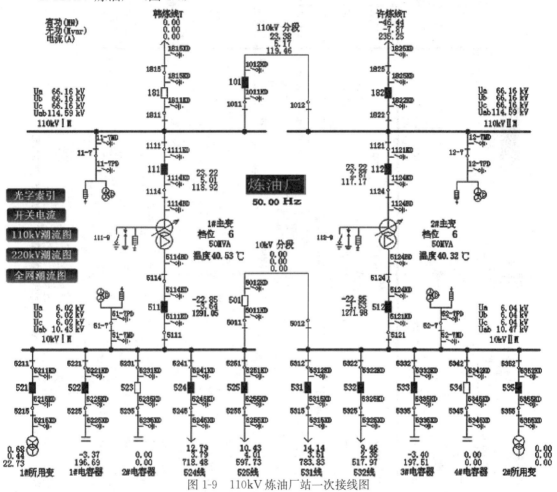

图 1-9　110kV 炼油厂站一次接线图

110kV 母线为单母线分段接线方式，许炼线 T182 开关供 110kV1 号、2 号母线带全站负荷运行，韩炼线 T181 开关热备用，分段 101 开关运行，备用电源自投装置投运。

1 号、2 号主变容量均为 50MV·A。

10kV 母线为单母线分段接线方式，分段 501 开关热备用，备用电源自投装置投运。

3. 110kV 栾北站（图 1-10）

110kV 母线为单母线分段接线方式，许栾 T 接线 153 开关供 110kV1 号母线带 1 号主变运行，许北线 154 开关供 110kV2 号母线带 2 号主变运行，分段 101 开关热备用，备用电源自投装置投运。

1号、2号主变容量均为50MV·A。

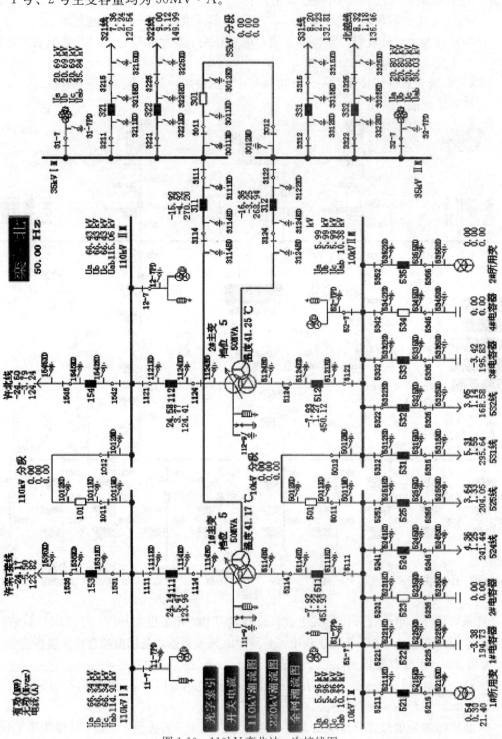

图 1-10 110kV 栾北站一次接线图

35kV 母线为单母线分段接线方式，分段 301 开关热备用，备用电源自投装置投运。正常北越线 332 开关主供 35kV 小越站负荷。

10kV 母线为单母线分段接线方式，分段 501 开关热备用，备用电源自投装置投运。

4.110kV 南郊站（图 1-11）

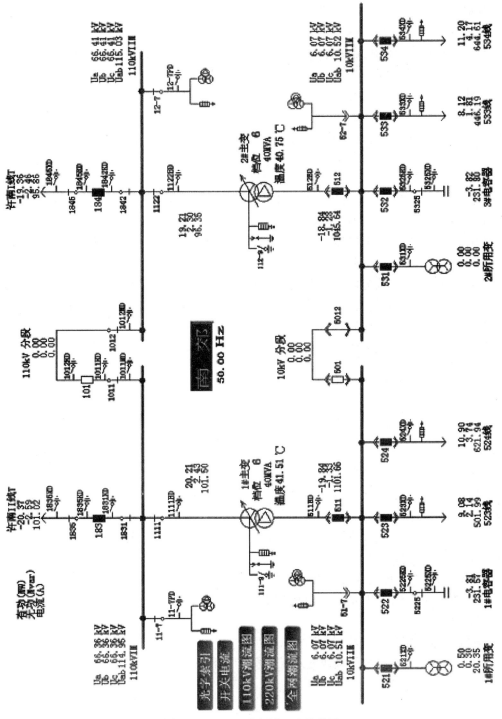

图 1-11　110kV 南郊站一次接线图

110kV 母线为内桥接线方式，许南Ⅱ线 T183 开关供 110kV1 号母线带 1 号主变运行，许南Ⅰ线 T 184 开关供 110kV2 号母线带 2 号主变运行，分段 101 开关热备用，备用电源自投装置投运。

1 号、2 号主变容量均为 40MV·A。

10kV 母线为单母线分段接线方式，分段 501 开关热备用，备用电源自投装置投运。

5. 110kV 平安站（图 1-12）

110kV 母线为内桥接线方式，许南Ⅰ线 T 接线 161 开关供 110kV1 号母线带 1 号主变运行，许南Ⅱ线 T 接线 162 开关供 110kV2 号母线带 2 号主变运行，分段 101 开关热备用，备用电源自投装置投运。

1 号、2 号主变容量均为 40MV·A。

10kV 母线为单母线分段接线方式，分段 501 开关热备用，备用电源自投装置投运。

6. 110kV 西庄站（图 1-13）

110kV 母线为内桥接线方式，许藁 T 接线 164 开关供 110kV1 号、2 号母线带全站负荷运行，西城线 161 开关热备用，分段 101 开关运行，备用电源自投装置投运。

1 号、2 号主变容量均为 40MV·A。

10kV 母线为单母线分段接线方式，分段 501 开关热备用，备用电源自投装置投运。

7. 35kV 小越站（图 1-14）

35kV 母线为单母线分段接线方式，北越线 346 开关供 35kV1 号、2 号母线带全站负荷运行，马越线 345 开关热备用，分段 301 开关运行，备用电源自投装置投运。

1 号、2 号主变容量均为 6.3MV·A。

10kV 母线为单母线分段接线方式，分段 501 开关热备用，备用电源自投装置投运。

（四）铜冶供电小区

1. 220kV 铜冶站（图 1-15）

220kV 母线为双母线带旁路接线方式，单号开关上单号母线，双号开关上双号母线，母联 201 开关运行，旁路 202 开关冷备用。上安电厂通过安铜Ⅰ线 252、安铜Ⅱ线 251 开关在铜冶站并网运行。

1 号、2 号主变容量均为 240MV·A，正常 1 号主变高中压侧中性点接地。

110kV 母线为双母线带旁路接线方式，单号开关上单号母线，双号开关上双号母线，母联 101 开关运行，旁路 102 开关冷备用。

10kV 母线为单母线分段接线方式，分段 501 开关热备用，备用电源自投装置投运。

2. 110kV 玉村站（图 1-16）

110kV 母线为单母线分段接线方式，许玉线 162 开关供 110kV1 号母线带 1 号主变运行，铜玉线 163 开关供 110kV2 号母线带 2 号主变运行，分段 101 开关热备用，备用电源自投装置投运。

1 号、2 号主变容量均为 40MV·A。

10kV 母线为单母线分段接线方式，分段 501 开关热备用，备用电源自投装置投运。

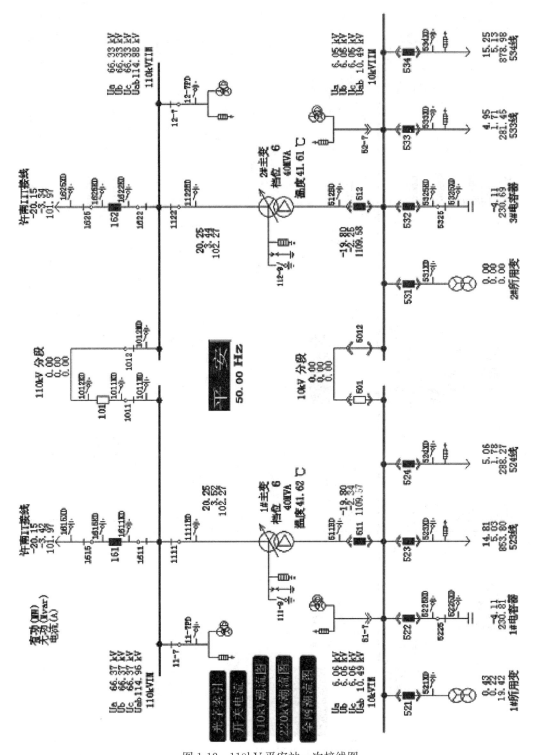

图 1-12　110kV 平安站一次接线图

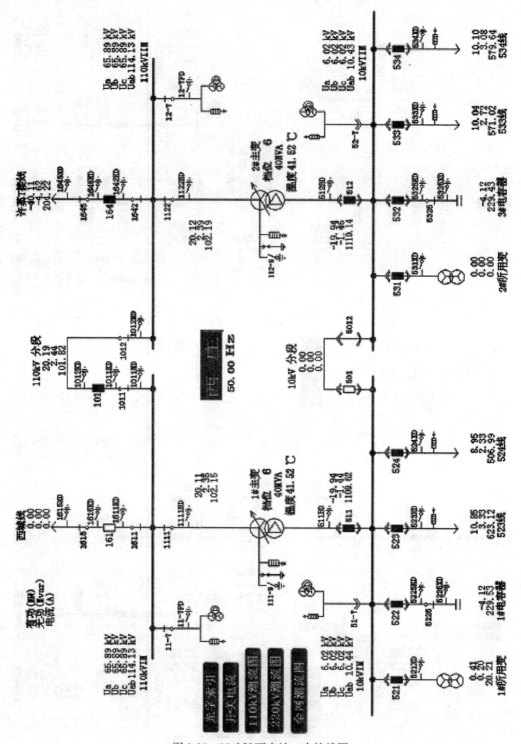

图 1-13　110kV 西庄站一次接线图

466

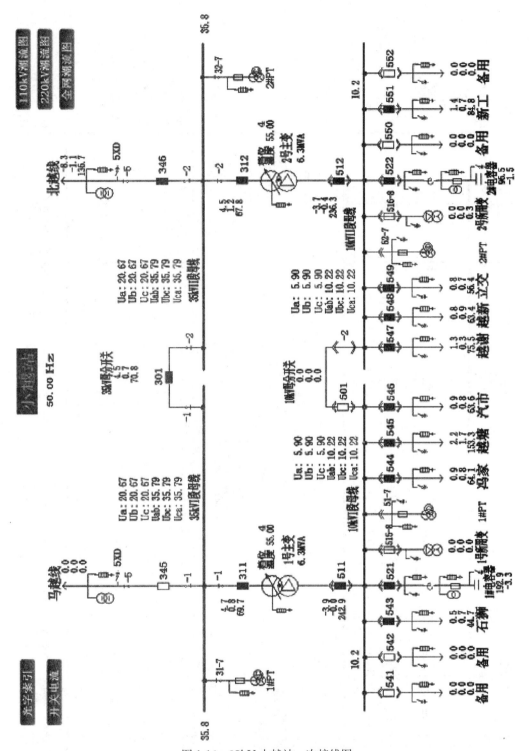

图 1-14　35kV 小越站一次接线图

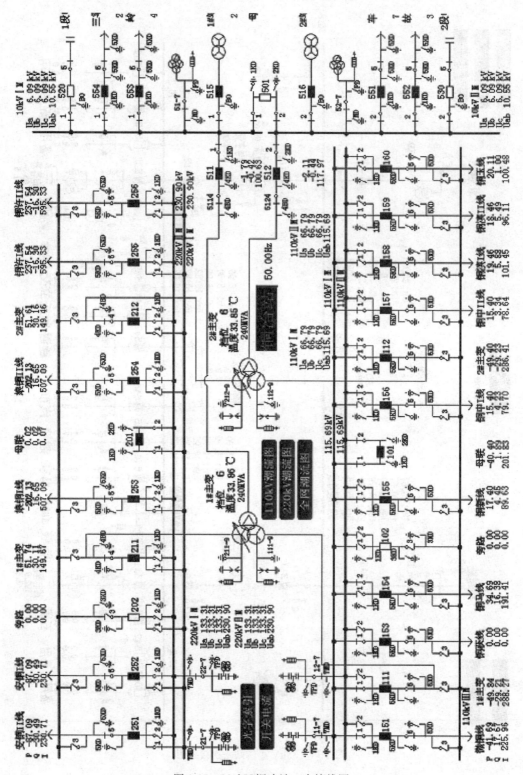

图 1-15　220kV 铜冶站一次接线图

468

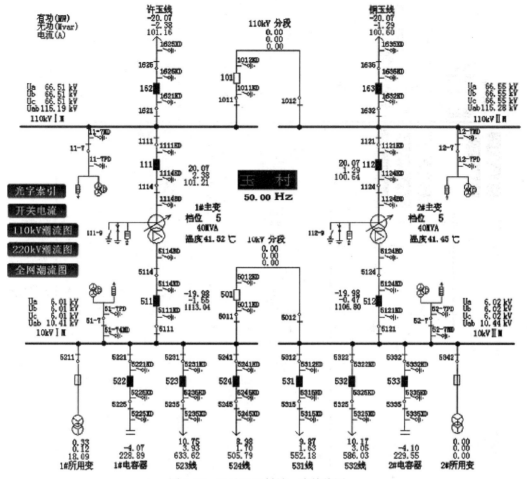

图 1-16　110kV 玉村站一次接线图

（五）韩通供电小区

1. 220kV 韩通站（图 1-17）

220kV 母线为双母线母联兼旁路接线方式，单号开关上单号母线，双号开关上双号母线，母联 201 开关运行，201-3 刀闸在分位。

1 号、2 号主变容量均为 180MV·A，正常 1 号主变高中压侧中性点接地。

110kV 母线为双母线单分段带旁路接线方式，单号开关上单号母线，双号开关上双号母线，母联 101 开关运行，旁路 102 开关冷备用。

10kV 母线为单母线分段接线方式，分段 501 开关热备用，备用电源自投装置投运。

2. 110kV 白伏站（图 1-18）

110kV 母线为内桥接线方式，韩白线 195 开关供 110kV1 号、2 号母线带全站负荷运行，留白线 196 开关热备用，分段 101 开关运行，备用电源自投装置投运。

1 号、2 号主变容量均为 40MV·A。

10kV 母线为单母线分段接线方式，分段 501 开关热备用，备用电源自投装置投运。

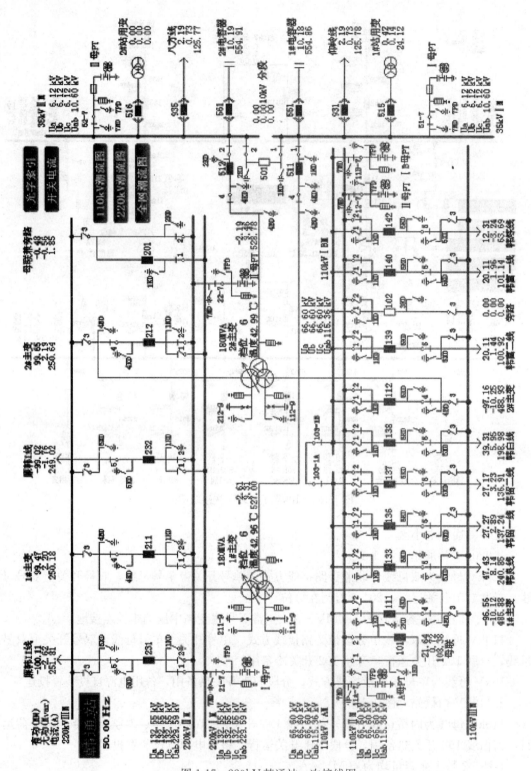

图 1-17 220kV 韩通站一次接线图

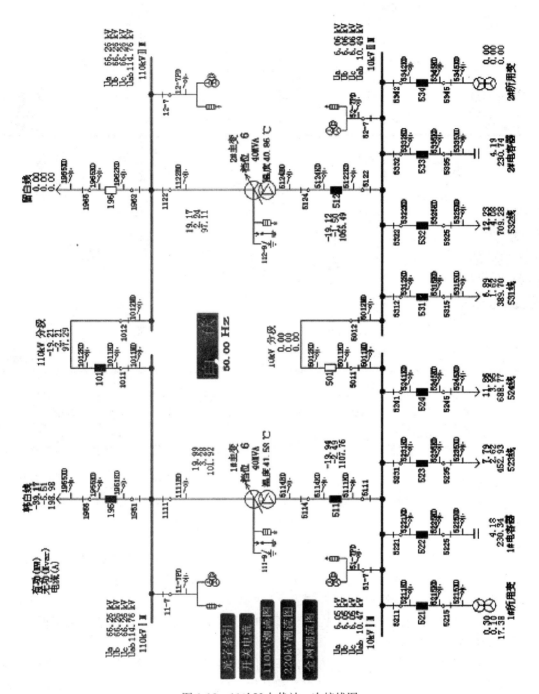

图 1-18　110kV 白伏站一次接线图

3. 110kV 富强站（图 1-19）

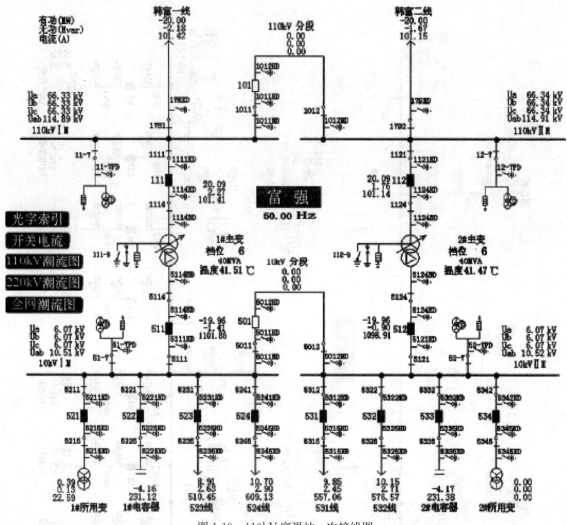

图 1-19　110kV 富强站一次接线图

110kV 母线为外桥接线方式，韩富一线供 110kV1 号母线带 1 号主变运行，韩富二线供 110kV2 号母线带 2 号主变运行，分段 101 开关热备用，未配置备用电源自投装置。

1 号、2 号主变容量均为 40MV·A。

10kV 母线为单母线分段接线方式，分段 501 开关热备用，备用电源自投装置投运。

4. 110kV 化纤厂（图 1-20）

110kV 母线为单母线分段接线方式，韩炼化 T 接线 183 开关供 110kV1 号、2 号母线带全站负荷运行，许炼化 T 接线 184 开关热备用，分段 101 开关运行，备用电源自投装置投运。

1 号、2 号主变容量均为 40MV·A。

6kV 母线为单母线分段接线方式，分段 601 开关热备用，备用电源自投装置投运。

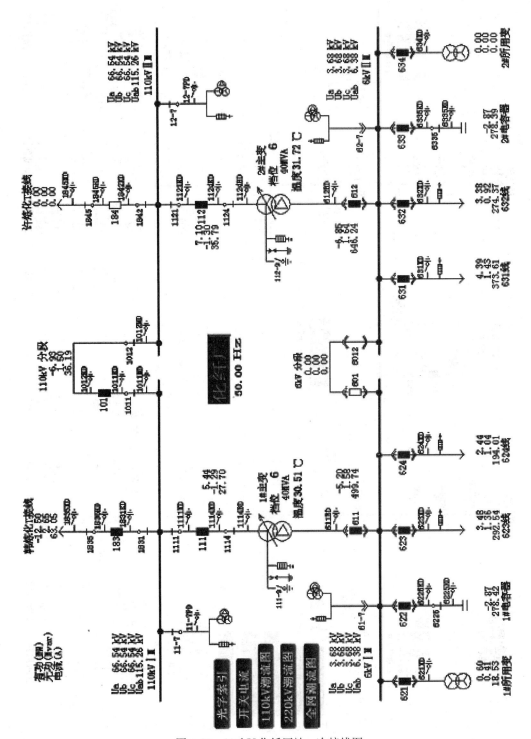

图 1-20　110kV 化纤厂站一次接线图

5. 110kV 良村站（图 1-21）

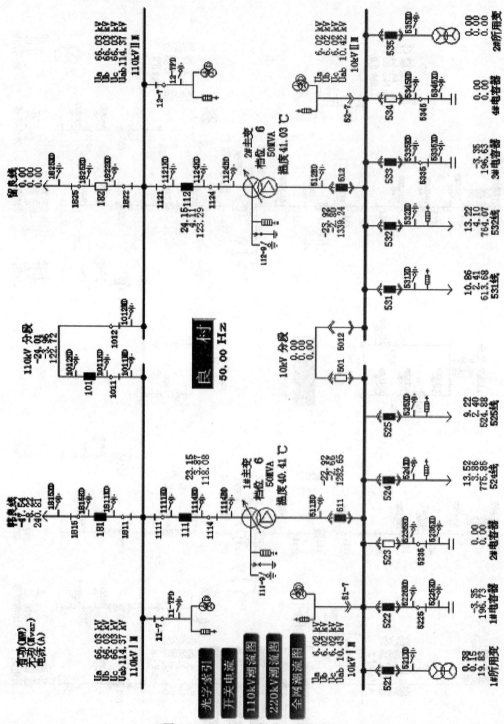

图 1-21　110kV 良村站一次接线图

110kV 母线为单母线分段接线方式，韩良线 181 开关供 110kV1 号、2 号母线带全站负荷运行，留良线 182 开关热备用，分段 101 开关运行，备用电源自投装置投运。

1号、2号主变容量均为50MV·A。

10kV母线为单母线分段接线方式,分段501开关热备用,备用电源自投装置投运。

6.110kV留村站(图1-22)

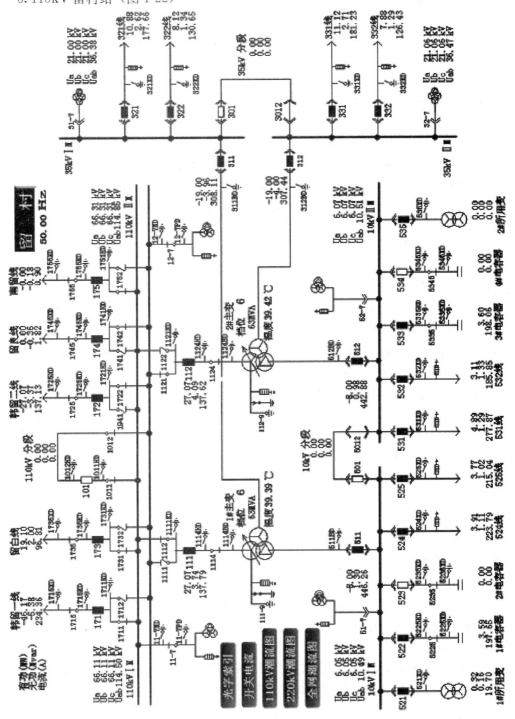

图1-22　110kV留村站一次接线图

110kV 母线为双母线接线方式，单号开关上单号母线，双号开关上双号母线，母联 101 开关热备用，未配置备用电源自投装置。

1 号、2 号主变容量均为 63MV·A。正常 1 号、2 号主变中性点均接地。

35kV 母线为单母线分段接线方式，分段 301 开关热备用，备用电源自投装置投运。

10kV 母线为单母线分段接线方式，分段 501 开关热备用，备用电源自投装置投运。

（六）万花供电小区

1. 220kV 万花站（图 1-23）

220kV 母线为双母线接线方式，单号开关上单号母线，双号开关上双号母线，母联 201 开关运行。

1 号、2 号主变容量均为 120MV·A，正常 1 号主变高中压侧中性点接地。

110kV 母线为双母线接线方式，单号开关上单号母线，双号开关上双号母线，母联 101 开关运行。

35kV 母线为单母线分段接线方式，分段 301 开关热备用，备用电源自投装置投运。

2. 110kV 南佐站（图 1-24）

110kV 母线为单母线分段接线方式，万佐线 135 开关供 110kV1 号、2 号母线带全站负荷运行，张佐线 134 开关向 110kV 张吉庄站充电备用，分段 101 开关运行，备用电源自投装置退运。

1 号、2 号主变容量均为 50MV·A。

35kV 母线为单母线分段接线方式，分段 301 开关热备用，备用电源自投装置投运。

10kV 母线为单母线分段接线方式，分段 501 开关热备用，备用电源自投装置投运。

3. 110kV 赞皇站（图 1-25）

110kV 母线为内桥接线方式，万赞一线 151 开关供 110kV1 号母线带 1 号主变运行，万赞二线 152 开关供 110kV2 号母线带 2 号主变运行，分段 101 开关热备用，备用电源自投装置投运。

1 号、2 号主变容量均为 50MV·A。

35kV 母线为单母线分段接线方式，分段 301 开关热备用，备用电源自投装置投运。

10kV 母线为单母线分段接线方式，分段 501 开关热备用，备用电源自投装置投运。

（七）侯坊供电小区

1. 220kV 侯坊站（图 1-26）

220kV 母线为双母线接线方式，单号开关上单号母线，双号开关上双号母线，母联 201 开关运行。

2 号、3 号主变容量均为 180MV·A，正常 2 号主变高中压侧中性点接地。

110kV 母线为双母线单分段接线方式，单号开关上单号母线，双号开关上双号母线，母联 101 开关运行。

35kV 母线为单母线分段接线方式，分段 302 开关热备用，备用电源自投装置投运。侯里线 367 开关供长里站 35kV2 号母线带 2 号主变运行。

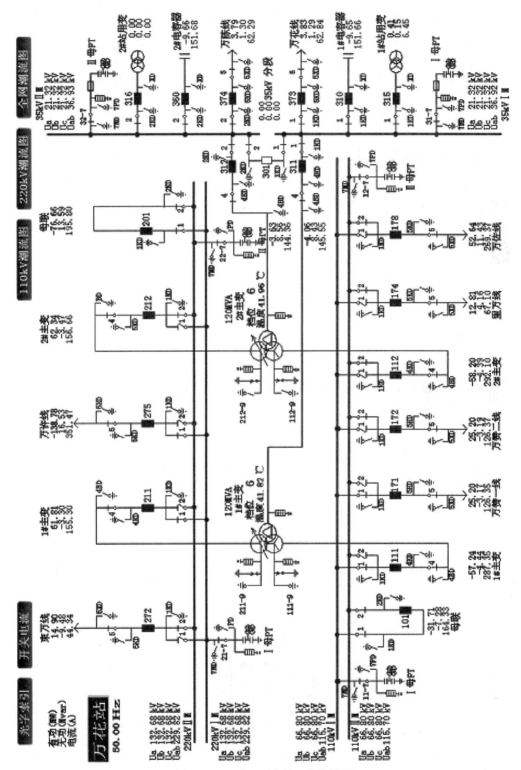

图 1-23　220kV 万花站一次接线图

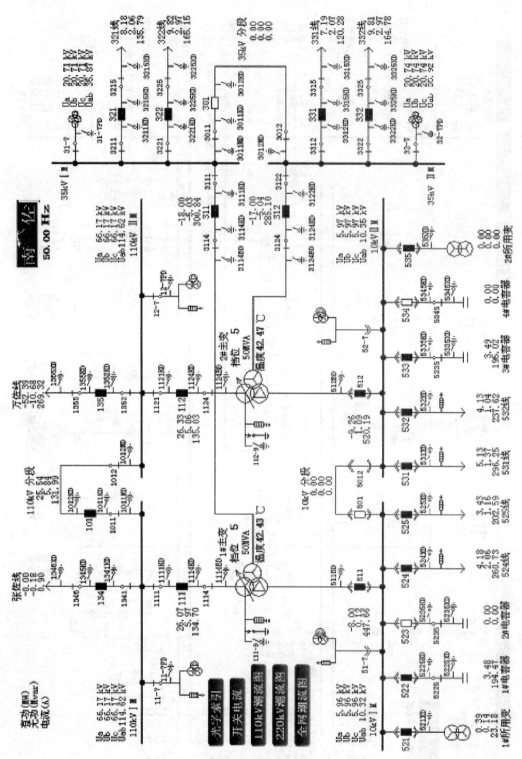

图 1-24　110kV南佐站一次接线图

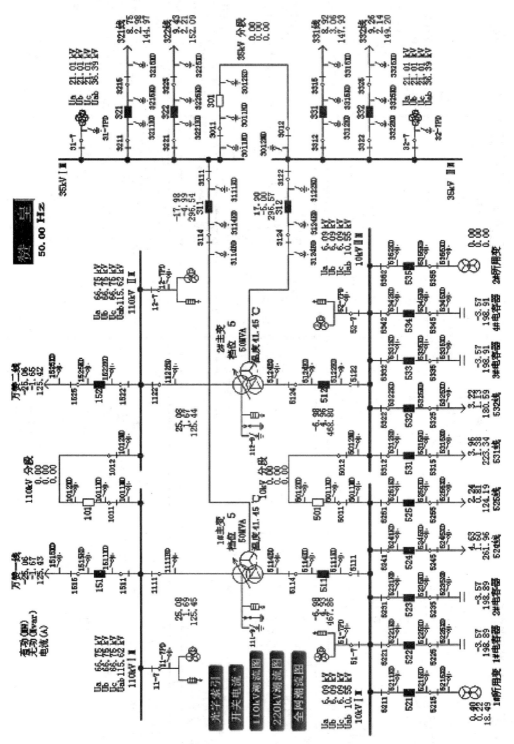

图 1-25 110kV赞皇站一次接线图

479

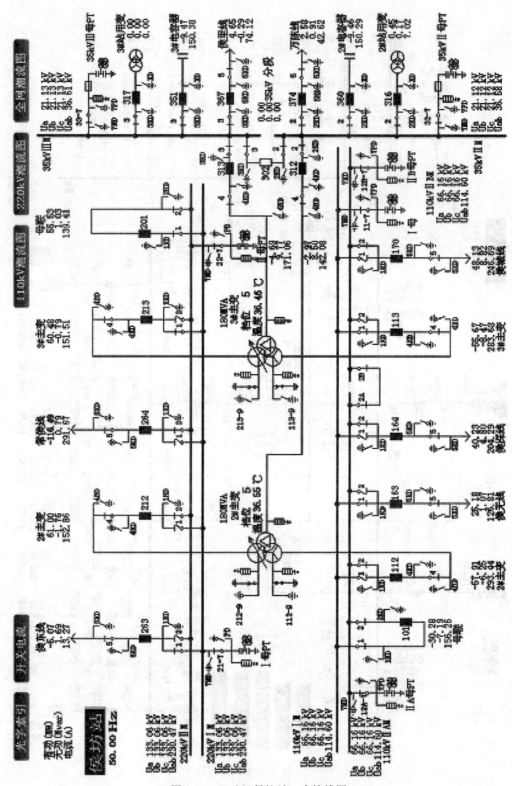

图 1-26 220kV 侯坊站一次接线图

480

2.110kV 城西站（图 1-27）

图 1-27　110kV 城西站一次接线图

　　110kV 母线为单母线分段接线方式，西城线 141 开关向 110kV 西庄站充电备用，侯城线 142 开关供 110kV1 号、2 号母线带全站负荷运行，分段 101 开关运行，备用电源自投装置退运。

1号、2号主变容量均为50MV·A。

10kV母线为单母线分段接线方式，分段501开关热备用，备用电源自投装置投运。

3.110kV西河站（图1-28）

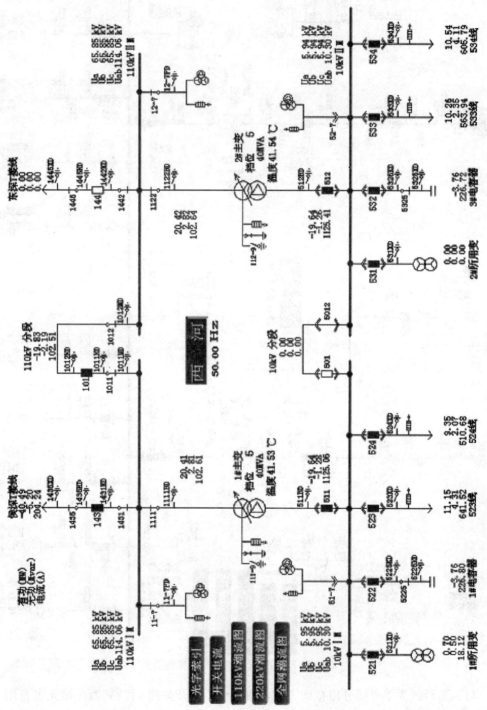

图1-28　110kV西河站一次接线图

482

110kV 母线为内桥接线方式，侯深 T 接线 143 开关供 110kV1 号、2 号母线带全站负荷运行，东深 T 接线 144 开关热备用，分段 101 开关运行，备用电源自投装置投运。

1 号、2 号主变容量均为 40MV·A。

10kV 母线为单母线分段接线方式，分段 501 开关热备用，备用电源自投装置投运。

4. 110kV 无极站（图 1-29）

110kV 母线为内桥接线方式，东无 T 接线 171 开关供 110kV1 号母线带 1 号主变运行，侯无线 172 开关供 110kV2 号母线带 2 号主变运行，分段 101 开关热备用，备用电源自投装置投运。

1 号、2 号主变容量均为 50MV·A。

35kV 母线为单母线分段接线方式，分段 301 开关热备用，备用电源自投装置投运。

10kV 母线为单母线分段接线方式，分段 501 开关热备用，备用电源自投装置投运。

（八）平山供电小区

1. 220kV 平山站（图 1-30）

220kV 母线为双母线接线方式，单号开关上单号母线，双号开关上双号母线，母联 201 开关运行。

1 号、2 号主变容量均为 120MV·A，正常 1 号主变高中压侧中性点接地。

110kV 母线为双母线接线方式，单号开关上单号母线，双号开关上双号母线，母联 101 开关运行。

10kV 母线为单母线分段接线方式，分段 501 开关热备用，备用电源自投装置投运。

2. 110kV 北寨站（图 1-31）

110kV 母线为单母线分段接线方式，方寨线 175 开关向 110kV 方北站充电备用，平寨线 176 开关供 110kV1 号、2 号母线带全站负荷运行，分段 101 开关运行，备用电源自投装置退运。

1 号、2 号主变容量均为 40MV·A。

10kV 母线为单母线分段接线方式，分段 501 开关热备用，备用电源自投装置投运。

3. 110kV 回舍站（图 1-32）

110kV 母线为内桥接线方式，平回一线 163 开关供 110kV1 号母线带 1 号主变运行，平回二线 164 开关供 110kV2 号母线带 2 号主变运行，分段 101 开关热备用，备用电源自投装置投运。

1 号、2 号主变容量均为 40MV·A。

10kV 母线为单母线分段接线方式，分段 501 开关热备用，备用电源自投装置投运。

（九）柳林供电小区

1. 220kV 柳林站（图 1-33）

220kV 母线为双母线接线方式，单号开关上单号母线，双号开关上双号母线，母联 201 开关运行。

1 号、2 号主变容量均为 180MV·A，正常 1 号主变高中压侧中性点接地。

110kV 母线为双母线单分段接线方式，单号开关上单号母线，双号开关上双号母线，母联 101 开关运行。

10kV 母线为单母线分段接线方式，分段 501 开关热备用，备用电源自投装置投运。

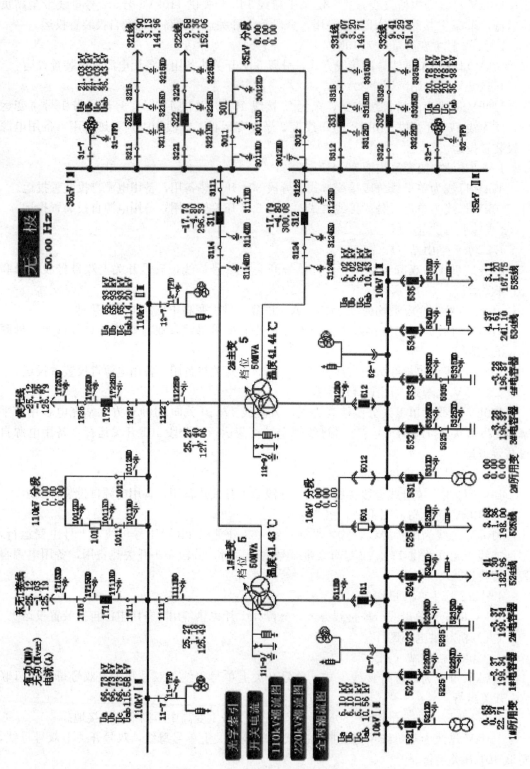

图 1-29　110kV 无极站一次接线图

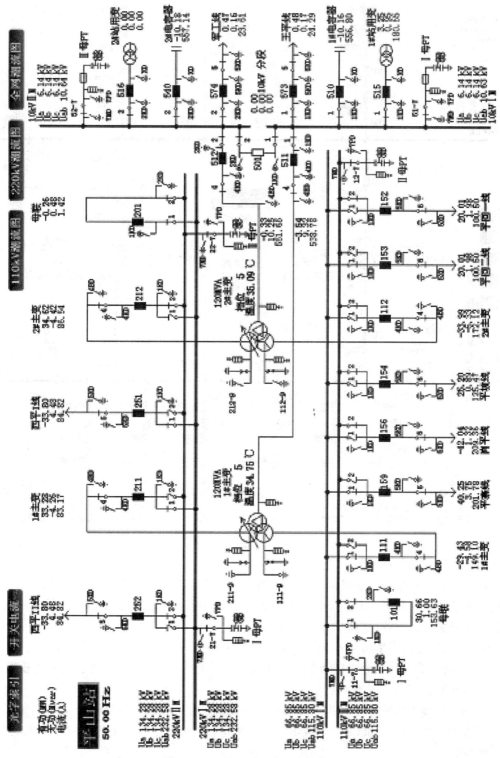

图 1-30　220kV平山站一次接线图

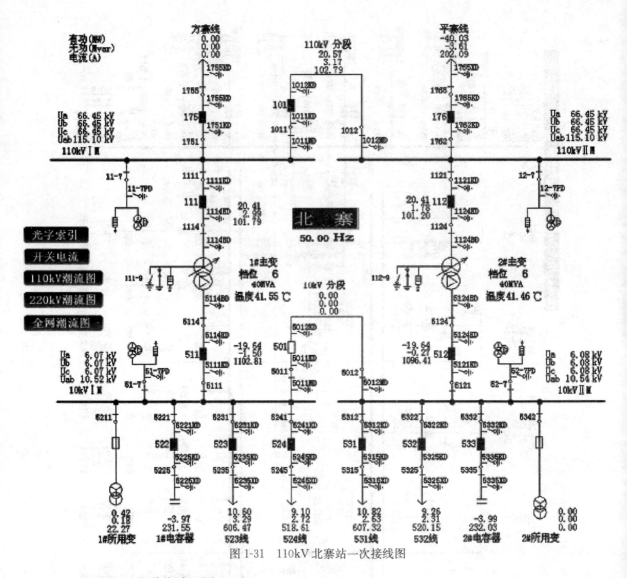

图 1-31　110kV 北寨站一次接线图

2.110kV 北道岔站（图 1-34）

110kV 母线为单母线分段接线方式，柳岔线 187 开关供 110kV1 号、2 号母线带全站负荷及上北线 186 开关，上北线 186 开关供上方站 110kV1 号母线带上方站 1 号主变运行。分段 101 开关运行，备用电源自投装置退运。

1 号、2 号主变容量均为 40MV·A。

10kV 母线为单母线分段接线方式，分段 501 开关热备用，备用电源自投装置投运。

3.110kV 新华站（图 1-35）

110kV 母线为内桥接线方式，柳新一线 161 开关供 110kV1 号母线带 1 号主变运行，柳新二线 162 开关供 110kV2 号母线带 2 号主变运行，分段 101 开关热备用，备用电源自投装置投运。

1 号、2 号主变容量均为 40MV·A。

10kV 母线为单母线分段接线方式，分段 501 开关热备用，备用电源自投装置投运。

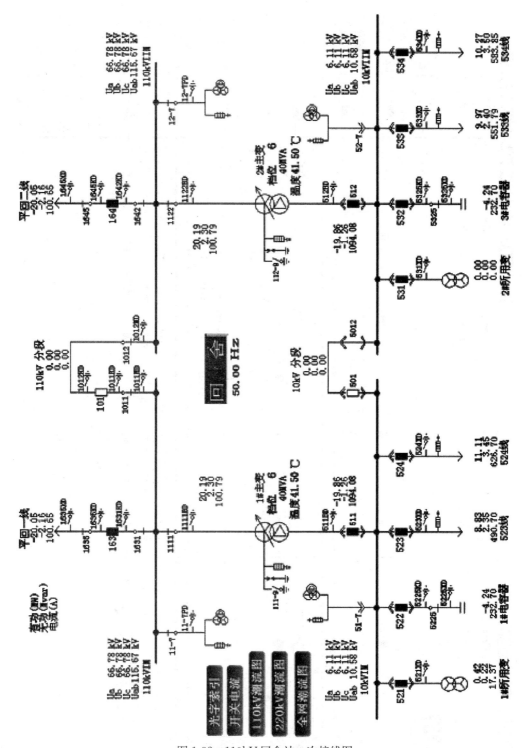

图 1-32 110kV 回舍站一次接线图

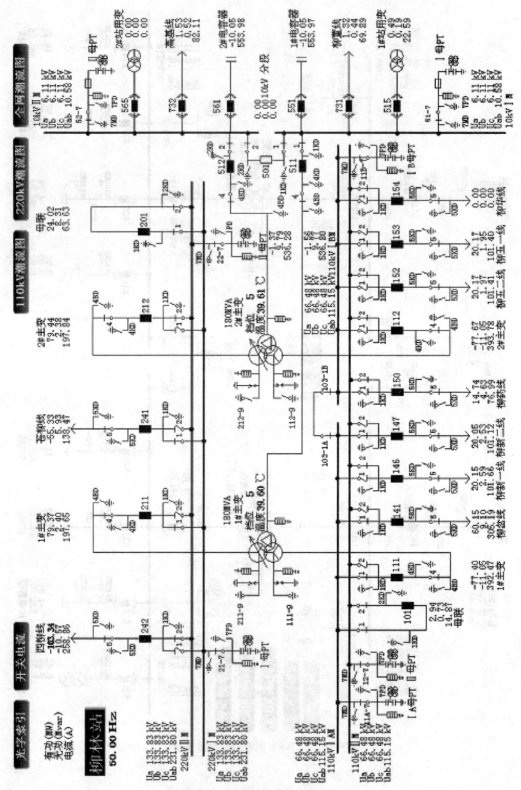

图 1-33 220kV 柳林站一次接线图

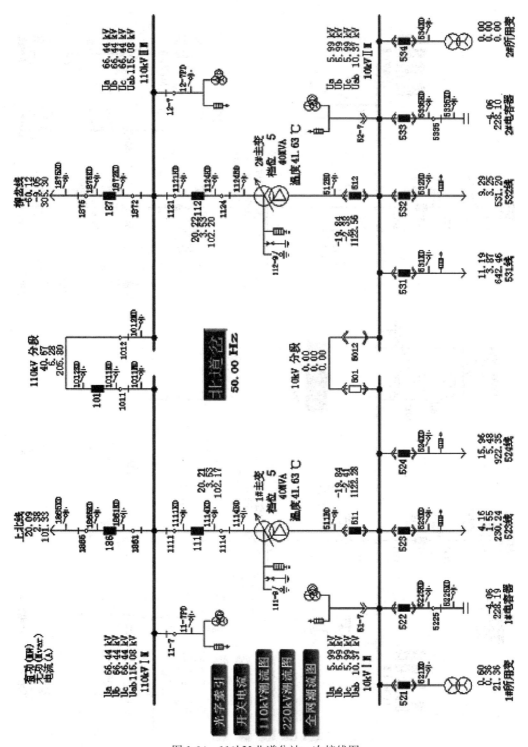

图 1-34　110kV 北道岔站一次接线图

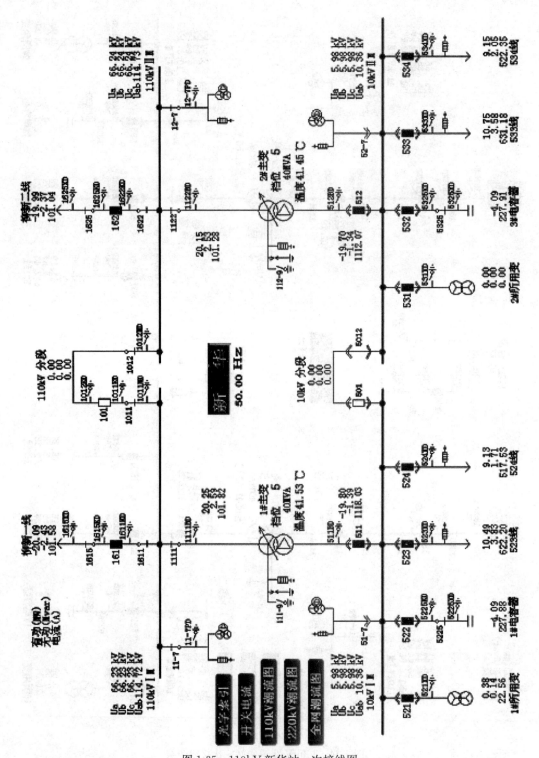

图 1-35　110kV 新华站一次接线图

490

3. 110kV 五七站（图 1-36）

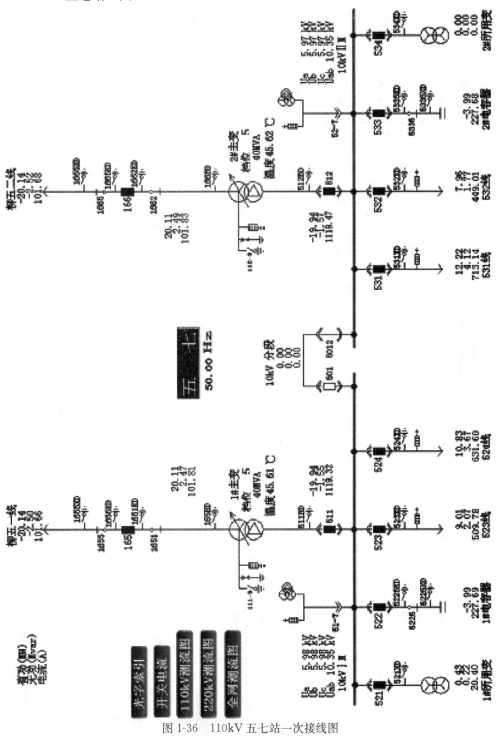

图 1-36　110kV 五七站一次接线图

110kV 部分为线路变压器组单元接线方式，柳五一线 165 开关供 1 号主变运行，柳五二线 166 开关供 2 号主变运行。

1号、2号主变容量均为40MV·A。

10kV母线为单母线分段接线方式，分段501开关热备用，备用电源自投装置投运。

（十）常山供电小区

1.220kV常山站（图1-37）

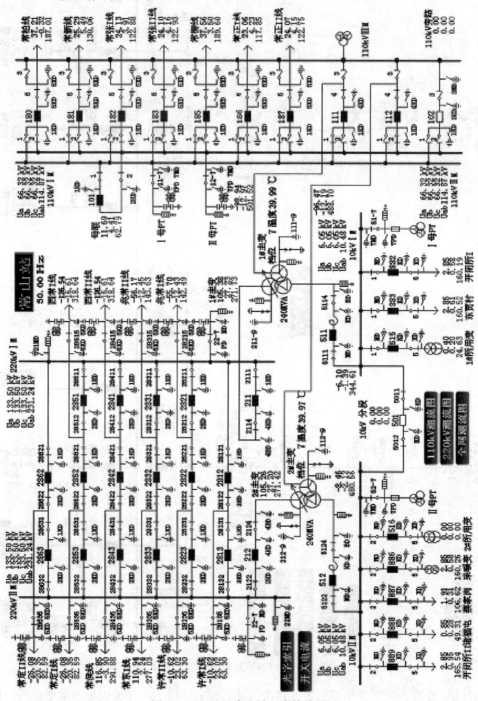

图1-37　220kV常山站一次接线图

220kV 母线为 3/2 接线方式，正常各出线间隔成串运行，1 号主变 211 开关直接上 1 号母线运行，2 号主变 212 开关直接上 2 号母线运行。

1 号、2 号主变容量均为 240MV·A，正常 1 号主变高中压侧中性点接地。

110kV 母线为双母线带旁路接线方式，单号开关上单号母线，双号开关上双号母线，母联 101 开关运行，旁路 102 开关冷备用。

10kV 母线为单母线分段接线方式，分段 501 开关热备用，备用电源自投装置投运。

2.110kV 柏庄站（图 1-38）

110kV 母线为内桥接线方式，常柏线 196 开关供 110kV1 号、2 号母线带全站负荷运行，197 线为负荷线路，分段 101 开关运行。

1 号、2 号主变容量均为 40MV·A。

10kV 母线为单母线分段接线方式，分段 501 开关热备用，备用电源自投装置投运。

3.110kV 柳辛庄站（图 1-39）

110kV 母线为内桥接线方式，常柳线 161 开关供 110kV1 号、2 号母线带全站负荷运行，柳正线 162 开关热备用，分段 101 开关运行，备用电源自投装置投运。

1 号、2 号主变容量均为 40MV·A。

10kV 母线为单母线分段接线方式，分段 501 开关热备用，备用电源自投装置投运。

4.110kV 新乐站（图 1-40）

110kV 母线为内桥接线方式，常新线 153 开关供 110kV1 号母线带 1 号主变运行，田新Ⅰ线 154 开关供 110kV2 号母线带 2 号主变运行，分段 101 开关热备用，备用电源自投装置投运。

1 号、2 号主变容量均为 50MV·A。

35kV 母线为单母线分段接线方式，分段 301 开关热备用，备用电源自投装置投运。

10kV 母线为单母线分段接线方式，分段 501 开关热备用，备用电源自投装置投运。

5.110kV 张家庄站（图 1-41）

110kV 母线为内桥接线方式，常张Ⅱ线 171 开关供 110kV1 号母线带 1 号主变运行，常张Ⅰ线 172 开关供 110kV2 号母线带 2 号主变运行，分段 101 开关热备用，备用电源自投装置投运。

1 号、2 号主变容量均为 50MV·A。

35kV 母线为单母线分段接线方式，分段 301 开关热备用，备用电源自投装置投运。

10kV 母线为单母线分段接线方式，分段 501 开关热备用，备用电源自投装置投运。

6.110kV 正定站（图 1-42）

110kV 母线为单母线分段接线方式，常正Ⅱ线 194 开关供 110kV1 号母线带 1 号主变运行，常正Ⅰ线 192 开关供 110kV2 号母线带柳正线、2 号主变运行，柳正线 191 开关向 110kV 柳辛庄站充电备用，分段 101 开关热备用，备用电源自投装置投运。

1 号、2 号主变容量均为 63MV·A。正常 2 号主变中性点接地。

35kV 母线为单母线分段接线方式，分段 301 开关热备用，备用电源自投装置投运。

10kV 母线为单母线分段接线方式，分段 501 开关热备用，备用电源自投装置投运。

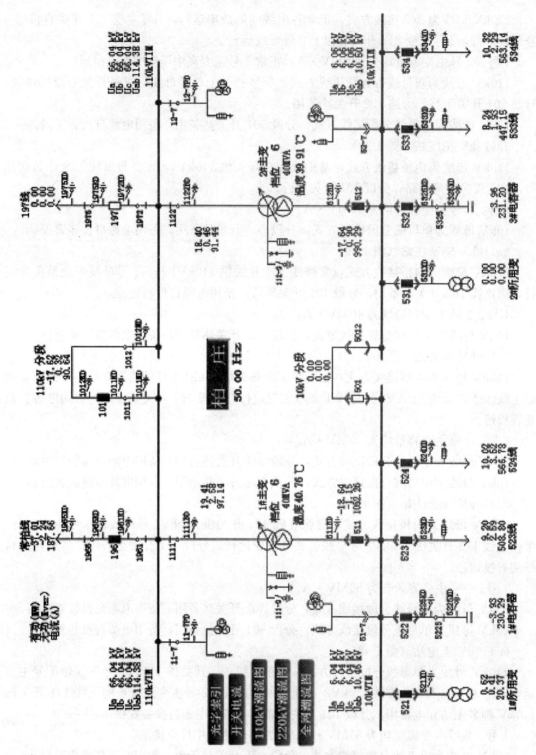

图 1-38   110kV 柏庄站一次接线图

494

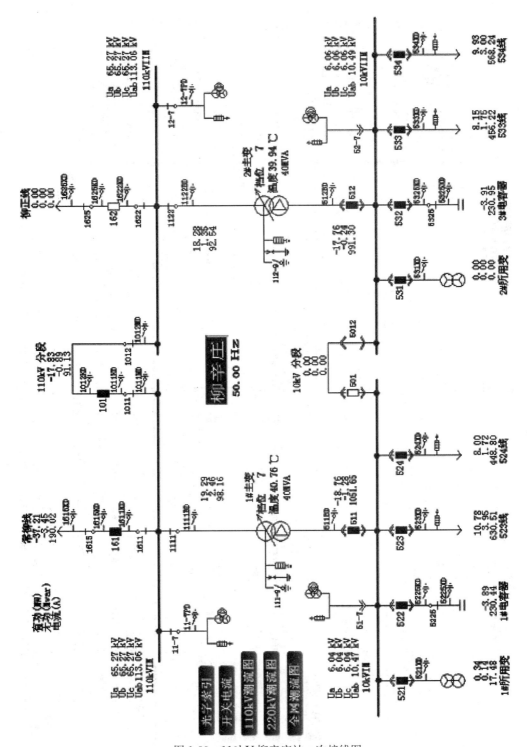

图 1-39　110kV 柳辛庄站一次接线图

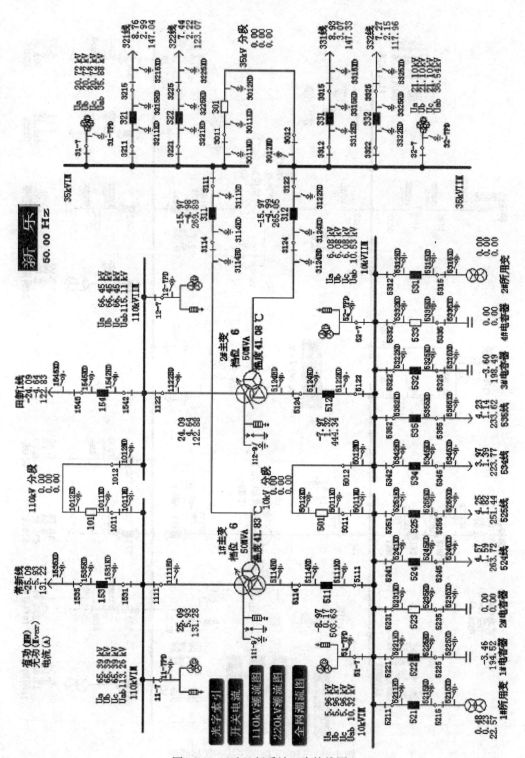

图 1-40　110kV 新乐站一次接线图

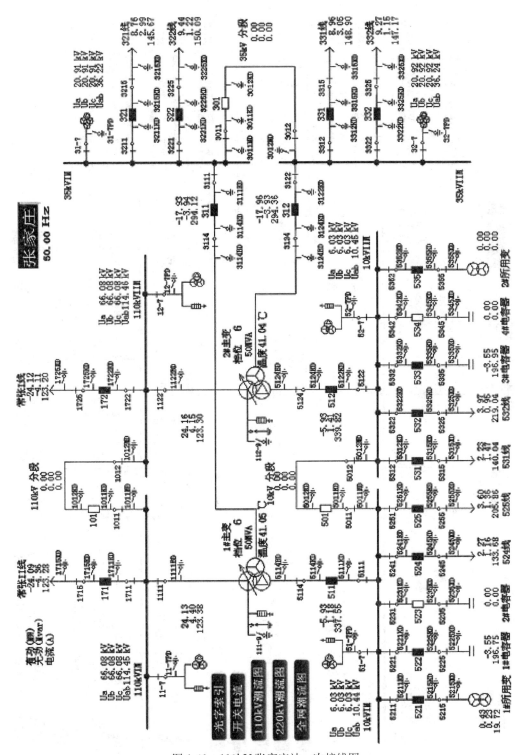

图 1-41　110kV 张家庄站一次接线图

497

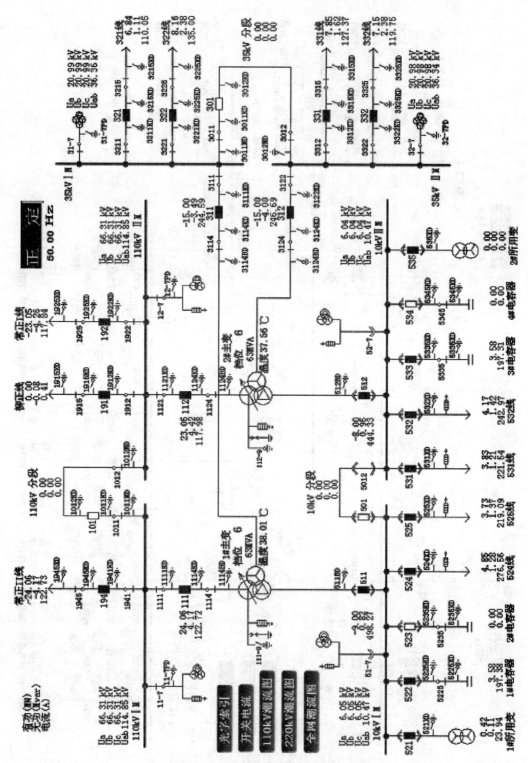

图 1-42　110kV 正定站一次接线图

（十一）束鹿供电小区

1. 220kV 束鹿站（图 1-43）

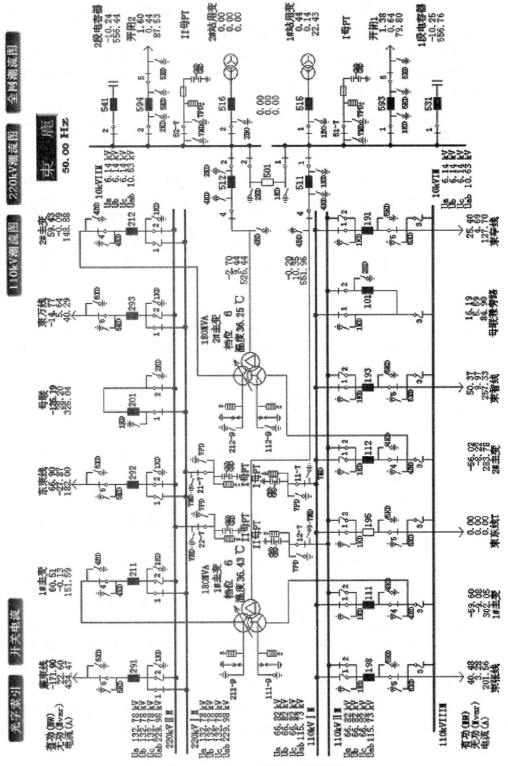

图 1-43　220kV 束鹿站一次接线图

220kV 母线为双母线接线方式，单号开关上单号母线，双号开关上双号母线，母联 201 开关运行。

1 号、2 号主变容量均为 180MV·A，正常 1 号主变高中压侧中性点接地。

110kV 母线为双母线母联兼旁路接线方式，单号开关上单号母线，双号开关上双号母线，束东线 T195 开关热备用，母联 101 开关运行，101-3 刀闸在分位。

10kV 母线为单母线分段接线方式，分段 501 开关热备用，备用电源自投装置投运。

2. 110kV 南智邱站（图 1-44）

110kV 母线为单母线分段接线方式，束智线 186 开关供 110kV1 号、2 号母线带全站负荷运行，南留线 185 开关热备用，分段 101 开关运行，备用电源自投装置投运。

1 号、2 号主变容量均为 50MV·A。

35kV 母线为单母线分段接线方式，分段 301 开关热备用，备用电源自投装置投运。

10kV 母线为单母线分段接线方式，分段 501 开关热备用，备用电源自投装置投运。

3. 110kV 辛集站（图 1-45）

110kV 母线为单母线分段接线方式，束辛线 182 开关供 110kV1 号母线带 1 号主变运行，束东 T 接线 183 开关供 110kV2 号母线带 2 号主变运行，分段 101 开关热备用，备用电源自投装置投运。

1 号、2 号主变容量均为 50MV·A。

35kV 母线为单母线分段接线方式，分段 301 开关热备用，备用电源自投装置投运。

10kV 母线为单母线分段接线方式，分段 501 开关热备用，备用电源自投装置投运。

4. 110kV 张吉庄站（图 1-46）

110kV 母线为内桥接线方式，束张线 172 开关供 110kV1 号、2 号母线带全站负荷运行，张佐线 171 开关热备用，分段 101 开关运行，备用电源自投装置投运。

1 号、2 号主变容量均为 40MV·A。

10kV 母线为单母线分段接线方式，分段 501 开关热备用，备用电源自投装置投运。

（十二）东寺供电小区

1. 220kV 东寺站（图 1-47）

220kV 母线为双母线单分段接线方式，单号开关上单号母线，双号开关上双号母线，母联 201、202 开关运行，分段 203 开关运行。

1 号、2 号、3 号主变容量均为 180MV·A，正常 1 号、2 号主变高中压侧中性点接地。

110kV 母线为双母线单分段接线方式，单号开关上单号母线，双号开关上双号母线，母联 101、102 开关运行，分段 103 开关运行。

10kV 母线为单母线分段接线方式，分段 501、502 开关热备用，备用电源自投装置投运。

2. 110kV 藁城站（图 1-48）

110kV 母线为单母线分段接线方式，许藁线 T185 开关供 110kV1 号母线带 1 号主变运行，东藁线 186 开关供 110kV2 号母线带 2 号主变运行，分段 101 开关热备用，备用电源自投装置投运。

1号、2号主变容量均为 50MV·A。

35kV 母线为单母线分段接线方式，分段 301 开关热备用，备用电源自投装置投运。

10kV 母线为单母线分段接线方式，分段 501 开关热备用，备用电源自投装置投运。

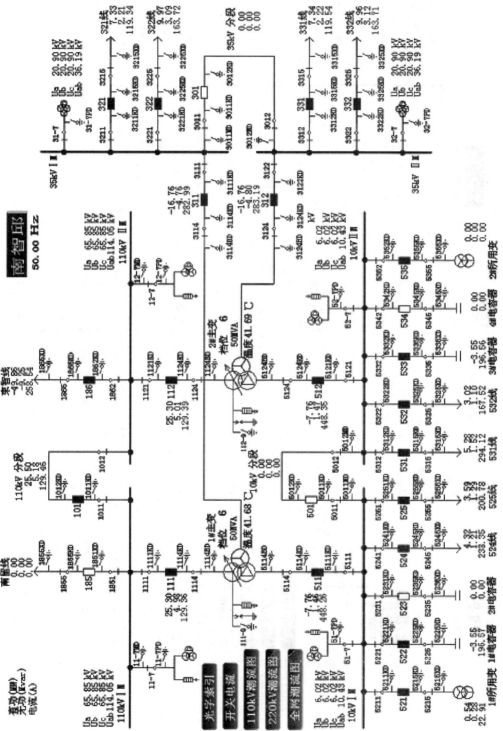

图 1-44　110kV 南智邱站一次接线图

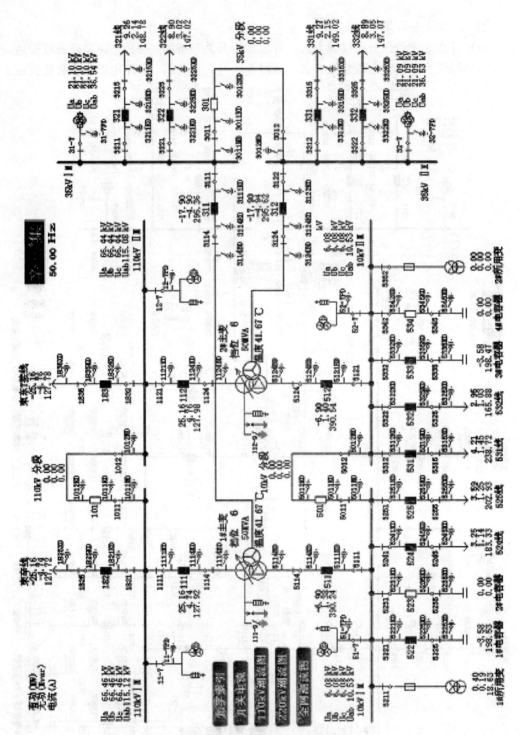

图 1-45　110kV辛集站一次接线图

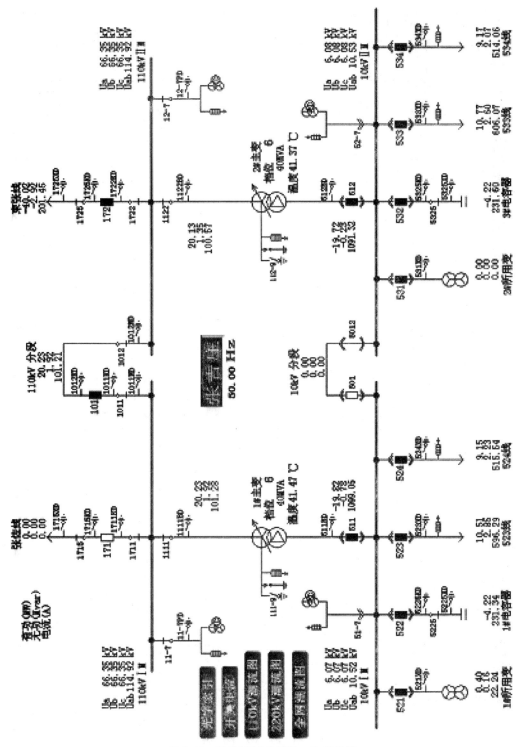

图 1-46　110kV 张吉庄站一次接线图

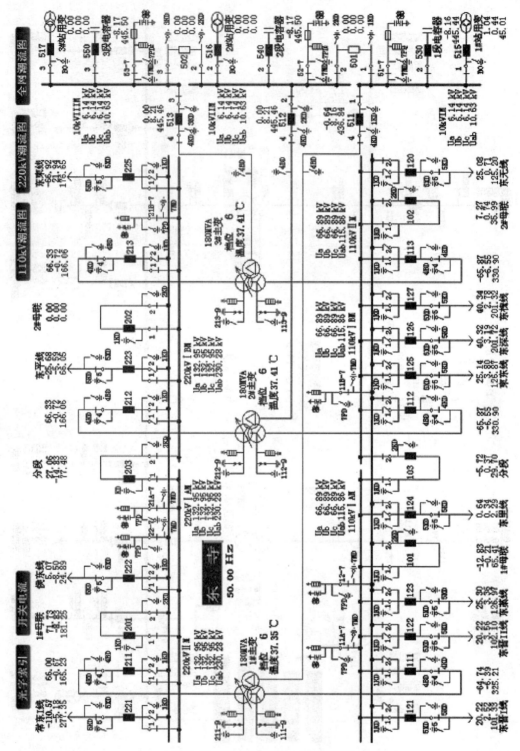

图 1-47　220kV 东寺站一次接线图

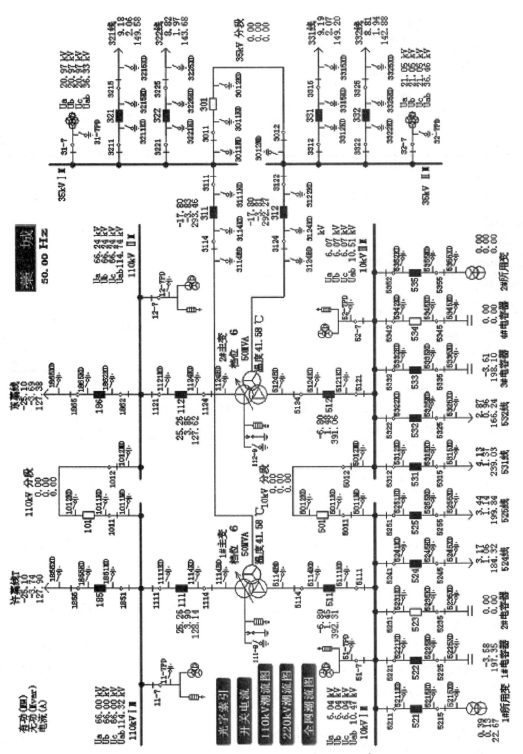

图 1-48　110kV 藁城站一次接线图

505

3. 110kV槐树站（图1-49）

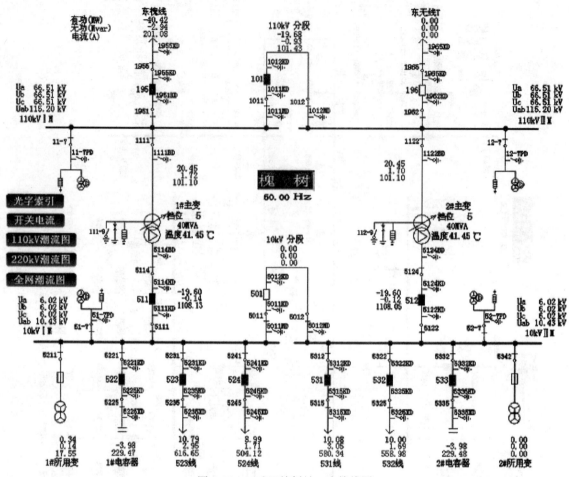

图1-49　110kV槐树站一次接线图

110kV母线为内桥接线方式，东槐线195开关供110kV1号、2号母线带全站负荷，东无线T 196开关热备用，分段101开关运行，备用电源自投装置投运。

1号、2号主变容量均为40MV·A。

10kV母线为单母线分段接线方式，分段501开关热备用，备用电源自投装置投运。

4. 110kV晋县站（图1-50）

110kV母线为扩大内桥接线方式，东晋Ⅰ线161开关供110kV1号母线带1号主变运行，东晋Ⅱ线162开关供110kV2号母线带2号主变运行，田晋线163开关供110kV3号母线带3号主变运行，分段101、102开关热备用，备用电源自投装置投运。

1号、2号、3号主变容量均为40MV·A。

10kV母线为单母线分段接线方式，分段501、502开关热备用，501、502备用电源自投装置投运。

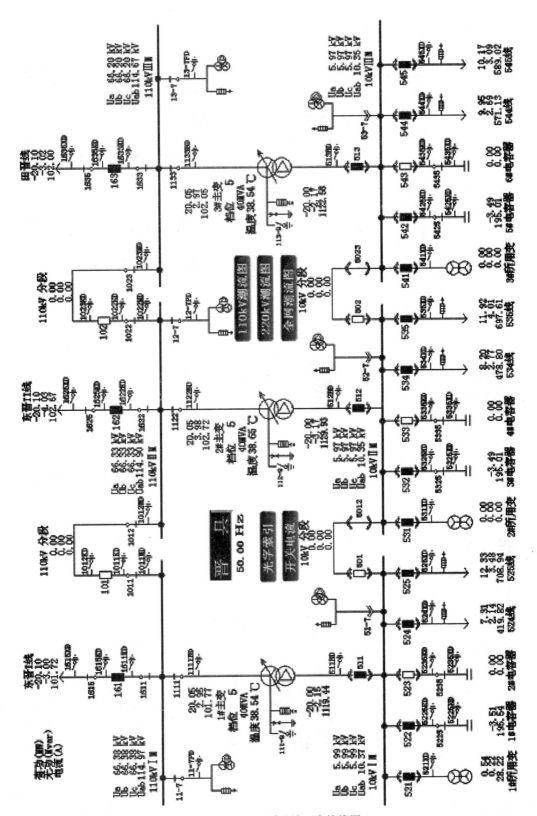

图 1-50　110kV 晋县站一次接线图

5.110kV深泽站（图 1-51）

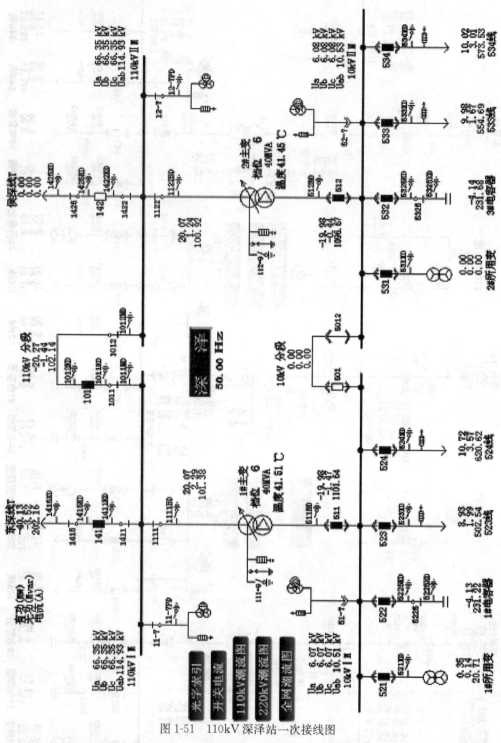

图 1-51　110kV 深泽站一次接线图

110kV 母线为内桥接线方式，东深线 T141 开关供 110kV1 号、2 号母线带带全站负荷运行，侯深线 T142 开关热备用，分段 101 开关运行，备用电源自投装置投运。

1号、2号主变容量均为40MV·A。

10kV母线为单母线分段接线方式，分段501开关热备用，备用电源自投装置投运。

（十三）东田供电小区

1. 220kV东田站（图1-52）

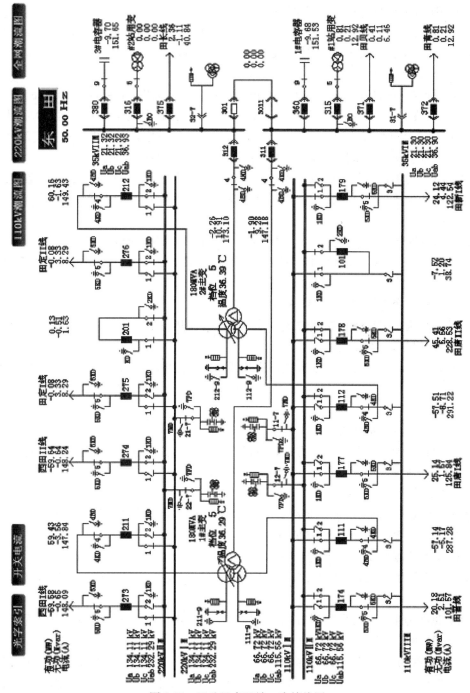

图1-52　220kV东田站一次接线图

220kV 母线为双母线接线方式，单号开关上单号母线，双号开关上双号母线，母联 201 开关运行。

1 号、2 号主变容量均为 180MV·A，正常 1 号主变高中压侧中性点接地。

110kV 母线为双母线母联兼旁路接线方式，单号开关上单号母线，双号开关上双号母线，母联 101 开关运行，101-3 刀闸在分位。

35kV 母线为单母线分段接线方式，分段 301 开关热备用，备用电源自投装置投运。田长线 375 开关供长里站 35kV1 号母线带 1 号主变运行。

2. 110kV 行唐站（图 1-53）

110kV 母线为单母线分段接线方式，田唐Ⅰ线 141 开关供 110kV1 号母线带 1 号主变运行，田唐Ⅱ线 142 开关供 110kV2 号母线带 2 号主变、唐上线 143 开关运行，唐上线供上方站 110kV2 号母线带 2 号主变运行。分段 101 开关热备用，备用电源自投装置投运。

1 号、2 号主变容量均为 50MV·A。正常 2 号主变中性点接地。

35kV 母线为单母线分段接线方式，分段 301 开关热备用，备用电源自投装置投运。

10kV 母线为单母线分段接线方式，分段 501 开关热备用，备用电源自投装置投运。

3. 110kV 上方站（图 1-54）

110kV 母线为内桥接线方式，上北线 145 开关供 110kV1 号母线带 1 号主变运行，唐上线 146 开关供 110kV2 号母线带 2 号主变运行，分段 101 开关热备用，备用电源自投装置投运。

1 号、2 号主变容量均为 40MV·A。

10kV 母线为单母线分段接线方式，分段 501 开关热备用，备用电源自投装置投运。

4. 35kV 长里站（图 1-55）

35kV 母线为单母线分段接线方式，田长线 351 开关供 35kV1 号母线带 1 号主变运行，侯里线 352 开关供 35kV2 号母线带 2 号主变运行，分段 301 开关热备用，备用电源自投装置投运。

1 号、2 号主变容量均为 10MV·A。

10kV 母线为单母线分段接线方式，分段 501 开关热备用，备用电源自投装置投运。

（十四）兆通供电小区

1. 220kV 兆通站（图 1-56）

220kV 母线为双母线双分段接线方式，单号开关上单号母线，双号开关上双号母线，母联 201、202 开关及分段 203、204 开关运行。

1 号、2 号主变容量均为 180MV·A，正常 1 号主变高中压侧中性点接地。

110kV 母线为双母线接线方式，单号开关上单号母线，双号开关上双号母线，母联 101 开关运行。

10kV 母线为单母线分段接线方式，分段 501 开关热备用，备用电源自投装置投运。

2. 220kV 钢厂（图 1-57）

220kV 母线为外桥接线方式，兆钢Ⅰ线 2781 刀闸供 110kV1 号母线带 1 号主变运行，兆钢Ⅱ线 2792 刀闸供 110kV2 号母线带 2 号主变运行，分段 201 开关热备用，未配置备用电源自投装置。

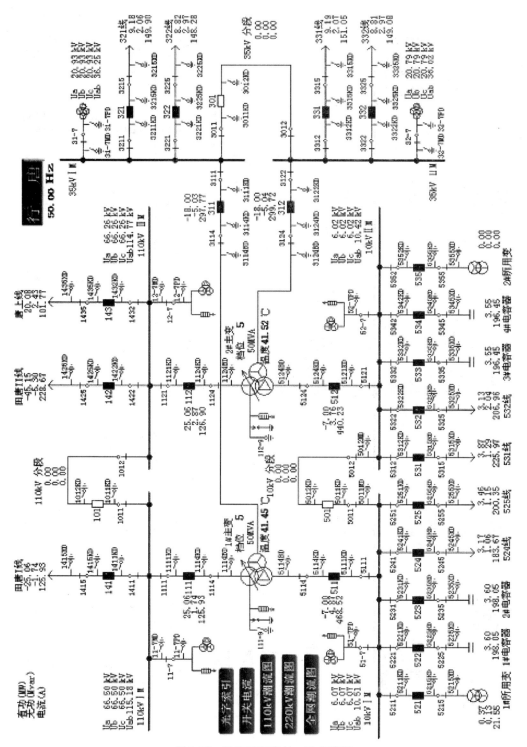

图 1-53　110kV行唐站一次接线图

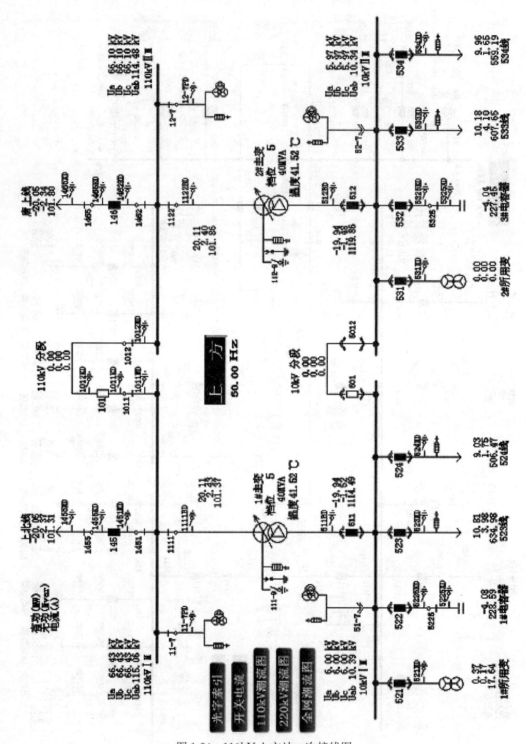

图 1-54　110kV 上方站一次接线图

512

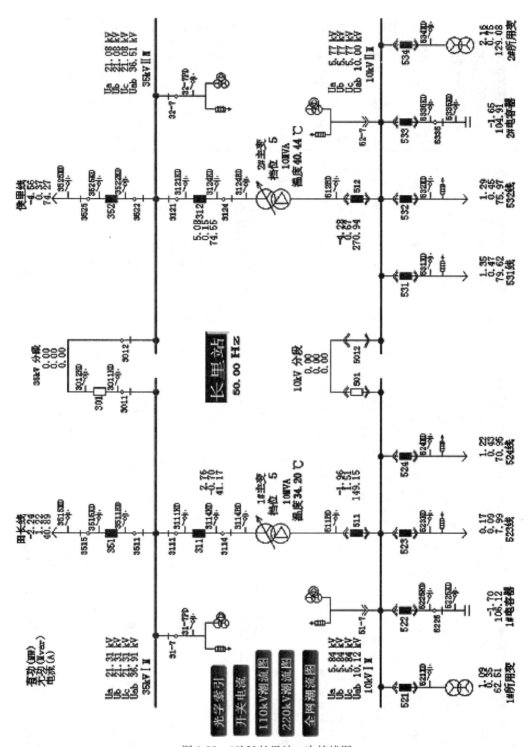

图 1-55　35kV长里站一次接线图

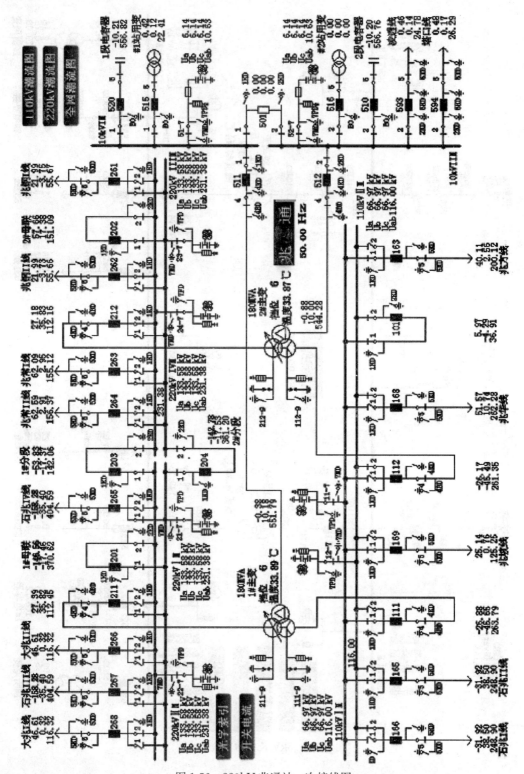

图 1-56　220kV 兆通站一次接线图

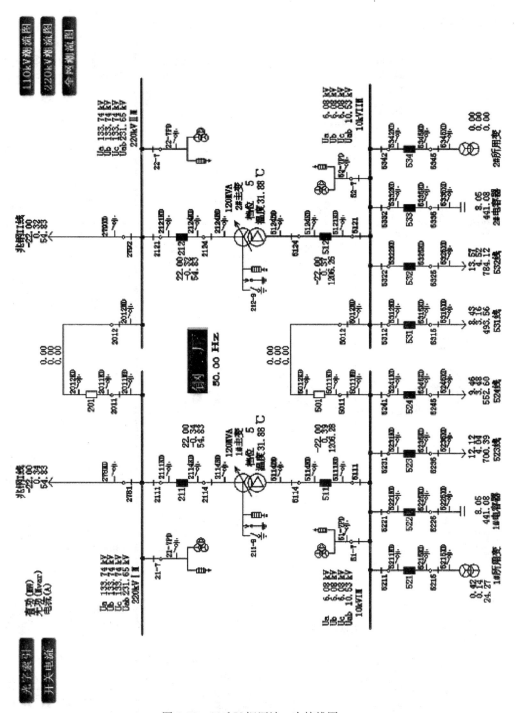

图 1-57　220kV 钢厂站一次接线图

1 号、2 号主变容量均为 120MV·A。

10kV 母线为单母线分段接线方式，分段 501 开关热备用，未配置备用电源自投装置。

3. 110kV 方北站（图 1-58）

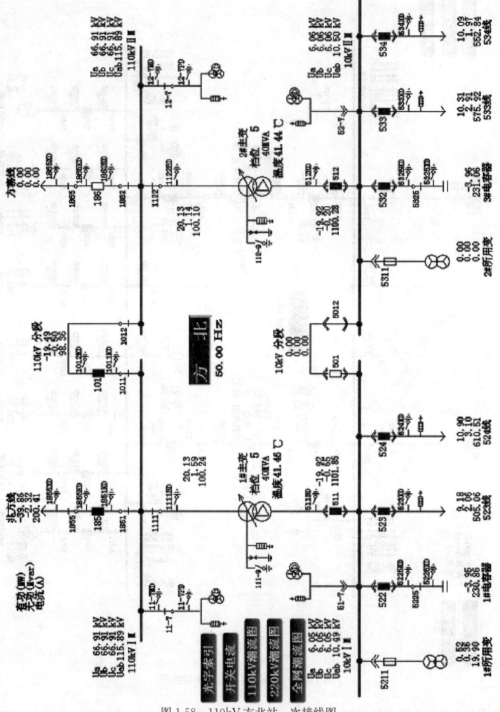

图 1-58　110kV 方北站一次接线图

110kV 母线为内桥接线方式，兆方线 185 开关供 110kV1 号、2 号母线带带全站负荷运行，方寨线 186 开关热备用，分段 101 开关运行，备用电源自投装置投运。

1号、2号主变容量均为40MV·A。

10kV母线为单母线分段接线方式，分段501开关热备用，备用电源自投装置投运。

4. 110kV纺织站（图1-59）

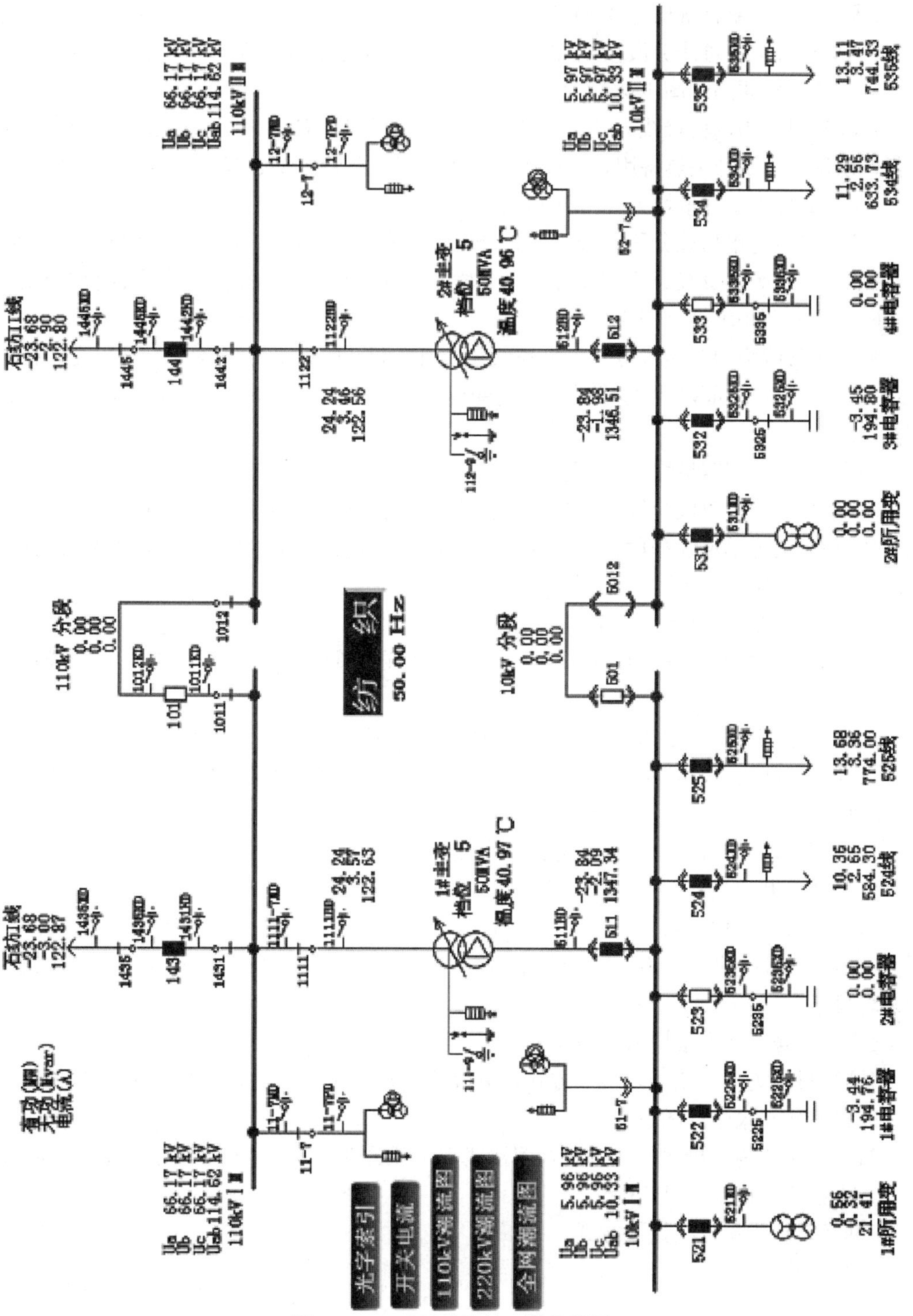

图1-59　110kV纺织站一次接线图

110kV 母线为内桥接线方式，石纺Ⅰ线 143 开关供 110kV1 号母线带 1 号主变运行，石纺Ⅱ线 144 开关供 110kV2 号母线带 2 号主变运行，分段 101 开关热备用，备用电源自投装置投运。

1 号、2 号主变容量均为 50MV·A。

10kV 母线为单母线分段接线方式，分段 501 开关热备用，备用电源自投装置投运。

5.110kV 华曙站（图 1-60）

110kV 母线为内桥接线方式，兆华线 178 开关供 110kV1 号、2 号母线带带全站负荷运行，柳华线 179 开关热备用，分段 101 开关运行，备用电源自投装置投运。

1 号、2 号主变容量均为 50MV·A。

35kV 母线为单母线分段接线方式，分段 301 开关热备用，备用电源自投装置投运。

10kV 母线为单母线分段接线方式，分段 501 开关热备用，备用电源自投装置投运。

6.110kV 西柏坡站（图 1-61）

110kV 母线为内桥接线方式，平坡线 171 开关供 110kV1 号母线带 1 号主变运行，兆坡线 172 开关供 110kV2 号母线带 2 号主变运行，分段 101 开关热备用，备用电源自投装置投运。

1 号、2 号主变容量均为 50MV·A。

35kV 母线为单母线分段接线方式，分段 301 开关热备用，备用电源自投装置投运。·

10kV 母线为单母线分段接线方式，分段 501 开关热备用，备用电源自投装置投运。

（十五）罗庄供电小区

1.220kV 罗庄站（图 1-62）

220kV 母线为双母线接线方式，单号开关上单号母线，双号开关上双号母线，母联 201 开关运行。

2 号主变容量为 180MV·A，高中压侧中性点接地。

110kV 母线为双母线接线方式，单号开关上单号母线，双号开关上双号母线，母联 101 开关运行。

10kV 母线为单母线分段接线方式，分段 501 开关运行。

2.110kV 井南站（图 1-63）

110kV 母线为内桥接线方式，罗井Ⅱ线 181 开关供 110kV1 号母线带 1 号主变运行，罗井Ⅰ线 182 开关供 110kV2 号母线带 2 号主变运行，分段 101 开关热备用，备用电源自投装置投运。

1 号、2 号主变容量均为 50MV·A。

10kV 母线为单母线分段接线方式，分段 501 开关热备用，备用电源自投装置投运。

3.110kV 清泉站（图 1-64）

110kV 母线为单母线接线方式，罗清线 174 开关供 110kV1 号母线带 1 号主变运行。

1 号主变容量为 40MV·A。

10kV 母线为单母线接线方式。

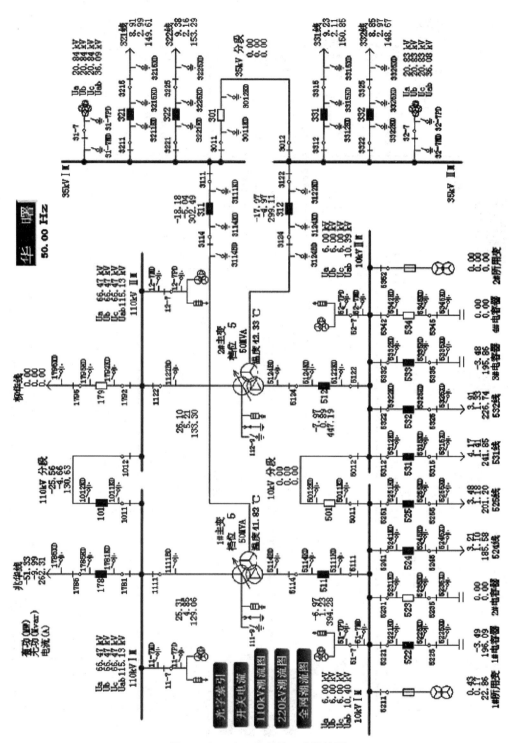

图 1-60 110kV 华曙站一次接线图

519

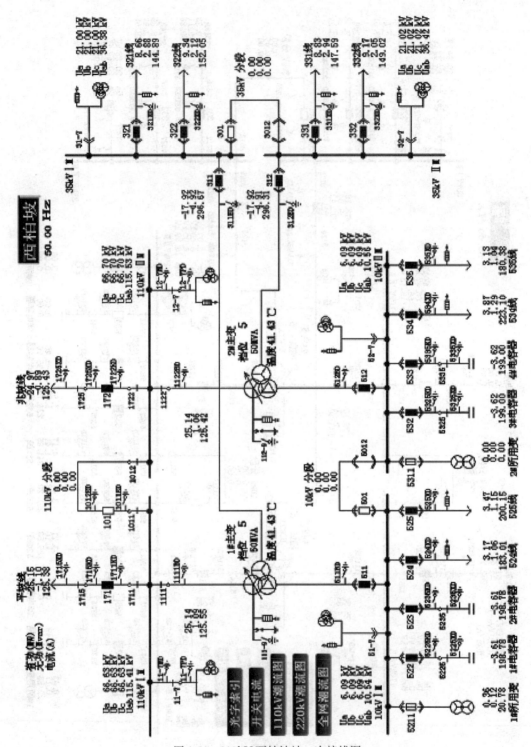

图 1-61　110kV西柏坡站一次接线图

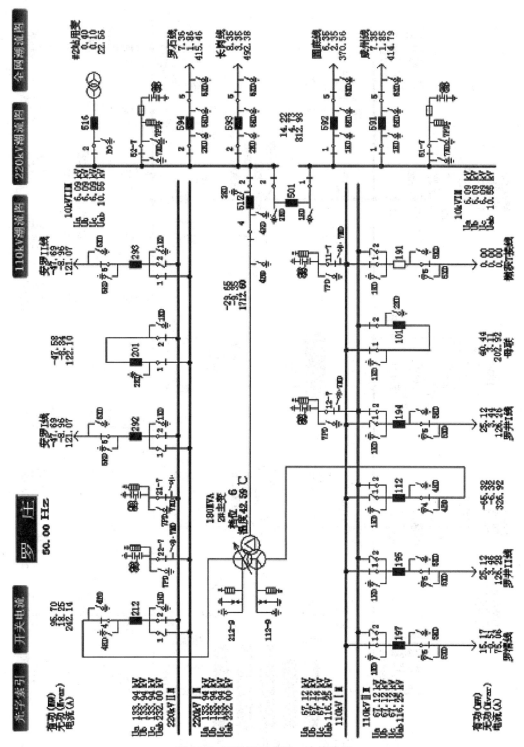

图 1-62　220kV 罗庄站一次接线图

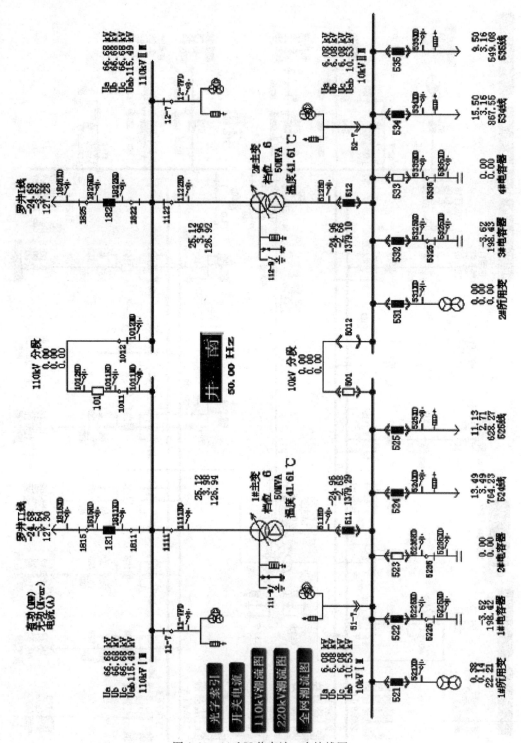

图 1-63　110kV井南站一次接线图

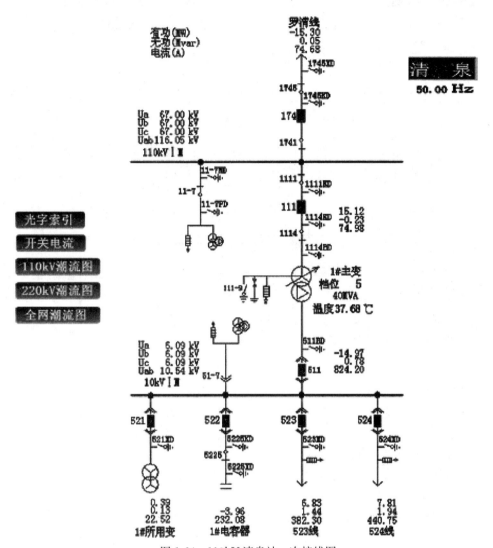

图 1-64　110kV 清泉站一次接线图

（十六）王里供电小区

1. 220kV 王里站（图 1-65）

220kV 母线为双母线接线方式，单号开关上单号母线，双号开关上双号母线，母联 201 开关运行。

1 号、2 号、3 号主变容量均为 120MV·A，正常 1 号、2 号主变高中压侧中性点接地。

110kV 母线为双母线单分段接线方式，单号开关上单号母线，双号开关上双号母线，母联 101、102 开关运行，分段 103 开关运行。

35kV 母线为单母线分段接线方式，分段 301、302 开关热备用，备用电源自投装置投运。

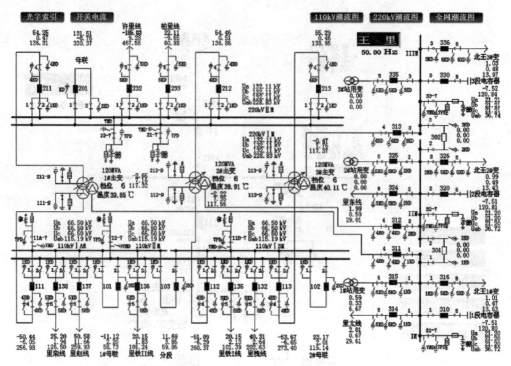

图 1-65　220kV 王里站一次接线图

2. 110kV 槐阳站（图 1-66）

110kV 母线为内桥接线方式，里槐线 137 开关供 110kV1 号、2 号母线带带全站负荷运行，赵槐线 136 开关热备用，分段 101 开关运行，备用电源自投装置投运。

1 号、2 号主变容量均为 40MV·A。

10kV 母线为单母线分段接线方式，分段 501 开关热备用，备用电源自投装置投运。

3. 110kV 栾城站（图 1-67）

110kV 母线为单母线分段接线方式，里栾线 152 开关供 110kV1 号、2 号母线带全站负荷运行，许栾线 T151 开关热备用，分段 101 开关运行，备用电源自投装置投运。

1 号、2 号主变容量均为 50MV·A。

35kV 母线为单母线分段接线方式，分段 301 开关热备用，备用电源自投装置投运。

10kV 母线为单母线分段接线方式，分段 501 开关热备用，备用电源自投装置投运。

4. 110kV 元铁站（图 1-68）

110kV 母线为内桥接线方式，里铁Ⅰ线 141 开关供 110kV1 号母线带 1 号主变运行，里铁Ⅱ线 142 开关供 110kV2 号母线带 2 号主变运行，分段 101 开关热备用，备用电源自投装置投运。

1 号、2 号主变容量均为 40MV·A。

10kV 母线为单母线分段接线方式，分段 501 开关热备用，备用电源自投装置投运。

5. 110kV 赵县站（图 1-69）

110kV 母线为单母线分段接线方式，里赵线 191 开关供 110kV1 号、2 号母线带全站负荷，赵槐线 192 开关向 110kV 槐阳站充电备用，分段 101 开关运行，备用电源自投装置退运。

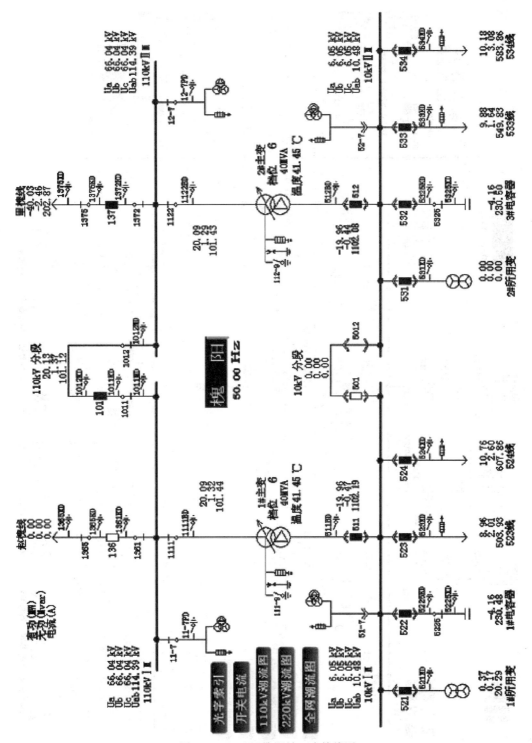

图 1-66　110kV 槐阳站一次接线图

525

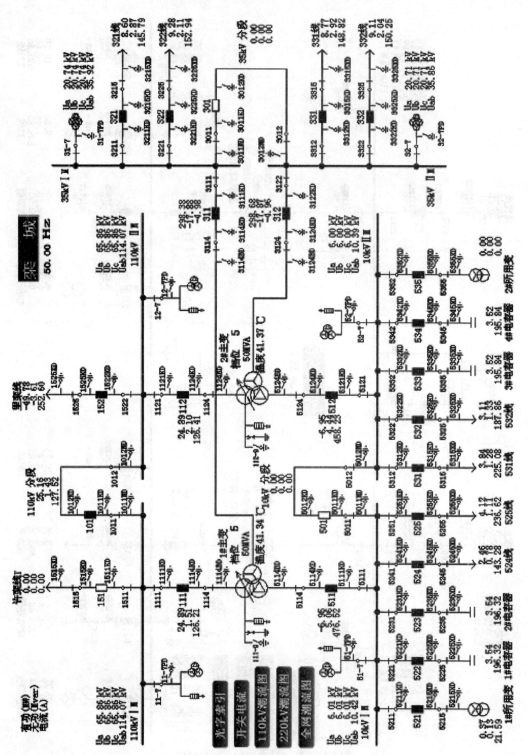

图 1-67 110kV 栾城站一次接线图

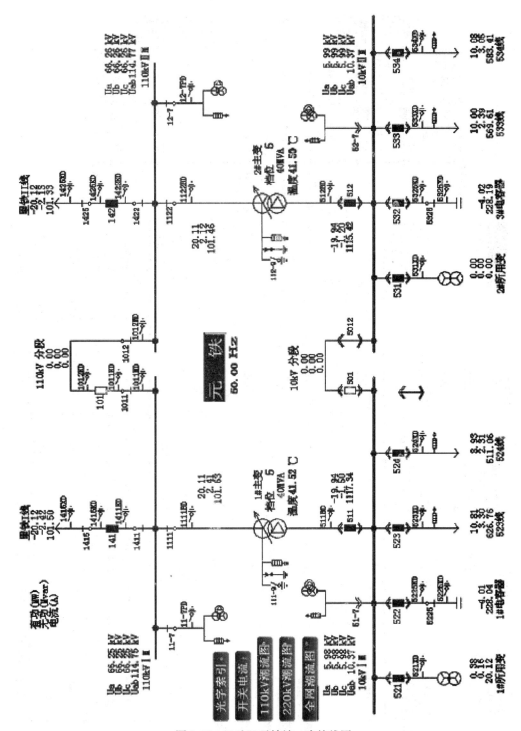

图 1-68　110kV 元铁站一次接线图

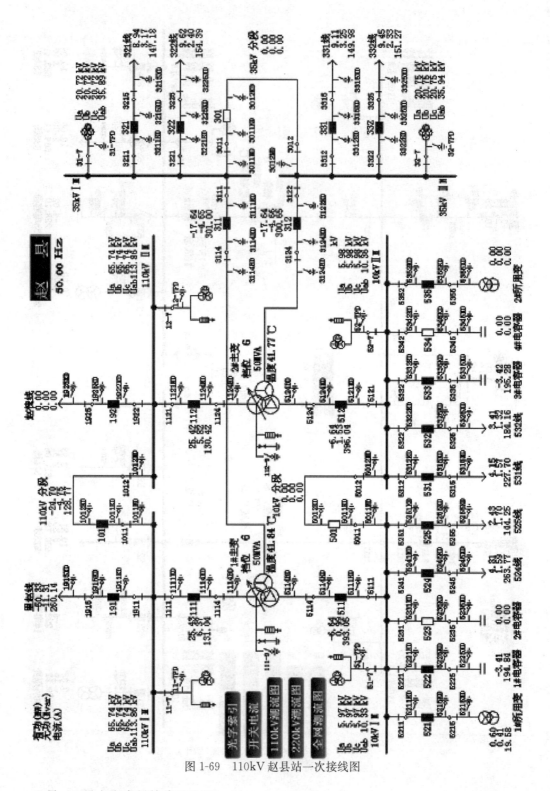

图 1-69　110kV 赵县站一次接线图

1 号、2 号主变容量均为 50MV·A。

35kV 母线为单母线分段接线方式，分段 301 开关热备用，备用电源自投装置投运。

10kV 母线为单母线分段接线方式，分段 501 开关热备用，备用电源自投装置投运。

（十七）500kV 变电站、电厂

1.500kV 廉州站（图 1-70）

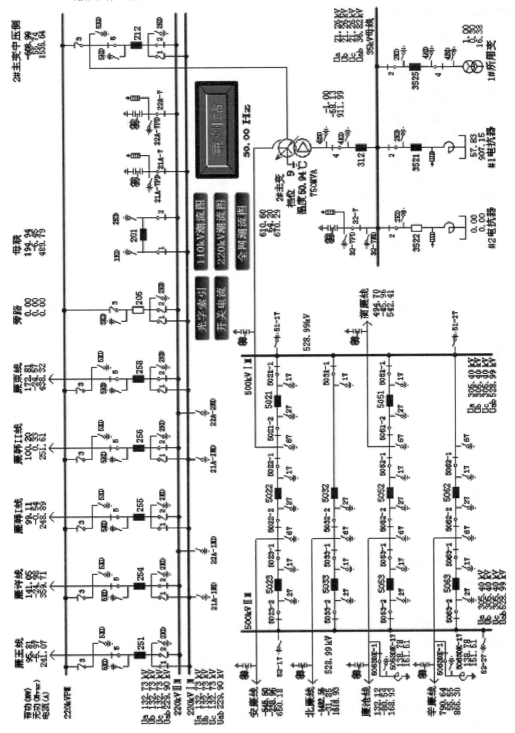

图 1-70　500kV 廉州站一次接线图

500kV 母线为 3/2 接线方式，500kV1 号、2 号母线并列运行，正常各出线间隔成串运行。

2 号主变容量为 750MV·A。

220kV 母线为双母线带旁路接线方式，单号开关上单号母线，双号开关上双号母线，母联 201 开关运行，旁路 205 开关冷备用。

35kV 母线为单母线接线方式，2 号主变 312 开关带 1 号、2 号电抗器，1 号所用变运行。

2. 上安电厂（图 1-71）

220kV 母线为双母线带旁路接线方式，单号开关上单号母线，双号开关上双号母线，母联 201 开关运行，旁路 202 开关冷备用。

1 号、2 号发电机组额定容量均为 300MW，分别经 1 号、2 号主变与系统并网。

正常 1 号主变中性点接地。

3. 石家庄热电厂（图 1-72）

220kV 母线为双母线接线方式，单号开关上单号母线，双号开关上双号母线，母联 201 开关运行。

110kV 母线为双母线母联兼旁路接线方式，单号开关上单号母线，双号开关上双号母线，母联 101 开关运行，石兆 I 线 136 开关、石兆 II 线 137 开关热备用，101-3 刀闸在分位。

1 号、2 号发电机组额定容量均为 600MW，分别经 1 号、2 号主变与 220kV 系统并网；7 号、8 号发电机组额定容量均为 300MW，分别经 5 号、6 号主变与 220kV 系统并网。

正常 1 号、7 号主变中性点接地。

4. 西柏坡电厂（图 1-73）

220kV 母线为 3/2 接线方式，220kV1 号、3 号母线通过 2021 刀闸分段并列运行，220kV2 号、4 号母线通过 2011 刀闸分段并列运行，正常各出线间隔成串运行。

1 号、2 号、3 号、4 号发电机组额定容量均为 300MW，分别经 1 号、2 号、3 号、4 号主变与系统并网。

正常 1 号主变中性点接地。

5. 热电四厂（图 1-74）

线路变压器发电机组单元接线方式。

3 号发电机组额定容量为 300MW，经 3 号主变与系统并网。

6. 微水电厂（图 1-75）

110kV 母线为双母线接线方式，单号开关上单号母线，双号开关上双号母线，母联 102 开关运行，通过微铜线在铜冶站并网，通过微获线及微获 T 带获鹿站 1 号主变；不允许在罗庄站、周营子站并网。

35kV 母线为双母线接线方式，单号开关上单号母线，双号开关上双号母线，母联 301 开关运行。

4 号、5 号发电机组额定容量均为 300MW，分别经 4 号、5 号主变与系统并网。

正常 4 号主变中性点接地。

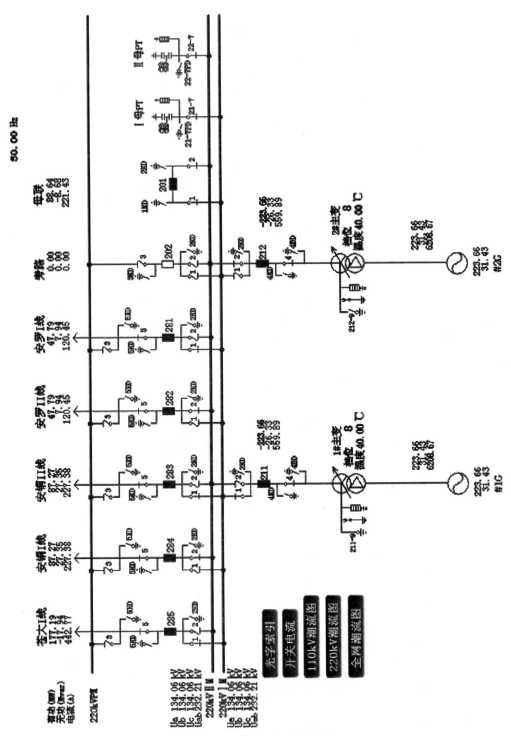

图 1-71　上安电厂一次接线图

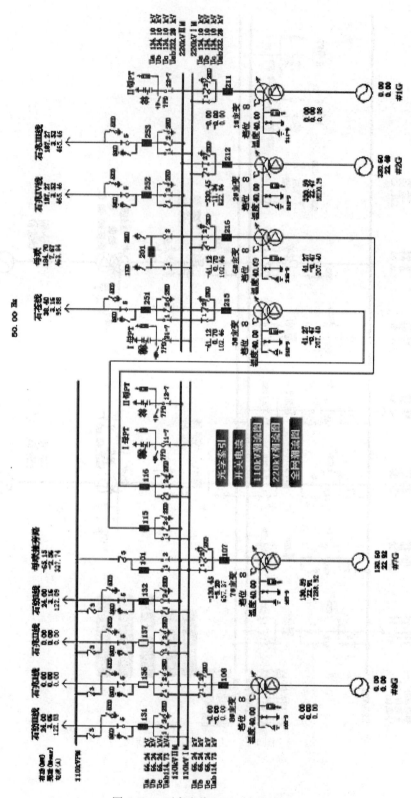

图 1-72　石家庄热电厂一次接线图

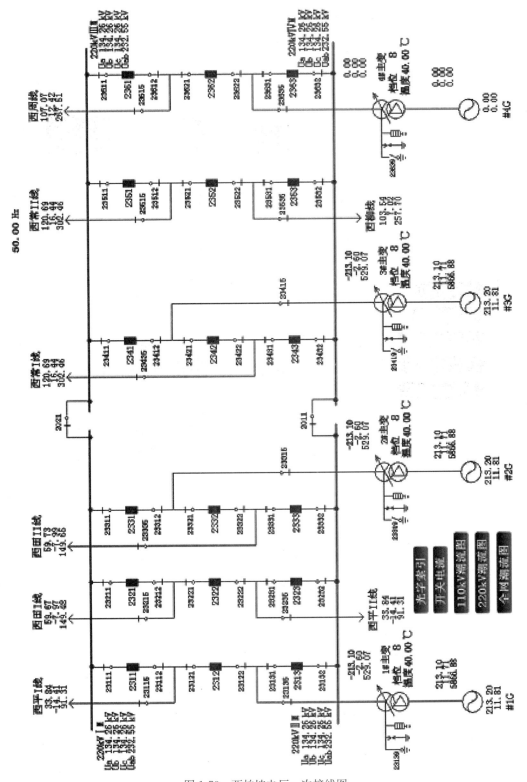

图 1-73　西柏坡电厂一次接线图

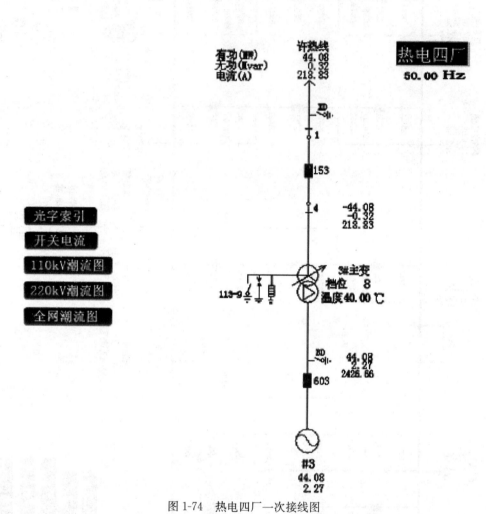

图 1-74　热电四厂一次接线图

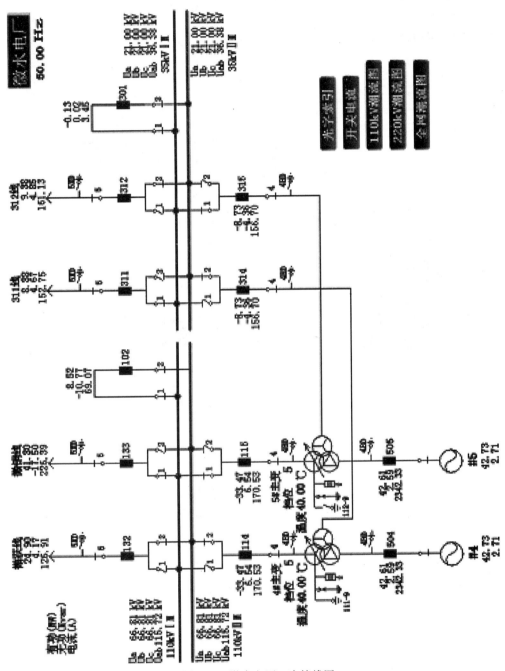

图 1-75　微水电厂一次接线图

7. 岗南电厂（图 1-76）

线路变压器发电机单元接线方式。

3 号发电机组额定容量为 300MW，经 3 号主变与系统并网。

8. 110kV 潮流图（图 1-77）

9. 220kV 潮流图（图 1-78）

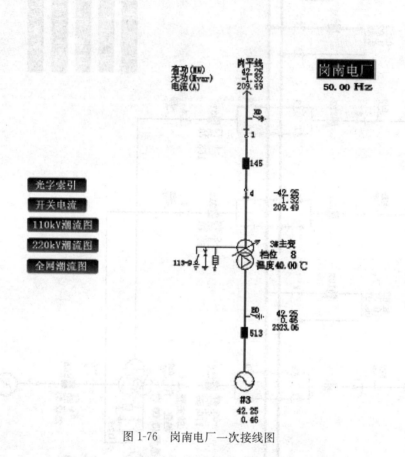

图 1-76　岗南电厂一次接线图

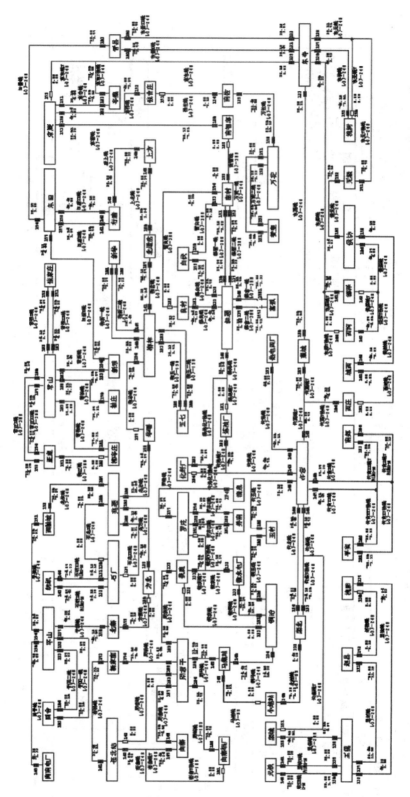

图 1-77　110kV 潮流图

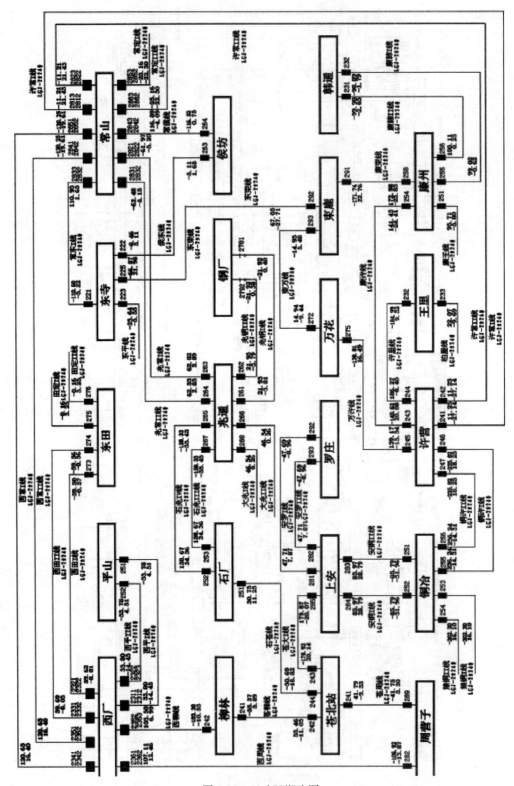

图 1-78　220kV 潮流图

附录2 各厂站设备参数及运行注意事项

一、调控仿真培训系统继电保护、自动装置的配置原则

1. 母线保护配置

（1）220kV变电站的220kV母线配置双套微机母线保护，110kV、35kV母线配置单套微机母线保护，10kV母线未配置母线保护。

（2）110kV变电站110kV、35kV、10kV母线一般不配置母线保护。

（3）35kV变电站35kV、10kV母线一般不配置母线保护。

2. 变压器保护配置

（1）220kV变压器微机保护按双重化配置（非电气量保护除外）。

（2）110kV变压器微机保护按双重化配置（非电气量保护除外）。

（3）35kV变压器配置单套微机型保护。

3. 线路保护配置

（1）220kV线路保护按双重化配置（纵联保护、三段式相间距离、三段式接地距离、四段式零序方向过流、综合重合闸）。

（2）220kV变电站110kV线路配置三段式相间距离、三段式接地距离、四段式零序方向过流、三相一次自动重合闸（检定方式有无检定、检同期、检无压，根据运行方式确定重合闸方式；电厂并网线路重合闸一端为检无压，另一端为检同期）。

（3）110kV变电站110kV线路一般不单独配置保护。

（4）35kV、10kV线路配置三段式过电流保护、三相一次自动重合闸。

（5）电厂并网线路配置光纤纵差保护。

4. 母联（或分段）开关保护配置

（1）220kV变电站的220kV、110kV、35kV母联（分段）开关配置母联保护（充电、过流保护）。

（2）110kV变电站的110kV分段配置充电保护。

（3）110kV变电站的35kV、10kV分段一般不单独配置保护。

5. 电容器保护配置

电容器配置欠电压、过电压、过电流、不平衡保护。

6. 自动装置配置

（1）220kV变电站35（10）kV侧配置分段开关备自投。

（2）110kV变电站三侧均配置备自投（110kV侧备自投可自动适应桥联自投和线路互投两种方式，35kV、10kV侧备自投为分段开关自投）。

（3）电厂设置低周、低压、高频切机装置。

二、调控仿真培训系统继电保护及自动装置配置特殊说明

1. 220kV线路保护配置

（1）苍北站220kV苍柳线、苍大Ⅰ线配有一套高频保护（PSL-602）。

（2）柳林站 220kV 苍柳线配有一套高频保护（PSL-602）。

2. 110kV 线路保护配置

（1）110kV 西城线、张佐线、方寨线、赵槐线、上北线线路配置纵差保护。

（2）留村站 110kV 留白线 173 开关、留良线 174 开关、南留线 175 开关配有线路保护。

（3）正定站 110kV 柳正线 191 开关、行唐站 110kV 唐上线 143 开关配有线路保护。

（4）杨家窑站 110kV 苍杨线 193 开关、周杨线 194 开关配有线路保护。

3. 110kV 变电站母线保护配置

（1）马集站 35kV 母线配置简易微机母差保护。

（2）杨家窑站 110kV 母线配置微机母差保护装置，分段 101 开关配置充电、过流保护。

4. 备用电源自投装置配置

（1）220kV 苍北站 35kV 分段开关、110kV 获鹿站、杨家窑站、留村站 110kV 侧、220kV 钢厂站 10kV 分段开关未配置备用电源自投装置。

（2）110kV 富强站 110kV 为外桥接线，未配备自投。

（3）110kV 柏庄站单电源供电，110kV 侧未配置备自投。

（4）220kV 罗庄变电站单台变运行，10kV 未配置备自投装置。

（5）110kV 清泉站单电源单台变运行，110、10kV 均未配置备自投。

三、调控仿真系统运行注意事项

1. 运行中的设备不允许无保护运行。

2. 对于厂内母线无用户负荷的发电厂，当其发电机停运时，可不退出联络线两侧的解列保护及其他保护联跳联络线开关的压板。

3. 变压器中性点的接地方式规定：

（1）凡终端变电站变压器（留村 1 号、2 号主变，正定 2 号主变，行唐 2 号主变除外）的中性点一般不接地运行。

（2）正常运行时，两台变运行的 220kV 变电站的 1 号主变高中压侧中性点接地运行，2 号主变高中压侧中性点经间隙接地运行；三台变运行的 220kV 变电站的 1、2 号主变高中压侧中性点接地运行，3 号主变高中压侧中性点经间隙接地运行；110kV 变电站主变的中性点均不接地。

（3）热电四厂、岗南电厂主变中性点经间隙接地。

4. 线路保护

（1）所有运行的 110kV、35kV 单电源供电线路受电侧开关的保护、重合闸均退出；所有热备用开关的保护、重合闸正常在投入状态；空充电线路开关的重合闸停用；母线负荷经联络线转供，所转供线路开关的重合闸停用。

（2）一次系统进行合、解环操作时，必须征得上级调度值班员的许可，应注意有关设备的允许电流及保护装置的使用原则，合环时间尽量缩短。

5. 所有母联（或分段）开关保护正常均在停运状态，仅在母线充电时投入，并及时退出。

6. 电网调度正常运行方式应遵循以下原则：

（1）一般情况下，N-1 方式输电设备不过载。

（2）一般情况下，单号开关上单号母线，双号开关上双号母线。

（3）母联开关交换功率较小。

（4）各供电小区至少安排一台主变中性点接地。

（5）一般不安排长期电磁环网运行。

（6）有利于事故处理。

（7）考虑变电站继电保护、备用电源及备自投配置的要求。

（8）尽量避免产生设备监视盲区。